乡村振兴

2017 主题研讨暨
首届全国高等院
校城乡规划专业
大学生乡村规划
方案竞赛成果集

浙 江 台 州 基 地

中国城市规划学会乡村规划与建设学术委员会学术成果
中国城市规划学会小城镇规划学术委员会学术成果
浙江工业大学小城镇城市化协同创新中心学术成果

乡村振兴

——2017主题研讨暨首届全国高等院校城乡规划专业大学生乡村规划方案竞赛成果集（浙江台州基地）

中国城市规划学会乡村规划与建设学术委员会
中国城市规划学会小城镇规划学术委员会
同济大学　主编
浙江工业大学
安徽建筑大学

浙江省台州市黄岩区人民政府
浙江省台州市住房和城乡建设局
浙江省台州市规划局　参编
浙江工业大学小城镇城市化协同创新中心

中国建筑工业出版社

图书在版编目（CIP）数据

乡村振兴——2017主题研讨暨首届全国高等院校城乡规划专业大学生乡村规划方案竞赛成果集（浙江台州基地）/中国城市规划学会乡村规划与建设学术委员会等主编. —北京：中国建筑工业出版社，2018.9
ISBN 978-7-112-22555-2

Ⅰ.①乡…　Ⅱ.①中…　Ⅲ.①乡村规划-研究-中国　Ⅳ.①TU982.29

中国版本图书馆CIP数据核字（2018）第186674号

责任编辑：杨　虹　尤凯曦
书籍设计：付金红
责任校对：李美娜

乡村振兴
——2017 主题研讨暨首届全国高等院校城乡规划专业大学生乡村规划方案竞赛成果集（浙江台州基地）

中国城市规划学会乡村规划与建设学术委员会
中国城市规划学会小城镇规划学术委员会
同济大学　主编
浙江工业大学
安徽建筑大学

浙江省台州市黄岩区人民政府
浙江省台州市住房和城乡建设局　参编
浙江省台州市规划局
浙江工业大学小城镇城市化协同创新中心

*
中国建筑工业出版社出版、发行（北京海淀三里河路9号）
各地新华书店、建筑书店经销
北京雅盈中佳图文设计公司制版
天津图文方嘉印刷有限公司印刷
*
开本：880×1230毫米　1/16　印张：18　字数：428千字
2018年10月第一版　2018年10月第一次印刷
定价：**106.00**元
ISBN 978-7-112-22555-2
(32628)

编委会

序 言 / 1

我国的乡村相对于城市而言是一个更具复杂性的地域，它既可以理解为城市以外的地区，同时也包含在城市地域中。乡村地域中既有与城市同样复杂的人口、经济、物质空间等要素，更有城市所不具有的农田、水塘、山林、河川等半自然或自然的要素，是一个更加复合的系统。长期以来，由于我国城乡经济社会发展被制度化的割裂开，乡村地区的发展受到极大地忽视，以往的城市规划专业教育对乡村地区的发展与规划并不重视，即使在规划中存在一些乡村的要素，也是出于服务城市需要的考虑，如城市郊区的副食品供应基地、城市的垃圾处理（填埋）场在郊区的选址等。伴随着改革开放以来国家经济社会发展体制的转型，城乡地域之间出现了越来越紧密的经济社会联系，人口、资金、资源等发展要素的跨地域流动不断增强，极大地促进了城乡地域的发展。2008 年我国出台了《中华人民共和国城乡规划法》，2011 年国家设立了城乡规划学一级学科，高等院校城乡规划专业教学对城乡地域及其规划的内涵认识不断加深，尤其是针对乡村地区，已经从关注较为简单的村庄建设空间形态规划拓展到城镇化发展框架下的更深层次的挖掘乡村经济社会发展规划及其对乡村空间的影响，并充分体现出城乡规划专业的教学体系的不断变化和完善。

党的十九大提出实施乡村振兴战略“产业兴旺、生态宜居、乡风文明、治理有效、生活富裕”的总要求，深刻揭示出乡村发展的丰富内涵。乡村发展首先要体现出乡村的产业发展，不仅是乡村的农业发展，更要体现出农业与二三产业的深度融合，保障农民富裕生活的实现。乡村发展要体现在乡村社会与文化的发展，还应包括乡村治理体系的完善与生态文明进步。本次 2017 年度首届全国高等院校城乡规划专业大学生乡村规划方案竞赛的成功举办就是我国高校城乡规划专业教学体系对城乡规划学科内涵与实施乡村振兴战略深刻理解的充分体现。

本次竞赛的三类基地中，有两个指定基地和一个自选基地。其中，安徽合肥基地的庐阳区三十岗乡作为合肥城市的边缘区，发挥着“都市后花园”的作用，其发展路径反映出其特殊区位对乡村发展的重要影响，其产业发展与生态建设成为该发展路径实现的重要支撑，三十岗乡的自然与人文资源被充分利用，美食、文化、音乐等要素被整合成为服务城市的休闲旅游。浙江台州基地的黄岩区宁溪镇的发展模式则表现为乡村绿色导向、生态导向的特色，体现了坚持人与自然和谐共生和绿水青山就是金山银山的发展理念。围绕这两个指定基地的 45 所高校 62 个参赛作品均在不同程度上把握了这两个基地乡村的本质特征，并开展了多视角的全面的乡村经济、社会、文化、历史与生态及自然环境的细致调查，在充分利用好乡村特色优势资源的基础上，以清晰的逻辑勾画出各具特色的乡村发展路径。同样，以自选基地参赛的 36 所高校提交的 74 个作品除了能体现出乡村发展的多样性与综合性外，还反映出我国乡村发展的极大差异化，不同地域发展条件与背景下的不同乡村规划理念与模式。

此次 2017 年度首届全国高等院校城乡规划专业大学生乡村规划方案竞赛也是对我国高校城乡规划专业在乡村规划教学实施方面的一次全面检阅。从 60 所高校提交的 136 个参赛作品来看，各高校在乡村规划教学体系上，无论是乡村发展的内涵，还是在乡村的地域层次以及城乡地域的联系上，已经基本形成了一整套完整并各具特色的乡村规划教学内容与教学方法。因此，我们有理由相信，我国高等院校城乡规划专业培养的人才完全能够成为乡村规划建设领域的高级专业人才，在我国的乡村振兴战略中发挥重要的作用。同时，也衷心希望在各方的共同努力下，全国高等院校城乡规划专业大学生乡村规划方案竞赛会越办越好。

住房和城乡建设部高等教育城乡规划专业评估委员会　主任委员
中国城市规划学会小城镇规划学术委员会　主任委员
同济大学建筑与城市规划学院　党委书记　教授

彭震伟

序 言/2

40 年的城镇化进程深刻影响着我国的城乡发展格局，促进城乡共同繁荣，实现城乡统筹发展，成为中国走向现代化的时代使命。党的十九大提出实施乡村振兴战略，乡村地区发展迎来前所未有的机遇，也对乡村规划建设人才培养提出了迫切需求，城乡规划教育肩负着适应新时代乡村振兴人才培养的历史责任。

2011 年城乡规划学确立为一级学科以后，部分高校率先将乡村规划纳入教学体系，探索从理论和实践教学两个方面完善教学内容，并通过联合教学、基地化教学等方式积累乡村规划教学经验。但总体上，全国高校的乡村规划教育尚处于起步阶段，人才培养与社会需求尚存在差距。2017 年 3—4 月，中国城市规划学会乡村规划与建设学术委员会秘书处对部分设置城乡规划专业的高校开展乡村规划教学情况进行了调研，在被调研的近 50 所高校中，56% 的高校开设了独立课程，28% 的高校设置了相关教学内容，而有 16% 的高校尚未设置。许多学校仅增加了理论教学内容，由于缺少教学基地、实践项目及受到教学经费限制等原因，乡村规划实践教学难以开展。

为了在全国范围内加快推动乡村规划教学的开展，促进高校间教学经验交流，2017 年 6 月，中国城市规划学会乡村规划与建设学术委员会和小城镇规划学术委员会，在国务院学位委员会城乡规划学科评议组、高等学校城乡规划学科专业指导委员会和住房和城乡建设部高等教育城乡规划专业评估委员会的支持下，在同济大学举办了乡村规划教育论坛，期间发布了《共同推进乡村规划建设人才培养行动倡议》，呼吁社会各界关注乡村规划教育事业发展。同时，作为践行这一倡议的重要举措之一，在论坛上正式发布举办首届全国高等院校城乡规划专业大学生乡村规划方案竞赛。

该项竞赛活动一经发起，即得到地方政府和各高校的大力支持和积极响应。分别确定浙江台州黄岩区宁溪镇白鹤岭下村、安徽合肥庐阳区三十岗乡作为两个竞赛基地，由地方提供调研便利和部分教学经费资助，同时各高校也可以自选基地参赛，按照统一任务书要求分别推进相关工作。共有近 70 所开设城乡规划专业及相关专业的高校报名，最终 60 所高校的 136 个参赛队伍提交了作品，近千名师生参与了竞赛。

2017年11月底至12月初，大赛分别在浙江省台州市黄岩区、安徽省合肥市庐阳区和同济大学分别举办了方案评选、学术研讨和教学交流等活动，共评选出75个奖项，分别为5个一等奖、8个二等奖、12个三等奖、15个优胜奖和27个佳作奖，此外还评选出三个最佳研究奖、两个最佳创新奖、一个最佳创意奖和两个最佳表现奖等8个单项奖。为了更好地推广此次竞赛的成果，共同促进乡村规划教学水平的提高，特将两个竞赛基地和一个自选基地的参赛作品，汇编成三册出版。

从此次竞赛活动举办的效果来看，有效推动了乡村规划实践教学的开展。广大师生走出校园深入乡村，与村民面对面交流，全方位调研乡村所处的地理环境、资源条件、产业条件、人口状况以及乡村地区的生产生活方式，自下而上地了解乡村发展过程。从获奖作品来看，准确把握了乡村规划的本质特征，立足深入调研和乡村发展实际，构建了较为清晰的规划逻辑和策略框架，展现了较强的研究及表现能力，对学生是一次综合能力的训练。在调研和评选两个环节的交流中，促进了高校间的相互学习和交流。

此次竞赛活动是一次高校之间、校地之间合作开展乡村规划教学的成功探索，感谢所有参与高校、广大师生及地方机构对此次活动给予的大力支持。感谢台州基地的承办单位，浙江工业大学小城镇城市化协同创新中心、浙江工业大学建筑工程学院、台州市住房和城乡建设局、台州市规划局、台州市黄岩区人民政府。感谢合肥基地的承办单位，三十岗乡人民政府和安徽建筑大学。全国自选基地的承办单位，同济大学建筑与城市规划学院和上海同济城市规划设计研究院。感谢多位专家教授在方案评选和教学研讨中的辛勤工作，感谢中国建筑工业出版社对出版工作给予的支持与帮助。希望本次竞赛成果的出版能够为我国城乡规划学科的发展提供一些乡村规划教学的经验借鉴，对于推进乡村规划建设人才的培养做出一些有益的贡献。

中国城市规划学会乡村规划与建设学术委员会　主任委员
同济大学建筑与城市规划学院　副院长、教授

张尚武

目 录

前 言

自 2003 年启动“千村示范，万村整治”工程以来，浙江的乡村建设整体上经历了乡村基础设施建设、乡村产业功能培育和乡村综合环境提升三个阶段；相应地，建设主体也从单一的“政府主导”向“政府 + 农民”共同推动，再到“政府 + 农民 + 企业 + 社会”多方合作推进的过程。2017 年，在浙江民营经济的发源地台州市黄岩区，由中国城市规划学会乡村规划与建设学术委员会、中国城市规划学会小城镇规划学术委员会共同主办，台州市黄岩区人民政府、台州市住房和城乡建设局、台州市规划局、浙江工业大学小城镇城市化协同创新中心、浙江工业大学建筑工程学院城市规划系共同承办的“2017 年度首届全国高等院校城乡规划专业大学生乡村规划方案竞赛（浙江台州基地）”，真可谓是应世宜时之举。

本次大赛于火热的 7 月在台州市黄岩区宁溪镇白鹤岭下村启动，至金秋时节结果，历时 4 个多月，共有来自全国 26 所高校的 32 支队伍参加了本次竞赛，提交了 32 份参赛作品。在“评优 + 展览 + 论坛”三位一体活动举办之时，恰逢伟大的中国共产党第十九次代表大会胜利闭幕，并在本次大会上明确提出了“乡村振兴”战略。大赛不仅为在校大学生们提供了一个理论联系实际的平台，同时也为乡村个性化的规划与设计带来了全新的体验和感受。竞赛题目来自当前急需规划设计的白鹤岭下村，由当地农办、规划建设部门与主办方共同选定。参赛学校的学生在老师的指导下，除现场调研外，还跟村民进行了广泛交流与意见征求。最终成果虽然只是完成了方案阶段，但对学生来说，这种“真刀真枪”的拼杀经历，让他们快速成长，终身受益。首届大赛的实践表明，这一赛事在有效服务地方美丽乡村建设的同时，快速提升了各高校乡村规划建设人才的培养质量，取得了合作各方共赢的效果。就此而言，竞赛不仅响应了乡村振兴的国家战略号召，起到了呼吁社会各界关注乡村规划与建设事业的价值传播与政策宣传作用，同时也推进了乡村规划教育事业的发展，促进了学科、行业和地方的交流互动，是高校人才培养模式的一次“创意设计”。

随着中国城市化进入下半场，中国乡村正经历着5000年来最剧烈的发展方式转变与人居环境变迁过程。在“乡一城”人口流动加速、城市居民生活方式转变、休闲度假需求激增的驱动下，乡村地区的发展面临着资源要素重组、增长方式转变与地域景观再造的强大压力。直面现实，高校人才培养、科学研究和社会服务如何走出一条“服务区域、根植地方、多元协同、创新卓越”的办学之路，实现与区域经济发展转型的同频共振，是各参赛高校在本次竞赛交流过程中最为关注、共同关心的话题。相信在中国城市规划学会与高等学校城乡规划学科专业指导委员会的关心下，在“两委（中国城市规划学会乡村规划与建设学术委员会、中国城市规划学会小城镇规划学术委员会）”的共同领导下，在全国高校的群策群力下，一定能够因地制宜、与时俱进地推进这项“人人都说好”的赛事。

风物长宜放眼量。“全国高等院校城乡规划专业大学生乡村规划方案竞赛”就是一个着眼于未来，实干于现在的人才培养活动。衷心希望这一赛事乘风借势，在服务地方、传承播撒乡村先进文化、弘扬城乡规划正确价值理念的同时，成为培养下一代优秀城乡规划师的独具特色和影响力的平台。

浙江工业大学建筑工程学院　执行院长、教授　　陈前虎

张尚武教授主持开幕仪式

2017年度乡村发展研讨会开幕致辞

由中国城市规划学会乡村规划与建设学术委员会、中国城市规划学会小城镇规划学术委员会联合主办，台州市黄岩区人民政府、浙江省台州市住房和城乡建设局、浙江省台州市规划局、浙江工业大学小城镇城市化协同创新中心同济大学、浙江工业大学、安徽建筑大学、同济大学共同承办的“2017 年度乡村发展研讨会暨全国高等院校城乡规划专业大学生乡村规划方案竞赛评优会”于 2017 年 12 月 2 日下午在浙江省台州市黄岩区开幕。中国城市规划学会乡村规划与建设学术委员会主任委员、同济大学建筑与城市规划学院副院长、教授张尚武教授主持了开幕式。

台州市黄岩区副区长车献晨致辞

各位老师、同学，各位来宾：

大家下午好！ 7 月 27 日，我们在宁溪白鹤岭下村举办全国高等院校城乡规划专业大学生乡村规划方案竞赛启动仪式的场景，还历历在目、记忆犹新；今天，我们又一次与大家相聚在美丽的“橘乡黄岩”，共同迎来 2017 年度乡村发展研讨会暨全国高等院校城乡规划专业大学生乡村规划方案竞赛评优会。时间真是过得很快，一晃就是四个多月。在此，我首先代表黄岩区人民政府，向各位老师、同学和各位来宾的到来，表示热烈的欢迎！

在过去的四个多月时间里，各位参赛老师和同学通过实地调研、讨论提炼和设计深化，将自身专业素养与黄岩宁溪特色山水深度融合，因地制宜，见仁见智，设计出了一个个“特色鲜明、各有所长”的乡村规划方案，为黄岩宁溪白鹤岭下村的建设提供了鲜活的规划样本，更为黄岩“美丽乡村”事业发展打开了新的空间。应该说，黄岩有比较深厚的文化积淀，也有很好的生态后发优势，尤其是中西部的环长潭湖地区，但迫切需要高层次、高标准的设计来挖掘内涵、提升档次。近年来，黄岩深入践行“两山理论”，大力推进“全域景区化”建设，积极推进“校地合作”，借智、借脑、借力，全力打造中国传统村落、历史文化村落、美丽宜居示范村等系列“名片”工程，不断深化了“宜业宜居”城市建设。当前，台州市正式入选了国家第二批城市设计试点城市，对我区的城市设计工作提出了更高的要求。因此，我们黄岩更希望以此次“乡村发展研讨会”为契机，以“富山半山”、“宁溪白鹤岭下”两个乡村规划教研基地为依托，进一步深化“校地合作”，不断以“它山之石”攻取“橘乡之玉”。我们衷心希望，各位老师和同学一如既往地关注和帮助黄岩美丽乡村事业发展，为我们提供最新的规划设计理念和实践指导。在此，再次感谢各位老师和同学们的辛勤劳动。

最后，预祝 2017 年度乡村发展研讨会暨全国高等院校城乡规划专业大学生乡村规划方案竞赛评优活动取得圆满成功。谢谢大家！

第一部分

学术研讨会报告

顾　浩

浙江省住房和城乡建设厅总规划师

新时代、新农村、新方法

各位同仁，下午好！

很高兴来参加 2017 年度乡村发展研讨会暨全国高等院校城乡规划专业大学生乡村规划方案竞赛评优会。参观了这次的大学生乡村规划竞赛，感想颇多。

本次报告的题目为新时代、新农村、新方法，新时代的呼声，是现在是最热烈的时候，中国共产党十九大的召开，提出了乡村振兴的概念，为城市开启了新的时代，同时也为农村开启了新时代。在这个新时代的背景下，如何进行乡村的规划，我觉得很值得探讨。习近平同志当选总书记以后，就举行了中央城镇化工作会议，但是习总书记最早提新型城市化的时间是在 2006 年 8 月 8 日。在浙江省城市工作会议上习总书记提出，浙江省要走新型城市化的发展道路，正是在新型城市化发展道路的背景下，在其亲力亲为下，浙江省开始探索新农村规划。

一、浙江省乡村发展的历程

回顾十多年来的工作，浙江实施“千村示范、万村整治”工程、建设美丽乡村经历了三个阶段：

首先，在 2003 年，习总书记初次来浙就任，启动了“千村示范、万村整治”的工程。至于为什么会提出这样的要求，实际上从浙江省的城市化过程来看，2003 年，正处在城乡割裂的阶段，在那个时候，我们称其为城乡的“裂”部，即只管城，不管乡，要地不要人，农村土地快速城市化，但农村人口的城市化速度很慢。同时，由于城市化的发展带来了乡村的衰落，受城乡二元体制的影响，所有的公共服务农村人口都很难享受到，因此我们称其为城乡分裂的时代。

习总书记正是看到了这种现象，提出了“千村示范、万村整治”，希望城市反哺农村，让城市化的成果与农村共享。其次，是在 2007 年，浙江省提出了全面建设小康示范村，在“千村示范、万村整治”的基础上，农村的面貌已经有了新的变化、新的提高。因此，在 2007 年，浙江省农村发展的目标转变为农村奔小康，这正如十九大提出的，全国要在 2021 年达到全面建设小康社会，并且习总书记谈道：小康不小康，关键看老乡，即关键看农村。虽然浙江省的城市化发展已经达到 67.5%，多数农村人已经迈入城市，但是回过头来，农村工作仍具有举足轻重的作用，正如习总书记所说的城市工作是重中之重，农村工作是举足轻重，这一阶段我们称之为巨变，在这一阶段提出的热点城乡一体化，即让农村享受到和城市同等的公共服务。第三阶段即 2010 年以后，回顾这一阶段，浙江省已经进入乡村“蝶”变阶段，要化蛹为蝶，因此政府提出了美丽乡村建设的决策。

三个阶段的发展演变可以划分为：2003—2007 年，选择村经济实力和村班子战斗力较强的 1 万多个行政村，全面推进村内道路硬化、垃圾收集、卫生改厕、河沟清淤、村庄绿化，推动城市基础设施、公共服务向农村延伸覆盖，五年形成 1181 个全面小康示范村和 10303 个环境整治村；2008—2010 年，巩固提升第一阶段成果，在更大范围内开展农村环境综合整治，把整治内容拓展到生活污水、畜禽粪便、农业面源污染整治和农房改造建设，形成了农村人居条件和生态环境同步建设的格局；2011 年以来，主要是提质扩面，融入生态文明建设理念，开展整片连线环境综合整治，推进“四美三宜二园”（规划科学布局美、村容整洁环境美、创业增收生活美、乡风文明身心美，宜居宜业宜游的农民幸福生活家园、市民休闲旅游乐园）的美丽乡村建设，而美丽乡村的含义从城乡融合的角度来看不仅仅是物质形态的美丽问题，而是首先要进行乡村健康发展，并启动历史文化村落保护利用工作，呈现出城乡关系、人与自然关系不断改善和历史文化传承与现代文明发展有机融合的良好态势。

多年来，浙江省坚持一张蓝图绘到底、一届接着一届干，走出了一条具有浙江特色的美丽乡村建设新路子。全省 2.7 万个左右建制村完成了村庄整治建设，整治率达到 94% 左右，46 个县（市、区）成为美丽乡村创建先进县。

二、浙江省乡村规划的转型

城市化率到达 50% 以后，城市化从快速发展阶段转向稳步发展阶段，从以城市建设为中心转向城乡协调发展，建设美丽宜居乡村的必要性和紧迫性逐步凸显，亟需补足乡村规划“短板”。

在这个过程中，我们越来越需要认识到乡村和城市的异同，正因为乡村和城市的生活方式的不同，才体现了其价值。因此，除了让城市和乡村互补以外，也需要让人们在农村居住、就业等成为一种可能，应该具有相同的价值，在城乡功能互补的基础上，人们在农村居住仅是环境的选择，当农民也可以成为一种职业选择。

为切实提高村庄规划建设水平，浙江省专门出台了《关于进一步加强村庄规划设计和农房设计工作的若干意见》（以下简称《意见》），明确了乡村规划的指导思想和总体目标，提出要形成具有浙江特色的乡村风貌，构建城乡融合发展新格局，要求到2017年底，全面完成村庄规划编制（修改）工作。《意见》对提高村庄规划设计水平提出具体指导，包括：健全村庄规划设计体系；深化村庄布点规划；完善村庄规划（设计）；加强历史文化名村和传统村落保护；严格村庄规划设计管理。

党的十九大精神要求：实施乡村振兴战略。要坚持农业农村优先发展，按照产业兴旺、生态宜居、乡风文明、治理有效、生活富裕的总要求，建立健全城乡融合发展体制机制和政策体系，加快推进农业农村现代化。

浙江省美丽乡村建设的要求：2017年11月16日，全省美丽乡村和农村精神文明建设现场会在江山市召开，会议提出要全面实施乡村振兴战略，认真践行“产业兴旺、生态宜居、乡风文明、治理有效、生活富裕”的总要求，开启新时代美丽乡村建设新征程，为新时代美丽浙江建设打下良好基础。

典型案例：①乌镇的启示：2014年11月19日，首届世界互联网大会在乌镇召开，将乌镇定为永久会址，凸显打造“东方达沃斯”之意，这为乌镇的未来发展奠定了良好基础。②法国普罗旺斯——薰衣草、向日葵：普罗旺斯是世界闻名的薰衣草故乡和倍受游人青睐的旅游胜地，是名副其实的农业+文化之地。法国的薰衣草种植面积达14000公顷以上，是世界上薰衣草种植面积最大的国家，主要集中在南部的普罗旺斯地区。从薰衣草中提炼的精油被广泛应用于医药、化妆、洗涤、食品行业等。法国年产薰衣草精油1000多吨，因此也成为世界香水大国。

三、浙江省乡村建设规划措施

浙江省在全国率先提出了村庄整治、和美家园、美丽乡村等试点，把美丽乡村作为美丽中国的起点，积极推进美丽宜居村庄规划试点。目前已建立村庄规划的四级规划设计层级体系：

1. 村庄布点规划

以县（市）域总体规划为基础，结合本地区城镇用地拓展、农民迁移意愿和农村人口市民化特点和趋势，通过现状调查，分析评估布点要求，合理确定中心村和一般村，落实农村居民点的数量、布局和规模，明确基础设施和公共服务设施配置标准。村庄布点规划主要解决村庄布点的合理性，包括规模、空间，形成城乡一体的整体格局，重点处理好人口转移、空间转换之间的关系。布点规划分为县域与乡镇两个层次，原则上建议县域村庄布点规划由县政府组织编制，并纳入县域总体规划，由省政府审批；乡镇村庄布点规划由乡镇政府组织，由县政府审批。

2. 村庄规划

为规范村庄规划工作，建立适应浙江的村庄规划编制体系，科学指导村庄规划编制，更好地发挥村庄规划在建设美丽宜居乡村中的引领作用，助推“两美”浙江建设，制定《浙江省村庄规划编制导则》。在村庄布点规划的指导下，以整个行政村为规划范围，做好各类用地的合理安排，充分衔接土地利用总体规划等相关规划，明确建设用地边界，细化建设用地功能，并推进村庄规划与村土地利用规划“两规合一”，实现“两规”在空间布局上的无缝衔接，并形成一个成果供管理部门使用，规划编制完成后由县政府批准实施。

3. 村庄设计

为规范村庄设计工作，传承历史文化，营造乡村风貌，彰显村庄特色，提高建设水平，推进“两美”浙江建设，浙江省住房和城乡建设厅组织编制了《浙江省村庄设计导则》；同时充分考虑村庄的业态、形态、生态和文态，需要从区域整体的空间格局维护和景观风貌营造的角度出发，根据地形地貌和村庄历史文化特征，通过视线通廊、对景点等视线分析的控制手法，协调好村庄与周边山林、水体、农田等重要景观资源之间的联系，形成有机交融的空间关系。

村庄设计由乡镇政府或村民委员会组织开展，并进行科学论证，由镇政府批准实施。涉及中心村、美丽宜居示范村、历史文化名村、传统村落等重要村庄设计方案须征求城市、县城乡规划行政主管部门意见。

4. 农房设计

按照有限干预、还原乡村、完善功能、彰显特色、多元管理的要求，在村庄设计的指导下，处理好传统与现代、继承与发展的关系，挖掘历史文化资源，体现时代气息。合理配置农房居住

图 1 富阳东梓关村

图 2　湖州吴兴区移沿山村

图 3　温州永嘉县苍坡村

空间、礼仪空间、接待空间和储物空间等建筑功能空间。鼓励农民选用农房设计通用图集建房，并通过政策激励和项目带动，精心打造一批既符合农民需求，又传承传统文化，且富有时代气息的“浙派民居”。

四、实践探索

为了进一步提升村庄规划设计水平，浙江省住房和城乡建设厅在全省选择“景中村、高山村、平原村、水乡村、城郊村”等36个既具特色又具典型代表性的村庄进行试点。充分考虑各村的自然条件、历史文化背景、经济发展状况、生产生活方式和风俗习惯，指导开展“美丽宜居”村庄规划与设计，强调规划设计的实施效果，实现从“脏乱差”向“绿富美”的蝶变。通过这36个试点村庄的具体实践，总结经验，带动全省村庄规划设计的整体水平，为浙江省美丽乡村建设提供支撑，把美丽乡村打造成浙江的一张“金名片”。

五、工作方法与机制

1. 探索符合村庄特点的规划设计工作方法

首先要强化村庄规划的工作基础，进村入户进行现状调查，制定出台《浙江省村庄规划编制导则》和《浙江省村庄设计导则》；其次，按照“突出重点、量力而行、经济可行”的原则，在全省范围内选择具有不同地域风貌特征的36个村庄，开展村庄规划设计试点工作；第三，在浙江省—各级市县—村庄形成上下联动关系；第四，通过多种方式，齐头并进。

2. 形成政府、村民、技术联动的规划设计工作机制

首先，政府管治方面要严格执行农房建设规划许可和用地审批制度；其次，要充分发挥村民的主观能动性，动员村民积极参与村庄规划编制全过程；第三，在技术引导方面要推进驻村规划师制度，强化规划成果的转换；最后，利用市场推动作用，吸引和鼓励包括民间资本在内的社会资金进行村庄建设。

（本文未经作者审定）

王　春

中国城市规划学会常务理事、中国城市规划学会乡村规划与建设学术委员会委员、贵州省住房和城乡建设厅总规划师

田园综合体——学习与解读

各位领导、各位老师、各位同学，大家下午好！

非常荣幸来到台州和大家一起探讨田园综合体的一些相关工作。本次演讲主要是从田园综合体究竟是什么、为什么、做什么、怎么做、谁来做几个方面来跟各位探讨。

田园综合体这一概念出自2017年中央一号文件《中共中央　国务院关于深入推进农业供给侧结构性改革　加快培育农业农村发展新动能的若干意见》的第三部分：壮大新产业新业态，拓展农业产业链价值链中的第16条：培育宜业宜居特色村镇。围绕有基础、有特色、有潜力的产业，建设一批农业文化旅游“三位一体”、生产生活生态同步改善、一产二产三产深度融合的特色村镇。支持各地加强特色村镇产业支撑、基础设施、公共服务、环境风貌等建设。打造“一村一品”升级版，发展各具特色的专业村。支持有条件的乡村建设以农民合作社为主要载体、让农民充分参与和受益，集循环农业、创意农业、农事体验于一体的田园综合体，通过农业综合开发、农村综合改革转移支付等渠道开展试点示范。深入实施农村产业融合发展试点示范工程，支持建设一批农村产业融合发展示范园。

一、田园综合体是什么

1. 主体是农民合作社

其是在农村家庭承包经营的基础上，同类农产品的生产经营者或者同类农业生产经营服务的提供者、利用者，自愿联合、民主管理的互助性经济组织。以其成员为主要服务对象，提供农业生产资料的购买，农产品的销售、加工、物流、贮藏以及与农业生产经营有关的技术、信息等服务。2006 年,《中华人民共和国农民专业合作社法》颁布，2013 年中央一号文件首次提出“农民合作社”概念。从“农民专业合作社”到“农民合作社”，是从单一农业产业的合作经营扩展为生产、供销、信用的合作，是从专业化服务向综合化生产运营的转变。农民合作社组织形式主要有“政府平台公司 + 村集体 + 农户”、“龙头企业 + 村集体 + 农户”、“龙头企业 + 农户”、“村集体 + 农户”等类型。

2. 内容是集循环农业、创意农业于一体

通过运用物质循环再生原理和物质多层次利用技术，兼顾生态效益、经济效益、社会效益，实现资源利用效率最大化、废弃污染最小化；拓展农业的多功能、多业态，增加农产品的附加值；发挥创意、创新构想，提升现代农业生产、田园生活、生态的多元价值；通过将农业生产、农村文化和农家生活变成商品出售，使城市居民身临其境地体验农业、农村资源，以获得愉悦身心的生活感受。

3. 方法是通过农业综合开发

农村综合改革渠道进行试点建设。主要是为了保护、支持农业发展，改善农业生产基本条件，优化农业和农村经济结构，提高农业综合生产能力和综合效益。其任务是加强农业基础设施和生态建设，提高农业综合生产能力，保证国家粮食安全；推进农业和农村经济结构的战略性调整，推进农业产业化经营，提高农业综合效益，促进农民增收。在“联产承包责任制”和“农村税费改革”后，为加快城乡统筹发展，需要对农村生产关系和上层建筑不适应生产力发展的环节和方面进行综合改革。其目标是逐步建立精干高效的农村行政管理体制和运行机制、覆盖城乡的公共财政制度，以及农民增收减负的长效机制，促进农村经济社会全面协调发展。

对于田园综合体的概念解释是以田园生产、田园生活、田园生态为核心要素，集现代农业、休闲旅游、田园社区等多功能于一体，是一产二产三产的产业融合，是生产生活生态的空间复合，是农业文化旅游的业态综合，是人、地、钱、市场、信息、技术等要素的聚合。其中，现代农业是基础，综合业态是关键，休闲旅游是导向，要素集聚是支撑，田园社区是载体，乡村文化是特色，合作共享是目标，生活体验是价值。

对于田园综合体个人理解：一，为了拓展农业的功能，提升农业的多元价值，是对乡村进行整体的综合规划、建设、运营和管理，因而不仅仅是农业生产的问题；二，是一种新的模式，这种模式可能会被广泛推广；三，是一种新的实践。

田园综合体首先主体是农民合作社；二是有休闲农业，但其不是根本，更多的是农业社区，它是一产二产和三产的融合，是生产、生态和生活的结合，是农业文化旅游的业态综合，也是信息、技术等要素的聚合。因此，我们的理解是，田园综合体是以现代农业为基础（业态是关键），以休闲旅游为导向，以田园社区为载体（区别于以前的农业休闲和乡村旅游类型的一个因素），以合作共享为目标，即全社会共同打造。

二、为什么提出田园综合体

1. 时代背景

第一，农业现代化。中国要强，农业必须强；中国要富，农民必须富；中国要美，农村必须美。要通过富裕农民、提高农民、扶持农民，让农业经营有效益，让农业成为有奔头的产业，让农民成为体面的职业，让农村成为安居乐业的美丽家园。改革开放以来，农业生产、农村面貌、农民生活发生巨大变化。同时，劳动力空心化、集体经济疲软、人居环境恶化、乡村文化流失、农产品质量安全问题比较突出。缺思路、缺动力、缺机制，缺资金、缺技术、缺人才，缺市场、缺设施、缺服务。光靠农业生产是不行的，农业必须“接二连三”、“举一反三”地融合发展；光有农村风貌是不够的，要推动城镇基础设施和基本公共服务向农村延伸；光靠农民自身是不成的，要有政府帮扶、新型农业经营主体带动、自己更加勤劳奋进。

第二，新型城镇化。是以人为核心的城镇化，以城乡统筹、城乡一体、产城互动、节约集约、生态宜居、和谐发展为基本特征，是大中小城市、小城镇、新型农村社区协调发展、互促共进的城镇化。新型城镇化是现代化的必由之路，是我国最大的内需潜力和发展动能所在，要与工业化、信息化、农业现代化和绿色化同步发展。城市工作要与“三农”工作一起推动，以工促农，以城带乡，形成城乡发展一体化的新格局。逐步实现城乡居民基本权益平等化，城乡公共服务均等化，城乡居民收入均衡化，城乡要素配置合理化，城乡产业发展融合化。

第三，供给侧结构性改革。最终目的是满足需求，主攻方向是提高供给质量，根本途径是深化改革,完善市场在资源配置中起决定作用的体制机制。改革前是“有啥吃啥”,改革后要“吃啥有啥”。以前是生产促进消费，供给带动需求；今后将由消费定制生产，需求改变供给。城市有较多的就业机会、更好的发展平台、较好的基础设施、便捷的公共服务。乡村有清新自然的环境、亲切宜人的家园、悠闲舒缓的节奏、邻里守望的乡情。当前市民的乡村消费需求旺盛，农民的新型城镇化愿望迫切。

第四，实施乡村振兴战略。在地位与要求上必须始终把解决好农业农村农民问题作为全党工作的重中之重，要坚持农业农村优先发展，加快推进农业农村现代化，实现产业兴旺、生态宜居、乡风文明、治理有效、生活富裕。在制度与改革方面巩固和完善农村基本经营制度，深化农村土地制度改革，深化农村集体产权制度改革，第二轮土地承包到期后再延长三十年，保障农民财产权益，壮大集体经济，确保国家粮食安全。在体系与任务上建立健全城乡融合发展体制机制和政策体系，构建现代农业产业体系、生产体系、经营体系，健全农业社会化服务体系，健全自治、法治、德治相结合的乡村治理体系，培养造就一支懂农业、爱农村、爱农民的“三农”工作队伍，促进农村一二三产业融合发展，实现小农户和现代农业发展有机衔接。

2. 重要意义

经济意义上它是资源聚集的推进器、产业价值的扩张器、新型业态的孵化器、区域发展的牵引器、农民增收的助力器等；社会意义上它是“三生融合”的统一体、城乡重构的新生体、功能整合的多元体、健康中国的养生体、休戚荣衰的共同体；文化意义方面它是盛世乡愁的存放地、农业文明的传承地、传统文化的弘扬地、家园红利的再生地、诗意栖居的理想地；生态意义方面它是自为的绿色发展、自觉的生态认知、自律的生态保育、自警的生态捍卫、自然的生态循环。

三、田园综合体究竟做什么

1. 三大功能板块

首先是农业发展，发展方向是循环—绿色—预计三步走；其次是休闲旅游，是为满足由核心吸引物带来客源的各种休闲需求而创造的综合休闲产品体系，主要包括农家风情建筑（如庄园别墅、小木屋、传统民居等）、乡村风情活动场所（特色商街、主题演艺广场等）、垂钓区等；三是田园社区，田园社区的居民主要包括旧的农民、新的住民（养生养老的人和青年创客）和游客（主要为市民），田园综合体要成为农民的家园和市民的乐园。

2. 四大产业链条

首先需要核心产业，田园综合体的主题定位与功能开发对产业链扩展也有特定的要求与限定。在产业规模、技术水平、公共服务平台、科研力量和品牌积累等方面具有一定比较优势的基础上，借鉴国际产业集群演化与整合趋势，对照农业价值链演化规律，依据产业补链、伸链的需要，形成综合产业链。可以形成包括核心产业、支持产业、配套产业、衍生产业四个层次的产业群。

3. 六大支撑体系

首先，农业生产经营体系：集聚生产要素，转变生产方式，培育经营主体，提升经营水平；其次，产业融合发展体系：突出自身特色，发挥比较优势，推动三产融合，延伸产业链条；第三，生态环境保育体系：坚持绿色发展，挖掘生态价值，加强生态保育，构建生态屏障；第四，基础设施配套体系：加强设施建设，加强综合配套，夯实发展基础，促进产业发展；第五，公共服务完善体系：推进城乡一体，补齐服务短板，完善服务功能，提升服务水平；第六，运营管理优化体系：引导多方参与，形成推进合力，优化分工协作，强化运营管理。

四、田园综合体怎么做

1. 基本原则

发展定位为以人为本，以农为基；发展目标为互促共进，合作共享；发展方式为绿色发展，特色发展；发展路径为政府引导，市场主导；发展时序为统筹推进，循序渐进。

2. 项目选址

在区位关系方面，大中小城市郊外，著名景区游线上，现代农业园区内；在交通状况方面，需要道路交通快捷，出行方便舒适，自驾车程在一小时左右；在客源市场方面，要求开发城市主流市场，满足市民需求；开拓旅游分流市场，体验田园生活；在基地要求方面，有山有水有环境，有田有园有景观，有林有地有空间，有村有寨有文化。

3. 规划建设

从谋划到规划、从站位到定位、从格局到布局、从业态到形态，要做到突出特色，明确目标定位；循序渐进，不要全面开花；构建体系，服务生产生活；生态优先，不搞大拆大建；因地制宜，顺应乡村肌理；串联路网，优化组团布局；夯实基础，促进产业发展；配套设施，完善社区功能。

4. 运营管理

从城市到乡村，从旅游到生活，从资源到市场，从开发到运营。需要以城带乡，以乡促城，让城市反哺农村，让农村更像农村；以人为本，服务至上，不卖资源卖服务，不卖田园卖生活；配置资源，各得其所，轻资产轻装上阵，重资产重在平衡;统一管理，分散经营，引入品牌，让专业团队做专业的事。

五、田园综合体谁来做

政府需要：一是作为总指挥；二是景村设计；三是出政策，地方政府需要出项目。新型经营主体是主力军，需要有田园综合体的运营理念，有创新拓展的潜力，积极参与，提升产业的附加值，做美做活田园社区。农民要充分参与，根据其能力对收入层次进行划分。

总的来说，田园综合体的发展与建设要做到稳中求进，统筹追进，循序渐进，最终做到与时俱进，城市让生活更美好，乡村让城市更向往，城乡融合的发展使我们不需要回故乡也能感受到情怀和乡愁，不用去远方，也能体验到诗意的生活，这就是田园综合体的魅力。

（本文未经作者审定）

新中产视野中的传统村落遗产的活化利用

但文红

中国城市规划学会乡村规划与建设学术委员会委员
贵州师范大学教授

各位领导、老师、同学，下午好！

首先感谢中国城市规划学会乡村规划与建设学术委员会、中国城市规划学会小城镇规划学术委员会邀请我来做此次分享，关于新中产阶级中的传统村落遗产的活化利用研究主要触动于黔东南肇兴古镇十多年内的变化，例如黔东南肇兴古镇的大门已经建设成现代居住区入口的形式，与内部的古村落景观显得格格不入。游客站在古镇的新造型大门前面，看不到任何村落的遗迹，因为这个入口大门将古镇的景观遮得严严实实。

从旅游规划的角度来说，建设这样一座“门”是很有必要的，且这种需要源自于我们现在新出现的一个代名词——新中产阶级。那么，何为“新中产”，其专指中国社会发展过程中普遍接受过良好教育，有生活品位，热爱旅行、健身。他们有基本一致的生活方式：追求有品质、有态度的生活。

图1　黔东南肇兴古镇入口大门

总结来说，他们主要有以下共同特征：①“海淘”商品，关注同类消费爱好者的评价；②听高质量音乐；③喜欢体验与观光兼顾的旅行休闲；④参加户外拓展活动；⑤热心公益。现今，新中产消费者的偏好正在成为众多旅游地旅游产品开发主要瞄准的对象。此次，关于新中产视野中的传统村落遗产的活化利用的研究主要从以下三个方面阐述：

一、传统村落遗产的特征与利用现状

1. 传统村落的遗产特征

按照文化遗产的分类，传统村落遗产包括了物质遗产、非物质遗产、制度文化遗产和文化景观遗产，这些遗产共同构成了传统村落文化遗产。

关于新中产消费者，他们想象的生活是什么？我将其消费爱好与传统村落遗产进行联系。首先，从村落遗产的角度来说，传统村落作为一种文化遗产，它一定是具备三个层面的：一是有整体性，即物质文化遗产与非物质文化遗产不可分割；二是有生命，即活态性，是以“生命体”的形式存在于村民的日常生产与生活之中，处于传承与变迁之中；三是有精神性，通过“仪式性”和“日常性”的“言传身教”，成为社区共同的行为规范，获得“村民”身份认同。只有具备这三种特征的才是我们过去的传统的乡村，即它有自己的活力，它是在过去的历史发展脉络当中不断迈进的。

在这个发展过程当中，最需要强调的是它的精神性，城市人去乡村希望得到的是一种区别于城市的精神上的体验，除了视觉上的体验还包括精神上的慰藉。

2. 传统村落遗产的利用现状

旅游是对传统村落遗产综合利用的“唯一”快捷方式。通过旅游业带动传统村落各类型遗产潜在的资源价值转变为现实的经济利益。包括的类型有：观光游——田园、溪流、日出、云雾、民居等构成自然和谐的“人与自然的共同作品”；休闲游——慢节奏生活，乡村“熟人社会”的温暖，“疲惫心灵的家园”；康养游——空气中弥漫着自然的气息，流水散发着山野的欢快，泥土保持着天然的芳香，“三高”、“银发”、“妈妈团体”的乐园。

3. 村落旅游的瓶颈

传统的村落旅游遇到一系列的挑战，如：厕所难进——猪圈厕所、稻田厕所、树丛厕所；浴室难寻——河沟、水塘露天游泳，木桶、瓷盆端水洗；饮食难咽——剪刀鸡、肥腊肉、打屁虫、蜂蛹、蚂蚱、竹节虫；夜晚难捱——蚊子嗡嗡叫，飞蛾漫天飞，漫漫长夜青蛙声声；接待难受——床单、被子、枕头、拖鞋没有规范化清洗消毒，做不到一客一换。

二、新中产与传统村落遗产利用的关系

1. 居住条件的“革命”

新中产消费者到乡下去，旅游开发做的第一步就是居住条件的“革命”。贵州传统村落居民以农耕生产为主，受传统生活习惯的影响，民居内部在采光、防潮、隔声、卫生等方面，与城市“新中产”对明亮、温馨、安静、私密、卫生的生活习惯完全不同。尤其是厕所和洗澡条件，成为“新中产”旅游度假和休闲必须考虑的基本条件。

当地传统民居在采光、防潮、隔声、卫生等方面是达不到新中产消费者理想中的要求的，同时将传统的古村落遗留的文化资源、景观资源等进行改造，转变为一种消费，也就是现在通认的对传统村落遗产的综合利用，通过旅游带动村落的各种类型的遗产，从潜在的功能变成现实的经济收益。我们现在看到的传统村落在改建以后，基本都是符合新中产需求的，虽然村民也从中受益，但是更多的还是从新中产的消费角度去考虑。

2. 餐饮习惯的“进步”

除了居住条件，其次就是餐饮“革命”，新中产消费时代的餐饮消费都是满足各个地方的人的口味，这对于来自各地的消费者来说具有可行性。贵州传统村落都有各自的“招牌”菜，符合“新中产”消费习惯的菜肴，备受推崇，成为旅游商品追逐的对象，比如：酸汤鱼、米酒、遏米等。而有些使人敬而远之，比如：生血伴野菜、臭酸、剪刀鸡、无盐大块肉等。

图 2 传统的乡村住房

图 3 传统的乡村就餐

3. 村民价值观的转变

最后一步就是村民价值观的转变，如何使村内仍保留的神圣性的精神价值往外传播，并协调游客和当地村民的关系是一个关键点，不能简单地以开发村落为目标而忘记核心的村落文化遗产保护。贵州传统村落原有较为完备的村落精神文化遗产，如“鼓藏节”、“吃相思”、“跳芦笙”、“鼓楼议事”等，都是村民长久以来为维系村落公共生活形成的文化习俗。随着各类村里公共仪式活动成为旅游商品，这些文化活动受到“新中产”的青睐，村民对公共仪式活动的精神性逐渐漠视，更注重其带来的经济收入。

三、贵州村落遗产活化利用对策

1. 理顺传统村落的“变”与“保”

传统村落遗产不仅是当地人的智慧，也是全人类的共同财富。但是，传统村落中一些不能够满足现代生活和生产方式的内容必须要改变，保护传统绝不是保护落后，更不是为满足某些“特殊”癖好的审美观罔顾村民改善生活条件，增加经济收入的愿望。

个人认为，村落遗产在使用的基础上，首先要尊重，即尊重村落内村民的传统生活方式，我们需要做的是一个面向未来的传统民居的更新，而不是机械地保持原来的样子；其次，村落遗产利用要保护村落景观格局。村落原有的山水林田路形成的景观，是传统村落田园景观的基础，破坏这些基本格局是整个传统村落利用的失败。但是，随着基础设施条件的改善，道路、电网、污水处理池、电视信号接收机、垃圾处理池等出现在了村落内部，粗糙的规划、施工使得这些设施成为传统村落美丽面孔上的“疤痕”，是传统村落保护中最大的破坏。整个村落的景观格局的控制，有关山水田园的保护不是简单的嘴上说说，而是在整个村域范围内，从平面空间和垂直高度的空间整合来进行规划控制保护，所谓简单的土地是没有风景的，有了文化，土地才成了景观，是人与自然的共同作用。因此，山水田园社区就是将民居与自然作为一个整体来看。

同时，公共旅游接待设施大量新建，突破了原有的景观尺度，大体量的建筑单体、大面积的硬化路面，使得传统村落失去了原有的物质形态景观肌理，造成了“视觉”的破坏。更为严峻的是，村民在旅游建筑的示范下，以更快和更彻底的“乱建”，破坏了传统村落的整体风貌。

传统村落民居建筑群是保护的难点和焦点。民居作为村民的私有财产，政府要求村民按照“文物”对待自有建筑，保持民居建筑群的整体景观尺度。而村民为改善居住条件、防火等，甚至为开办家庭旅店，利用现代技术和材料建设高大、宽敞、明亮新居的要求不断增强，出现了传统村落民居建筑“拆”和“建”的反复拉锯，加快了村落社会的不稳定因素增长。

传统村落遗产最终的表现形式是景观遗产，是得到“新中产”认可的旅游目的地，成为城市和乡村、历史和现代展示的平台，让人们体验人与自然之间不可断裂的天然联系。传统民居更新、传统村落建设管控规划亟待创新，在保留传统的肌理下，迈向未来。

2. 狠抓传统村落的“规划”与“实施”

对于传统民居建筑到底应该怎么用，该怎么保护，我认为如果政府和居民在拆和建之间反复拉锯是没有任何意义的，一定是两者之间有一个比较好的协调。另外，如果机械地保留原有民居，必然导致乱搭乱建；但是另外一方面存在不准村民乱建设，却大肆建设旅游设施，这两种现象都是在传统村落保护中比较忌讳的。规划是重中之重，规划要把村落蕴含的人与自然和谐相处的文化精神融入物质空间规划中，而不是简单粗暴地改变步道为汽车道，开辟为游客服务的消费通道，把明亮的路灯、射灯遍布每一栋民居，营造所谓“童话乡村”，而罔顾村落文化精神的实质内涵，为满足“新中产”消费偏好而改建民居，解构村落文化精神实质。设计和施工队伍大多是城市建设形成的技术力量，基本上把城市小区建设的理念和能力运用到传统村落保护建设之中，甚至连施工造价、预算都与城市相同，在招标项目中，不符合施工造价定额的要求，不能进行政府采购等，导致传统村落新建公共景观成为设计师在城市与乡村结合设计项目的试验品，既不城市也不乡村，不能作为村民改善民居的样本与示范，加剧了村落遗产活化利用的难度。

为了解决这一困境，政府应成立由传统工匠与资质规划设计单位共同组成的传统村落遗产利用共管委员会，对村落建筑、公共空间进行设计、施工，把村民的需要、游客的需要、现代生活和生产的需要共同融入建筑的设计、施工中，才能最终形成遗产活化利用的新形态，符合村落遗产活化演进的基本路径。

政府以“规划”当好“裁判员”。

随着乡村旅游的兴起，大量社会资本进入乡村，尤其是在交通方面，遗产资源丰富的传统村落，“新中产”利益代言的人们，运用既有的文化资本、社会资本和经济资本，不断地抛出各种包含动听理念的“概念规划”、“战略规划”、“愿景规划”等，其目的都是为了占有传统村落遗产资源，按照“新中产”消费理念获得未来市场利益。在这个过程中，出现了地方政府为招商引资，牺牲村民利益的现象，往往出现投资人不赚钱、村民不满意、政府难作为的现象。

村落是有生命的，它可以一边设计一边生长。最后的建议是政府以“规划”当好“裁判员”。政府做好公共服务的规划后，其余的由村民集体和外来的投资者共同完成，让村民有自己发展的空间，让乡村自身慢慢生长。政府要做好传统村落保护规划，做到以规划为抓手，既充分考虑村落居民的利益，又符合规划的投资者欢迎，应该像拒绝高污染企业一样，拒绝那些不顾村民利益的投资者。

（本文未经作者审定）

余建忠

浙江省城乡规划设计研究院副院长

美丽乡村营造之“道”与“器”

各位嘉宾，大家下午好。

乡村这个话题，现在确实也是一个很热门的话题，今天我想从美丽乡村营造这个角度和大家一起探讨十九大提出的乡村振兴。

十九大提出的七大战略当中，新提出乡村振兴战略这五句话，我想前面几位嘉宾都已经谈得非常多了。但是提出了这个话题之后，带来的是我们可能会有更多的、深层次的一些思考。因为这五句话更多的关注的落脚点是农业农村的现代化，所以关注的是生活富裕，当然从产业兴旺入手，但是这当中我们要实现乡村振兴战略，谁来承担？是现在的这一届村民，还是乡贤，还是城里人？这是我们关注的，在这次竞赛当中是存在一些缺憾的，比如说对于乡村风貌，怎么样更好地延续？乡村的文化，怎么样更好地去振兴、去挖掘，可能还没有展开来说。所以，在这个大的战略下会引起我们更多的思考。总的来说，我们怎么样去更好地通过这个战略突破我们现在乡村的一些困局，有三方面，乡村的特质和困局，乡村振兴之“道”和乡村振兴之“器”。

我们的乡村跟城市不一样，从中华民族起源来看，我们起源于农耕文明，乡村的聚落等，这个跟工业化的产物——城市还是不一样的。另外，乡村最大的文化特质，或者社会治理的结构跟城市不一样，城市可能讲究效率，讲究的是法制；乡村更多的从起源来看，从文化素养来看是一种宗法社会的治理结构。特别是我们浙江的传统村落，其本质的文化内核是一种宗法治理、宗族治理。当然，现在的乡村不可能回到宗族时代。现在讲的是乡村的自治，也讲德治、法治等，但总的来说，乡村从文化的溯源本原上看，它是一种宗法社会。以前乡村的形成和发展，没有像现在的规划师这个角色，可能更多的是风水师或者是一个族长，就决定了这个村落的形成和格局，所以宗法社会总体来说是一种跟城市不一样的治理结构。当然相对于各种的美，我也很欣赏这种传统村落的美，包括它的历史价值、文化价值等。但是可能我们现在看到的乡村的现实并不是那么美，甚至通过我们的手，让乡村变得更加不美，这些才是我觉得现在要引起我们高度警惕的。现在对乡村各种问题梳理很多，但是我觉得简单来说就两方面重大问题：一个就是现在新型城市化快速推进，虽然浙江现在城市化水平已经达到 67.5% 了，但是城市化的进程是不可逆转的，在这种情况下，并不是说提出乡村振兴，乡村自然就振兴了。这种趋势是不可逆转，人口的外迁，包括现在乡村一些公共服务基本功能的缺失，包括乡村环境品质的低下，这种乡村快速地衰落，在这种背景下还是不可逆转的。特别是传统村落，现在面临的这种情况更加严峻。当然现在还有大量的这类很普通的乡村。所以也有观点，是不是所有乡镇都要去振兴，是不是要自然淘汰一批，这个暂且不论，至少现在看到大量的乡村面临这种情况，乡村的活力、功能、环境品质非常低下。另外，更要引起我们警惕的是，我们现在都想干点事情，特别是在乡村想干点事情，但是现在恰恰容易走过头。过度的整治、过度的开发、过度的设计，这个恰恰是在用我们的手，让乡村的特色风貌快速地消亡，这个才是我们当前在乡村建设领域中要高度警惕的，或者是需要我们不断地去呼吁的。而不是像这样按照我们的理想，按照我们的理解快速地把一个乡村快速抹平或者格式化。所以，我们说乡村发展的目标，刚才但教授讲的时候，我下来跟他说，我也很认同，我们乡村发展到底是为了什么？是为了城市人、乡村人住得更舒服，还是仅仅为了我们城市人来看得更顺眼或者看得舒服，到底是什么？当然更希望的是像刚才讲的“新中产”这样，能够在乡村住得更舒服。这个可能是更高远的目标，但至少从刚才这两类村庄来看，前面一类量大面广、正在快速衰落的乡村怎么办？我觉得首先要解决功能、环境品质问题，让乡村人首先还是要住得舒服，这才是本质的、根本的东西。在这个基础上，我们发展业态，让城市人看得也舒服，住得也舒服，当然这是理想的状况。所以，现在面临的这两类村庄怎么办？总的来说，我觉得核心还是要回到乡村发展的本源上来振兴乡村。我举两类，各举几个村庄的例子。一个是缙云县田山村，这个乡村很普通，生态环境还过得去，但是乡村风貌真的不怎么样。这个村为什么引起我们关注呢？2000 年初的时候，当时老省长正好路过，看了这个村很感动。因为当时这个村是很偏僻的一个村，在村主任的带领下，自筹资金修了一条路，把乡村跟外界连通，所以省长当时随手写了几个字，现在把它总结为田山精神。当然除了这个之外，更多的还是现在我们的住房和城乡建设厅的厅长，2001 年的时候，在那个村半个月时间，当了厅长之后，2017 年 5 月份又回到这个村去看了，十多年之后，基本上还没什么变化。这个村现在是这个样子，所以他看了很痛心，让我们去关注这个村，怎么更好地发展。但我们看了之后，说句实话，一开始我们也很棘手，这个村现在这样的状况，农民很着急想发展，刚才说住得舒服，实现最基本现代化的目标和要求，为了住得舒服，你看城楼，包括一些私搭乱建等，这都很普遍。农民的理解是，他们为了追求住得舒服，个人的房子都盖得很高，完全是失控状态。村里面，因为人口外迁，剩下一些老人，连一些最基本的功能，如晚上照明的路灯、公厕也没有，其他基本的一些功能也缺失，当然环境品质更不用说了。村民为了回归一种精神追求，也希望建个山门。刚才讲到乡村的宗法社会，像这种水口是很关键很重要的地方，边上本来是个宗祠，宗祠倒了没人去修，但是这个水口的位置，这么重要却建了这么两个楼，整个环境就是这个样子。这样的乡村可能就是我们现在面对的大量的乡村，现在都这个状况。一方面在衰落，另一方面乡村的景观风貌，通过农民自己的手，可能在快速破坏消亡。所以，我把这一类乡村叫作衰落乡村。

另一类乡村我把它定义为异化的乡村。为了快速地实现所谓的乡村现代化，通过我们自己的手，各种力量，政府的、资本的，包括乡村自己的，包括一些设计师，对一些本来还有些特色、特点的，希望通过这样的整治提升，吸引更多的城里人，或者新中产，去到乡村，去体会乡村。但是用一些简单粗暴的手法，把一些乡镇整得城不像城，村不像村，这种就是异化的乡村。像这些都是福建前段时间总结的美丽乡村整治过程当中的一些问题，我觉得这些问题实际上都很普遍。包括浙江现在有好多村，一弄墙绘，也非得要3D墙绘，挂得到处都是，包括一些传统村落当中也绘成这样。这个乡村已经不像个乡村了，但乡村人向往的可能是这样的生活，这样的环境，但感觉这个乡村已经异化了，不是我们想象当中的乡村。

现在可能更紧迫的，或者更值得我们警惕的，刚才说的“三把剑”，这也是我们基层同志总结的，现在悬在传统村落、小城镇头上的“三把剑”，三改一拆，拆危、治危和小城镇整治，我把它总结成简单的三个字——拆整改。整完之后，拆完之后，改完之后，还能不能剩下一点乡村的味道？我觉得这是值得我们高度警惕的，我想大家对这个问题要在各种场合呼吁。像这样的拆啊，就在我们台州，像这样的建筑，在这样的环境底下，我觉得看了这个很痛心，确实很痛心。当然现在拆违、三改一拆，层层下指标，这个层层加码，只要列入建筑质量评估C级、D级，那肯定是拆。至于这当中包含的建筑的风貌，特色文化历史价值，刚才前面讲的这几大价值，没人评估，直接就拆，而且可能像这个基层同志讲的这样，以前拆，可能还拆半个月，现在拆，半天足够了。几百年留下来的东西，用机械化半天绝对拆得干干净净，这个确实是太痛心。包括这样的整，现在小城镇整治，包括乡村的整治当中，我们也做了一些导则、指南，都是在做完了之后发下去，现在回过头来说都是按照这个导则、指南，可能我们整完了之后都成这样，确实也是一个两难的事。包括这个店招，现在又让我们继续再做一个店招的指南，我说这个实在太为难我，但是必须要做，不整可能乱，一整就整得过于统一。这个确实是非常两难的，这个整也是当前一个非常困惑的问题。然后改，改现在大家积极性也很高，像这个国家级的历史文化名村，第一批的传统村落。前两天主管的省长到这个村去看，看了之后非常恼火，然后派专家组去总结问题。用城市化的手法，然后简单粗暴地涂抹，关键就是各个部门很难形成合力。为了电力照明，就不管建筑、环境的风貌，就在这里立一个杆，灯杆，很多不是光这一种。然后农办就简单地抹，村民也按自己的理解，简单的加上一个框，整体看了就很不协调，有政府的力量，包括村民自己的力量，把一个村，就这么一个优秀传统的村改成这个样子，确实看了也是很痛心。可能这些情况，在座的有些部门的同志都很清楚，但是实际上可能就是我们更高层的领导，当成政治任务的层层加码，光想着为了完成任务，可能对刚才讲的这三把利剑，对小城镇也好，特别是对村庄的风貌确实带来抹杀。我个人非常痛心。安吉余村，2005年习近平同志在浙江任职的时候，提出的两山理论，“绿水青山就是金山银山”，就是在这个村说的，所以各级都非常重视，省里面也高度重视。2015年开始整治，花了几千万，那现在去看，就是这样的问题，就这样的风貌。这个就像我刚才讲的，前面的所有东西集大成了，就是余村了，所有部门都往这里使劲，都想有所表现，像这个文化长廊24个字的核心价值观一定要写在墙上，每个部门都想在余村表现，小小的余村承载的东西实在太多了。村子本身就很小，然后这个碑边上用了石拱桥、大草坪，所有能够在城市里看到的整治的元素，在村里都能看见。现在这个村的风貌就是这样。绿水青山就是金山银山，本意是要到这里看的是绿水青山，但是到了这里看了，总是觉得缺了点什么。缺了什么？乡村的味道。就像前面说的，通过我们的手，通过我们去整治，过度的整治，失去了乡村味道，包括村民自己，都是小洋楼，欧式的，包括罗马柱都用了。现在让我们再去二次整治，我们也很难下手了。这一轮通过我们这个过度的整治、过度的设计、过度的开发，产生了衰落的乡村、异化为乡村，特别是后者需要我们值得我们高度警惕。

怎么样去治理乡村，是我讲的这个道与器。这个什么是道？道家的道，道可道，非常道，讲的是一种无形的规律或者模式。简单的意思就是如何构建一个乡村建设的模式。什么是器？这种有形的，可能叫工具，我们这里讲的是一种策略手段等。美丽乡村的营造之“道”，就是模式上的问题，前面讲的几个过度，为三种模式:政府主导，资本主导，设计师主导。政府主导的往往是为了实现政治目标，刚才讲的这个三改一拆等任务，往往容易过度整治，过度去推进这项工作，带来的一种建设性的破坏。资本被过度地开发，过度商业化，为了追求资本的回报，现在都盯住了乡村这块“肥肉”。也有人讲什么乡村是稀缺品等，我觉得这个观念千万不要多说，千万不要去提稀缺品、奢侈品，我很反对这种提法。乡村这个阶段还远远没到稀缺和奢侈的地步，乡村并不稀缺，并不精致，也并不稀有，现在恰恰是需要我们静下心来，去认真按照乡村发展的模式、途径去推进乡村，现在提稀缺吸引更多的资本进来的话，可能导致过度的开发，可能会更快地毁掉我们的乡村。

从我们的责任来看，设计师也要警惕过度设计这种方式，总的来看就是我们还是要围绕着村民的意愿发展，刚才前面几位也谈到，可能村民现在的意愿是不真实的，我们就需要引导。村民现在理解的现代化，是高楼或者是“涂脂抹粉”，这样的认知和审美需要我们引导。讲的几种建设模式，政府主导下要警惕的这种过度整治，还有一个也是很著名的庆元月县山村，也是花了将近3000万，这两个村格局风貌本来非常好，通过简单粗暴的手法过度地整治成这么一个风貌特色完全抹杀的村。另外像这样的多部门博弈，电力部门在这立一杆，农办就要去刷这个墙，为了完成部门的目标，资金并不少。有的像这种村庄，刚才讲的就是第一类村庄可能是量大面广的，第二类村庄就是这种，为什么变成异化？因为这种有价值的村庄现在不多，一说奢侈品，大家都盯着这个村，好几个部门都想在这个村里有所表现，有限的资金可能都投在这个村，但是带来的问题就是很难形成合力，导致风貌特色缺失，包括过度开放，过度设计等，我在这儿就不多展开说了。

那我们乡村怎么样去振兴，要如何去营造有品质的美丽乡村？还是要回到我们乡村的本源，乡土的特色。像这个富阳文村，大家可能都去过，王澍在那做的，包括后面还有几个案例，乡村乡土的特色，在整治过程当中，在营销过程当中，有哪些东西需要把握，核心还是乡村乡土的特色。这次竞赛当中，我觉得有些对这个把握得比较准，有没有提炼过特色乡土材料，乡土的手法，包括一些风貌协调，一些工艺细节，你是不是在这个乡村的整治过程当中，乡村的营造过程当中把握住，核心就是乡土的特色，或者说有的人说让乡村更像乡村。文村、东梓关村，后面也会谈到东梓关这个新杭派民居，像这两个村争议很大，说句实话我觉得争议也很大，也是有涉及里面的户型问题，包括采光通风等，也是接受度有点问题，但至少就是这两个网红村，我觉得还是大师对乡村的风貌特色的把握更好，延续了乡土的特色，我觉得还是做了很多工作，这个是值得我们学习的。当然我个人更欣赏的是由我们同济老师牵头规划的乌岩头，昨天现场也看了。

特色田园乡村，我想再展开说一下，特色抓住了这三个关键词，哪三个特色？特色产业，特色生态，特色文化。在我们竞赛当中，我觉得有些也把握得比较好，田园风光，田园建筑，田园生活。这个美丽乡村宜居活力。我前面也讲到了，这种量大面广的乡村现在活力缺失，包括环境品质低下，我觉得抓住了一些问题的核心。当然浙江也在进一步在探索，在新形势下，怎么样更好地提升城乡协调，包括人居环境、乡镇特色风貌等，我们也在做一个课题，给我们建设口提出来，怎样更好地探索乡村建设，实现现代化农村的建设转型的发展。这个课题初步有个粗框架，产业的、农民的、农村的三个问题，包括设施、民生、体制、其他转型或者几个方面。包括乡村的这个建设发展模式的要做转型。从前面讲的政府的、设计师的、资本的主导，能不能回归到我们乡村的主体本源——乡村，村民让乡村发展回到乡村的本源。这个当中，一些制度性建设、制度性设计，像驻村规划师、驻村设计师，浙江也做了一些很好的探索。在新时代，在提出乡村振兴战略背景下，浙江可能也需要转型，在乡村的建设方面可能需要进一步探索，这个是想讲的第二个问题。

第三个乡村振兴之“器”，就是所谓的工具。在浙江省住房和城乡建设厅的主导下，顾总牵头下，我们构建了四个层级的乡村规划体系，布点、村庄规划、村庄设计、村居设计，但是问题就是也编了村庄规划的导则，带来的村庄规划也越编越厚，可能都觉得村庄规划有没有必要或者有没有解决问题。像今天这个设计竞赛，我觉得也是有些把握住了一些问题，但是乡村规划是不是这样的表达就够了，我觉得乡村规划至少有八个要素是必须要把握的。从村域来说，生态修复，包括环境要素，是否把握住了；从村庄的建设用地来看，用地布局、功能是否完善；另外，文化挖掘、业态提升和风貌特色与整治引导，这八个方面，我觉得是作为评价一个村庄规划是不是合格的标准。这个作为今天竞赛我想展开说的，如果我来评价可能今天有好多的方案，可能这几个方面，特别是后面几个方面，如文化挖掘方面是远远不够的。仅仅只是说到了所谓的版画上墙了，文化挖掘不是这么简单的，至少这种业态的振兴，比如说我是不是把版画进一步延伸，作为一种文创的产业振兴，这个村让他有这个业态，这种才叫文化挖掘，业态的提升也是。今天这些方案看完，我觉得最大的遗憾就是对风貌特色方面，可能是由于时间关系还没有深入去探索，包括建筑、村落整体的风貌格局等，这些风貌特色方面，包括下一步的整治引导方面，我觉得还是有很多的欠缺。所以总的来看，村庄规划还是需要的，这几个方面必须还是要把握住。

当然更多的我觉得村庄要落地还是需要有设计层面的衔接。省里面也公布了一个村庄设计导则，但是那个导则更多地强调了建筑。村庄设计是什么，村庄设计实际上更多关注的是空间的问题，村庄规划可能讲的用地、布局、功能等，村庄设计讲到的是空间的问题。所以前段时间浙江工业大学的陈前虎教授牵头也做了一个课题评审，我觉得非常好，就村庄规划与设计做了一些探索，村庄设计也做了一些分类。那我个人理解村庄设计是什么，简单来说，就村居的外环境设计，类比于城市设计的理解一样。从村居的外表皮开始往外，院落、空间、格局，村庄的设计，我个人觉得可以类比于城市设计。城市设计现在管理办法也是很明确，总体城市设计、重要地段的城市设计，村庄设计我觉得也是两个层面，对应村庄的总体规划或者村庄规划，需要总体的村庄设计，也需要一些重要节点的村庄设计。总体村庄设计，我觉得需要把握这三个层面：第一个是空间的形态问题，村庄的环境，特别是跟山水这种格局的关系；第二个是村庄结构，空间的结构问题，空间肌理、水系、脉络等；第三个是一些重要空间的节点，一些公共建筑、公共设施，特别是公共空间。张凌副局长也讲到，她对村入口的把握，在规划设计当中可能都有点缺憾，从村口、水口、桥头、祠堂，包括祠堂前面的公共开敞空间，这些是否作为方案深化的重点，这些重点、节点设计有没有达到要求？我觉得这些都是一个村庄规划能够落地的体现，可能需要用一些村庄设计的手法和理念，才能够保证村庄规划的落地，因为村庄规划不像城市规划，城市规划是由规划管理部门去落实的，村庄规划是给村民看，村民可能看不懂你的用地，但村民看得懂这些节点等落地的东西，包括风貌、特色、整治的要求等。总的来看，乡村振兴的策略和手法，还是要回到乡村的特色上，用乡土的材料、乡土的手法，风貌协调，注重工艺细节。怎么样回到乡村发展的本源上，刚才像整治、过度的设计等，怎么样让它包括一些传统建筑、传统风貌、传统历史要素格局等，传统村落保护是前提，然后怎么发展，怎么破这个局，包括文化、产业、人口、保护。就是回到我们乡村发展的本源上来说，让乡村更有乡村的味道，包括村域发展的复兴，包括村庄环境的复兴，包括一些建筑本身的整治引导、保护、修缮、改善、保留、改造。当然这个前提条件是对风貌要素做个控制，哪些要素需要控制，包括怎么更好地引导。怎么更好地让像田山村这样量大面广、很普遍的空心村变成实心村，让这种资源贫乏的村庄更好地发展。民生问题、产业问题、文化问题、景观提升等，我想这些是我们作为村庄规划，作为村庄设计的一些工具，或者是一种策略，一种手法。回到我们乡村发展这个途径上来。总的来看，一句话就是乡村振兴，我们要回到乡村，不管是这种现在可能衰落的乡村也好，或者异化的乡村也好，希望通过这样的乡村振兴，让乡村看着更像是乡村，不要看着城不像城，村不像村。乡村振兴任重道远，大家共同努力，谢谢大家。

（本文未经作者审定）

汪晓春

江苏省城镇与乡村规划设计院高级城市规划师

顺势而为：关于特色田园乡村规划建设的基本认识

谢谢张老师的介绍，尊敬的各位专家，各位领导，还有学生朋友们，大家下午好！

刚才两位老总，包括我们但老师做了精彩的报告，我个人也很受启发。下面，我借这次机会，把江苏省今年推进的特色田园乡村规划建设相关的工作，跟各位做一个汇报。

我们伟大的哲人——海德格尔提出“诗意的栖居”这样的一个哲学问题。我想在座的各位都知道，引发了我们每个人对于这种生活空间的向往。其实刚才几位报告人也说了，其实我们每个人都有自己不同的乡村梦，所谓的诗意栖居，我们可能不由自主地就给我们乡村梦划上勾。我想在座各位可能在谈诗意栖居的时候，没有人会讲到我们这种钢筋水泥森林的城市。从不同的角度来说的话，比如说城里人，他其实有自己对乡村不同的理解，他也可能觉得乡村是原生态的大自然，要有新鲜的农产品，新鲜的空气，淳朴的民风；但是对于土生土长的农村人来说，他的乡村梦可能跟这个会有一些差异，他会想有富裕的生活，他的房子要大大的，要很气派，不能比邻居差，看病就医要很方便，就业也要很方便，他不要抛妻弃子远到千里之外去打工。当然还有对于一些半农半城的人来说，比如说生活在农村，后来到城市里边生活工作的，他也可能想到的是比如门前的小河，院子里的大树，门口的老妈妈等。也就是说，这些不同的角度汇聚在一起，成为我们乡村总体的一个梦境。我这边谈的是一个梦境，因为这里边有很多的东西是相互矛盾的，所以也导致了我们现在的乡村工作讨论了很多，当然这个梦境跟我们的现实之间差距非常大。当然不可否认，近十二年以来，我们相关的乡村工作其实也取得了很大的进步。这一轮乡村工作应该是起源于 2005 年社会主义新农村建设，如果知道那个时代背景的人，大家都知道当时的乡村应该是脏乱差的代名词。当时的乡村人口和资源基本上都是快速地往城市流动，没有这么多的概念。而现在的乡村概念非常多，非常火热，各方都在持续地关注，不仅是我们的政府学界，包括商界、资本都在关注，所以说乡村已经是不再是一个传统的农业生产力和农民的聚集地！

当然不可否认，我们现在面临的挑战还很多，这段话是江苏省在推进特色田园乡村建设政府文件里面写的关于江苏省客观挑战的一个描述。乡村的问题很多，我个人理解，这么多问题可能有几个方面的原因。

如果把乡村比作一个人的话，一个方面就是内需损耗，我们在城镇化和工业化进程中，大量的人和资源往城市流动，导致了乡村的空心化，产业的空心化，文化的空心化等，这些现象不管是发达地区还是欠发达地区都是存在的。

第二个方面就是外部不足，因为我们整个国家国民经济发展选择路径，以工业化和城市化作为优先，所以长期导致了乡村农业投入不够，这个我想大家都很清楚。这个表是我们江苏省 1985—1999 年关于三产方面的投资比例，大家可以明显看出来，但现在情况有所好转，但是从大的时间尺度上来说，这个外部不足情况还是很严重。

第三个方面我觉得最为根本的是乡村的“六神无主”所引发的，就是乡村缺少自己的自信。就是我们传统中国，所有的文化都是起源于乡村，我想我们的徽商、浙商和晋商，他们只要有钱了，就会回老家建最漂亮的房子。但是我们现在呢，可能是截然相反，在城里面打工的年轻人，即使在城里边生活地再困难，收入再低，他都不愿意回去，因为回去会被乡亲看不起。我们所有的一切都是落后的，包括我们农民都觉得他要向城市学习，所以导致了现在乡村的很多建筑采用城市的一些做法，一些风格，甚至采用欧洲的一些做法和风格，包括布局的方式。这个是因为什么呢？是因为我们对于自己的老祖宗留下来的，这些好的东西，已经缺乏了一种自信。

当然我们要客观地看待，我个人觉得工业文明发展，是工业文明取代农村文明的一个必然结果。因为这个不是中国所特有的问题，不管美国，还是日本，这样一个农业经济高度发达，政府对于乡村具有普及的一些国家也存在着乡村的空心化、老龄化问题。这是日本杂志里面的一个表，2015 年日本的务农人口是 209 万，比五年前减少了 20%，其中 65 岁以上的人占务农人口的 64%，可以看出来，对于日本这样一个国家，年轻人也不愿意进入乡村，也不愿意从事农业，所以说日本人民也清楚，日本可能过一段时间农业会有一个断崖式的下降，因为没有人在从事。

第二个问题呢，我觉得可能原因是我们城乡二元模式的一个必然结果，这个我就不细说了。大家都知道，这是由于我们国家发展所处的必然阶段所导致的。所以说，总的而言，江苏在 2012 年以来，特别是社会主义新农村提出以来，整个乡村建设发展应该说取得了一定进步，但是问题还是很多，正如十九大报告提出来的一样，这方面的工作可能也急不得，也慢不得。

按照我们的历史发展规律，很多要推进的相关工作，我们不能指望通过我们的工作，三五年就能把乡村的问题解决，江苏也是这样一种做法，所以说我们称之为江苏转型发展的顺势而为。江苏在

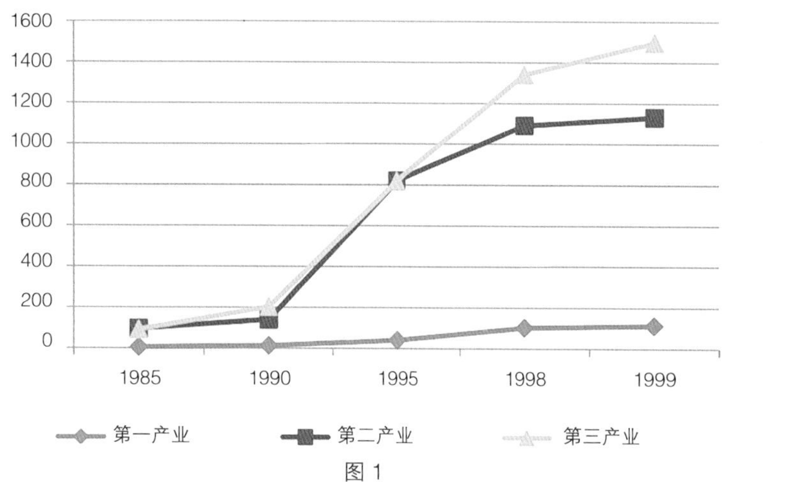

图 1

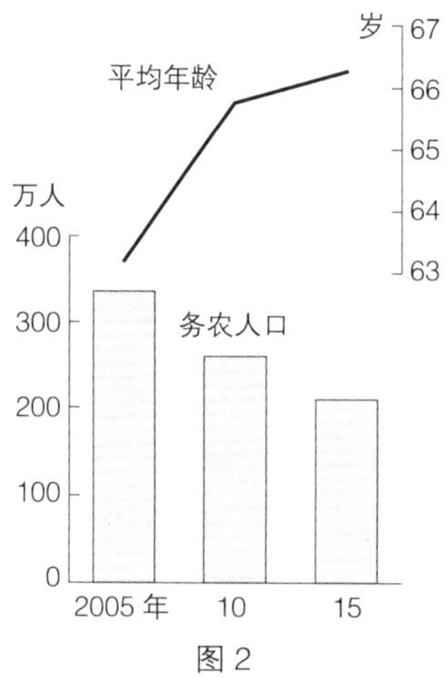

图 2

“十二五”期间做了面上的全省的村庄环境整治和美丽乡村建设的工作，就是把全省所有的自然村，所有的村庄环境进行了一个基本的整治，同时在这个基础上大力推进美丽乡村建设，在这个基础上，我们2017年启动了特色田园乡村建设。在这个建设里的定位还是比较高的，把它定位成统筹推进三农工作的战略抓手，这是新一个阶段的三农问题。因为我们可能有一个阶段的判断，新时期下江苏面临三个问题，可能不是2005年面临的解决温饱线的问题，更多的是考虑到职业农民的问题，特色农业、农业竞争力、乡村文化的一些问题。所以说以这个为主要的目标导向，我个人认为可能有几个方面的原因。

第一个是从现有工作上来说，需要探索项目问题的解决路径。作为传统的农村国家，我们国家历来把农村农民作为我们的根本。21世纪以来的三农问题也是我们国家问题的重中之重，十八大已经明确提出来，城乡发展一体化是解决三农问题的根本途径，十九大也提出来要实施乡村振兴战略。所以说对于江苏而言，多年来江苏也对三农工作非常重视。但是有两个特点。一个是以条线工作为主，就是我们所有的部门都按照各自的条线、各自工作在做相同的事情，比如住建部门在做住建部门的事，是环保部门在做环保部门的事情，各方面都有很大的投入。但是这些投入都是一条线工作为主，就会达不到1+1大于2，甚至会形成1+1小于2的这样一个结果。第二个是以输血工作为主，现在我们政府在项目方面投入很大，这个当然取得了很好的成绩，但是如果从长远发展来看，输血工作必然很重要，但是更重要的是要给予乡村自我造血的机制和机能。所以说，一方面江苏希望通过这次特色田园项目工作，整合全省各个部门的工作，并且联合市场和村民的力量，在多方面进行探索，建立乡村的造血机能，探索三农问题的解决方案。

第二个是从发展阶段上来看，需要面对乡村振兴的历史问题。因为发达国家必然在工业化中后期存在一个工业反哺农业，城市带动乡村的过程。其实这个过程里面可能还分为两个阶段，在工业化中期以工业发展为主，在那个时候我们主要依托工业，所以说对于乡村工作而言，是解决村民基础的生活条件和设施配套的一些问题；工业化后期可能是以工业联动三产发展作为一体，乡村可能会成为产业发展中必不可少的一个组成部分，所以在这个阶段可能会涉及乡村的产业发展和价值提升的问题。所以说，从这样一个角度考虑出发的话，江苏其实人均 GDP 已经达到发达国家的水平，城镇化水平也达到 67.7%，步入城镇化稳定的阶段。所以从一个历史发展阶段上来说，在前期村庄环境整治和美丽乡村基础上，已经有好的基础来面对乡村振兴这样一个历史命题，来破解一个地区经济难题。

第三个是从乡村的价值上来说，需要顺势而为，探索发展之路。其实欧盟在 2000 年也发布了一个 21 世纪乡村发展宣言，主要是针对当时欧洲乡村的发展。它提出来当时欧洲的乡村已经不仅仅是传统农业的生产地和农民的聚居地，还兼具社会、经济、文化、生态等多方面的价值和功能。其实对于江苏而言，现在同样到了这样一个阶段。首先是生态价值，习总书记提出来“两山理论”，就在浙江提出来。其实对于现在的人而言，生活水平提高了，基于这种生态的需求会越来越高，对于新鲜的水、空气、农产品，包括生态空间的要求会越来越高，所以说乡村是提供这些生态价值主要的空间载体。第二个是经济价值，乡村经济日益多元，特别是“互联网 +”带来业态的多样化。同时，城乡居民收入提高以后，居民消费需求的多元化，比如健康的、休闲的、文创的需求必须要在乡村地区才能提高，我们的传统城市地区已经不能提供了，所以说经济价值也会越来越高。第三个是文化价值，习总书记提出来的文化自信，不是说要被动地来保护传统文化，而是属于需要文化来推动我们整个社会经济发展的一个阶段。文化已经成为我们下一步全面发展的一个动力源，我们已经不能再仅仅靠工业来推动了，文化也是催生的重要方面。而文化在哪里，中国的传统文化都在乡村，因为原来在历史上最发达的地区，也是百分之八九十的人居住在乡村，所以说乡村是传统文化主要的承载力。刚才也提到诗意的栖息空间、社会的价值、城乡一体化都是在乡村里。随着乡村价值的日益凸显，其实很多资本是最敏锐的，很多的资本特别是在江苏已经涌入乡村，也出现了很多不好的状况，比如去村民化，资本进来，村民走了；盆景化，做一个盆景，满足旅游或者其他产业发展需求，使乡村再次沦为城市销售的工具。

所以说在这样的一个背景下，如何应对乡村多元价值的学习，顺势而为，构建新型的城乡关系，探索乡村发展和村民增收的目的，也是这个时代，江苏所要面临的一个核心任务。所以说从刚才的三个角度，从现有工作开展角度，从历史发展阶段的角度和乡村价值凸显的角度，江苏开展了特色田园乡村建设，主要包括特色、田园和乡村三块。其实最核心的目的是三个方面，一个是留住乡村的人，就是把我们乡村里边的人，特别是青壮年留下来，特别是有助于在农业方面发展的人要留下来；第二个是留住乡村的形，使乡村更像乡村，保持乡村的空间肌理和形态，不要城不城、乡不乡；第三个是留住乡村的魂，把乡村的传统文化留下来。

前一阶段我们村庄环境整治更多的是普惠性的，全省所有的自然村庄都进行环境的提升，美丽乡村在这个基础上，打造一个墓志铭来引导乡村旅游，而我们这次特色田园乡村的重点是整合升级现有所有的关于农村方面的工作，探索体制机制的创新，来推进我们乡村的特色发展和综合发展。

我个人觉得有以下四个特点。一个特点就是汇众力，聚众智。原来做乡村规划建设的基本上都是政府加设计单位，最多加村民代表一起参加。设计完成以后，后期的建设再介入，再后期产业或者运营部门再介入，这是一个流水线的作业方式，跟现在城市规划作业方式是一样的。包括还有一个是主客上，就是住建部门做相同事情的时候，虽然其他部门会参与，但是事不关己，高高挂起。所以这一次，我们是采用团队作战，一开始做这个事情就汇集所有的部门，包括我们所有的主体来共同参与。比如说这是我们做的一个特色田园乡村，会成立一个联合的工作组。在这个工作组里面除了传统的规划设计单位外，还有很多的专家顾问，比如有规划建设部门的，有农业部门的，有水利部门的，还有村民代表，还有我们村庄以后要实施的、投资的一些项目主体，包括企业，是一个大的团队来共同作战。然后政府会成立一个政府为主要领导，作为组长的一个工作小组，联合各个部门，各司其职来推进相关的工作。这次规划的成果，其实不仅仅是原来关注于物质空间的一个成果，是分成两块。一块是工作方案，一块是规划方案。工作方案更多的是关注于村庄今后产业发展的问题。前面也说了，我们的一些投资主体，企业前期都已经介入了，所以说我们在这里头可以很好地，很细致地谈谈这个村里面产业的发展怎么做，村民村集体的经济怎么培育，包括村庄里涉及体制机制创新的一些工作怎么做。这次规划方案也跟传统物质空间的规划不太一样，更多的像一个乡村地区的多规合一，就是我们通过这个规划把各个部门所要做的一些工作，包括文教体卫、水利、国土全部汇集到一个规划里面，所以说它已经是一个完整的系统。

这次我们特别强调一个工作方案，大概列了八个问题，比如说限于土地用房的程序资源的梳理，三块地的改革措施，通告法的处理方式，产业发展的方式，都是在每一个特色田园乡村规划里边，大家所要面对的，所要针对性地提出解决方案的问题。

第二个特点就是谋发展，促增收。因为我们刚才讲就是主要的特点还是促进乡村的发展，当然作为我们规划设计单位来说，发展已经有企业介入了，我们更多的是梳理乡村现有的资源，把所有的资源梳理出来，供企业、政府来决策。包括各种各样的山水资源、产业资源，包括一些传统的文化资源，

特色田园乡村的内涵

特色	田园	乡村
特色产业 特色生态 特色文化	田园风光 田园建筑 田园生活	美丽乡村 宜居乡村 活力乡村

图 3

全部要梳理出来。第二我们考虑的是这次发展不是单个的，就村而言村，而是村田一起，村庄和农业空间一体化统筹考虑，不管是从空间景观上，还是产业链的延伸上都是统筹考虑；三产融合统一考虑，不仅仅就农业论农业，而是农业和旅游业、三产服务业和二产的加工业一起考虑。第三个，我觉得这次做得比较深入的，就是提出来了农村、村民和村集体增收的路径和模式。这做得比较细，甚至可以详细地提出来我们这个村庄可以提供多少个就业岗位，每个就业岗位大概增收的路径和模式是什么。最后一个，我觉得最为可贵的就是把原来分散到各个部门的一些资源政策全部汇聚到一起，比如农业部门的一些项目和政策，国土部门、旅游部门、水利部门的全部把它们汇集到一个村庄，这样的话，所有的部门都形成一个合力来推进工作。

第三个特点就是微介入，重改善。这一次主要做的工作不在于做村庄的增量，而是做村庄集合的存量。因为我们刚才说了，现在村庄的空心化现象很严重，村里面有很多空置的宅基地，空置的建筑和房屋，所以优先做里面存量，把所有空置的存量空间梳理出来，通过我们的产业制度和改造把资源充分地激活。这里可以看到村庄原有的一些厂房的利用和改造，其实这些厂房本身是一个时代的记忆，同时空置建筑的质量都还是不错的，通过合理的改造可以充分激活村庄的活力。第二个关注农宅，其实在这一轮里面，我们不再关注农民涂脂抹粉的工作，不在于做墙面的粉刷或者是涂涂画画。我们更多的是希望通过农民农宅内部功能的完善和生态节能保温措施的改善，来切实地提高农民的生活品质。因为现在随着生活水平的提高，人们对生活品质要求也会越来越高，所以我们切实地提出来了，包括生态系统功能的置换，使它能够满足于现在产业的发展，比如说农家乐的发展，比如接待设施的布局。

第四个特点就是塑特色，显文化。我觉得，首先最珍贵的一点就是通过这种工作把隐藏在乡村底下的一些传统文化全部梳理、记录下来，因为有很多的传统文化现在都是在老人的脑海里面，或者在口头上，并没有做完整系统的梳理。而我们通过这次调研把所有的文化梳理出来，记录下来，包括如何做一道菜，民俗活动怎么开展，祭祀活动怎么开展，现在其实很多都丧失了。第二个尽可能的在空间上把它落实下来，能够满足传统文化的发展。还有一个就是我们尽量地保证时代的记忆，把历史老建筑都保留下来，但是这些保留并不是因为这个建筑是历史建筑或者是其他的一些文保单位，有一些比如“文革”时期的或者是 80 年左右的老房子，我们也希望通过这次把它保护下来。这个以后可能给我们后辈人看是一个时代的记忆。为了体现传统建筑特色，我们特别还编制了《江苏地域传统建筑元素资料手册》，把全省 13 个地级市，老房子大概的门窗、结构、样式，通过非常鲜明直接的方式呈现出来，给设计师在规划设计的时候借鉴使用。

我们还提倡要积极利用当地的乡土材料。我们在规划时，设计师先到村里转，看看村里面有哪些闲置的项目材料，有多少个废砖、多少块废石头等，我们在规划设计时鼓励大家都把它用起来，同时还积极鼓励当地的工匠积极参加介入。因为刚才也说了，这次规划一开始我们的工匠都共同参与我们的这个规划编制。当然，我们说保留几十个地域传统建筑，并不是说把传统的建筑照搬到现在，我们还鼓励在传统的基础上做积极的突破和创新。从崔愷院士在昆山做的一个昆曲学社可以看出，其在传统江南的地域元素的基础上做了一些突破和创新。同时为了鼓励大家突破创新，我们还编制了一个《乡村营建案例手册》，就是把我们省内外，一些建筑比较不错的优秀村的案例摆出来，让设计师在规划设计的时候使用，也就是鼓励大家创新。这个是我们溧阳的一个农村集市，可以看出这个样式虽然可能很现代，但是他使用了传统的竹材料，在这个竹林里面其实也还是别有特色。所以说，最后我们特色田园乡村希望通过这四个方面来达到乡村让城市更向往的这样一个路径、目标。谢谢大家。

（本文未经作者审定）

基于文化传承的一般性乡村规划实践
——以“杭派民居”规划研究实施为例

桑万琛

浙江大学城乡规划设计研究院
A4 工作室主任

大家下午好！其实就在半个月前的中国城市规划年会上跟同行分享过这个主题，很高兴今天有机会在这里和各位再做一次分享交流。

大概在 2017 年 1 月的时候，有这么一组网红照片，被称为中国最美的回迁房。当时我的微信朋友圈完全被这个新闻刷屏，当然最兴奋的还是我们整个杭州市杭派民居工作组的同事，包括杭州市规划局（杭州市测绘与地理信息局）、杭州市农办（统筹办）、杭州市城市规划设计研究院和各家设计院等。从 2013 年的夏天有这个构思到现在，四年时间，作为第一批示范村，引起了全国同行乃至外行的一些关注，我作为亲历者，也觉得确实有很多东西值得跟大家分享一下。

一、发展困境

当时做这个课题，初心就来自于“乡村美不美”的问题。

这是一个典型案例。现代民居与传统民居相比，空间格局上“行列机械，里巷文化丢失”，这种弯曲的里巷所承载的生活和交往的功能完全丧失了。

大家知道，这几年的乡村，尤其是“美丽乡村”运动以后，仅十余年时间，一大批乡村从原先的传统风貌到现在新建的民居，产生了非常大的差距和美学冲突。最明显的就是建筑形式“千村一面，建筑文化迷失”。

图 3 的三张照片是从萧山机场去杭州主城区路上拍的，很多农居屋顶都顶了个球。当时万科的王石来杭州看良渚文化村的时候，还顺手拍了几张照，好奇地问杭州网友是什么意思？我在杭州出生、

图 1 （注：gad 建筑设计供图）

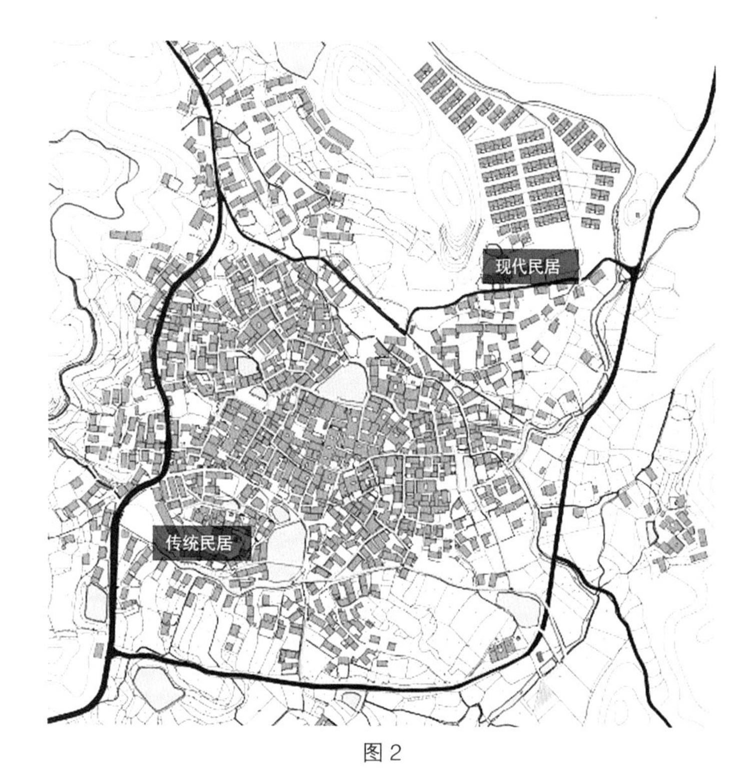

图 2

图 3

成长、学习，也不知道什么意思（笑）。这些年，不仅出现了顶着球的、中西结合的、奇奇怪怪的建筑风格，更重要的是在浙江，尤其是杭州地区，农居大小和高度成了家庭财富和社会地位的代表。因为经济条件比较好，几乎都是你家盖三层，那我家一定要盖三层，你家盖四层，我家也要四层的，所以当我们去看很多乡村，建筑高度几乎是一刀切得整整齐齐。这样从平面到立面，再到建筑风格，我们的乡村文化就完全破碎了。虽然杭州也有中国最美县城桐庐、荻浦村、深澳村一些做得非常好的传统村落，但这类传统村落毕竟还是少数，大概不到 10%。所以从整个杭州市域看，还没有形成系统、延续、深度的江南乡土文化体验空间载体。

那是 2013 年，杭州市政府的一个初心就是要解决乡村美的问题。乡村这么多，有两个方向，一个方向是保护历史的传统村落，国家已经六次公布“中国历史文化名村”，可以说传统村落的相关保护已经一步一步走上正轨；另一个方向是撤村建居的城中村，已经完全实现了城镇化。但这两者之间，还有大量身份尴尬、发展路径不清晰的一般性乡村。一般性乡村往往没有传统村落丰富的历史资源，除了零星的明清建筑或历史建筑，大多数还是在改革开放间新建的砖房；往往也没有外来资金和人口的涌入，所以仍然保持着一般农业和小微轻工业。一般性乡村数量最多，是活态乡土文化传承的最广阔空间，所以这个课题始终聚焦在这三类乡村。

图 4

图 5

图 6

2013 年夏天，杭州市规划局第一次组织召开工作协调会的时候，召集各县市规划局和各设计院一起讨论，到底杭派民居怎么往下做。

困惑一：形象认知不明晰

今天我们提杭派民居，很少有“嘲笑”的声音。但我们刚开始的时候，很多人都说没有杭派民居（这个概念）。大家知道在中国民居体系里，杭州民居隶属于环太湖苏州民居文化圈，2013 年以前确实不存在这个概念。尤其对标徽派民居，它有非常清晰的建筑符号：马头墙。那杭州民居有什么形象认知?

困惑二：文化内涵不明确

虽然已经提出了“杭派民居”的概念，我们也隐约觉得杭派民居不能等同于学术上的杭州民居，不是一次复古运动，在功能和风貌上是要适应当代生活需求和审美价值，是传承中的发展，是一次产品升级。但杭派民居究竟应该传承什么文化内涵?

困惑三：发展认知不一致

讨论的时候，有建筑师提到杭派民居是发展的集大成者，那这二十年杭州流行的法式古典、绿城风也是杭州的建筑风貌因子。而践行了十余年美丽乡村的各县市一线人员就更困惑了，当我们让各县市整理他们认为最好的民居和不好的民居照片，结果很有意思，我们收到的是这样一些照片。

这是一个县级市规划局提供的较好民居建筑。坦率地说，当我们看到的时候内心几乎是崩溃的，这也说明即使在“专业”规划系统里，对杭派民居的认知也是存在一定挑战的。

所以从这个角度看，政府委托我们开展“杭派民居”的相关工作，我们确定了先开展课题研究，再组织设计团队进行户型研发的工作模式。由浙江大学城乡规划设计研究院牵头研究，五家甲级建筑设计院（浙江大学建筑设计研究院有限公司、中国美术学院风景建筑设计研究总院有限公司、浙江省建筑设计研究院、浙江南方建筑设计有限公司等）做建筑设计。

二、系统研究

研究伊始，我们把从中国民居、浙江民居再到杭州的一些民居的相关资料梳理了一遍，整体来看，大多数研究是建筑学的论述，专注于个体建筑的解剖。比如浙江民居的好几本书都是清华大学出版社出版的，但是我们提的“杭派民居”，本质上并不想局限于建筑风貌，而是着眼于现代一般性乡村的生产生活模式，是强调与自然环境地理的融合与村落规划布局，是基于江南核心地域文化特征，构建符合现代生活要求的新乡土生活方式。所以这个思路确定后，对于“杭派民居”也许我们很难给出精确的定义，但可以从历史、自然、建筑文化和空间五个方面去找脉络、找原因。

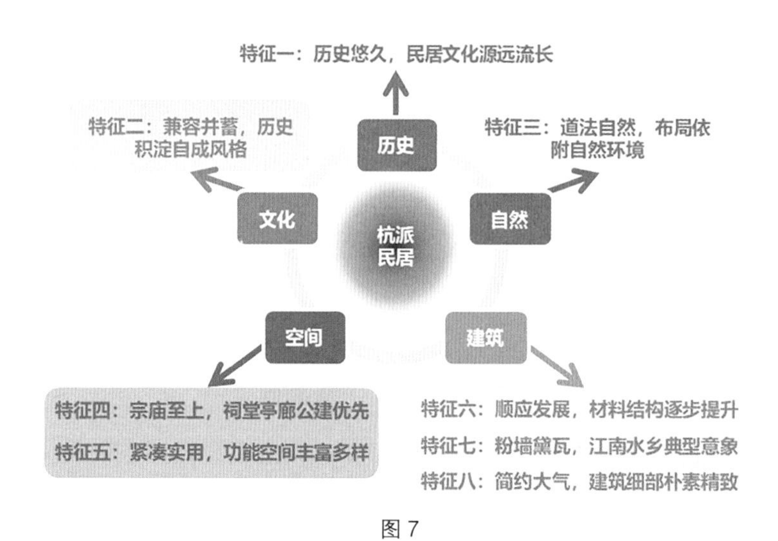

图 7

历史文化为什么是第一个，因为当时概念提出的时候，有反对声、质疑声。当时我们还在电视上做过推广，很多“老杭州”还特意写信到杭州市规划局，一定要跟我们说这概念有问题。但当梳理完从古代到当代的民居文化以后，我们发现了杭州民居值得文化自信的地方。比如在《营造法式》之前，其实有三卷《木经》，是北宋时杭州人预浩所写，他被欧阳修称赞为“国朝以来木工，一人而已”（作者注：北宋时杭州人预浩编写了我国第一部木结构建筑手册《木经》三卷，约一百年后在《木经》的基础上形成了《营造法式》）。宣传了一个月后，老百姓好像找到了一点自信。

我们希望大家，尤其杭州本地人认可杭派民居。但在连对概念都有争议的时候，很难在建筑符号上达成共识。到底什么是杭派？先搁置对一栋栋具体建筑的解剖，而是退一步，回到最初的建筑文化

杭州市"杭派民居"课题研究
RE SEARCH OF RE SIDENCE IN HANGZHOU

目 录
CONTEXT

1 研究背景
2 杭派民居研究
3 方案实践
4 运用建议

图 8

印象上来讲。所以三年里每次下乡，我前前后后和二十多个村的村民聊过这个问题，通过这幅画的三个特征要素来凝聚我们对杭派民居的文化共识。

建筑环境："小桥流水人家"

吴冠中先生笔下的画，没有人会说是东北、西北或者华南地区，他肯定认为是江南地区。因为小桥流水人家是千百年来唐诗宋词赋予我们（江南地区）的一张文化印象本底。

建筑色彩："粉墙黛瓦"

一致的色彩更能衬出江南的环境之美。而杭州乡村现在的大红大绿，凌乱的色彩冲突，破坏了乡村与环境的协调。

建筑符号："人字坡"

当研究对象不再是建筑单体而是整个村落时，除了色彩作为核心的共性要素，屋顶也是最容易传达和感知的一个建筑符号。而人字坡就是杭州民居的核心要素之一。

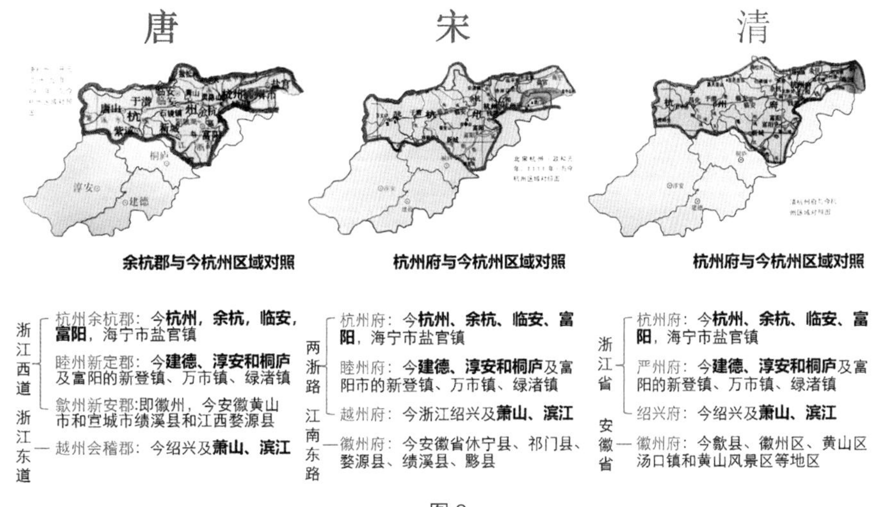

图 9

图 10

图 11

民居风貌是民居文化在民间传播和投射的具体载体，因此，基于地域文化的认同是影响民居文化传播的重要因素，我们还做了大量的历史文献和文化脉络梳理。

看杭州的发展史。从唐至清，主城区文化的范围相对清晰稳定，而今天纳入杭州行政区的萧山曾经属于绍兴府，淳安等一度属于徽州地区。每一种文化都具有归属感和认同感，而文化的传播跟行政有着极强的关联。基于行政范围变迁以及我们实际调研，可以把整个杭州市分成三层文化圈。杭派民居的核心是主城区和余杭区，外围则是圈层式的扩散，在扩散中势必和周边民居文化进行交流。比如萧山，它一度属于绍兴，事实上它保存的民居建筑就更多地受到绍兴台门建筑的影响。

浙东民居：宁波墙门，绍兴台门——明清时期，浙东学派和士商集团互渗转型，发展了藏天于室、传统又顺应新经济生活的住宅形制。

而淳安，它一度属于徽州，保存的民居建筑更多地是受到徽州建筑马头墙的影响。

徽州马头墙——集中地反映了徽州的山地特征、风水意愿和地域美饰倾向。

所以杭州民居文化呈现的特征是：兼容并蓄，历史积淀自成风格。我们介绍杭派民居时，从来不是教科书式的定义，而是因地制宜，希望各个县市抓住自己的核心文化。杭州不仅经历过三次南迁（永嘉、安史、宋室南渡），饮食、方言和民居文化南北交融，而且地理环境结构复杂，丘陵占 65%，平原占 26%。比方刚才提到的富阳东梓关村，一片粉墙黛瓦，因为它是平原地区，但就在富阳另外的山区民居就大量使用砾石片作为外墙维护，这种浅黄色的质感和色彩都跟杭州主城区完全不一样。

从建筑结构看，杭州民居从不是一个固定的建筑印象，也经历过许多变化。

以最典型的人字线来看。在南宋的四景山水图中，大多是悬山结构，因为这时砖的成本很高，还没有普及，而为了保护山墙，悬山比较有利；到了明清以后，砖的成本下降，又有防火优势，才得以在主城区大规模应用。海线砖砌筑的封山因双坡屋面而形成优美的“人字线”，至此，我们在今天才得以大量看到。即便如此，在 20 世纪 50—60 年代的西湖各村中，仍然保留了大量的悬山结构。

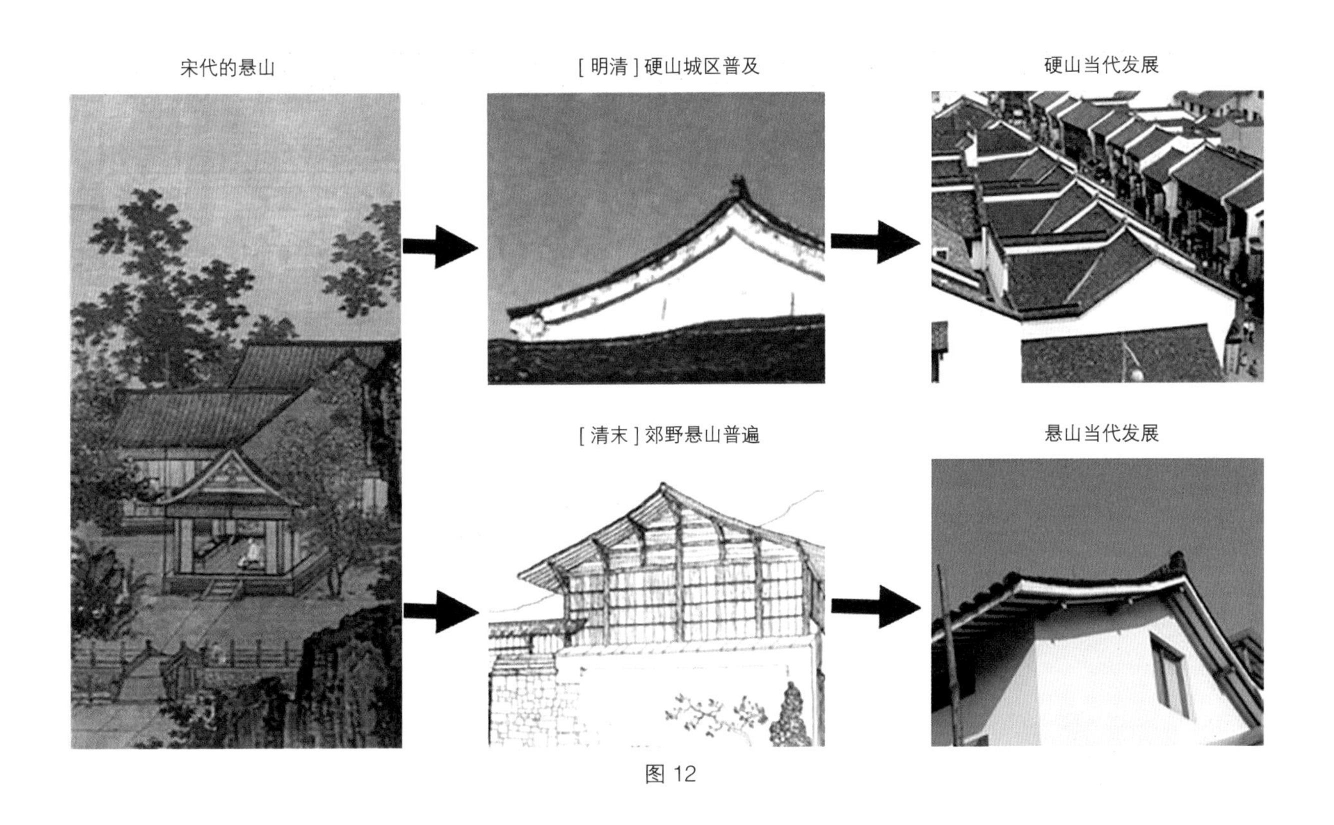

图 12

为了凝聚文化共识，我们要找到一些最能被人感知的杭州民居特征，让宣传有抓手，市民能认可。所以我们当时概括了杭派民居（老城区）的 12 个特征，分为空间、屋顶、构造、装修四个类别。通过对这 12 个通俗易懂的典型特征的宣传，市民对杭派民居的文化印象、文化品牌就会越来越接受、认可。

三、经验回顾

从四年前市政府的一个想法到今天的现象级作品，能够得到大家的认可，还是有一些经验值得分享一下。这几年杭州做对了什么？我们一直在保持观察。因为我们做好规划以后，每年都在往村里跑，往县市跑，跟农办合作，积极参加杭州市政府杭派民居工作组。

1. 抓住发展机遇

中产兴起：一方面杭州是全国白领加班排行榜的榜首，工作压力之余对乡野休闲生活的刚需比较大，另一方面是新中产阶级兴起以后，审美观更倾向于有江南地域特征的“新中式范儿”。

消费升级：从物质消费到文化消费，直接促使大量村庄引入民宿。在 2016 年的时候，杭州市民宿协会统计了一下，共有三千户民宿，两万张床位，投资大于七个亿，总收入大于十个亿。这个数字在 2013 年的时候，根本不敢想象。

图 13

文化回归：乡村里的很多问题，千村一面、欧美风其实都来自于城市一度的文化遗失。好在这两年城市已经开始回潮，杭州城市里大量的中式（房产）产品热销，新中式民宿能赚到钱，这些村民都看得到，也变得能认可这种风格。我个人体会非常深，在 2013—2014 年，跟村民做工作是非常非常困难的，到了 2016 年的时候就好多了，确实这种中式产品的爆发、文化的输入和影响是春风润雨的感觉。乡建已成为热点，很多设计团队以前是很少接触乡村的，这些优秀设计资源的下乡，用一些好的作品，也会进一步推动文化自信的回归。

2. 研究先行，分类响应

系统研究后，通过宣传抓手，赢得社会的认可后，再去推落地，很多事就会顺利。

因为杭州地形的复杂多样，所以要根据地形地势等自然环境，分析民居与乡土风貌的关系，系统引导乡村景观的营造，结合多样的自然地形研究破解，分为“野趣山居型、杭韵水乡型、诗意田园型、都市风雅型”四类研究。比如山地型，就会考虑坡差对户型的设计。

图 14

3. 示范带动，编制建设导则

杭派民居第一批示范村一共 13 个，市领导亲自抓，每次开会市长自己提方案修改意见。比如东梓关村做方案的时候，市长说传统的农村一家一户都是不一样的，所以我们要做到一家一户型。设计师听了当时就懵了，一次建成，又要控制施工成本，这难度也太大了。所以 gad 设计为其他村提供了一种解决方案，就是组团式，提供四种基本户型，通过四种基本图形的不断组合，营造出非常丰富的立面效果和空间感受。抓住诉求和需求，而不是完全按照要求，这也是高品质做乡村规划设计的重点。

从筹建示范村到 2014 年杭州市政府正式发布 158 号文件《"杭派民居"示范村创建工作实施办法》，整个过程我们规划团队一直深度介入。从最早的二十多个村，到通过层层遴选，第一批 13 个示范村。在工作方法上，市农办和市规划局联合办公，包括我们规划团队联合作为项目组，前后去了三十多趟各村。基于实际情况组织编制了《杭派民居示范村评判标准》，把诉求和考核要求表达成清晰的考核标准，乡镇基层工作人员能够更容易感知到，原来做杭派民居不仅仅是建筑立面的整治，有总体规划布局、建筑单体和特色附加产业。

回顾这几年一路走来，最感谢的其实是优秀的设计团队能够下乡实践，是能够促使成功的核心要素之一。杭州市政府牵头成立杭派民居工作组，规划、建筑专业工种直接为各村服务，富阳规划局更是邀请普利策大师王澍做了文村，请了 gad 建筑设计做了网红东梓关村。图 15 是我每次去农村都会跟村民讲的一件事情。相比以前兵营式的农村，家家户户一模一样，都是 1，但是这个 1 加 1 给我们带来的美感小于 2，而这个是残缺美。

这是中国美术学院做的一个竞赛方案，当时在农村造成很大的困惑。因为杭州农村非常忌讳高低差，还有我家的门打开不能对着别人家的窗或者墙线。虽然这个方案中你家可能缺了一个角，我家也缺了一个角，但形成的整体效果其实远远超过兵营式，所以说是 0.8+0.9 大于 2。当时为此做了很多工作，最后还是说服了很多村接受。

杭派民居示范村评价标准

考核要求				评价标准	得分	说明
类别	序号	内容	分值			
总体规划布局（5′）	1	新村有机布局	1′	新村建设与老村空间关系融洽，近期与远期建设计划安排合理	1	保留村庄的历史记忆，在发展中协调新村与老村的关系
	2	建筑有机布局	1′	a. 非行列式，庭院和街巷等公共空间层次丰富	1	避免兵营式的新村建设，营造邻舍共享交流的半公共空间
				b. 非行列式，高低错落有致	0.5	
	3	山水环境和谐	1′	a. 周边的山水自然景观不仅具有观赏性，而且具有可游性和可达性	1	乡村的吸引力和周边的山水田园环境不可分割
				b. 周边山水自然景观仅具有观赏性	0.5	
	4	交通组织合理	1′	a. 游步道与自然环境结合，和机动车道避免互相干扰	1	根据需求动静分区合理，机动车道与非机动车道组织有序
				b. 游步道与机动车道避免互相干扰	0.5	
	5	公建配套合理	1′	公建配套规模综合考虑本村居民和游客需求，选址避免影响居民	1	对外公共建筑结合游步道系统综合设置
建筑单体（5′）	6	传统风貌样式	1.5′	a. 样式符合杭派民居要求，并体现当地传统建筑特征	1.5	空间、屋顶、构造和装修四大方面基本符合传统杭派民居要素特征
				b. 建筑高度不超过三层，采用人字线屋顶，色彩统一为白墙黑瓦	1	
				c. 色彩统一为白墙黑瓦	0.5	
	7	细部构件考究	1′	a. 窗框、披檐、檩架等重要构件样式传统并采用木构或当地传统材料	1	细部构件是展示体现传统文化的关键部位
				b. 窗框、披檐、檩架等重要构件样式基本符合传统样式	0.5	
	8	现代功能设计	0.5′	a. 采用光伏陶瓷瓦和隐蔽式设计空调主机位	0.5	结合现代生活需要功能，提高农村居民生活水平
	9	样式协调多样	1′	民居风格整体协调并具有多样性	1	体现民居建筑个性化
	10	营造庭院空间	1′	庭院内景观营造和家具布置符合农村基本生产和生活需求	1	选取本土树种，配置休闲设施，促进邻里之间的交流
特色附加（5′）	11	旅游产业发展	3′	a. 停车设施配比满足需求	1	促进农村产业可持续发展，避免空心化
				b. 有专用或共用的游客中心	1	
				c. 民宿客房有独立卫生间	1	
	12	养老产业发展	2′	a. 村内有公共的健身设施	1	
				b. 有卫生所能够提供基础医疗服务	1	
合计得分						—

四、小结

2014年10月，住房和城乡建设部组织了首次国家层面的传统民居全面调查，并编写出版了《中国传统民居类型全集》，在杭州民居中完整引用了项目组提出的“12项典型建筑特征”，这个是当时没想到的，也是对我们的一种肯定。

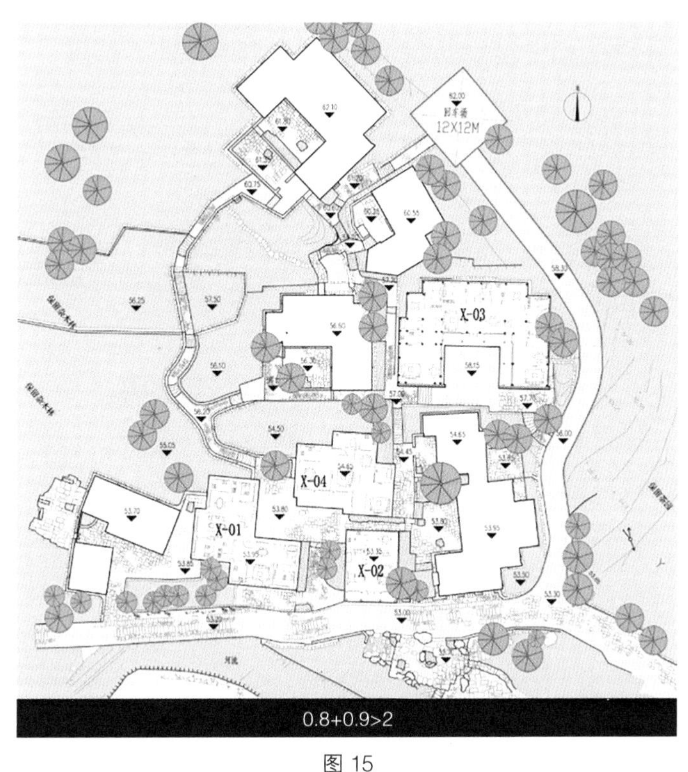

图 15

图 16

回头总结，设计作品是基本面，要真正把杭派民居从概念到落地，让村民欣然接受，还需要大量的乡野工作，需要部门的联动，需要宣传和互动，抢占社会的认知、老百姓的认知。当然很幸运，这不是一场临时运动，第二批杭派民居示范村目前正在陆续推出，而且浙江也推出了浙派民居等。

五、小提醒

1. 不仅是风貌的整治，更是基于乡土文化的识别、传承和重构，是美丽乡村再升级，为一般性乡村的发展探索路径；

2. 不盲目适用于三类乡村，尤其是有自然景观资源优势的乡村。

感谢所有杭州市“杭派民居”工作组的同事。我们时常自勉：

“留住乡愁，砥砺前行！”

（本文已经作者审定）

姜晓刚

浙江南方建筑设计有限公司副院长

田园综合体规划设计与实践经验浅谈

各位嘉宾、领导、老师和同学们，大家下午好。

非常荣幸被邀请来和大家一起探讨田园综合体的一些相关工作。本次的演讲题目是田园综合体规划设计与实践经验浅谈。

我们“南方设计”在2015年确定了一个战略，就是把房地产、工业研发产业园等归类到传统设计，定下了三个新形势的业务方向，一个是城市中心，一个是特色小镇，一个是美丽乡村。很多人都知道“南方设计”特色小镇做得很好，但是其实我们从2015年开始就把美丽乡村作为一个核心业务了，到现在共三年时间大概有300个这三个类型的项目，那里面大概有1/4是类似于美丽乡村和田园综合体的项目，那说到这个特色小镇和美丽乡村，有些时候他们是没有办法区分的，特色小镇里面有农村，农村里面也可以做这个小镇，联系也蛮多的。这300个项目有一半以上都是已经做过规划，结果没有办法落地，为什么？也就是说我们用传统的规划设计方法来做现在的设计项目好像是不行的，为什么？这可以从两个方面来说。首先，我们把中国的经济发展梳理一下，在1998年之前中国经济发展模式被称为“成本驱动阶段”，也可以说是“工业园”模式，中国发展的都是低成本劳动密集型产业，承接国外的产业转移，中国土地、人工、原材料等各项生产要素便宜，中国成了世界工厂。第二个阶段叫作“投资驱动阶段”，初级工业化向中级转型，以土地财政模式创造性地解决了原始积累的瓶颈。这个时候出现了产业新城，赶上房地产改革，我们也可以称之为“产业园”模式。到了第三个阶段“创新驱动阶段”，差不多从2014年开始，因为土地成本急遽提升，导致实体产业大量外溢，招商难度大增，因此出现了大量孵化器、创新创业、产城融合等。但是请注意，我们现在的城市管理方法、城市发展方法，包括我们规划设计的方法和理论大部分都是为了解决过去的两个阶段问题所形成的，那么现在整个经济发展诉求模式发生变化，你的规划方法、理念如果发生不改变的话，你可能就要被淘汰。值得说的是，特色小镇和田园综合体就是处于这个阶段。在座的同学你们认为特色小镇是什么？我可以这么说，你们中大部分人的认识、概念基本上是错误的，特色小镇是为企业产业发展的问题而提出的。那美丽乡村是为了解决什么问题而提出来的呢？农村的路径是怎么走的？尤其美丽乡村这么多年一直没做成功，一直就是涂脂抹粉到现在才有起色，其实是因为这个需求到了，所以从这点上来讲，可以说农村的机遇刚刚开始。

从欧美国家的发展历程来讲，当人均 GDP 高于 1.5 万美金时，逐渐出现城市人口向乡镇和农村转移的趋势。比如说他们现在有些人在城市最好的地方有公寓，然后平时就生活在农村。那城市大部分的地方就变成黑人、墨西哥人居住的贫民窟。其实中国的发展也是这样，尤其是现在高铁、互联网这样的因素出现，互联网、高铁、高速公路和机动车普及率等各种要素，以及城市出现的拥堵、雾霾、生活与工作成本剧增等原因，加快促进城市人口向乡村转移的趋势。刚才有一位老师说农村的衰败是无可避免的，从改革开放到现在，中国已经消失了 90 万个自然村，流失的耕地有 240 万亩，这是城镇化发展的必然结果。但当我们经济富裕也就是人均收入达到 1.5 万美金的时候，农村就会慢慢变成一种消费和奢侈的地方。乡镇农村劳动力外溢到城市和城市精英人群反哺乡镇农村，极有可能取代中国古代的乡贤和自治模式，成为中国未来城市和乡村之间的新型关系。而要建立中国城市和乡村的新型关系，前提是要明白，乡村和城市的差别，不再是生活水平的高低和生活品质的好坏，而是生活方式选择的不同。在中国，农村不仅仅是一产的作用，同时还是社会的稳定器和泄洪池，而基础设施和公共产品的严重缺失才是目前最大的瓶颈。我们现在做的工作其实是在为我们过去的牺牲做功课，你要知道补课补的地方是什么，其实就是基础设施到公共场所。我们现在提出了一些很好的乡村的概念，但实际上反而在忽略最基础性的问题，就是美丽乡村是什么、怎么做的问题。

特色小镇是什么，是产业、文化、旅游、社区的四位一体，人才引入是关键，产业是核心，如果没有产业基础那是很难成功的。那田园综合体是什么呢？是农业、乡村文化、乡村旅游、田园社区的四位一体，公共产品的完善和人才的导入是关键。这两者核心是基本一致的，田园综合体就其本质，可以说是特色小镇在农村中的具体应用。那特色小镇和田园综合体能不能成功的评估标准是什么呢？因为这三年时间做了 300 多个项目，在全国很多经济发展困难的地方都有我们的项目，可以说几乎所有类型的田园综合体我们都接触过，所以我们可以有一个总结，就是田园综合体发展模式对农村是否有效，可以从地理条件、经济基础、人才基础、发展阶段和实施主体这五个方面来讲，也就是特色小镇和田园综合体的评估标准也可以从这五个方面实施。比如说，地理条件比较好的农村，例如位于长三角城市里面，那么田园综合体在这个村就可以做大做强的；如果是在偏远的地方，除非是有非常强的旅游的引爆点，或者非常强的景观特点，否则的话田园综合体就很难成功。我最常见的一句套话是什么？就是它往往会把绿化率等于旅游价值，经常会说这里的资源优势可以

图 1　田园综合体评估标准

为旅游提供哪些优势，但是实际上从旅游本身要素来看你会发现根本不行，它只不过是植被绿化率高。还有一个要素是人才技术，我们农村里面最突出的问题就是人才缺少的问题，浙江打马云感情牌无非就是想通过这个把人才引进来。没有具有活力、创造力的年轻人才，仅仅靠农村本身，是很难发展起来的。

那在特色小镇和田园综合体发展过程中，政府应该扮演什么样的角色呢？在特色小镇和田园综合体发展的不同阶段，政府的主要职责是不同的。在项目启动引爆阶段，政府要起到主导作用，要撬动市场，引入企业，投资乡村道路基础设施和公共服务设施，打通外来高端人才进入和外来企业经营的门槛。在孵化培育阶段，政府要起到引导的作用，以市场为主体，以企业运作为核心。到加速发展阶段，政府扮演的是服务的角色，维护好市场规范，为企业拓展创造条件。

我们在农村真正实施田园综合体项目的时候，基本上可以分成五个步骤。第一个步骤叫作金缮，金缮是古代瓷器的一种修复技术。我们的农村最典型的特征就是碎片化，包括新老建筑、公共道路等在内的这些东西都是残缺的，金缮就是把原先的碎片化变成一个整体，它还可以承载新的，它会把一些并不是那么出色的东西变成一个新的价值更高的东西。金缮其实也就是公共空间和公共产品的重新塑造。第二个步骤叫作镶嵌，我们当下的农村建筑的形态与功能都受过去的那个时代的影响，我们现在很多生活需求在过去的空间里很难完成，所以必须镶嵌提取一部分新的生活融入旧的空间里。第三个步骤叫作织补，也就是新老产业、空间、机制和文化的交融，这种交融本身也是一种创新。

第四个和第五个步骤就是生长和迭代，由于时间原因我就不多做解释了。乡村旅游有四个国际化原则，分别是干净、安静、安全、舒适。要想都满足，我们就得有相应的基础的条件，那么从设计的角度我们该怎么做才能满足呢？做到这十大措施基本上就满足了：第一个不要看见裸露泥土，因为风雨一来泥土地里干净就不存在了；第二个不要看见水泥砂浆，因为它没有任何文化的特质；第三个不要看见瓷砖、不锈钢这些现代工艺品；第四个不要看见蜘蛛网、电线；第五个不要“开天窗”，每个领域都要有专门的人负责；第六个是院墙的营造，这是我们农村生活方式与城市的生活方式最大的物理区别；第七个就是近人尺度的绿化；第八个是建筑的整理，这并不是说拿一个统一的风格来重新覆盖，而是将符合本地历史发展规律的建筑、符号尽量保留下来；第九个是地坪的整理；最后一个就是一定要用当地的材料。如果能做到这十点，那这个村庄就可以说是浙江省美丽乡村的典范了。

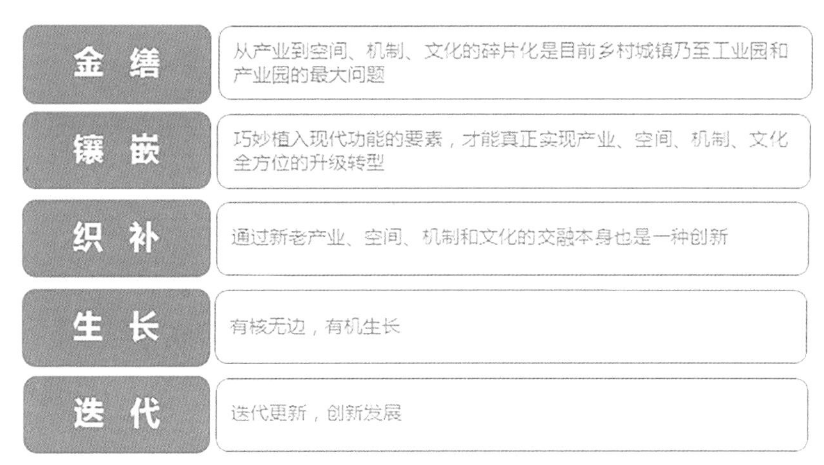

图 2 田园综合体实施步骤

接下来要处理的就是文化的问题了，文化一共可分为六大部分，分别为：物质文化、制度文化、产业文化、社区文化、行为文化以及艺术文化，具体内容我就不一一赘述了。而文化的发展也应该分为五个层级，在详尽的田野调查和分析研究的基础上，我们要对文化进行保护、传承、活化、创新及迭代。只有经历这五个层级变化后的文化，才是最前沿、最完整的文化。文化对于我们有着非常重要的意义，它是乡村、特色小镇乃至整个国家民族的灵魂，是吸附高端人才的成本最低和最有效的手段，也是扭转目前普遍的成本式经济、候鸟式经济、掠夺式经济的有效手段。传统文化、地方文化和产业文化是当代文化形成的最为重要的三个核心来源，尤其是产业文化。中国当代文化的缺失，主要是产业文化的缺失。目前，中国的产业结构过于低端，没有产业文化诞生所需的高端的研发、设计、品牌和营销土壤。由于缺乏必要的理论和实践，目前对文化，尤其地方和传统文化的认识还处于保护和传承上，缺乏活化与创新。

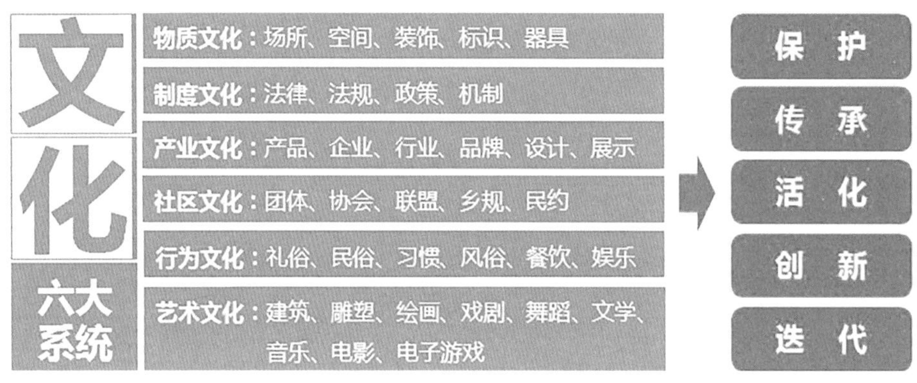

图 3 田园综合体文化系统构建

接下来我们讲村庄的基本空间要素，主要包括六个方面，核心、入口、节点、边界、交通和街区。比如说入口，村庄车行入口与人行入口的选择，入口数量与位置的选择等都是你要去思考的；比如街区的规划，农业区如何与生活区、休闲区交接，在空间上是怎样的关系，不同街区之间的交通采用何种方式，这些都是我们在实际操作中不可避免会遇到的。但是只要处理好这六大空间要素，那么你的设计一定是非常好的。

通过这 300 多个项目的实践，我们系统总结梳理出来了田园综合体项目的工作步骤、工作体系，这是政府、投资方以及村民三方协同参与的工作平台，用这个工作平台才能够真正保证我们的项目是可以落地实施的，上面是工作内容，下面是我们需要的合作内容。

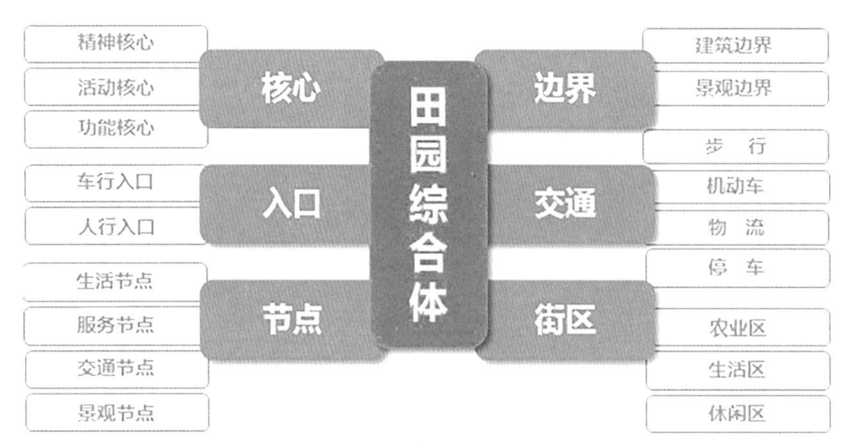

图 4 田园综合体空间要素

2015—2020 年，是中国产业急需转型升级的时期，我们建筑规划行业也是如此。很多过去的方法、理论在现在可能会行不通，我们必须去创新，必须去研究。尤其是在座的同学们，如果是在十年前，

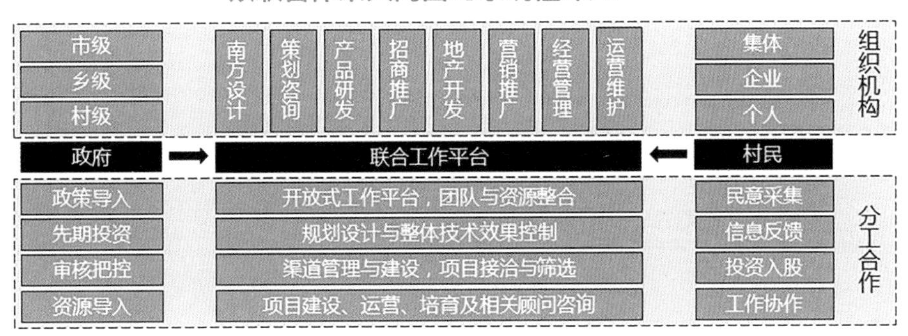

图 5　田园综合体工作平台

你们出来就是给别人打工，但是如果你们现在就意识到这一点，在这个时候帮我们去创新、去设想、去研究，那你们的以后肯定会发展得非常好的。以上就是我的全部汇报内容，谢谢大家的聆听。

（本文未经作者审定）

第二部分

乡村规划方案

竞赛组织及获奖作品

2017 年度首届全国高等院校城乡规划专业大学生乡村规划方案竞赛（浙江台州基地）任务书

2017 年度首届全国高等院校城乡规划专业大学生乡村规划方案竞赛（浙江台州基地）参赛院校及作品

2017 年度首届全国高等院校城乡规划专业大学生乡村规划方案竞赛（浙江台州基地）评优专家

2017 年度首届全国高等院校城乡规划专业大学生乡村规划方案竞赛（浙江台州基地）获奖作品

参赛院校及作品

评委点评

高校代表：冷　红

设计院代表：鲁　岩

规划管理部门代表：张　凌

调研花絮

竞赛组织及获奖作品

2017 年度首届全国高等院校城乡规划专业大学生乡村规划方案竞赛（浙江台州基地）

任务书

一、活动目的

通过该项乡村规划设计教学方案竞赛，推进全国高等学校城乡规划专业（或相关专业）乡村规划课程教学的交流；吸引国内更多高校以及社会各界关心和支持乡村规划教育与城乡规划专业人才的培养，引导城乡规划专业学生更加关注乡村发展，并投入到乡村规划和建设事业。

二、任务要求

根据竞赛承办方提供的相关基础资料，结合实地调研，在符合国家和地方有关政策、法律、法规和规划指引的前提下，挖掘并充分利用村庄资源禀赋，探讨村庄未来发展可能；并以此为出发点，提出村庄的未来发展定位和发展策略，在村域层面编制村庄规划，并选择重要节点编制概念方案。

三、成果要求

本次方案竞赛重在激发各高校学生的创新思维，提出乡村发展策划设计创意。规划成果内容包括但不限于以下部分：

1. 发展策划

应根据竞赛任务要求，创意性地提出白鹤岭下的发展定位和实施策略，并重点基于区位特征、资源禀赋和发展条件等论证其可行性。

2. 村域规划

根据地形图或卫星影像图，对于村域现状及发展规划绘制必要图纸，并重点从村域发展和统筹的角度提出有关空间规划方案，至少包括用地、交通、景观风貌等主要图纸。允许根据发展策划创新图文编制的形式及方法。

3. 居民点设计及节点设计

根据上述有关发展策划和规划，选择重要居民点或重要节点，探索乡村意象设计思路，编制乡村设计等能够体现乡村设计意图的规划设计方案。原则上设计深度应达到 1 ： 1000—1 ： 2000，鼓励提交反映乡村意象的入口、界面、节点、区域、路径等设计方案和必要的文字说明。

四、成果形式

规划设计方案要求扎根实际、立意明确、构思适宜、表达规范；鼓励采用具有创新性的技术、分析方法与表现手法；成果要求图文并茂，并适应后期出版需要。

主要成果形式与要求如下：

1. 每份成果，应有统一规格的图版文件 4 幅（图幅设定为 A0 图纸，应保证出图精度且在不同等级文字的大小等方面遵照范图要求，分辨率不低于 300dpi。勿留边，勿加框），应为 psd、jpg 等格式的电子文件，或者 Indd 打包文件夹，该成果将用于出版。具体要求：规划设计方案中的所有说明和注解均必须采用中文表达（可采用中英文对照形式）；图纸中不得出现中国地图以及国家领导照片等信息；成果方案的核心内容必须为原创，不得包含任何侵犯第三方知识产权的行为。

2. 每份成果，还应另行按照统一规格，制作两幅竖版展板 psd、jpg 格式电子文件，或者 Indd 打包文件夹。该成果将统一打印，以便展览。

3. 能够展示主要成果内容的 PPT 等演示文件一份，一般不超过 30 张页面。

五、时间安排

1. 2017 年 6 月 4 日：同济大学举办竞赛启动仪式，发布竞赛通知。
2. 2017 年 6 月 10 日：竞赛报名截止。
3. 2017 年 6 月 20 日：公布特邀参赛团队、定点自由参赛团队与自选基地参赛团队。
4. 2017 年 7 月 1 日—9 月 1 日：发放技术文件、完成定点基地现场调研。
5. 2017 年 11 月 15 日：所有参赛团队提交成果。

6. 2017 年 11 月 30 日前：参赛成果分别完成评审，产生入围方案。

7. 2017 年 12 月 20 日前：入围方案完成最终评审并举办乡村规划论坛。

六、评优方式

本次活动组织，重在激发各校师生积极性和研讨交流，原则上在收集各单位成果后，由主办方与承办方共同邀请有关专家学者，以及指定参赛基地所在地的省市县相关部门领导，共同组成评优小组，完成竞赛成果的评优工作。

具体安排如下：

1. 评优时间：2017 年 11 月 30 日前完成初评，产生入围方案并及时公布；2017 年 12 月 20 日前完成最终评审；具体时间另行通知。

2. 评奖形式：展板展示 +PPT 汇报（每参赛团队不超过 15 分钟）。初评入围方案的最终评审方法将另行确定。

七、组织单位

1. 主办方：中国城市规划学会乡村规划与建设学术委员会、中国城市规划学会小城镇规划学术委员会

2. 支持方：浙江省住房和城乡建设厅、台州市黄岩区人民政府

3. 承办方：浙江工业大学建筑工程学院、浙江工业大学小城镇城市化协同创新中心、台州市黄岩区宁溪镇人民政府

4. 协办方：浙江工业大学工程设计集团有限公司

八、工作小组

1. 竞赛成果接收联系人

张善峰：浙江工业大学建筑工程学院城市规划系；电话：×××××××××××；邮箱：×××××××@qq.com。

2. 竞赛组织等其他事宜联系人

邹海燕：中国城市规划学会乡村规划与建设学术委员会秘书处；电话：×××××××××××。

陈玉娟：浙江工业大学建筑工程学院城市规划系；电话：×××××××××××。

九、其他

1. 各参赛团队所提交成果的知识产权将由各参赛团队（单位）和竞赛组织方共同所有，组织方有权适当修改并统一出版，各参赛团队（单位）拥有提交成果的署名权。

2. 所有参赛团队均被视为已阅读本通知并接受本通知的所有要求。

3. 本次竞赛的最终解释权归竞赛组织方所有。

2017年度首届全国高等院校城乡规划专业大学生乡村规划方案竞赛（浙江台州基地）

参赛院校及作品

序号	作品名称	参赛院校
1	青岭 · 鹤集 · 云归	华中科技大学
2	步步为营	华中科技大学
3	农缩幸福 乡居未来	清华大学
4	画中游 鹤归来 栖于陇	青岛理工大学
5	宁溪镇白鹤岭下村村庄规划	吕梁学院
6	更新 体验 传承	吕梁学院
7	白鹤亮了——艺术介入	中央美术学院
8	白鹤岭下村乡村规划	宁夏大学
9	兴芯 · 向融	上海大学
10	一带一路 · 岭下乡愁	平顶山学院
11	中国第一退休同居田园	泉州师范学院
12	立廊绕空巢，岭下唤故人	浙江师范大学
13	画居	湖南城市学院
14	退归岭下 湿意溪居	同济大学
15	创享岭下 画里人家	浙江大学
16	陈田新耕 寻鹤画中	浙江工业大学
17	白鹤岭下，栖画田居	华中科技大学
18	栖岭下、筑新生	四川农业大学
19	三维韧度 · 立体乡村	天津城建大学
20	城乡分野 信息岭下	天津大学
21	鹤归人回 幸福岭下	安徽建筑大学
22	朝望画，夕拾菇	浙江师范大学
23	鹤栖岭下，归“原”田居	浙江科技学院
24	“画”零为整	湖南城市学院
25	唯不忘乡思	湖南工业大学
26	鹤发童颜 阖乐田园	苏州科技大学
27	乡村作学堂	西北大学
28	村居觅人迹，青山守鹭归	西安建筑科技大学
29	以养而居，版系岭下	郑州航空工业管理学院
30	版印岭下，趣野山田	郑州航空工业管理学院
31	氤氲江南乡土梦	长安大学
32	扬岭	黄山学院

2017年度首届全国高等院校城乡规划专业大学生乡村规划方案竞赛（浙江台州基地）

评优专家

序号	专家姓名	专家简介
1	张尚武	中国城市规划学会乡村规划与建设学术委员会主任委员 同济大学建筑与城市规划学院副院长、教授
2	冷　红	中国城市规划学会乡村规划与建设学术委员会委员 哈尔滨工业大学建筑学院副院长、教授
3	但文红	中国城市规划学会乡村规划与建设学术委员会委员 贵州师范大学教授
4	余建忠	浙江省城乡规划设计研究院副院长
5	姜晓刚	浙江南方建筑设计有限公司副院长
6	鲁　岩	台州市城乡规划设计研究院副院长
7	张　凌	台州市规划局黄岩分局副局长

2017年度首届全国高等院校城乡规划专业大学生乡村规划方案竞赛（浙江台州基地）

获奖作品

序号	获奖类型	作品名称	参赛院校	参赛学生	指导教师
1	一等奖	陈田新耕 寻鹤画中	浙江工业大学	金 利 秦佳俊 沈文婧 姚海铭 杨名远 赵双阳	陈玉娟 周 骏 张善峰 龚 强 武前波
2	一等奖	画中游 鹤归来 栖于陇	青岛理工大学	叶 靖 冯佳璐 董喜平 高 营 樊 骋 黄敏雯	张洪恩 孙旭光
3	二等奖	退归岭下 湿意溪居	同济大学	范凯丽 裴祖璇 涂匡仪 陈 薪 陈立宇	栾 峰 杨 帆 张尚武
4	二等奖	鹤发童颜 阖乐田园	苏州科技大学	李紫扬 丁立坤 陈嘉佳 彭琪帜 虞玉红 芮 勇	彭 锐 潘 斌 范凌云
5	三等奖	乡村作学堂	西北大学	王欣宜 刘 烨 刘 雯 陈 欣 耿乐琪 刘若宁 李文艳 王 浩	董 欣 吴 欣 惠怡安
6	三等奖	三维轫度·立体乡村	天津城建大学	马 然 齐丛品 高 健 方博伟 宋安琦	张 戈 杨向群 李 巍
7	三等奖	青岭·鹤集·云归	华中科技大学	伍 静 张方圆 李月灵 黄嘉豪 韩 菁 胡佩茹	万艳华 陈征帆 王 萍
8	优胜奖	栖岭下、筑新生	四川农业大学	王 琳 刘 昱 陈 曦 韩璐蔓 王亚婷 张璞涵	曹 迎 周 睿
9	优胜奖	氤氲江南乡土梦	长安大学	景文丽 石立邦 王 超 王 瑞 罗思夕	余侃华 蔡 辉 井晓鹏
10	优胜奖	村居觅人迹，青山守鹭归	西安建筑科技大学	王怡宁 黄彬彬 杨 雪 吴 倩 杨新玥	吴 锋 田达睿
11	佳作奖	一带一路·岭下乡愁	平顶山学院	王 盼 阎东安 岳子琳 刘美娟 马腾辉 马 浩	钱宏胜 李春妍 张宇华
12	佳作奖	创享岭下 画里人家	浙江大学	吴佳一 刘爽 金盼盼 朱俊峰 李丹阳	曹 康 董文丽
13	佳作奖	步步为营	华中科技大学	龙湘雪 侯志伟 廖 琪 王文卉 储 梁	任邵斌 邓 巍
14	佳作奖	白鹤岭下，栖画田居	华中科技大学	亢 颖 黎子群 张恩嘉 姚 旺 柴晓怡 唐 爽	何 依 邓 巍
15	佳作奖	鹤归人回 幸福岭下	安徽建筑大学	杨光平 汤 铭 赵梦龙	肖铁桥 宋 祎 张 磊 张少杰
16	佳作奖	鹤栖岭下，归“原”田居	浙江科技学院	屠商杰 徐盛昕 詹钰鸿 陆哲锴 王竹男 卢闻雯	吴德刚 张学文 黄杨飞
17	最佳研究奖	画中游 鹤归来 栖于陇	青岛理工大学	叶 靖 冯佳璐 董喜平 高 营 樊 骋 黄敏雯	张洪恩 孙旭光
18	最佳创新奖	乡村作学堂	西北大学	王欣宜 刘 烨 刘 雯 陈 欣 耿乐琪 刘若宁 李文艳 王 浩	董 欣 吴 欣 惠怡安

参赛院校及作品

青岭·鹤集·云归

【参赛院校】 华中科技大学

【参赛学生】

【指导教师】

“梦里云归何处寻，白鹤岭下有人家。”

在城市化浪潮的冲击之下，乡村的发展却不是城市的生硬延伸，乡村规划不能过度对城市规划产生路径依赖，乡可规，非常规。对于传统乡村而言，发展不是必然，冲突不是常态，社区依附人情。如何合理利用乡村资源，实现乡村永续发展，同时保持乡村本真，一直是规划者在不断探索且渴望达到的目标。

方案设计理念是在调研挖掘白鹤岭下村资源禀赋优势及发展潜力，并针对现有问题与不足的前提下，对其未来发展进行生产、生活、生态三方面的策略规划，整合三生空间，并吸引各界优质资源与人才集于该村，吸引外出的乡民回归家乡，以源源不断的人气为白鹤岭下村的发展带来生机与活力。具体而言：

在生产上，引进 VSA 模式融合三产、拓展电商平台打开销路、整合特色旅游资源拉动村庄发展，吸引外出乡民回乡创业就业，缓解“空心化”问题；

在生活上，从村庄公共空间设计、交通梳理、风貌整治三方面入手改善村庄人居环境，提高居民生活质量，维系邻里生活，实现人本化回归。同时挖掘历史文化要素、保护传承民俗，策划节庆活动，吸引外来游客，发展乡村旅游；

在生态上，重视生物多样性保护，限制过度开发，以避免在发展过程中对生物生境造成破坏，并规划引入生态基础设施，使村庄建设与自然生态的绿色融合。

人性需要前瞻，生命不能缺失希望和盼想。尊重乡村价值与尺度的规划正是对乡村未来的畅想。

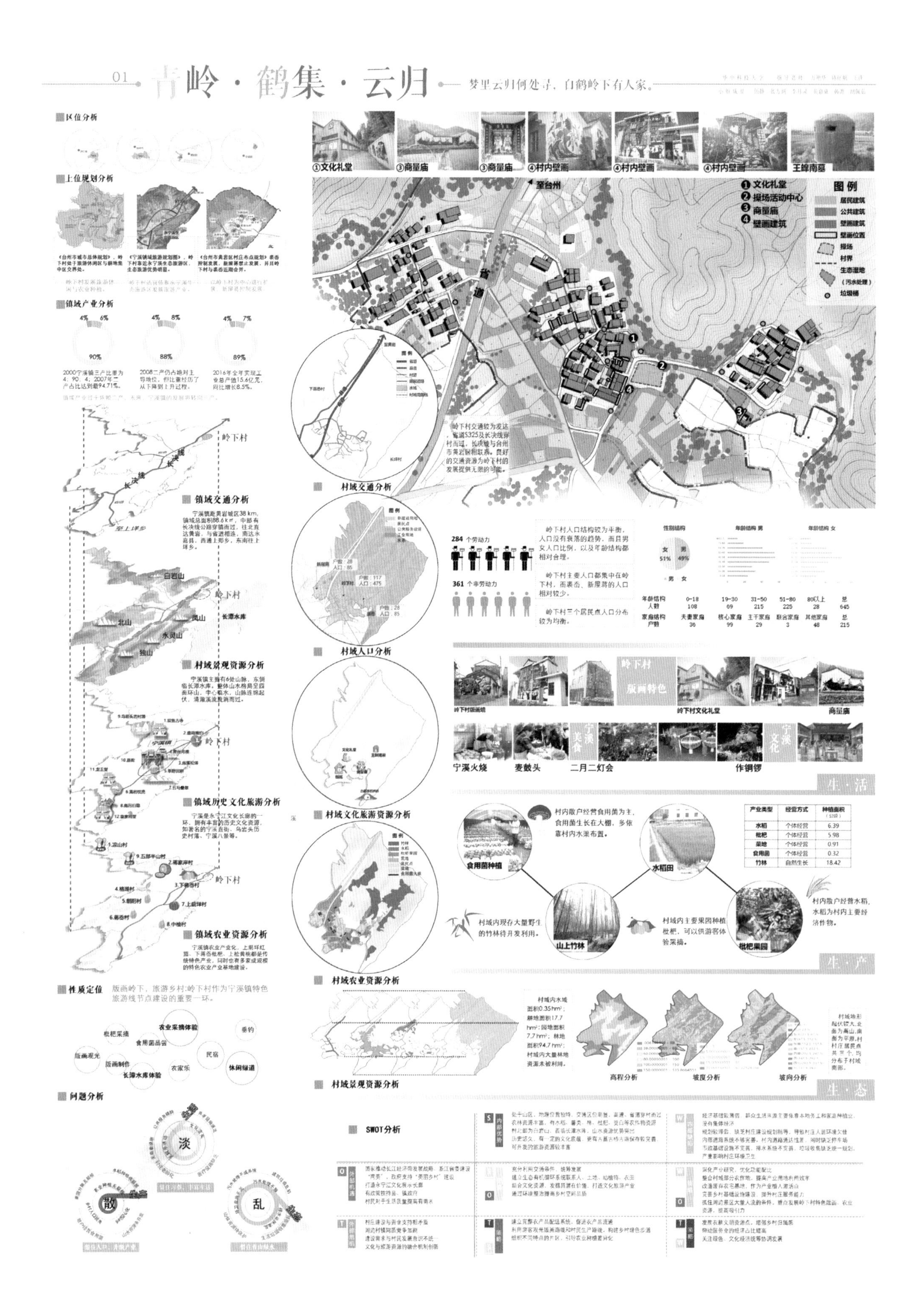

年龄结构	0-18	19-30	31-50	51-80	80以上	总
人数	108	69	215	225	28	645

家庭结构	夫妻家庭	核心家庭	主干家庭	联合家庭	其他家庭	总
户数	36	99	29	3	48	215

产业类型	经营方式	种植面积
水稻	个体经营	6.39
枇杷	个体经营	5.98
菜地	个体经营	0.91
食用菌	个体经营	0.32
竹林	自然生长	18.42

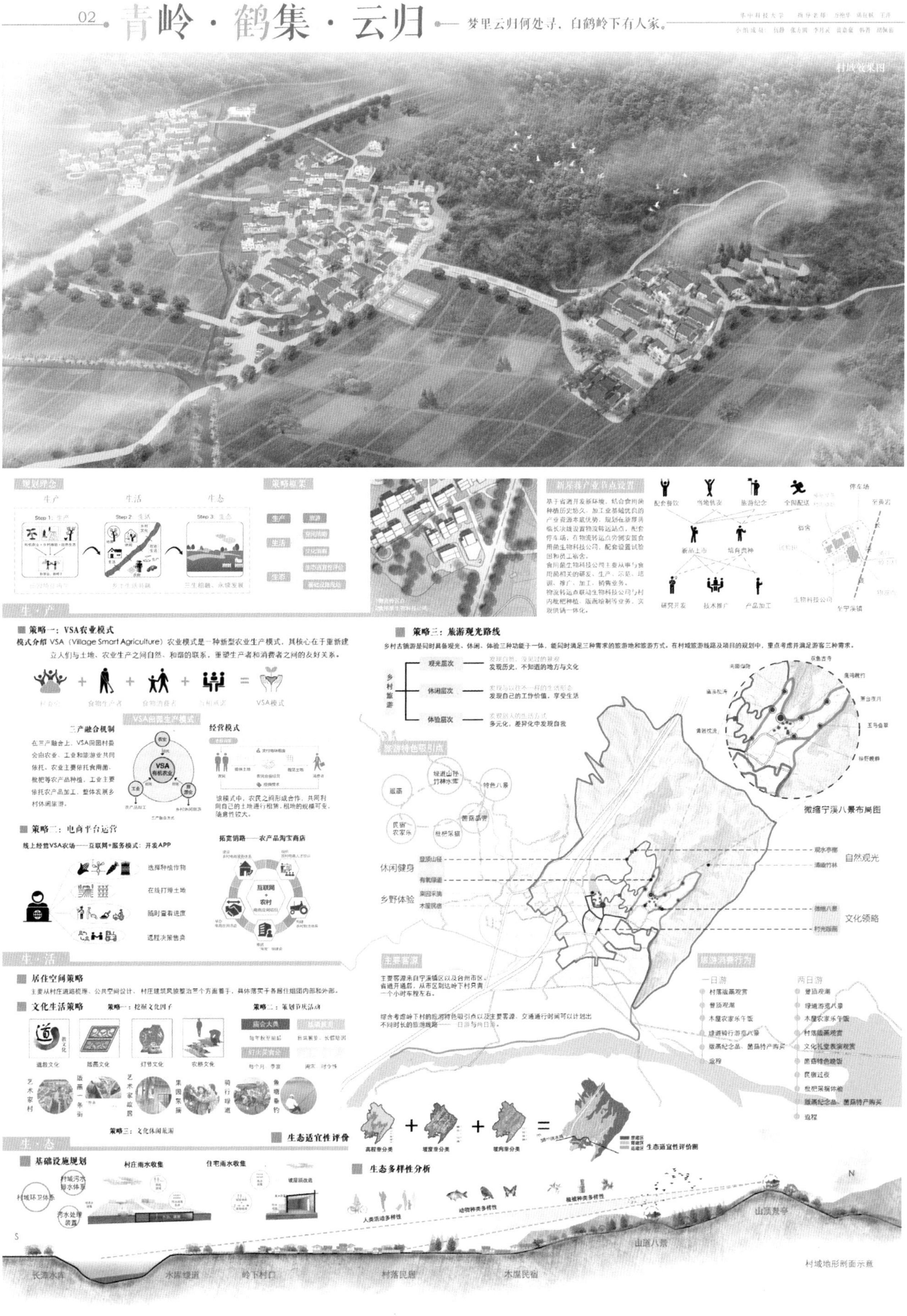

02 青岭·鹤集·云归

—— 梦里云归何处寻，白鹤岭下有人家。

华中科技大学 指导老师：万艳华 洪亮平 王祥
小组成员：伍静 张方圆 李月灵 黄嘉豪 韩菁 胡佩茹

村域效果图

规划理念

生产 生活 生态

Step 1: 生产 Step 2: 生活 Step 3: 生态

有机农业＋乡村旅游＋自然生态

乡土生活共融

三生相融、永续发展

策略框架

生产 生活 生态

新培育产业节点设置

基于省道开发新环境，结合食用菌种植历史悠久、加工业基础优良的产业资源本底优势，规划在新岭寺临长决线设置物流转运站点，配套停车场，在物流转运点旁侧安置食用菌生物科技公司，配套设置试验田和员工宿舍。

食用菌生物科技公司主要从事与食用菌相关的研发、生产、示范、培训、推广、加工、销售业务。

物流转运点联动生物科技公司与村内枇杷种植、版画绘制等业务，实现供销一体化。

新品上市 培育良种 研究开发 技术推广 产品加工 生物科技公司 至宁溪镇

生·产

策略一：VSA农业模式

模式介绍 VSA（Village Smart Agriculture）农业模式是一种新型农业生产模式，其核心在于重新建立人们与土地、农业生产之间自然、和谐的联系，重塑生产者和消费者之间的友好关系。

＋ 食物生产者 ＋ 食物消费者 ＋ = VSA模式

VSA田园生产模式

三产融合机制

在三产融合上，VSA田园村委会由农业、工业和旅游业共同依托。农业主要依托食用菌、枇杷等农产品种植，工业主要依托农产品加工，整体发展乡村休闲旅游。

农业 VSA有机农业 工业 旅游业 农产品加工 乡村休闲旅游

三产融合方式

经营模式

该模式中，农民之间形成合作，共同利用自己的土地进行租赁，租地的规模可变，随意性较大。

策略二：电商平台运营

线上经营VSA农场——互联网＋服务模式：开发APP

选择种植作物

在线打增土地

随时查看进度

远程决策售卖

拓宽销路——农产品淘宝商店

互联网 ＋ 农村

策略三：旅游观光路线

乡村古镇游是同时具备观光、休闲、体验三种功能于一体，能同时满足三种需求的旅游地和旅游方式。在村域旅游线路及项目的规划中，重点考虑并满足游客三种需求。

乡村旅游

- 观光层次 —— 发现自然，没见过的景观；发现历史，不知道的地方与文化
- 休闲层次 —— 发现与以往不一样的生活形态；发现自己的工作价值，享受生活
- 体验层次 —— 发现别人的生活方式；多元化，差异化中发现自我

旅游特色吸引点

绿道山径、竹林水库 特色八景 庙

微缩宁溪八景布局图

休闲健身 有氧绿道

乡野体验 果园采摘 木屋民宿

自然观光

文化领略 村光版画

主要客源

主要客源来自宁溪镇区以及台州市区。省道开通后，从市区到达岭下村只需一个小时车程左右。

综合考虑岭下村的旅游特色吸引点以及主要客源、交通通行时间可以计划出不同时长的旅游线路——一日游与两日游。

旅游消费行为

一日游	两日游
村落版画观赏	曹顶观潮
曹顶观潮	绿道游览八景
木屋农家乐午饭	木屋农家乐午饭
绿道骑行游览八景	村落版画观赏
版画纪念品、菌菇特产购买	文化礼堂表演观赏
返程	菌菇特色晚饭
	民宿过夜
	枇杷采摘体验
	版画纪念品、菌菇特产购买
	返程

生·活

居住空间策略

主要从村庄道路梳理、公共空间设计、村庄建筑风貌整治三个方面着手，具体落实于各居住组团内部和外部。

文化生活策略

策略一：挖掘文化因子

道教文化 版画文化 灯节文化 农耕文化

策略二：策划节庆活动

庙会大典 每年秋至前后

暑期展览、长假培训

每个月、季度

周末、时令性

策略三：文化休闲觅源

生·态

生态适宜性评价

高程率分类 ＋ 坡度率分类 ＋ 坡向率分类 ＝ 生态适宜性评价图

基础设施规划

村域环卫体系 村域污水排水体系 污水处理装置

村庄雨水收集 住宅雨水收集

生态多样性分析

人类活动多样性 动物种类多样性 植被种类多样性

长潭水库 水岸绿道 岭下村口 村落民宿 木屋民宿 山道八景 山顶凉亭

村域地形剖面示意

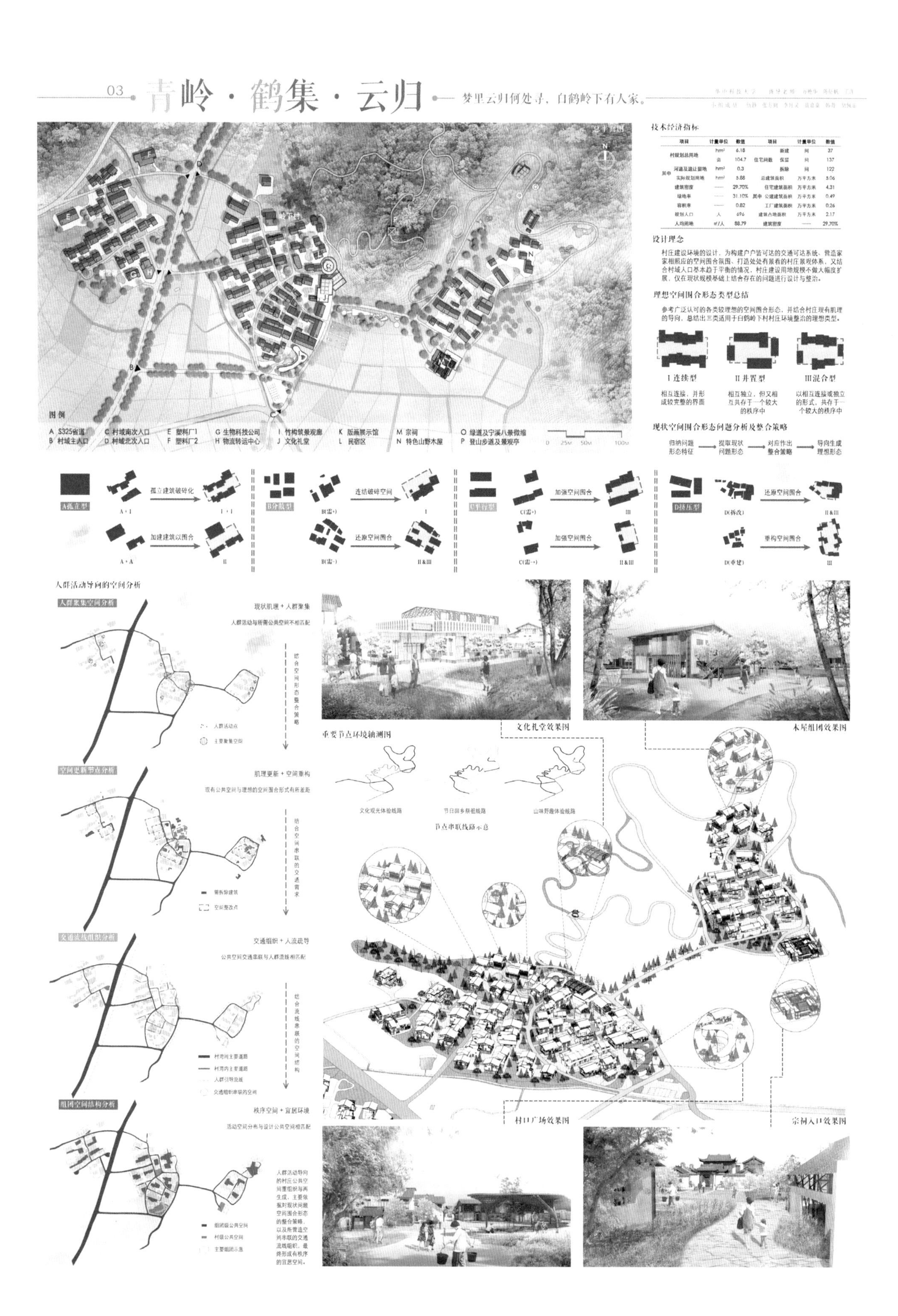

技术经济指标

项目		计量单位	数值	项目		计量单位	数值
村规划总用地		hm^2	6.18	住宅间数	新建	间	37
		亩	104.7		保留	间	137
其中	河道及退让留地	hm^2	0.3		拆除	间	122
	实际规划用地	hm^2	5.88	总建筑面积		万平方米	5.06
建筑密度		——	29.70%	其中	住宅建筑面积	万平方米	4.31
绿地率		——	31.10%		公建建筑面积	万平方米	0.49
容积率		——	0.82		工厂建筑面积	万平方米	0.26
规划人口		人	696	建筑占地面积		万平方米	2.17
人均用地		㎡/人	88.79	建筑密度		——	29.70%

青岭·鹤集·云归

04 梦里云归何处寻，白鹤岭下有人家。

华中科技大学　指导老师：万艳华 陈征帆 王萍

小组成员：杨静 张方舸 李月雯 黄嘉豪 韩青 胡佩岳

文化礼堂体块形态生成

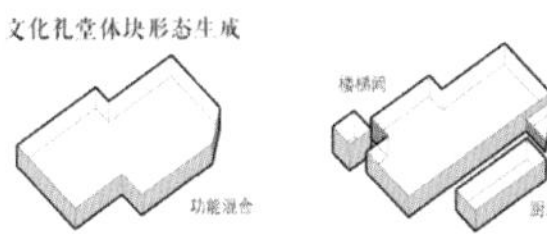

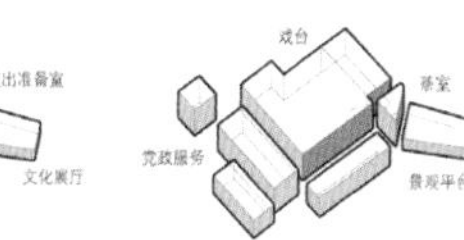

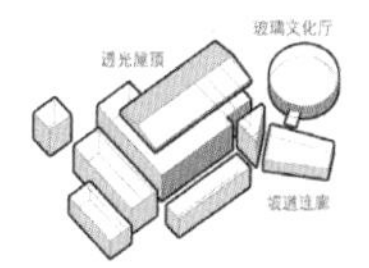

文化礼堂空间功能生成

民宿组团入口效果图

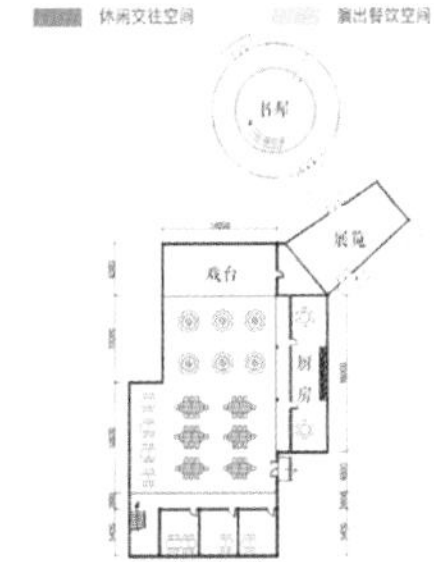

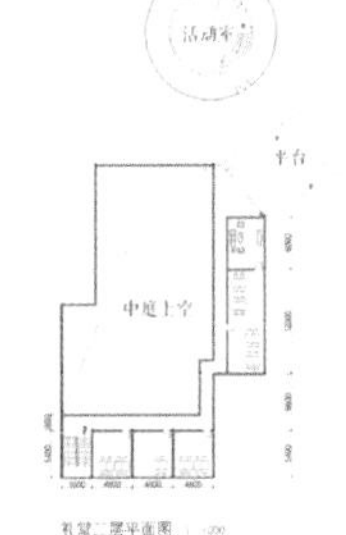

村庄建筑改建思路

文化礼堂

礼堂原本的入口标志性不强；整体形态乏味；版画工作室设在二楼，游人到达不便，文化特色不够突出。

我们新建版画展览厅以体块形式斜插进原建筑，强化对村口至礼堂主路上行人的视觉引导；在不干扰原有建筑功能的基础上，为二层新增茶室、观景平台等公共趣味空间；与周边地形产生互动，与新建的山道和文化活动厅以及民宿区形成一体化设计。

民居民宿

村内新建民居大多丢失传统浙东村庄建筑特色，破旧民居也有待修缮，村庄内建筑大多室内空间利用不经济、不合理，整体建筑形式与要素略显杂乱。我们在对原有民居进行建筑质量和建筑风貌的评定之后重新挑选、整合，提取建筑要素，科学布置不同功能导向的建筑平面，完成对村内民居的改建与民宿的新建。

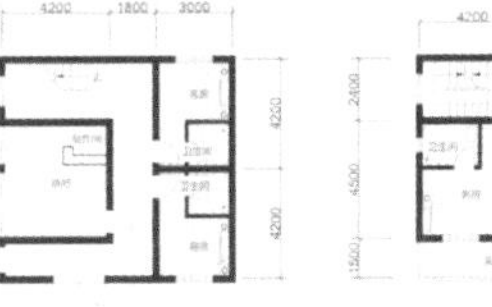

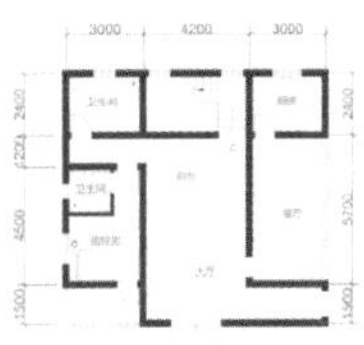

建筑设计要素提取

民居建筑设计效果图

民居设计要素与意境表达

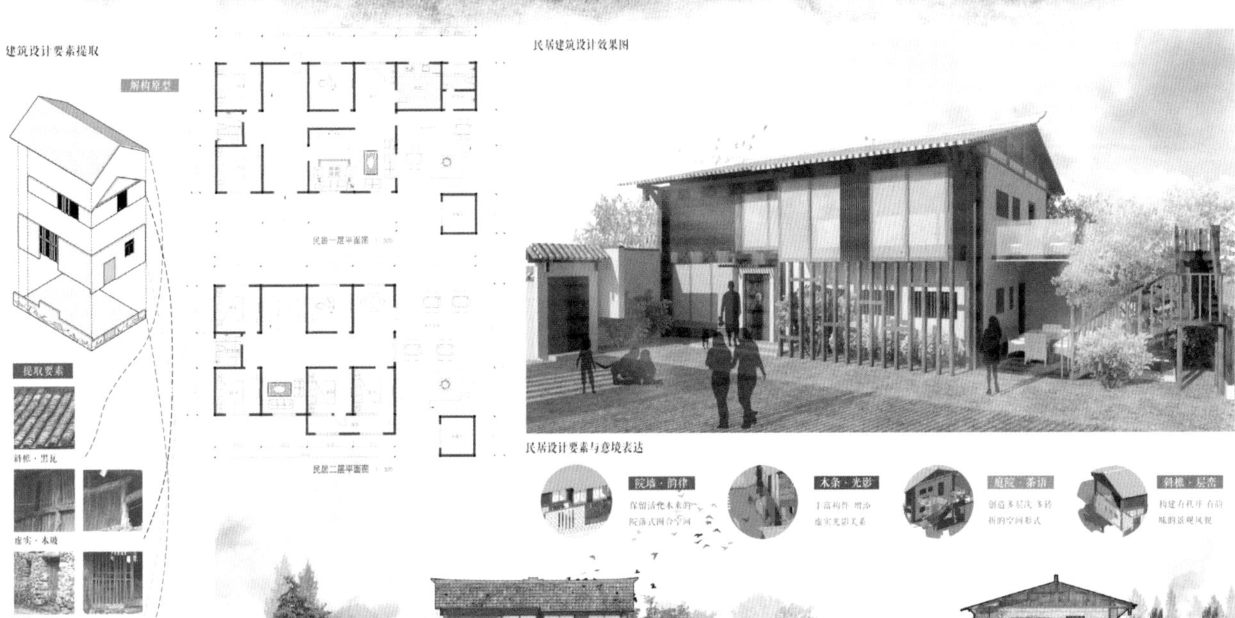

步步为营

【参赛院校】　华中科技大学

【参赛学生】

龙湘雪

侯志伟

廖　琪

储　梁

王文卉

【指导教师】

任邵斌

邓　巍

在富饶的江浙沿海一带，那些历史人文底蕴深厚、自然资源禀赋优越的乡村率先发展起来，然而更多普通的乡村却无法模仿前者的发展模式，不断尝试新的发展路径。华中科技大学团队提出一种针对乡村发展的规划方法——基于条件判断的发展规划。

相对于城市的高速发展，乡村千年来的变化几乎可以忽略不计，同时，乡村发展也并不一定要走城市发展的道路，成为一个永远赶追城市步伐的“低配”版城市。如果乡村的发展终点不是城市而是高度机械化、智能化的农业基地，或者打造成旅游度假休闲地和风景区这些并非短时可以实现的目标，那么是否可以将乡村发展的路径不加期限地延长呢？又该由什么来控制发展的进度呢？

华中科技大学团队提出的“条件规划”给出了答案：规划设计时根据实际制定出理想发展方案，分为不同的阶段，通过设置一定的条件及对应参数，当达到条件时方进行下一阶段的发展，未达到标准则停留在当前阶段或者走向路径出口。这样的方式避免乡村发展盲目求速，也最大程度地减少规划失误造成的资源浪费。

将“条件规划”的方法应用在白鹤岭下村，形成了此次竞赛的方案。白鹤岭下村并不算资源禀赋良好的乡村，在人均耕地少、劳动力流失等多数村庄共同存在的问题上还因地处长潭水库周边导致工业发展严重受限，另外，紧邻城镇也有转变为城镇的可能。农业和工业的限制使得理想的发展方案只能着重于第三产业，缺乏的文化要素和景观风貌需要考虑，当下却应先解决好基础设施建设、稳定产业等生活问题。

回归到空间布局，同样按照规划的发展模型有序地开发。在这样“条件序列”层次之下再考虑传统“开发时序”，相比于仅考虑纯粹的时间序列更加科学。

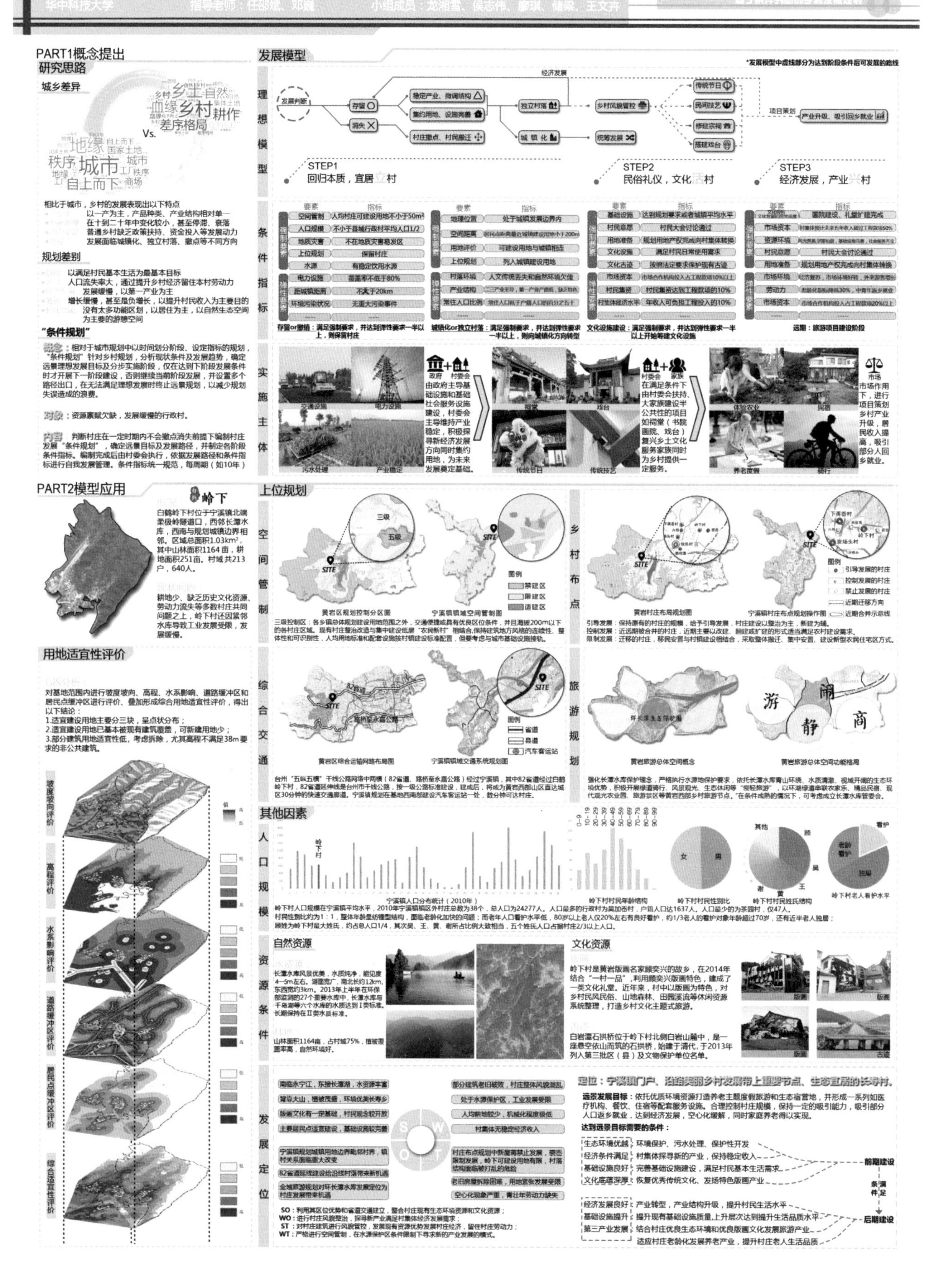
台州市宁溪镇白鹤岭下村乡村规划
华中科技大学
指导老师：任绍斌、邓巍
小组成员：龙湘雪、侯志伟、廖琪、储梁、王文卉
步步为营
——基于条件判断的乡村发展规划
1
PART1概念提出
研究思路
城乡差异
规划差别
“条件规划”
发展模型
STEP1
回归本质，宜居立村
STEP2
民俗礼仪，文化活村
STEP3
经济发展，产业兴村
PART2模型应用
岭下
上位规划
用地适宜性评价
其他因素
自然资源
文化资源
黄岩区规划控制分区图
宁溪镇城域空间管制图
黄岩村庄布局规划图
宁溪镇村庄布点规划作图
黄岩区综合运输网路布局图
宁溪镇域交通系统规划图
黄岩旅游总体空间概念
黄岩旅游总体空间功能格局
宁溪镇人口分布统计（2010年）
岭下村村民年龄结构
岭下村村民性别比
岭下村村民姓氏结构
岭下村老人看护水平

台州市宁溪镇白鹤岭下村乡村规划

华中科技大学 指导老师：任邵斌、邓巍 小组成员：龙湘雪、侯志伟、廖琪、储梁、王文卉

步步为营 2

近期建设规划

现状

现状：3-6层建筑居多，新建建筑在建筑高度、立面材质与色彩上与传统建筑风貌不相协调，破坏村庄的整体村落风貌。

新建建筑

对新建建筑的建筑高度、材质及色彩提出风貌引导，通过色彩与材质来控制新建建筑风格。统一采用剖屋顶的形制，建筑立面统一采用浅色，以白色为佳；建筑高度控制在四层以下。在一些转角空间设置院内花园，增加院落空间。

01 屋面　02 墙面　03 院墙　04 墙裙　05 铺地

01 爬藤　02 石景　03 灯饰

对于新建建筑及村庄内部一些开敞的院落空间，通过爬藤、廊架、灌木、乔木、石景、灯饰等对这些空间进行装饰美化，改造村民的居住环境，打造田园乡土人情的美丽乡村景观。

04 廊架　05 灌木　06 乔木

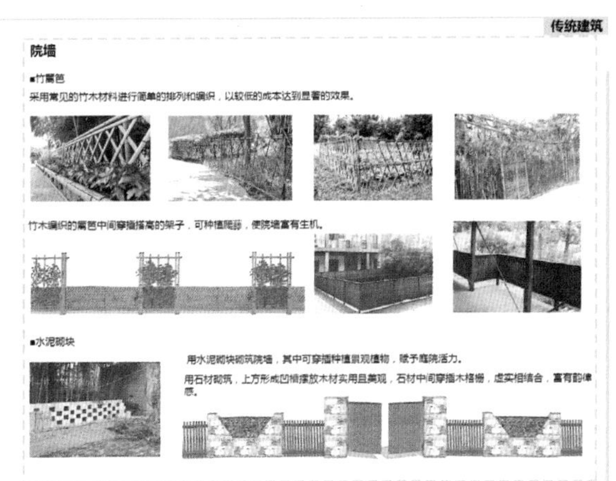

污水处理工程

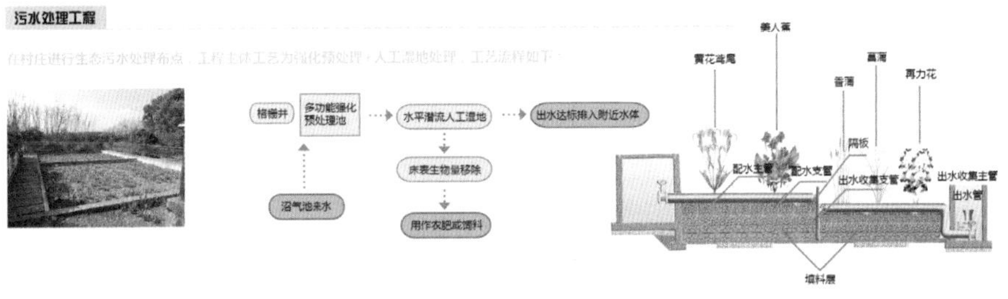

- 通过湿地生物及氧化作用，能较好地降低水体BOD；
- 通过湿地填料及吸附、截面的作用，将大幅降低水中SS，提高水体透明度；
- 通过硝化与反硝化作用及植物吸收，去除水体中的氨；
- 湿地床填料对水体中磷具有较强的吸附固定能力，同时通过植物的吸收及生物量的移除，能大大降低水体中磷的含量；
- 植物系统的吸附、干燥、辐射、过滤、生物性吞噬等作用可除去水体中病原体；
- 人工湿地系统对进水负荷变化适应性强；
- 人工湿地系统净化出水水质较好、出水水质稳定；
- 建设成本低，运行费用少；
- 无污泥产生，避免了污泥处置；
- 不污染地下水；
- 可与周边景观相结合，呈现较好自然生态景观。

村庄环境整治

村庄的现状环境较为失控，传统建筑前有较多杂物堆积，新建筑及交叉道路口较为干净，需要在各个节点上通过环境清洁、整治改善村庄的环境风貌，打造美丽田园乡村。

- 清理村庄垃圾；
- 种植绿色植物、花卉；
- 修缮老旧建筑，搭建休憩廊架；
- 提升路面铺设材料，提升道路绿化率。
- 重新休葺较新建筑的屋顶，统一为坡屋顶的形式，打造起伏有秩序的此乡村街道界面。

选取村庄中几个环境较为杂乱的节点进行环境和景观的整治，拆除没有人居住的老旧建筑，清理垃圾，种植绿色花卉植物，营造良好田园生态景观。

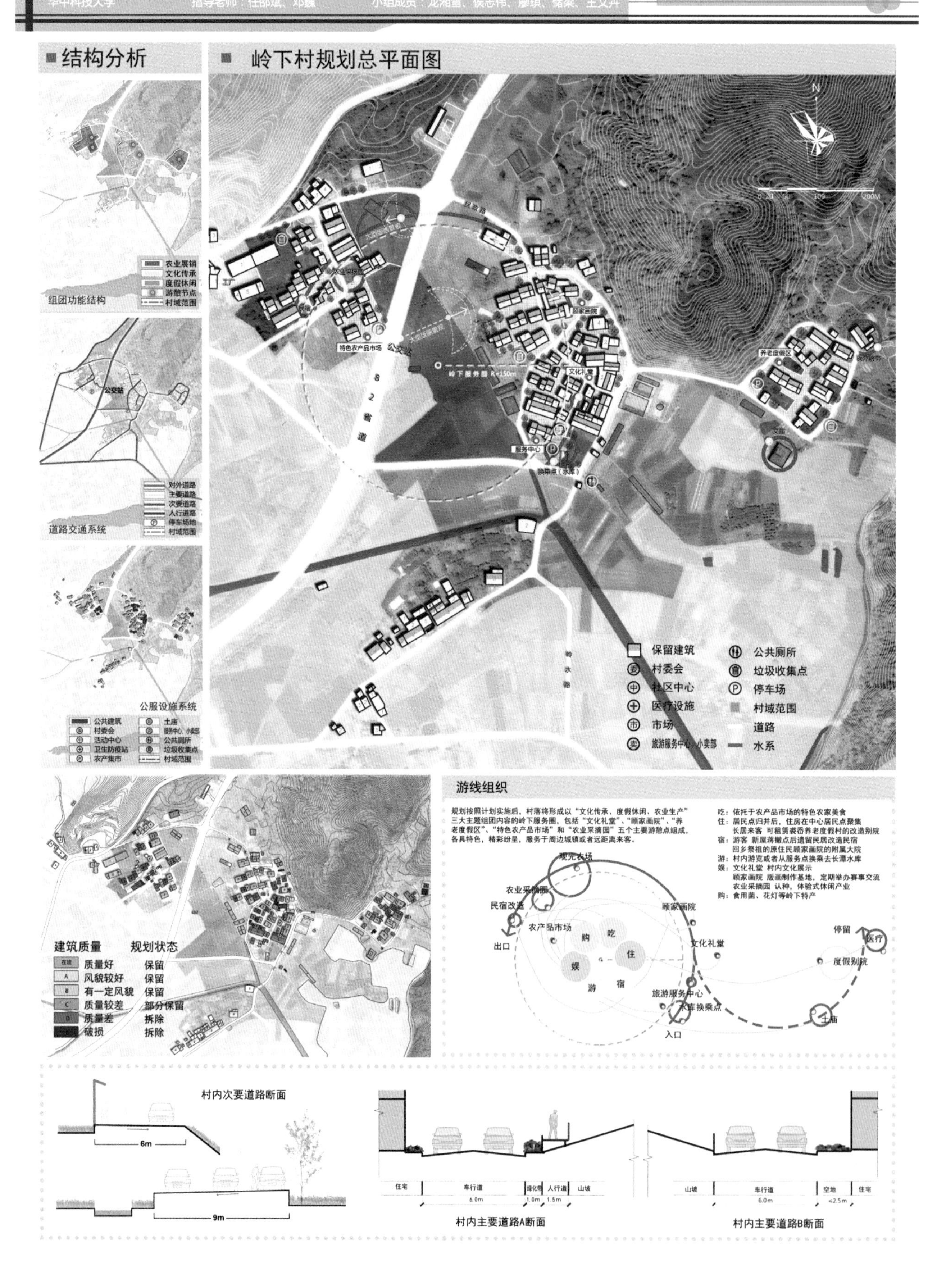
台州市宁溪镇白鹤岭下村乡村规划
华中科技大学
指导老师：任邵斌、邓巍
小组成员：龙湘雪、侯志伟、廖琪、储梁、王文卉
步步为营
——基于条件判断的乡村发展规划
3
结构分析
农业展销
文化传承
度假休闲
游憩节点
村域范围
组团功能结构
公交站
对外道路
主要道路
次要道路
入行道路
停车场地
村域范围
道路交通系统
公服设施系统
公共建筑
村委会
活动中心
卫生防疫站
农产集市
土庙
服务中心 小卖部
公共厕所
垃圾收集点
村域范围
岭下村规划总平面图
N
特色农产品市场
公交站
岭下服务圈 R=150m
82省道
顾家画院
文化礼堂
养老度假区
服务中心
换乘点（水库）
岭水路
保留建筑
村委会
社区中心
医疗设施
市场
旅游服务中心、小卖部
公共厕所
垃圾收集点
停车场
村域范围
道路
水系
建筑质量
规划状态
质量好 保留
风貌较好 保留
有一定风貌 保留
质量较差 部分保留
质量差 拆除
破损 拆除
游线组织
规划按照计划实施后，村落将形成以“文化传承、度假休闲、农业生产”三大主题组团内容的岭下服务圈，包括“文化礼堂”、“顾家画院”、“养老度假区”、“特色农产品市场”和“农业采摘园”五个主要游憩点组成，各具特色，精彩纷呈，服务于周边城镇或者远距离来客。
吃：依托于农产品市场的特色农家美食
住：居民点归并后，住房在中心居民点聚集
长居来客 可租赁袭岙养老度假村的改造别院
宿：游客 新屋蒋撤点后遗留民居改造民宿
回乡祭祖的原住民顾家画院的附属大院
游：村内游览或者从服务点换乘去长潭水库
娱：文化礼堂 村内文化展示
顾家画院 版画制作基地，定期举办赛事交流
农业采摘园 认种，体验式休闲产业
购：食用菌、花灯等岭下特产
观光农场
农业采摘园
民宿改造
农产品市场
出口
顾家画院
文化礼堂
停留
医疗
度假别院
购
吃
住
娱
游
宿
旅游服务中心
水库换乘点
土庙
入口
村内次要道路断面
6m
9m
住宅
车行道
绿化带
人行道
山坡
6.0m
1.0m
1.5m
村内主要道路A断面
空地
<2.5m
村内主要道路B断面

台州市宁溪镇白鹤岭下村乡村规划

华中科技大学 指导老师：任邵斌、邓巍 小组成员：龙湘雪、侯志伟、廖琪、储梁、王文卉

步步为营——基于条件判断的乡村发展规划 4

远期景观节点设计

在西边的村庄规划农业采摘园，以体验式为主，供从城市来到乡村旅游的家庭进行采摘式体验，同时美化村庄田园景观环境，打造美丽乡村。

远期在西边村庄规划旅游民宿,改选址靠近新建82省道,便于游客到达。

在西边村庄的最南边打造一个特色农产品市场，选址靠近宁溪镇镇区，交通便利。农产品市场主打岭下村主要农产品菌类。

远期在文化礼堂打造一个顾家画院，供对版画文化感兴趣的游客学习。

远期将现有文化礼堂打造成一个公共文化交流中心和文创艺术中心，作为岭下村的文化服务中心的节点，发扬岭下村的多样文化。

远期形成的第三产业旅游业,在中心村规划一个旅游服务中心，提供旅游服务。

在岭下村的东边形成，靠近水库的村湾规划养老度假区,以应对远期岭下村人口老龄化的问题，也可供给外来人口进行养老。

在养老度假区的附近设立医疗服务中心，为养老区提供医疗服务。

对现有文庙进行保护，作为一个文化节点。

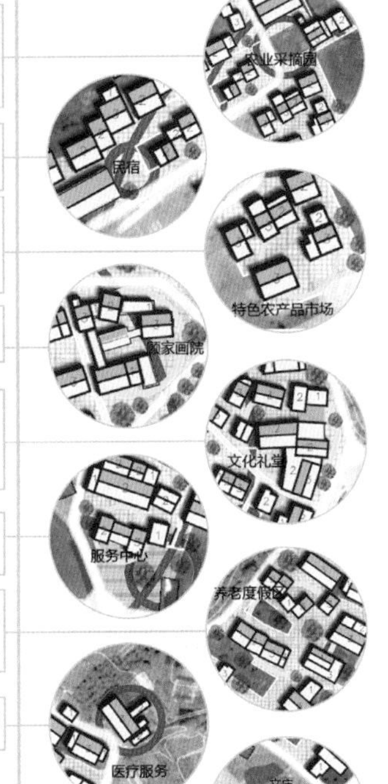

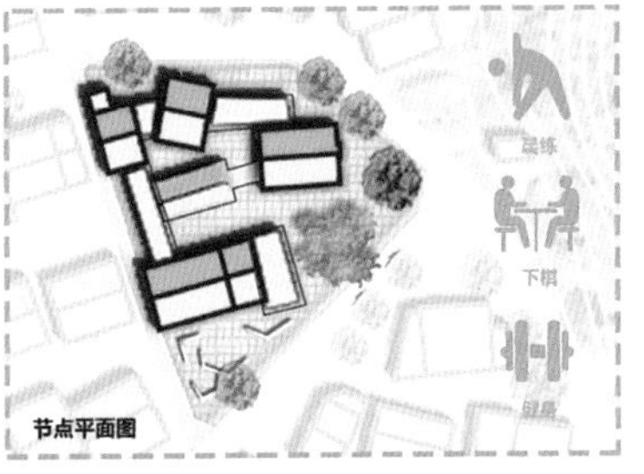

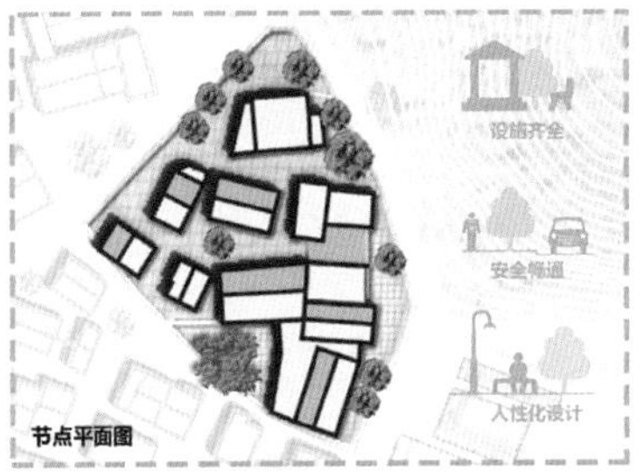

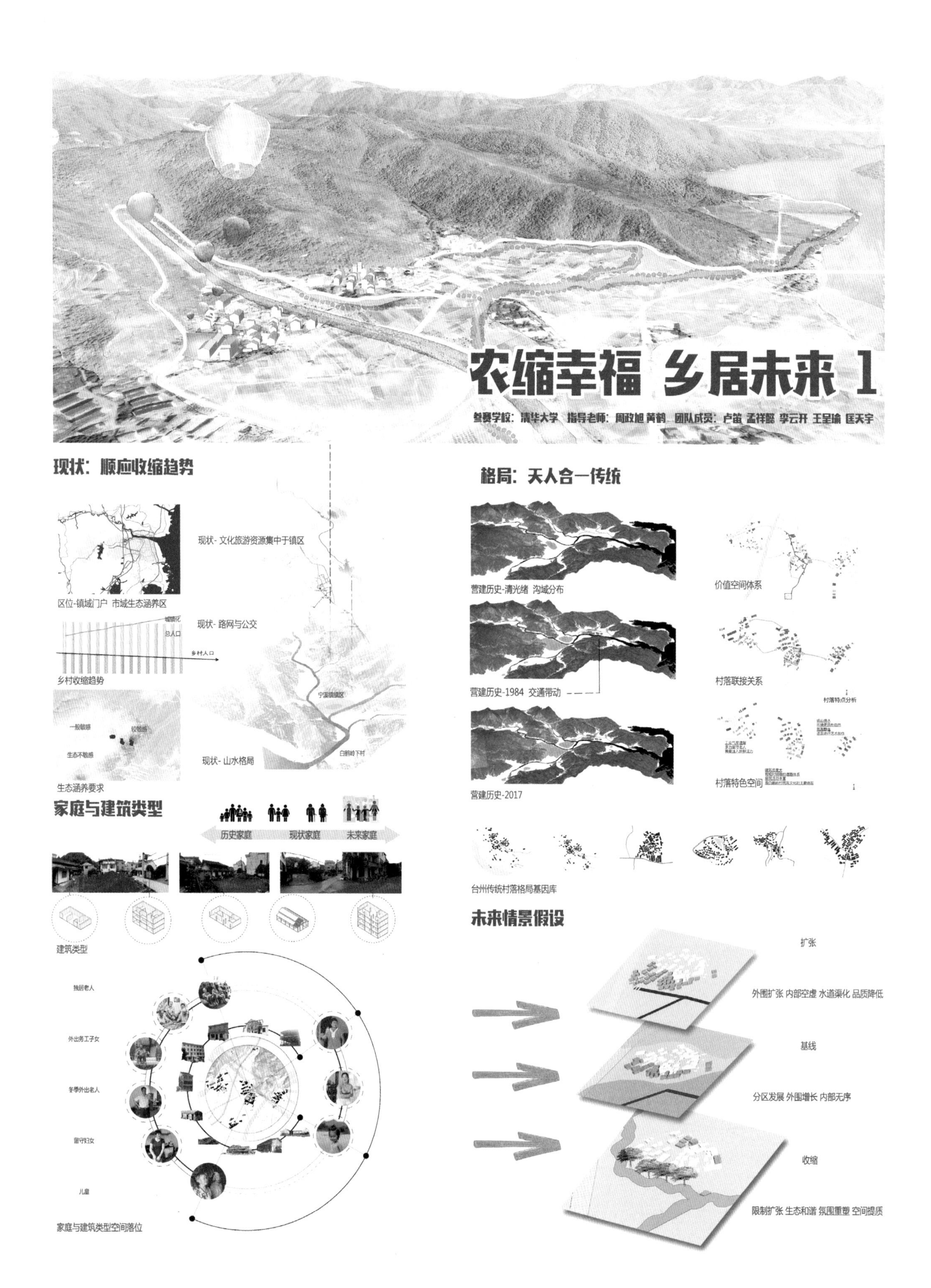

农缩幸福 乡居未来 1
参赛学校：清华大学 指导老师：周政旭 黄鹤 团队成员：卢笛 孟祥懿 李云开 王呈瑜 匡天宇
现状：顺应收缩趋势
现状- 文化旅游资源集中于镇区
区位-镇域门户 市域生态涵养区
现状- 路网与公交
城镇化
总人口
乡村人口
乡村收缩趋势
一般敏感
较敏感
生态不敏感
生态涵养要求
现状- 山水格局
宁溪镇镇区
白鹤岭下村
家庭与建筑类型
历史家庭
现状家庭
未来家庭
建筑类型
独居老人
外出务工子女
冬季外出老人
留守妇女
儿童
家庭与建筑类型空间落位
格局：天人合一传统
营建历史-清光绪 沟域分布
价值空间体系
营建历史-1984 交通带动
村落联接关系
村落特点分析
营建历史-2017
村落特色空间
台州传统村落格局基因库
未来情景假设
扩张
外围扩张 内部空虚 水道渠化 品质降低
基线
分区发展 外围增长 内部无序
收缩
限制扩张 生态和谐 氛围重塑 空间提质

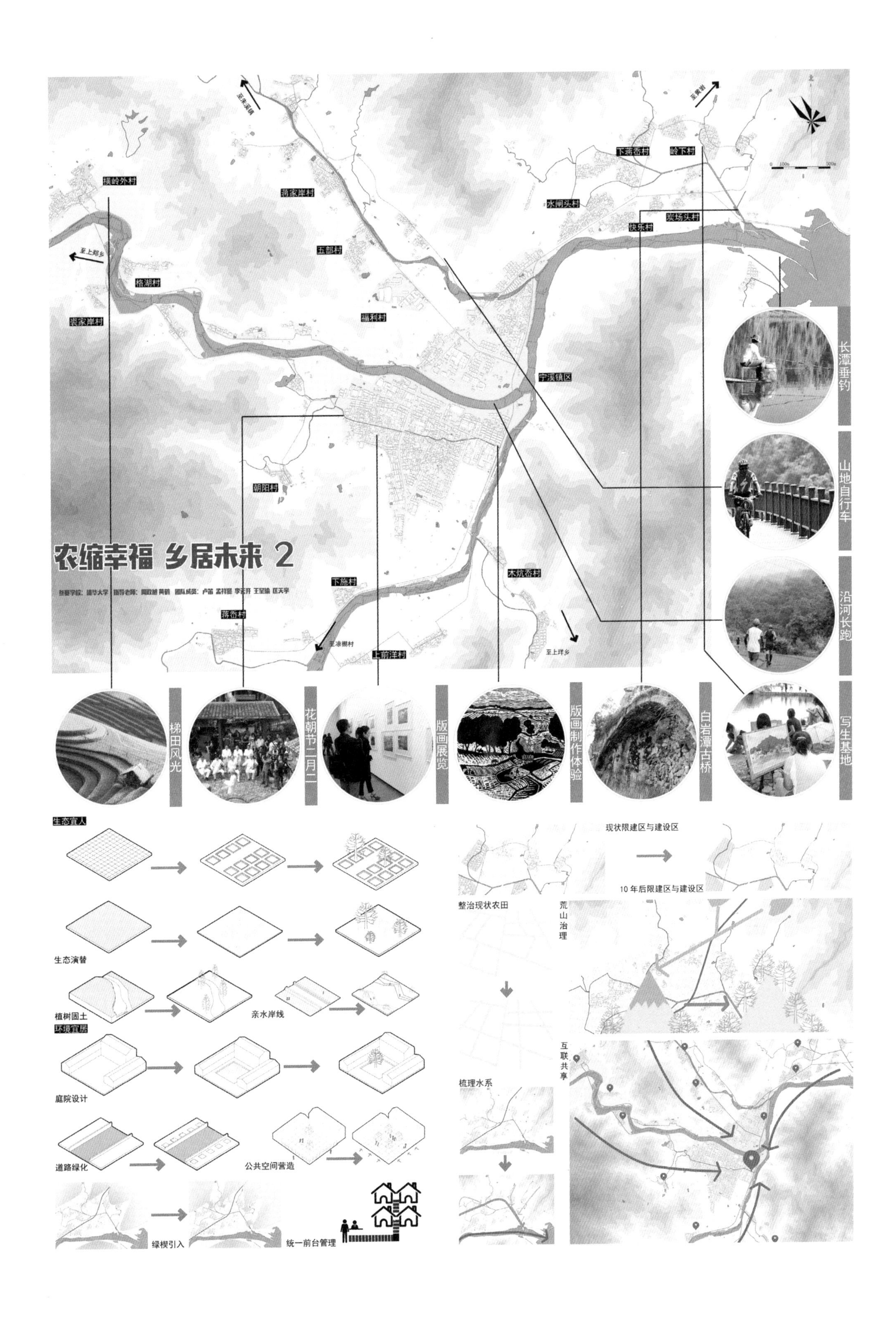

农缩幸福 乡居未来 2
参赛学校：清华大学 指导老师：周政旭 黄鹤 团队成员：卢笛 孟祥懿 李云开 王呈瑜 匡天宇
横岭外村
蒋家岸村
五部村
至上郑乡
格湖村
裘家岸村
福利村
下蒋岙村
岭下村
水闸头村
垄场头村
快乐村
宁溪镇区
朝阳村
下施村
蒋岙村
上前洋村
木坑岙村
至上垟乡
长潭垂钓
山地自行车
沿河长跑
写生基地
梯田风光
花朝节二月二
版画展览
版画制作体验
白岩潭古桥
生态宜人
生态演替
植树固土
亲水岸线
环境宜居
庭院设计
道路绿化
公共空间营造
绿楔引入
统一前台管理
现状限建区与建设区
10 年后限建区与建设区
整治现状农田
荒山治理
梳理水系
互联共享

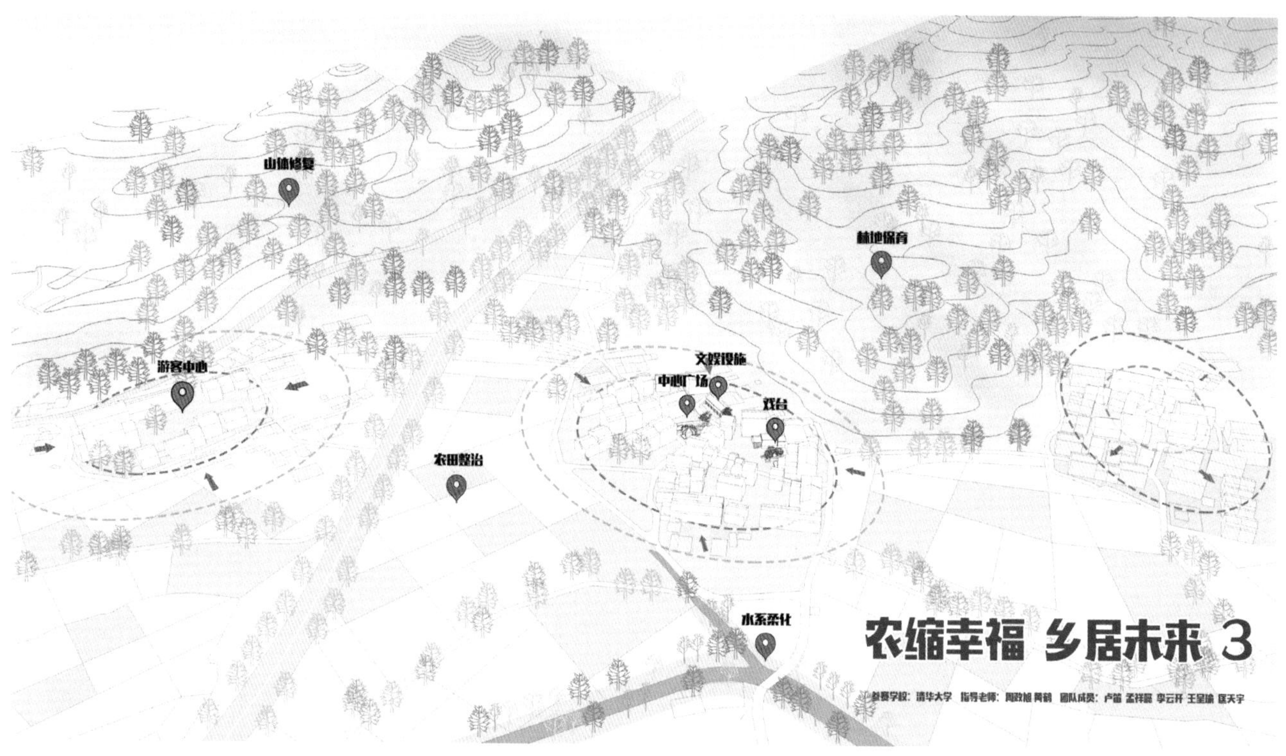

30年规划期愿景：乡村精明收缩，生态宜居，生活便捷

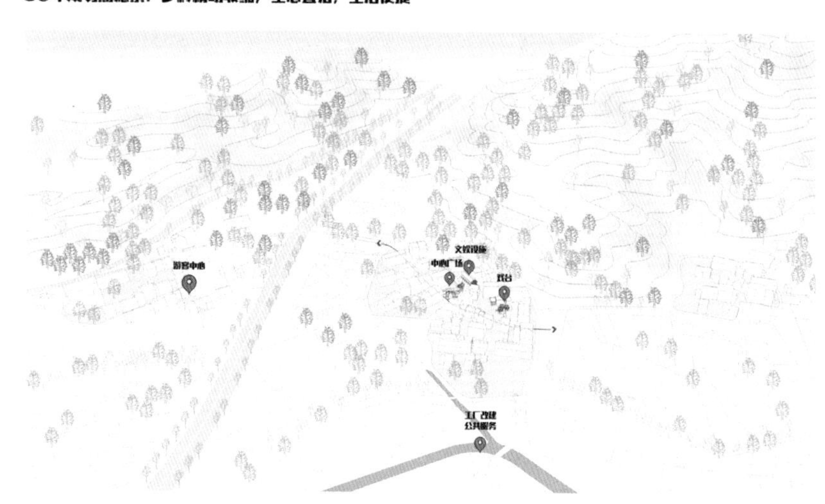

5年规划期愿景：重点公共服务设施与开敞空间营造

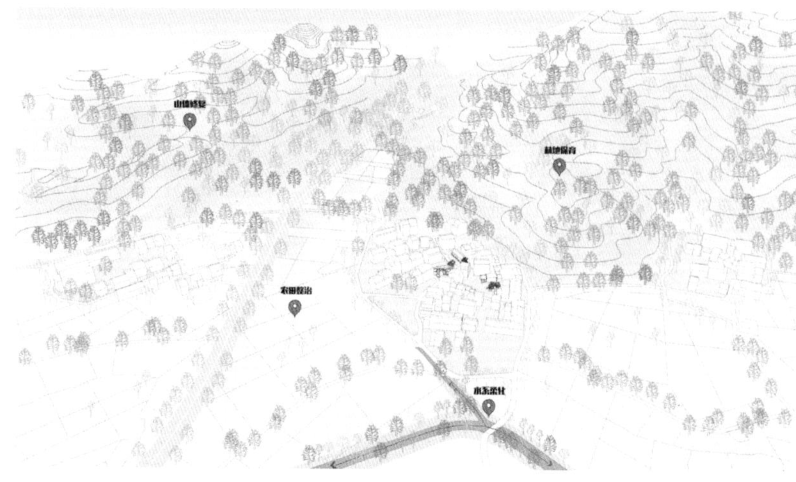

10年规划期愿景：山体修复、林地保育、农田整治、水系梳理

10年规划期土地利用

控制建设用地，整治农田，保育林地，梳理水系

10年规划期村域交通

完善多级道路交通路网

10年规划期景观营造

设施营建为先导，营造村庄公共空间；沿主要道路营造生态景观廊道

景观规划意象

生态宜居，白鹤重归岭下

乐居优游，百姓归园田居

村落中央的三角地块位于多股人流交界处，作为村落最重要的公共节点，需要激活场地活力。
众多房子挤压下的空间状态，愈发重要
村庄入口处有数条小溪流交汇，在群山怀抱之中，改造位于这块风水宝地的工厂厂房，成为村民和外来游客休憩赏景的好去处。
地块内房子处于待拆迁状态，由于缺乏设计而暂停荒置。
还可以打通村落公共空间和广阔田地的视觉联系，塑造优美的观景条件。
多种交通流线穿过，既有寂静的小路又有匆忙的主道，以一种开放的姿态迎接所有村民游客。
破败的木屋下还有加建的简易板房，是村庄蓬勃翻涌活力的另一个写照，设计可以让它们变得更好。
围合的中央是一个破败的老屋，长满青苔藤蔓，象征着逝去的老屋的文化，我们想换一种方式来纪念这种曾经，重新彰显村落的古韵。
农缩幸福 乡居未来 4
参赛学校：清华大学 指导老师：周政旭 黄鹤 团队成员：卢笛 孟祥懿 李云开 王呈瑜 匡天宇

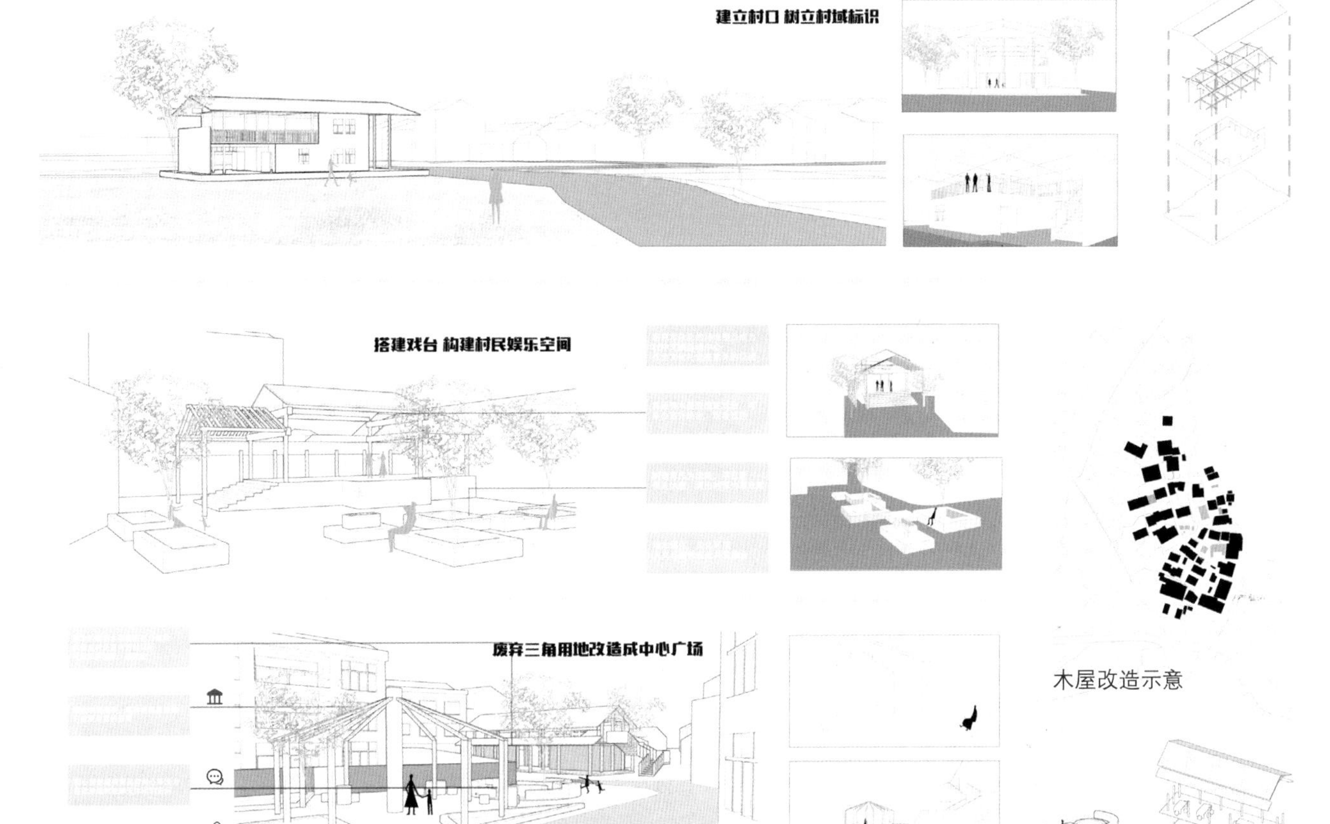

建立村口 树立村域标识
搭建戏台 构建村民娱乐空间
废弃三角用地改造成中心广场
木屋改造示意

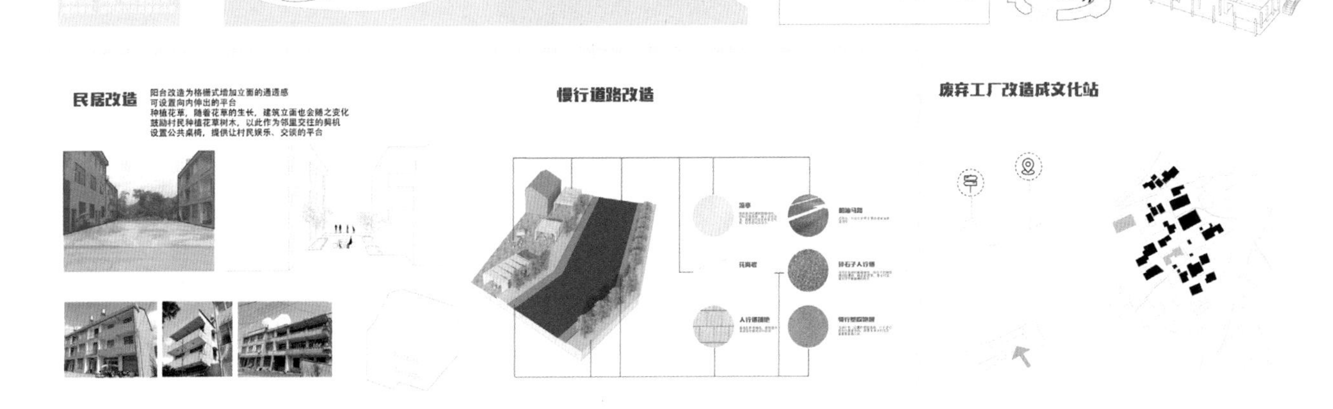

民居改造
阳台改造为格栅式增加立面的通透感
可设置向内伸出的平台
种植花草，随着花草的生长，建筑立面也会随之变化
鼓励村民种植花草树木，以此作为邻里交往的契机
设置公共桌椅，提供让村民娱乐、交谈的平台
慢行道路改造
废弃工厂改造成文化站

画中游 鹤归来 栖于栊

【参赛院校】 青岛理工大学

【参赛学生】 叶 靖 冯佳璐 董喜平 高 营 樊 骋 黄敏雯

【指导教师】 张洪恩 孙旭光

一、初识村子

白鹤岭下村，这个拥有天然自然资源以及区位优势的村子，在现代化的高速发展冲击下，存留着乡村独特的风味。在这个村子里，还可见青瓦灰墙的老房子，可闻白鹤的叫声，可赏充满生活意蕴的版画、绿油油的农田、缥缈的山体、清澈的溪流。这些都让这个村子变得独具特色。

二、解读村子

通过调研，面对村子的种种机遇和挑战，我们不禁思考：这个村子它失去了什么，留下了什么，我们担忧什么？我们该如何选择？我们的信念是什么？我们能为村子做些什么？

三、思考村子

在对村子进行思考总结以及查阅大量文献之后，我们不禁发出这样的疑问：在高速城镇化的今天，大量的农村在迅速地被吞噬，被消亡。我们就这样让村子消失吗？或者我们该做些什么？又能做些什么呢？

倘若我们将这些村子保留了，那么如何维持这个村子的发展呢？对于城市和乡村，我们该如何去思考和定位呢？

美国学者柯布·道格拉斯曾说过：“世界的希望在中国，因为中国在工业化的同时还保留了乡村。”保住与自然物种多样性直接结合因而内生具有社会经济多样化的村庄，中国复兴生态文明对于世界而言才算有希望。然而在城镇化转型的大背景下，乡村人口流失、衰败、空心化和老龄化的问题，依旧是乡村的常态。

农村不是城市简单的缩小版，而是中华文明最重要的基因。我们该如何对待我们的农村？中国的农村该何去何从？中国农村的未来发展状态又是怎样？带着这些疑问，我们查阅了大量的资料，通过探讨，我们对未来的乡村发展提出了自己的思考。

未来的乡村无论在规模上还是人口上都无法与城市竞争，但是中国的乡村需要发展，乡村问题的解决不仅能促进国家经济发展，解决乡村问题的同时也是在解决城市问题。综合分析中国乡村的特点，我们提出了未来乡村发展的五种发展模式——传统村落、工业型乡村（最终很可能被城市化）、农业型乡村、旅游型乡村以及最后逐渐消亡的乡村，而白鹤岭下村作为城市周边村未来的发展状态明显——旅游型乡村。

现在的乡村规模小，不仅受城市约束，而且城市正在以磁铁般的磁力吸引着乡村人口、土地、资源流入城市。我们认为，未来乡村和城市的规则将发生改变，乡村的本质是一种商品，未来的乡村以其独特的自然景观资源和优质的服务不断地吸引着城市人流向农村。

因此，未来的城乡关系将是相互依赖，彼此互助的关系。城市因其规模大，人口多，面积广，有创造多元化生活的条件；而农村因其规模小，人口少，面积受限，只能作为城市功能的补充和辅助，因此乡村的发展将越来越专一化。在这样的思考下，我们提出了乡村定制的理念。

四、寻找机遇

城市和乡村的差异化，是我们的挑战，更是我们发展的机遇。随着城市和乡村规则的改变，乡村如何才能吸引城市人口？我们通过城乡差异化的对比，对乡村特有的元素进行提炼。

结合白鹤岭下村周边资源以及村庄特点，提取出白鹤岭下村五大乡村发展元素：山、水、田、画、鹤。针对提炼的五大元素，我们逐一对其量身定制相应的设计方案。

五、发展策略

一个完整的规划是规划师、民众、政府协作完成的。针对当地的旅游业、文化、管理、建筑、道路、景观现状，我们提出了相应的建议。

最后，我们想要特别感谢那些一路陪我拼搏奋斗走来，坚持到最后的人：

感谢时常指导督促我们出图的孙老师和张老师！

感谢那些在出图前每天夜以继日一起奋战到天明的队友们！

感谢白鹤岭下村的叔叔婶婶爷爷奶奶以及给我们当翻译的 cool boy！

感谢主办方给了我们这样的机会！

感谢调研路上一路走来帮助过我们的所有人！

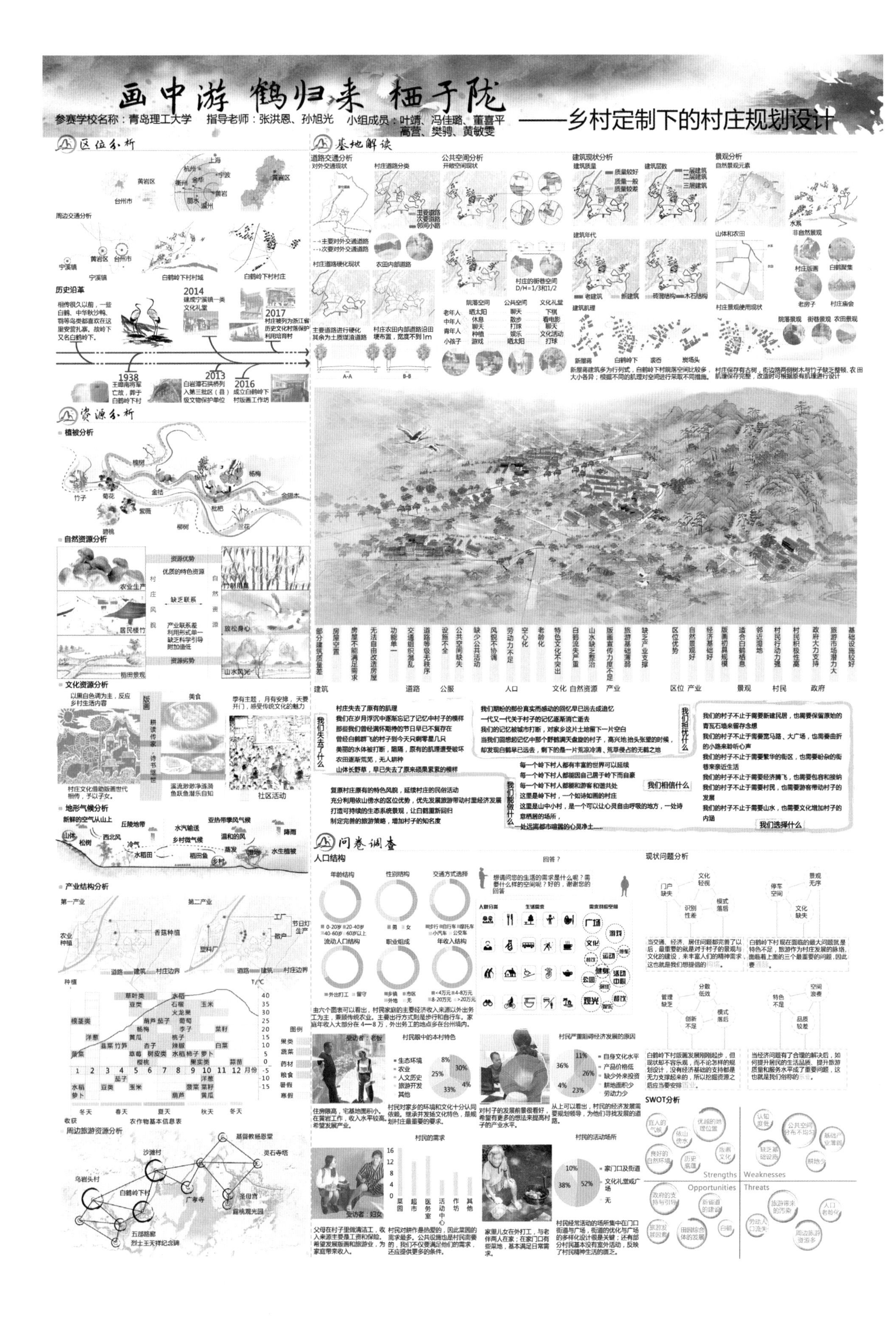
画中游 鹤归来 栖于陇
——乡村定制下的村庄规划设计
参赛学校名称：青岛理工大学 指导老师：张洪恩、孙旭光 小组成员：叶靖、冯佳璐、董喜平、高营、樊骋、黄敏雯
区位分析
基地解读
资源分析
问卷调查
历史沿革
植被分析
自然资源分析
文化资源分析
地形气候分析
产业结构分析
周边旅游资源分析
道路交通分析
公共空间分析
建筑现状分析
景观分析
人口结构
现状问题分析
SWOT分析
我们失去了什么
我们相信什么
我们能做什么
我们选择什么

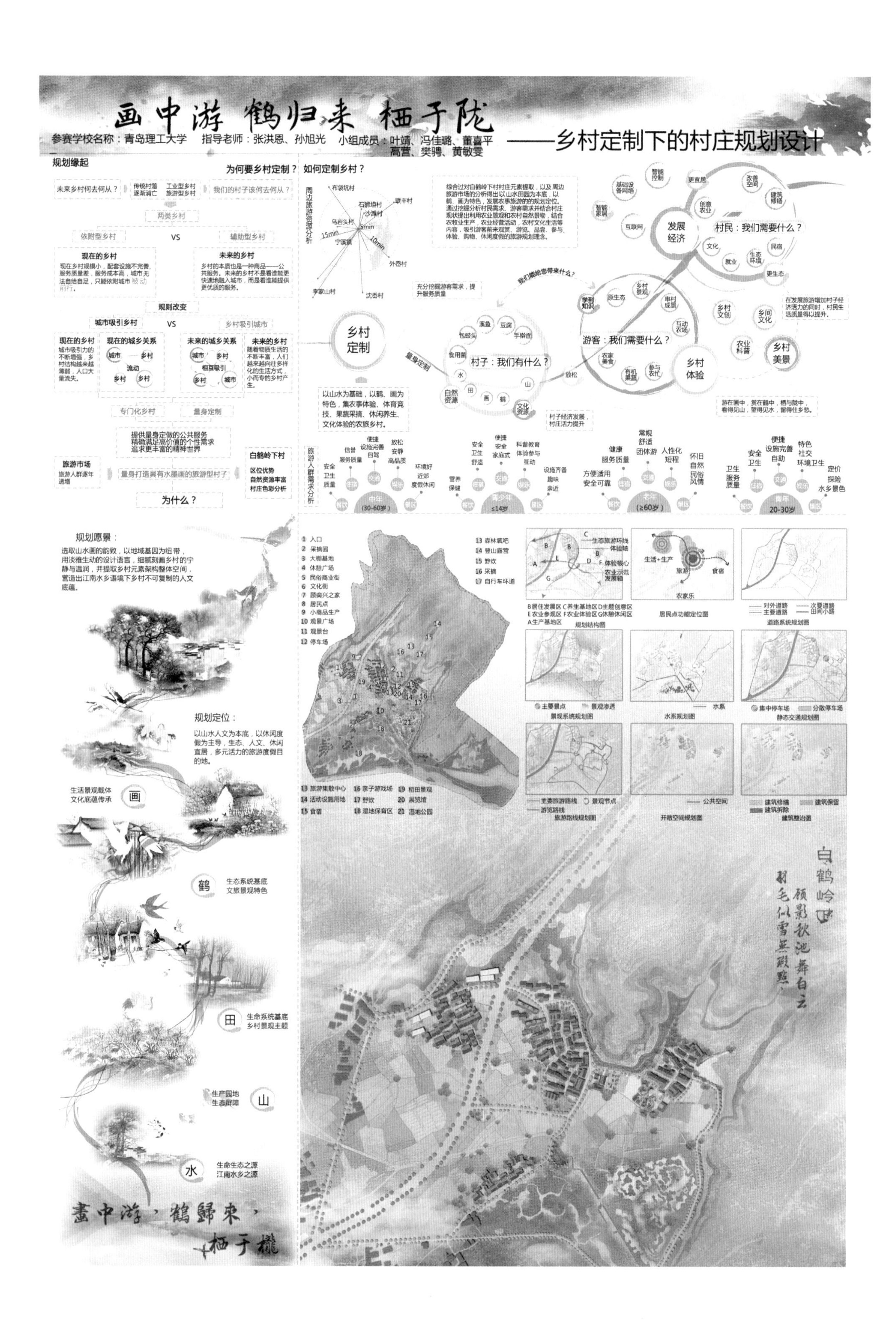

画中游 鹤归来 栖于陇
参赛学校名称：青岛理工大学 指导老师：张洪恩、孙旭光 小组成员：叶靖、冯佳璐、董嘉平、高营、樊骋、黄敏雯
——乡村定制下的村庄规划设计
规划缘起
为何要乡村定制？
如何定制乡村？
乡村定制
发展经济
村民：我们需要什么？
游客：我们需要什么？
村子：我们有什么？
乡村体验
乡村美景
规划愿景：
选取山水画的韵致，以地域基因为纽带，用淡雅生动的设计语言，细腻刻画乡村的宁静与温润，并提取乡村元素架构整体空间，营造出江南水乡语境下乡村不可复制的人文底蕴。
规划定位：
以山水人文为本底，以休闲度假为主导，生态、人文、休闲宜居，多元活力的旅游度假目的地。
画
鹤
田
山
水
规划结构图
居民点功能定位图
道路系统规划图
景观系统规划图
水系规划图
静态交通规划图
旅游路线规划图
开敞空间规划图
建筑整治图
白鹤岭

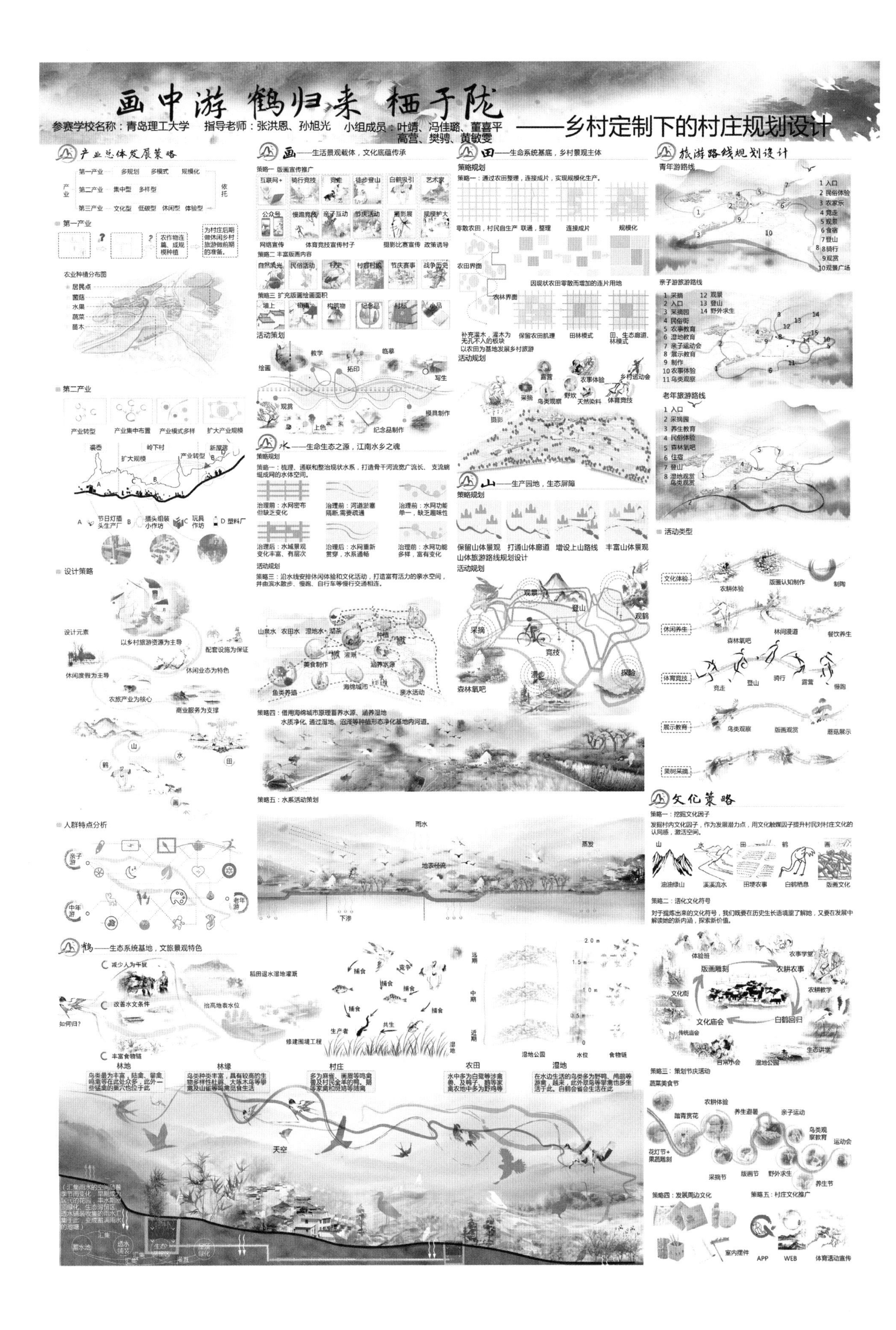
画中游 鹤归来 栖于陇
参赛学校名称：青岛理工大学 指导老师：张洪恩、孙旭光 小组成员：叶靖、冯佳璐、董喜平、高营、樊骋、黄敏雯
——乡村定制下的村庄规划设计
产业总体发展策略
画——生活景观载体，文化底蕴传承
田——生命系统基底，乡村景观主体
旅游路线规划设计
水——生命生态之源，江南水乡之魂
山——生产园地，生态屏障
文化策略
鹤——生态系统基地，文旅景观特色

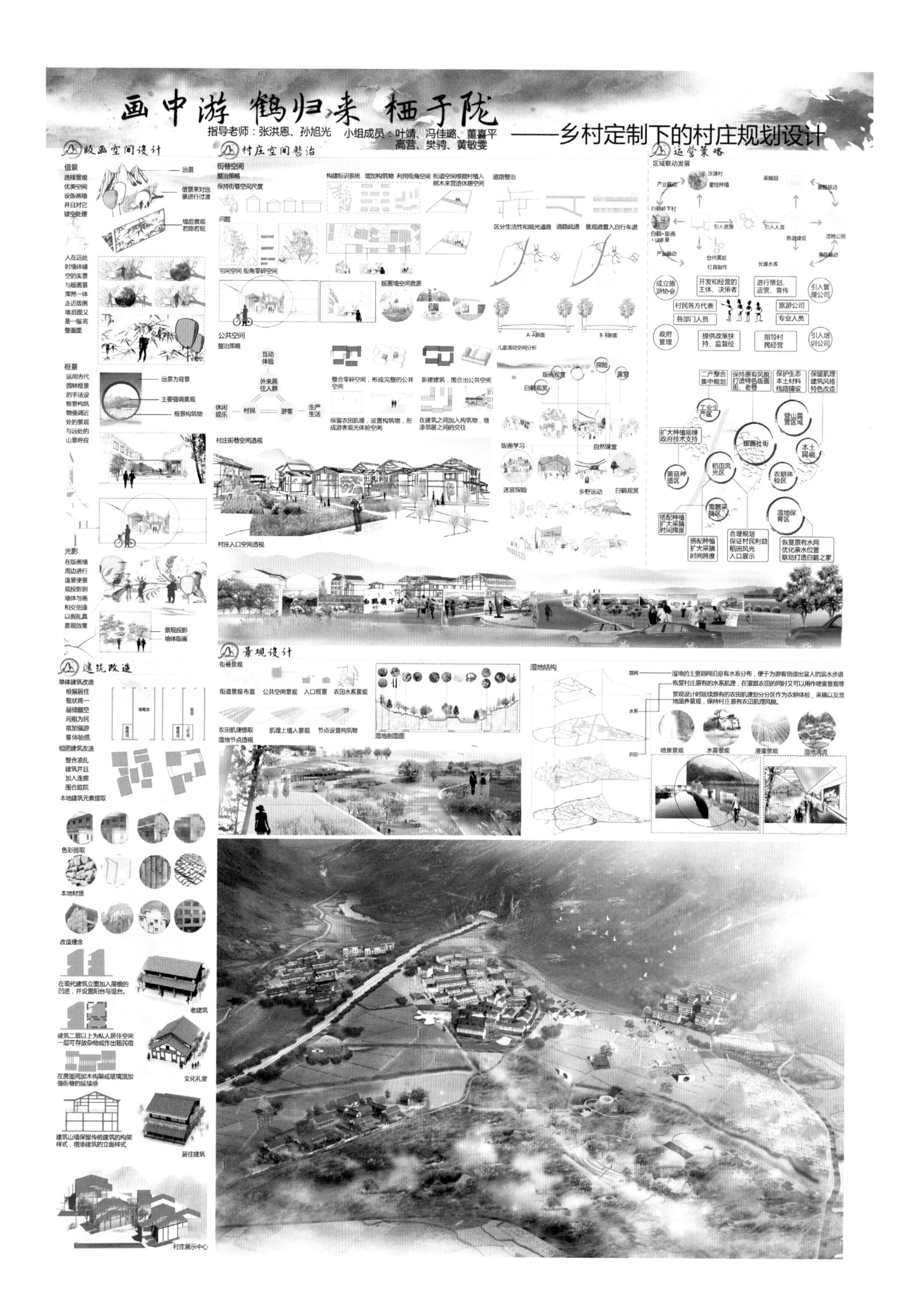

画中游 鹤归来 栖于陇
指导老师：张洪恩、孙旭光 小组成员：叶靖、冯佳璐、董嘉平、高营、樊骋、黄敏雯
——乡村定制下的村庄规划设计
版画空间设计
村庄空间整治
运营策略
建筑改造
景观设计

宁溪镇白鹤岭下村村庄规划

吕梁学院 指导老师：李勇 崔小芳 崔彩萍 小组成员：薛世豪 王耀 张贤 吕艳梅 李琛璐

耕

农业现状分析：田地种类多，相互渗透，分布集中

农业发展理念：统筹建筑农业和山体，重建起生活生产和生态间的复杂关系，使之成为村民活动的载体

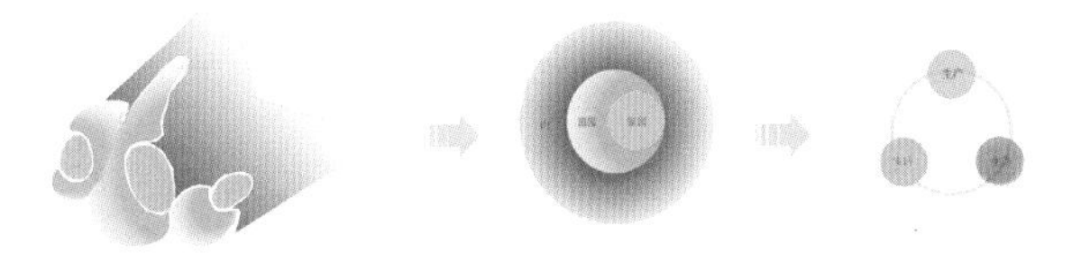

农业传统模式：物种结构单一，空间结构低层次，配套技术不发达

农业现代模式：深度利用自然资源，技术形态多元复合，建立多个物种共栖

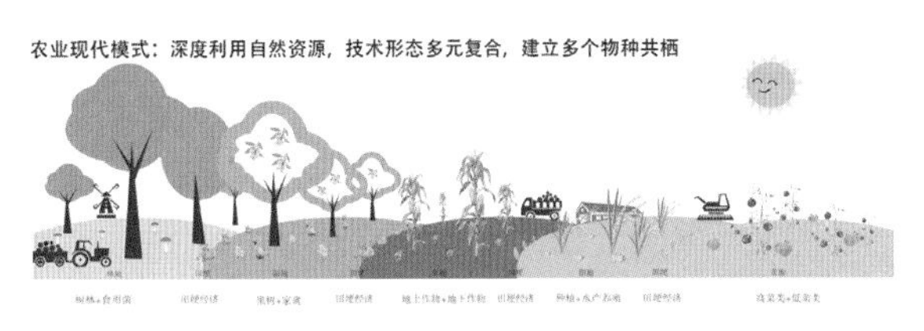

利用院落的扩展，整合新式农业的发展，通过新式农业在反作用于院落

食用菌现代模式：生产效率更高，能实现周年化生产，产品附加值更高，效益更好

食用菌传统模式：生产的产品单产小，种类少，短距离销售，市场竞争力低

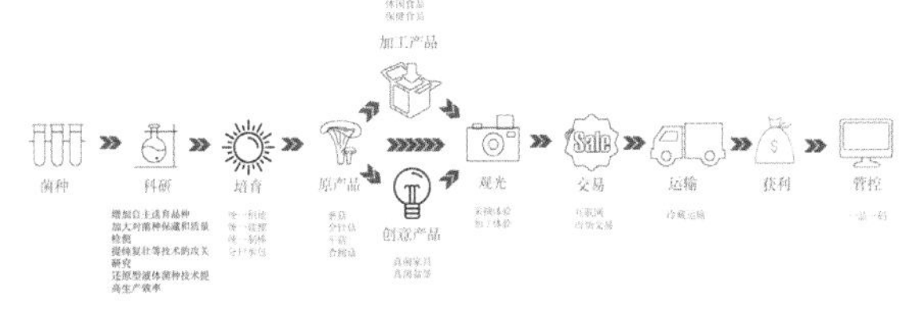

读

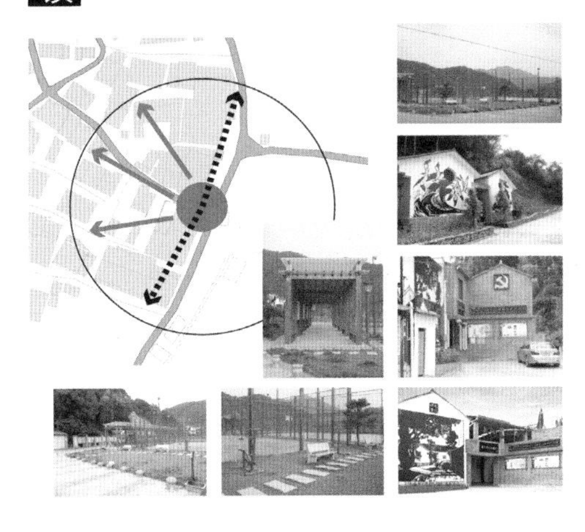

传

传播+传承

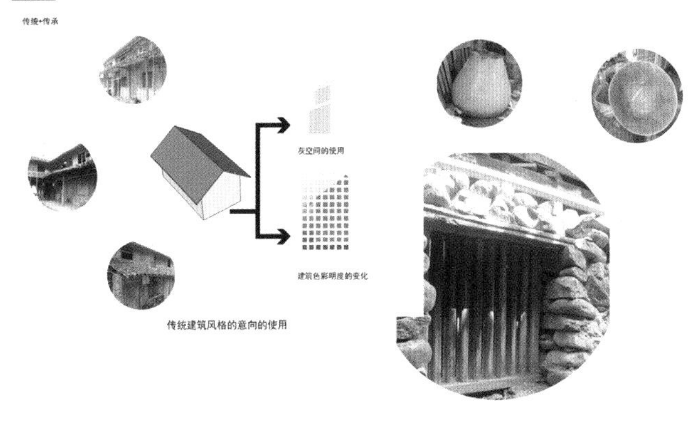

在空间院落的设计改造中将传统的建筑空间加以整合和运用，同时将酒元素、竹元素，加以整合调整石头砌筑的石墙、竹架木构的屋架、石臼的运用，整个空间当中，传统环境中的韵味，新式建筑的强项都得到最好的体现。

宁溪镇白鹤岭下村村庄规划

吕梁学院 指导老师：李勇 崔小芳 崔彩萍 小组成员：薛世豪 王耀 张贤 吕艳梅 李琛璐

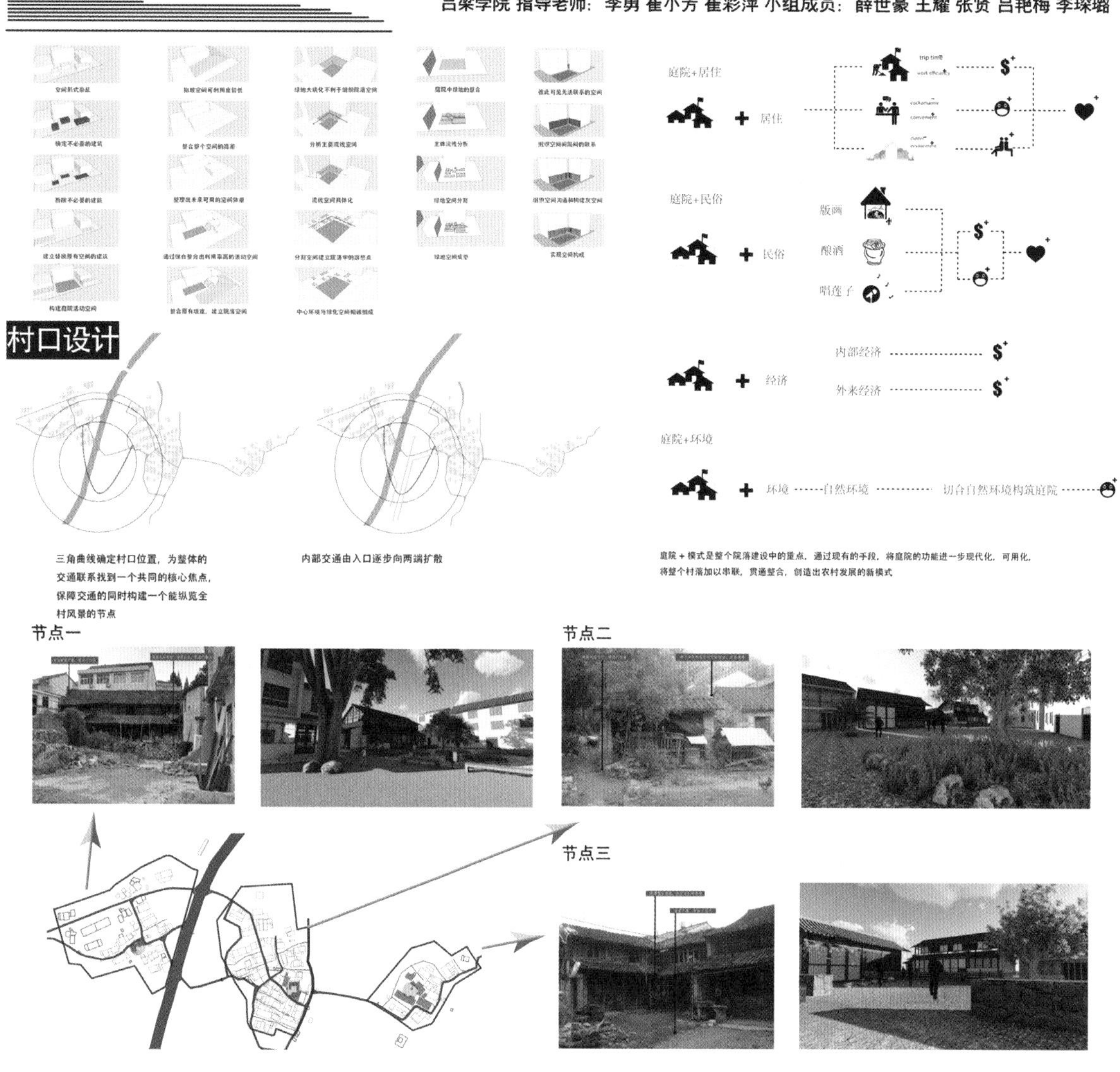

台州市宁溪镇白鹤岭下村村庄规划 1

更新 体验 传承

吕梁学院 指导老师：李勇、崔小芳、崔彩萍 小组成员：陈亚飞、高妮、郝红燕、任广森、张丹阳

研究思路

规划与目标

需求导向：上位规划、区位规划、产业背景、文化背景

问题分析：现状分析、人口分析、交通分析、文化分析

发展策略

空间整合：有机更新 建筑更新 邻里联系

产业激活：观光农业 摄影基地 多元体验

文化培育：文化传承 活动策划 文化礼堂

生态建设：绿化街道 排水设施 生态养护

区位分析

台州是浙江省沿海地区的重要港口，长江经济带的重要组成，黄岩区位于浙江省中部沿海，历史悠久、人文荟萃、物产丰饶、交通便捷。

台州“一心六脉四组团”的城市结构中，黄岩区为四大组团之一，占据其中“一心”即“绿心”和“三脉”即“五峰山－鉴洋湖组团分隔带、双浦生态廊道、十里铺生态廊道”；黄岩是台州市重要的工业基地和陆路对外交通枢纽。

宁溪镇位于黄岩区西部，长潭水库西侧，地处山区，生态环境优良，宁溪镇主要经济收入为工业和农业，农业方面主要以林为主，在黄岩区综合农业区划中属于“西部中低山林牧区”。第三产业方面，依托西区广大的腹地和丰富的农副产品资源发展农副产品交易市场。

岭下村四面环山，以手工业、农业为主，位于长潭湖都市休闲后花园发展区域。连接两大生态旅游区，是镇对外交通主干道重要节点。

S
交通便利，临近交通枢纽；
依山傍水，生态环境优美；
民风淳朴，文化底蕴深厚；
生态文明建设初见成效。

W
公共服务设施不全；
原有农作物经济效益低下；
文化发展片段化、平庸化、消隐化；
建筑利用率不高，建筑形式紊乱。

O
在城乡发展的态势下，乡村特色问题显得尤为重要；
宁溪镇镇域主力开发旅游业吸引大量客流；
党的十九大报告明确提出乡村振兴战略。

T
宁溪镇各个村落的竞争，
具有同质性发展；
经济开发对此处的生态环境造成一定的威胁。

理念分析

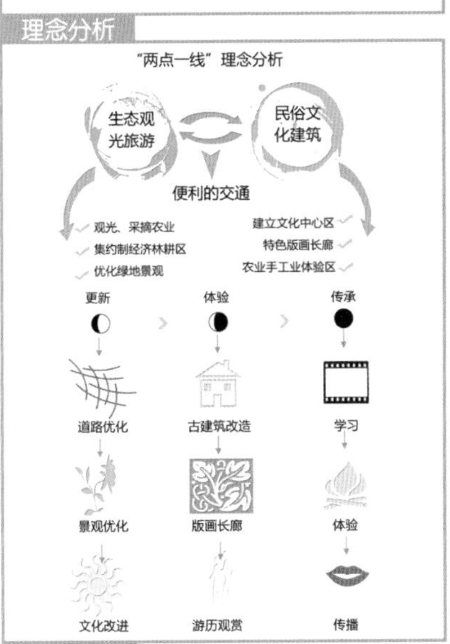

策略生成

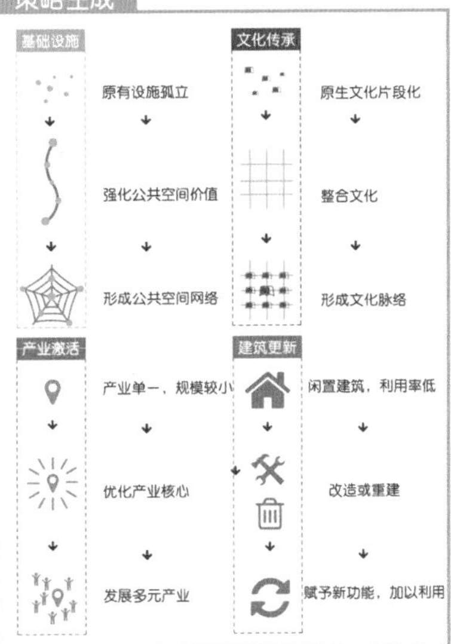

人群分析

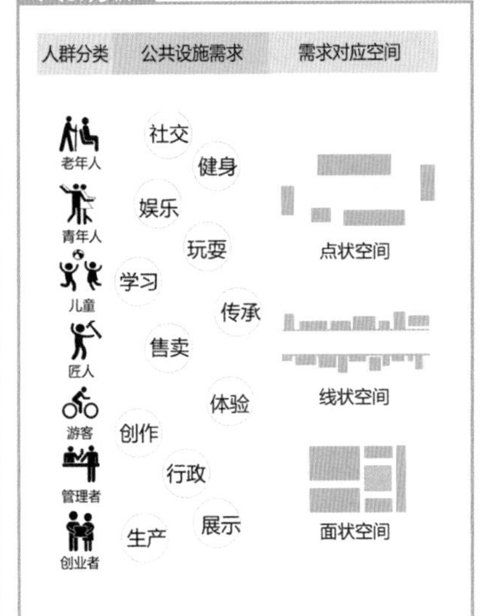

现状研究

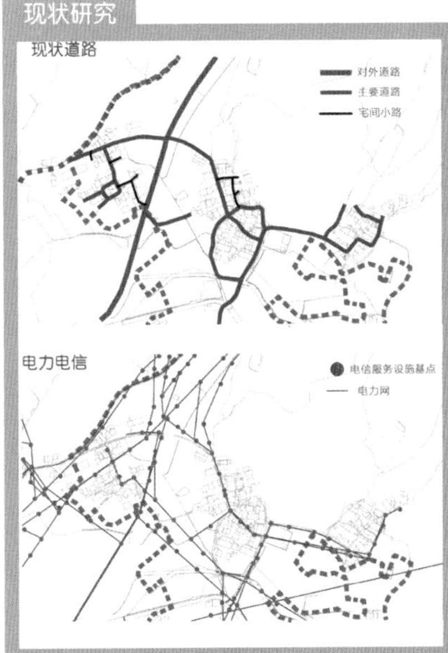

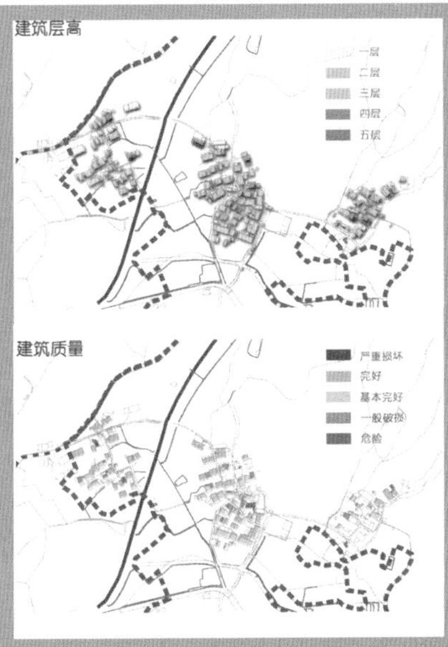

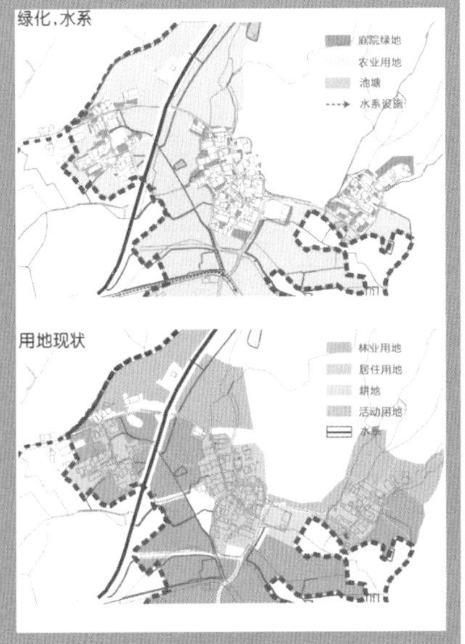

台州市宁溪镇白鹤岭下村村庄规划 2

更新 体验 传承

吕梁学院 指导老师：李勇、崔小芳、崔彩萍 小组成员：陈亚飞、高妮、郝红燕、任广森、张丹阳

专项规划

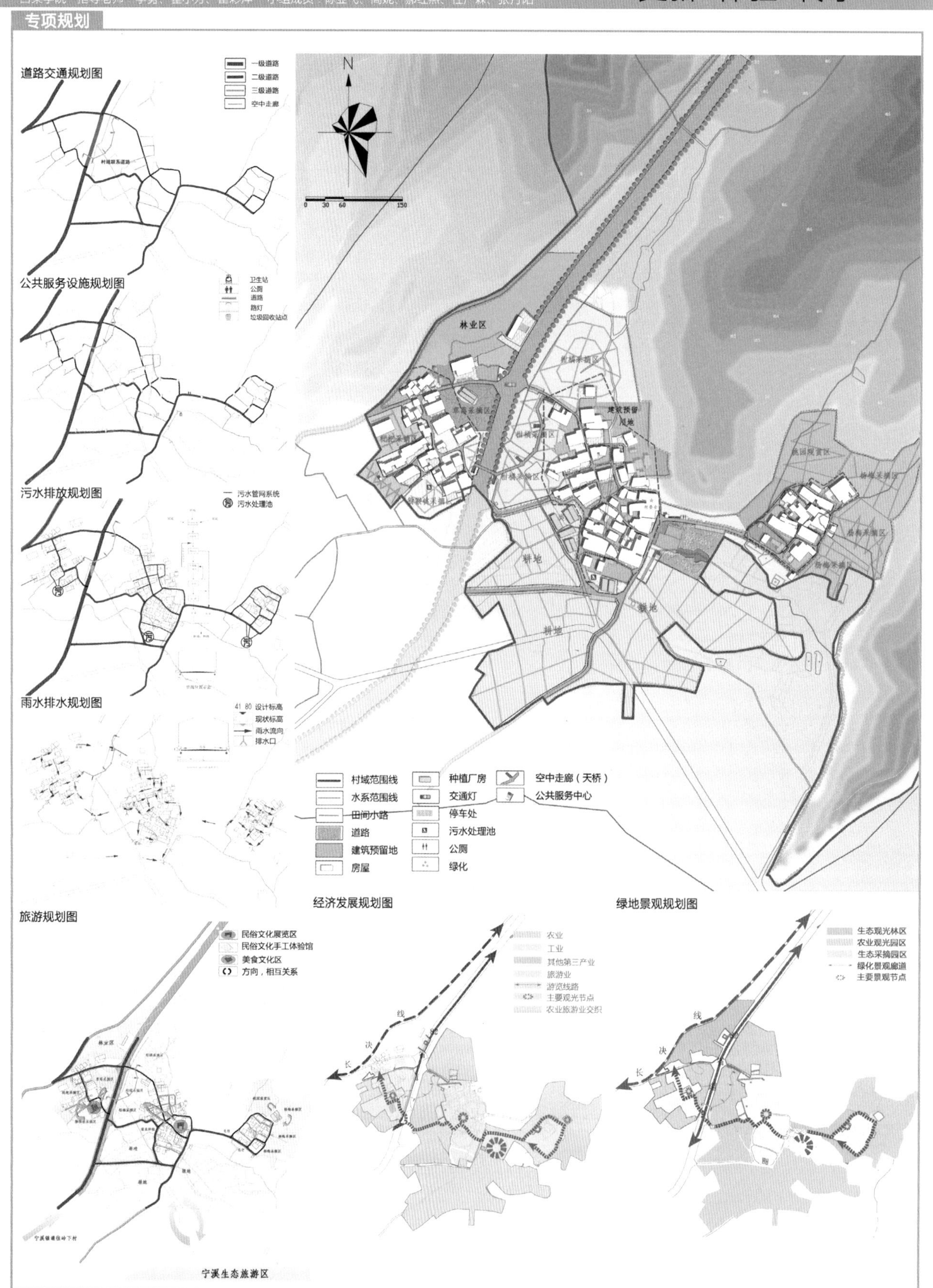

台州市宁溪镇白鹤岭下村村庄规划 3

更新 · 体验 · 传承

吕梁学院 指导老师：李勇、崔小芳、崔彩萍 小组成员：陈亚飞、高妮、郝红燕、任广森、张丹阳

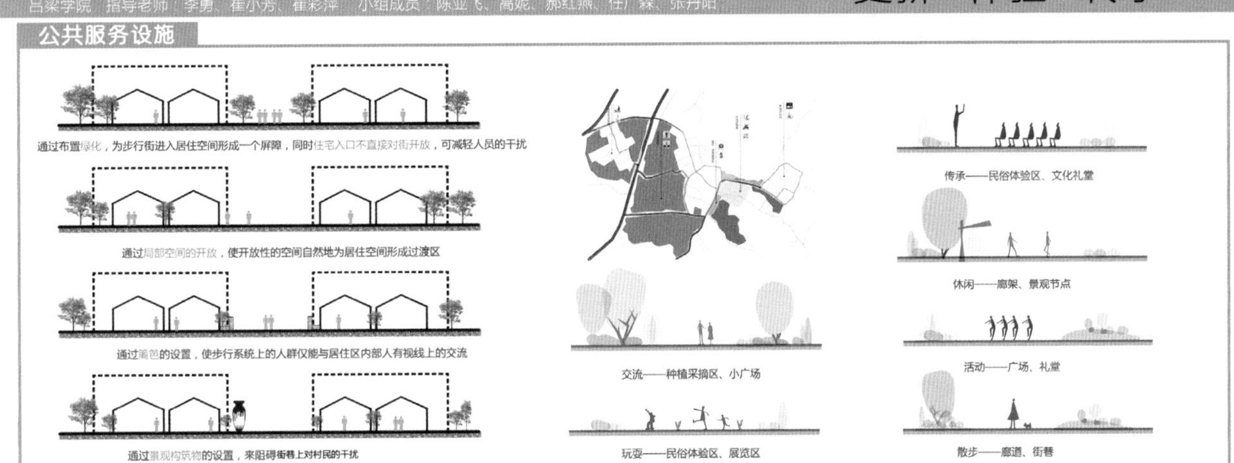

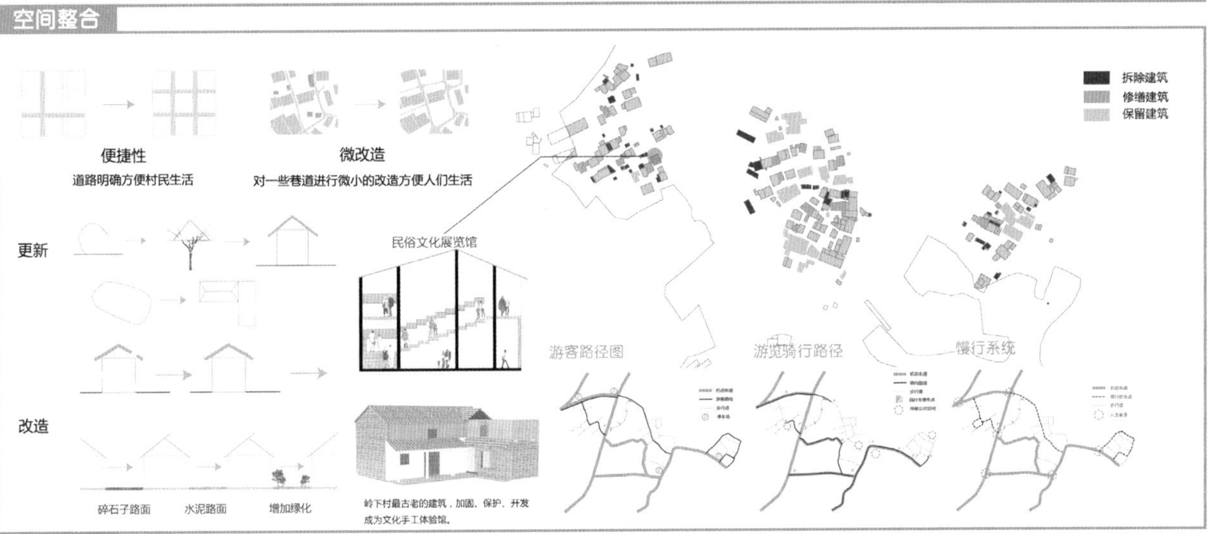

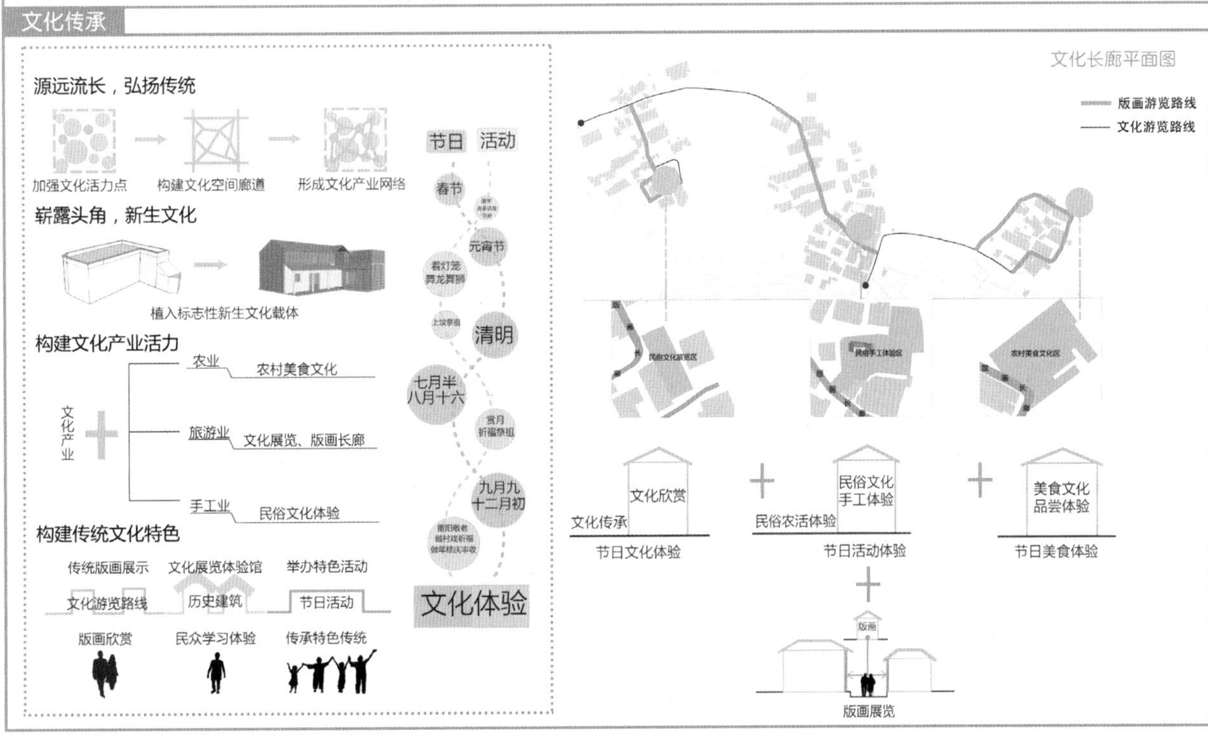

台州市宁溪镇白鹤岭下村村庄规划

4

更新·体验·传承

吕梁学院 指导老师：李勇、崔小芳、崔彩萍 小组成员：陈亚飞、高妮、郝红燕、任广森、张丹阳

产业规划

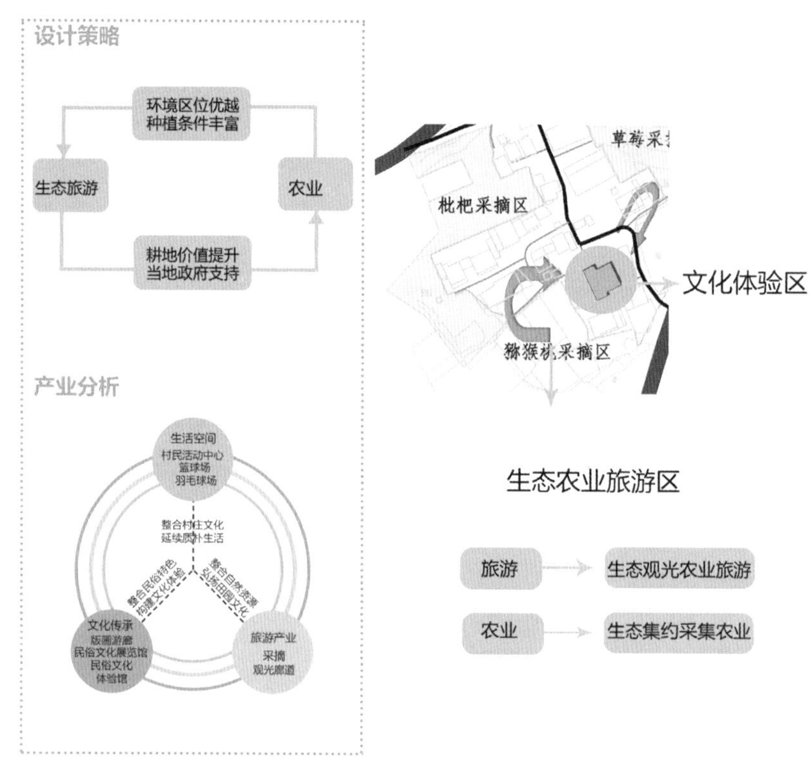

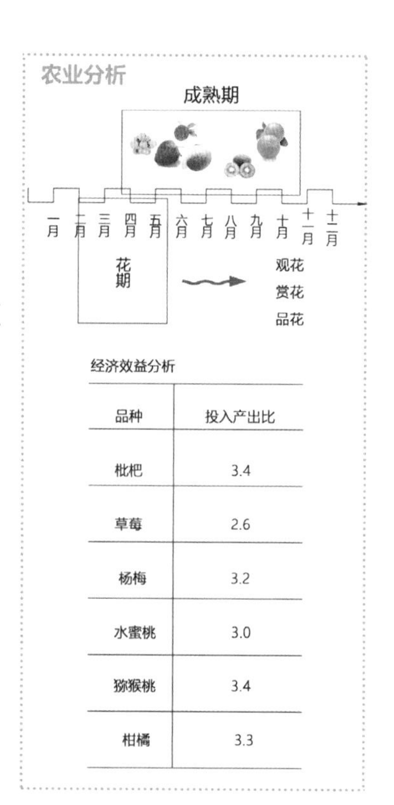

品种	投入产出比
枇杷	3.4
草莓	2.6
杨梅	3.2
水蜜桃	3.0
猕猴桃	3.4
柑橘	3.3

两位合一 村域联系和空中走廊

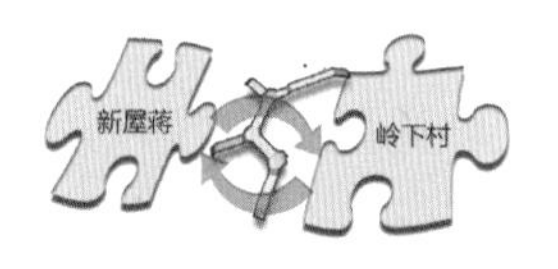

现状中82省道横穿两个自然村，村域联系不便。新建空中走廊加强自然村之间的联系，用于避免车流和人流平面相交时的冲突，减少交通事故。

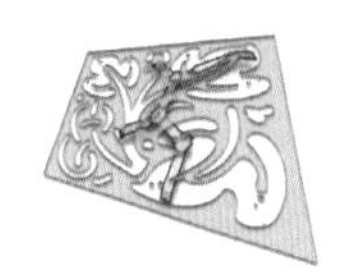

利用村庄发展地形和现存形式作为起点，与生态农业观光规划结合。加强自然景观的连续性。

民俗文化

自然山水

给游客多元化体验

提升本地居民生活品质

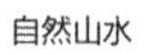

意向图

一、前期调研分析
1
1. 区位分析
浙江省 → 台州市 → 黄岩区 → 宁溪镇
白鹤岭下村是黄岩进入宁溪镇的第一个村，
在柔极岭隧道口。
地理位置优越，生态环境优雅。
2. 资源分析
版画
灯具
农田
溪水
食用菌
特产
特征：特色产品丰富多样，有多种资源可以开发丨利用。
问题：面对新型旅游形式，特色产品未能充分发挥潜在利用价值。
3. 主题选取分析
艺术
艺术品：
版画
工艺品
灯具
农业
农产品：
水稻 薯类
食用菌 生菜
芫荽叶 小包菜
哈密瓜 秋葵
工业
工业产品：
丝棉
玻璃
塑料
硫化碱
日化
美食
特产小吃：
糟烧白酒
麦鼓头
农家豆腐
绿豆面
评价标准
A 观赏 B 产品 C 研发 D 程序 E 体验 F 效益
根据六项因子对白鹤岭下村特色产业进行对比分析，
得到艺术相关产业最适宜本村的长久发展。
4. SWOT 分析
优势
劣势
地理环境
灯具加工业
建筑风貌
版画特色
农田特产
劳动人口
产业力量
空间活力
人气
优势：自然景观资源丰厚，拥有版画艺术基础，
灯具加工生产厂家多。
劣势：村内青年外出打工，特色产业力量薄弱，
造成空间活力不足，缺少吸引和人气。
白鹤亮了--艺术介入
学校：中央美术学院 指导教师：虞大鹏
参赛学生：张凝瑞 李亚先 高小琳 张智乾
总平面图
民宿 Homestay
灯光雕塑 Light sculpture
入口 Entrance
艺术家工作室 The Artist Studio
创意工坊 Creative Workshop
服务中心 Service Center
观望台 Observation deck
民宿 Homestay
Light sculpture 灯光雕塑
Featured Shops 特色商铺
Light Interactive Area 灯光互动区
Light Market 灯光集市
Prints of farmland 农田版画
Homestay 民宿

白鹤亮了--艺术介入

学校：中央美术学院　指导教师：虞大鹏
参赛学生：张凝瑞 李亚先 高小琳 张智乾

活动策划

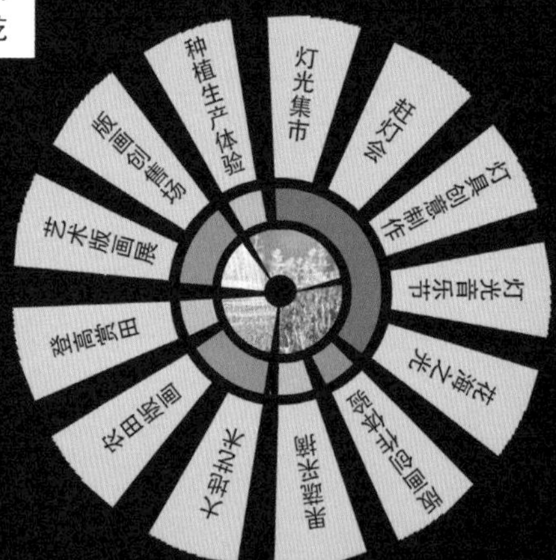

■ 灯光活动
■ 版画活动
■ 生态休闲活动

春	夏	秋	冬
播种	成长	收割	空置
春天，通过举办“播种大赛”，让来自城市的游客们与孩子们来学习农业第一堂课。	夏天，举办稻田灯光节，进行大地艺术活动，使孩子们与游客们参与到乡间活动中，为村子带来活力。	秋天，在稻田收割的季节，举办农田版画活动，以农田为画布，以稻谷为颜料开展活动。发扬村中版画文化。	版画售卖 版画艺术展览

3. 以旅游路径引导空间布局

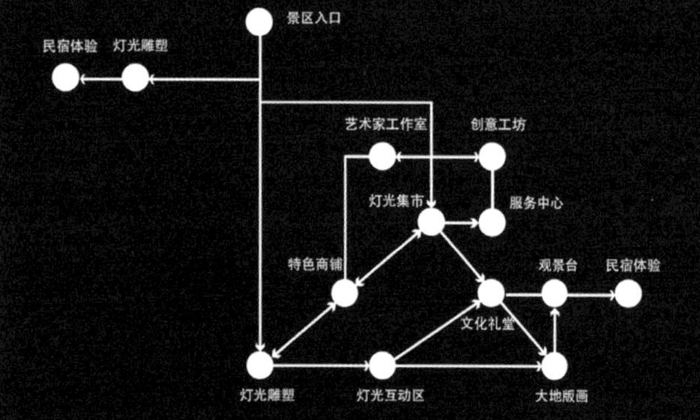

发展定位

主题定位	以灯光和版画为核心的艺术介入乡村
形象定位	艺术文化气息浓厚的山水古镇
产品研发定位	产业链完整且各行业紧密结合生产的创意产品
旅游市场定位	人文艺术高度发展的生态活力乡村

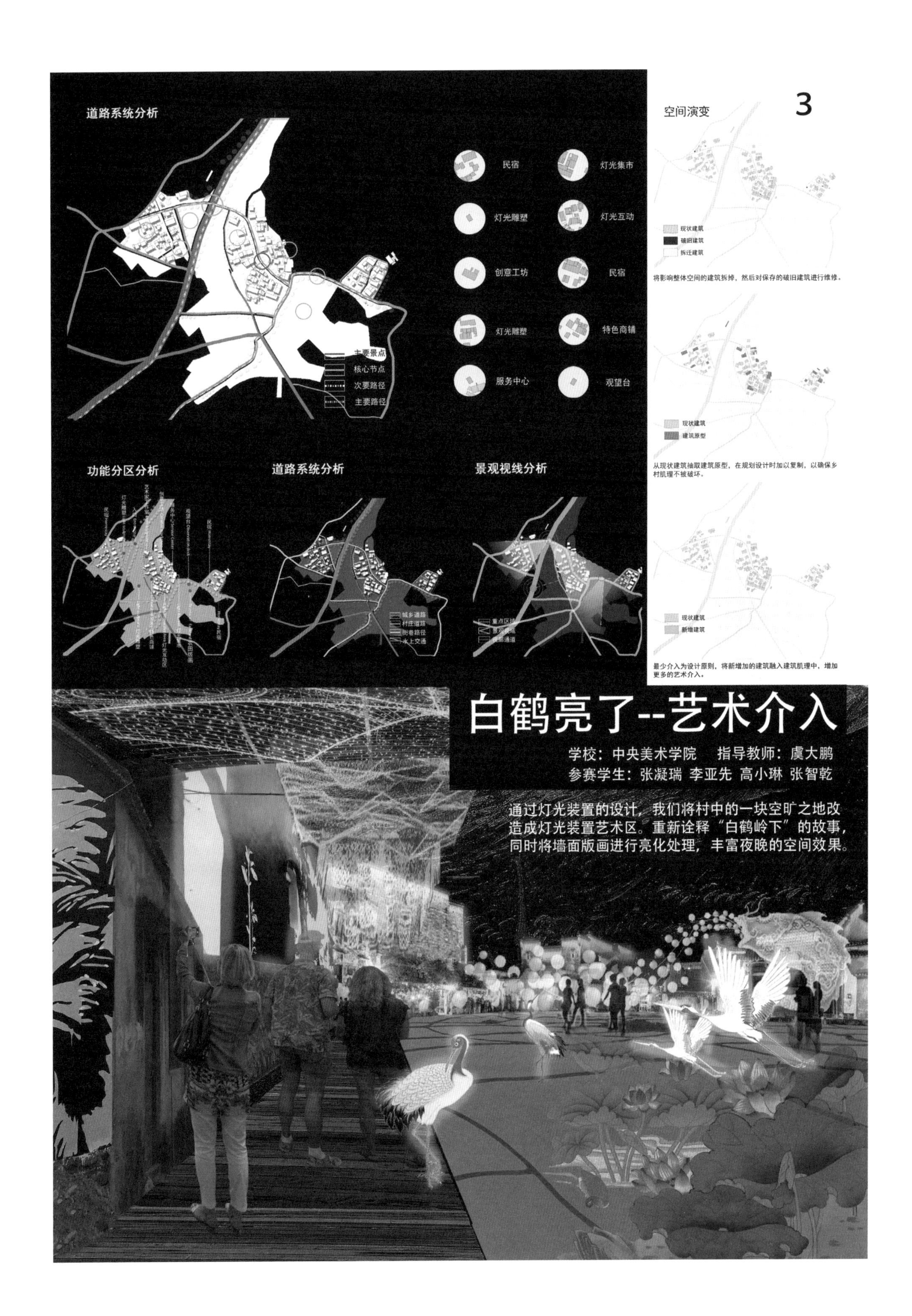

道路系统分析
民宿
灯光集市
灯光雕塑
灯光互动
创意工坊
民宿
灯光雕塑
特色商铺
服务中心
观望台
主要景点
核心节点
次要路径
主要路径
功能分区分析
道路系统分析
城乡道路
村庄道路
街巷路径
水上交通
景观视线分析
空间演变
3
现状建筑
破旧建筑
拆迁建筑
将影响整体空间的建筑拆掉，然后对保存的破旧建筑进行维修。
现状建筑
建筑原型
从现状建筑抽取建筑原型，在规划设计时加以复制，以确保乡村肌理不被破坏。
现状建筑
新增建筑
最少介入为设计原则，将新增加的建筑融入建筑肌理中，增加更多的艺术介入。
白鹤亮了--艺术介入
学校：中央美术学院 指导教师：虞大鹏
参赛学生：张凝瑞 李亚先 高小琳 张智乾
通过灯光装置的设计，我们将村中的一块空旷之地改造成灯光装置艺术区。重新诠释“白鹤岭下”的故事，同时将墙面版画进行亮化处理，丰富夜晚的空间效果。

将村中的零星小块土地改造成一块共享休闲平台，邀请灯光艺术家进行灯光装置设计，使人们能与灯光更好地产生互动，丰富村庄空间环境，营造梦幻氛围。
4
白鹤亮了--艺术介入
学校：中央美术学院　指导教师：虞大鹏
参赛学生：张凝瑞 李亚先 高小琳 张智乾
将村中现存的传统形式的建筑进行改造，在保留其原有样式的基础上优化结构与空间，使其变成民宿与游客服务中心，让村落的老建筑重新焕发活力。

白鹤岭下村乡村规划

【参赛院校】 宁夏大学

【参赛学生】

刘笑杰

于 璠

程仕瀚

杨 奎

锁 静

刘 婷

【指导教师】

刘小鹏

郑 芳

高彩霞

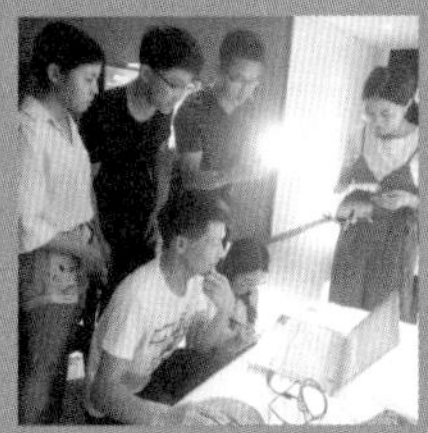
第一次
“代表大会”

现场调研
（人与自然和谐）

方案讨论

非常感谢主办方给予宁夏大学（人文地理与城乡规划）代表队的珍贵机会，由于学科差异、经验不足及时间短缺等原因，我们并未设计出理想方案，有些遗憾。但不同寻常的现场调研经历及岭下村的点点滴滴犹记在心，在岭下村与兄弟团队及村民的交流使我们受益匪浅，这一生我们将记住白鹤岭下村、宁溪镇、黄岩及台州等多个名字。

以下是我们针对白鹤岭下村发展的思考，与其他团队偏创意设计略显不同。

湿地公园效果图

旧居改造图

一、发展战略及方向

寻梦宁溪，闲在岭下：联合宁溪镇，以乌岩头古村落为代表的周边村庄及黄岩、台州，融合旅游资源，打造“寻梦宁溪”的休闲度假主题，发挥白鹤岭下村的休闲内涵及特色。具体发展战略包括：

1. 以生态湿地景观、毓秀山水风光为依托，打造具有原生态自然风光的美丽乡村。

2. 以顾奕兴先生的版画作品、遗留的农耕文化为特色，打造具有浓厚人文气息的文化乡村。

3. 以人人共建、人人共享的发展理念为基础，打造热情好客、创新协调的开放乡村。

二、空间结构

镇域：一核、两轴、多中心。村域：三区一核，四线联动。

三、村域总体布局及设施规划

四、部分效果图

结语：我们团队的图件略显粗糙，但我们的规划思路紧密结合时代背景，对于白鹤岭下村的未来发展具有一定的指导作用。

白鹤岭下村乡村规划（2017-2027年）

BAI HE LING XIA CUN XIANG CUN GUI HUA

村域规划总平面图

学生姓名：刘笑杰、于璠、程仕瀚、杨奎、锁静、刘婷

指导老师：刘小鹏　郑芳　高彩霞

参赛院校：宁夏大学

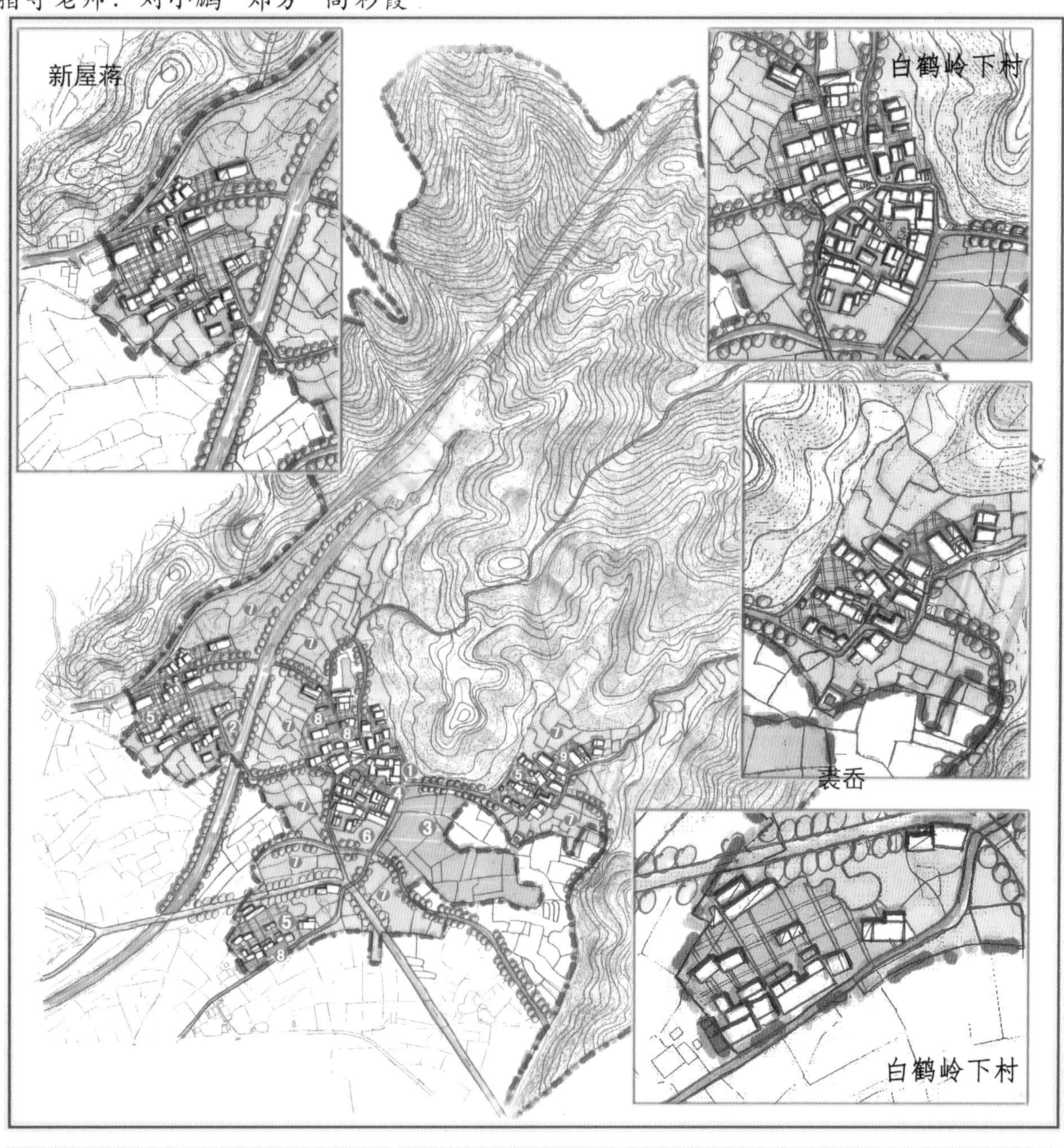

图例

❶ 社区服务中心　❺ 共享公园　❾ 传统风貌建筑区

❷ 公共绿地/健身广场　❻ 果林观光区

❸ 湿地公园　❼ 田园风光观赏区

❹ 游客服务中心　❽ 共享居住

白鹤岭下村乡村规划（2017-2027年）

BAI HE LING XIA CUN XIANG CUN GUI HUA

道路交通规划图

学生姓名：刘笑杰、于璠、程仕瀚、杨奎、锁静、刘婷
指导老师：刘小鹏 郑芳 高彩霞
参赛院校：宁夏大学

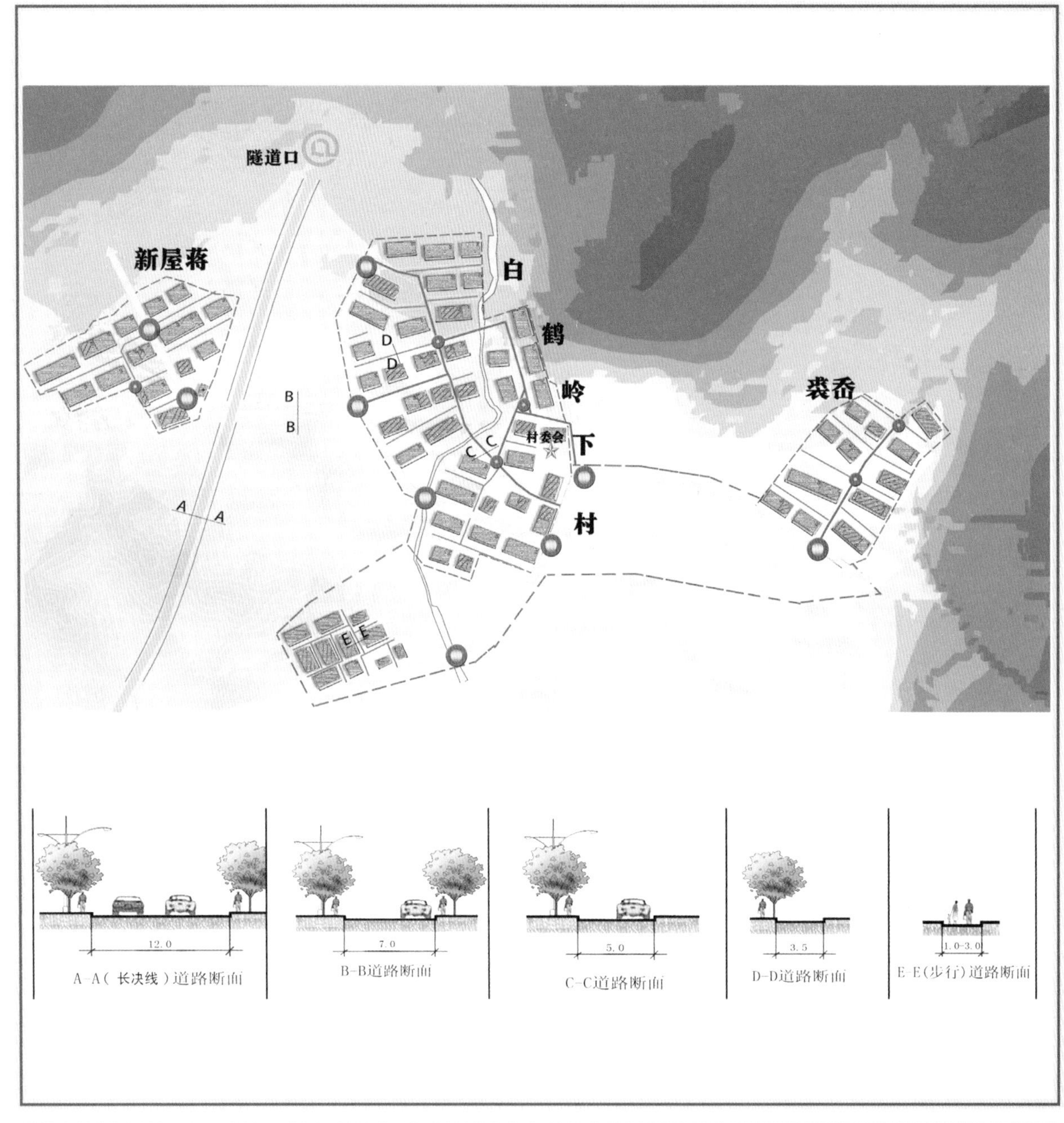

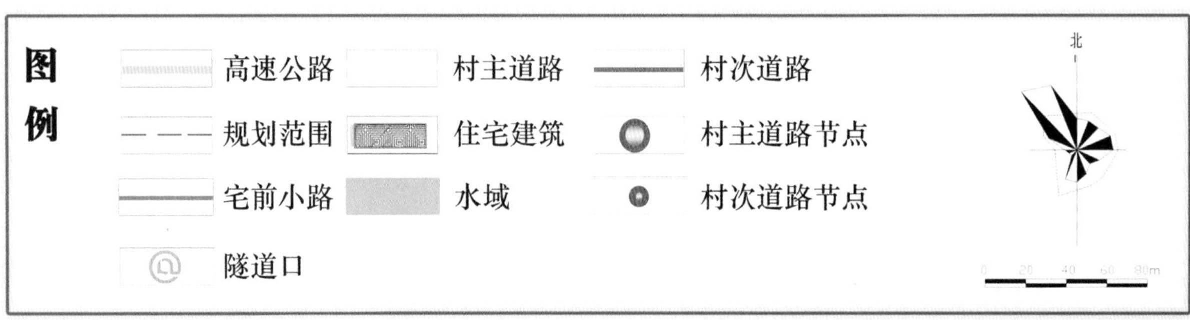

图例

高速公路	村主道路	村次道路
规划范围	住宅建筑	村主道路节点
宅前小路	水域	村次道路节点
隧道口		

北

0 20 40 60 80m

白鹤岭下村乡村规划（2017–2027年）

BAI HE LING XIA CUN XIANG CUN GUI HUA

景观节点效果图

学生姓名：刘笑杰、于璠、程仕瀚、杨奎、锁静、刘婷
指导老师：刘小鹏 郑芳 高彩霞
参赛院校：宁夏大学

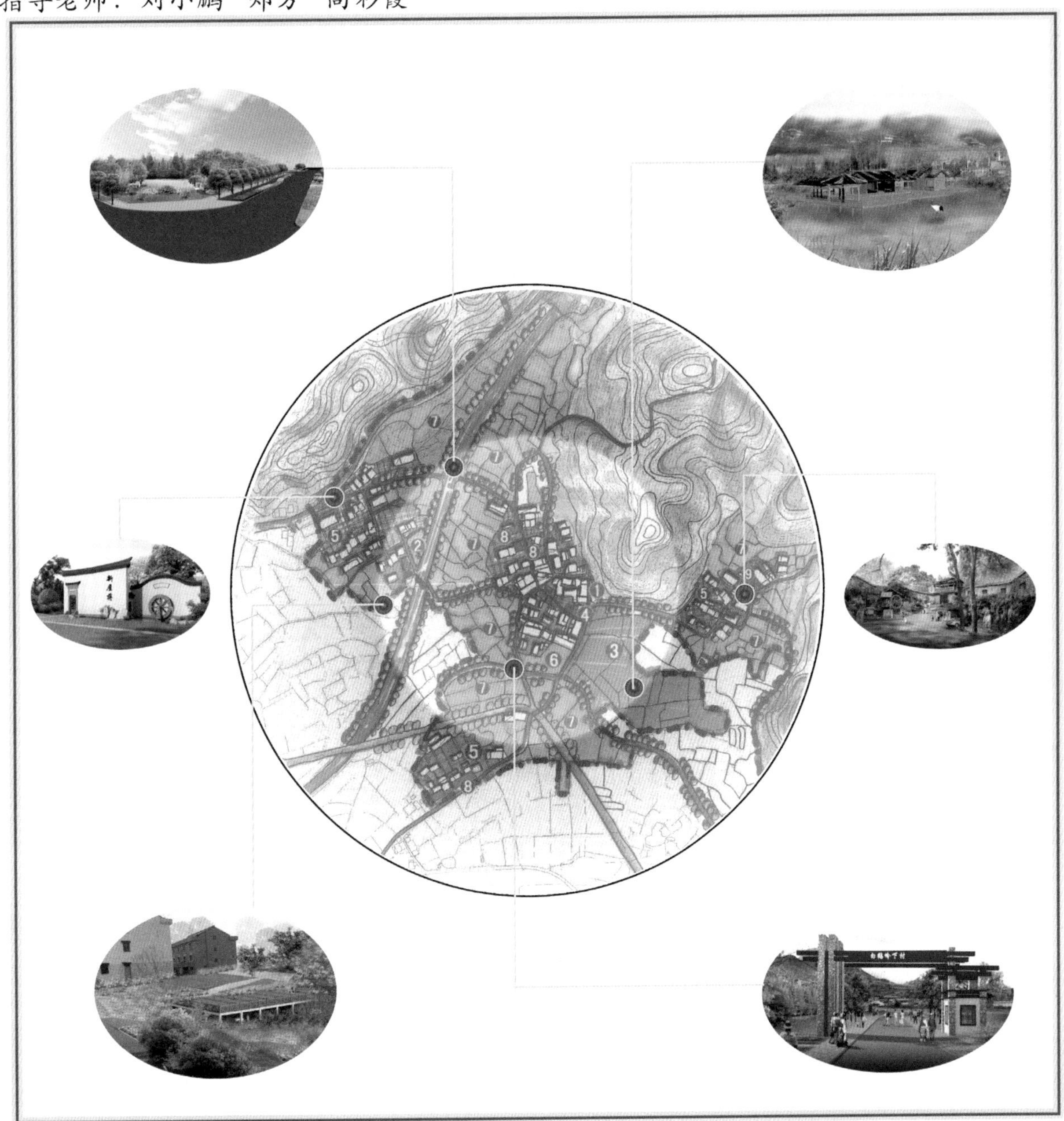

图例

① 社区服务中心	⑤ 共享公园	⑨ 传统风貌建筑区
② 公共绿地/健身广场	⑥ 果林观光区	
③ 湿地公园	⑦ 田园风光观赏区	
④ 游客服务中心	⑧ 共享居住	

白鹤岭下村乡村规划（2017-2027年）

BAI HE LING XIA CUN XIANG CUN GUI HUA

镇域空间结构格局图

学生姓名：刘笑杰、于璠、程仕瀚、杨奎、锁静、刘婷
指导老师：刘小鹏 郑芳 高彩霞
参赛院校：宁夏大学

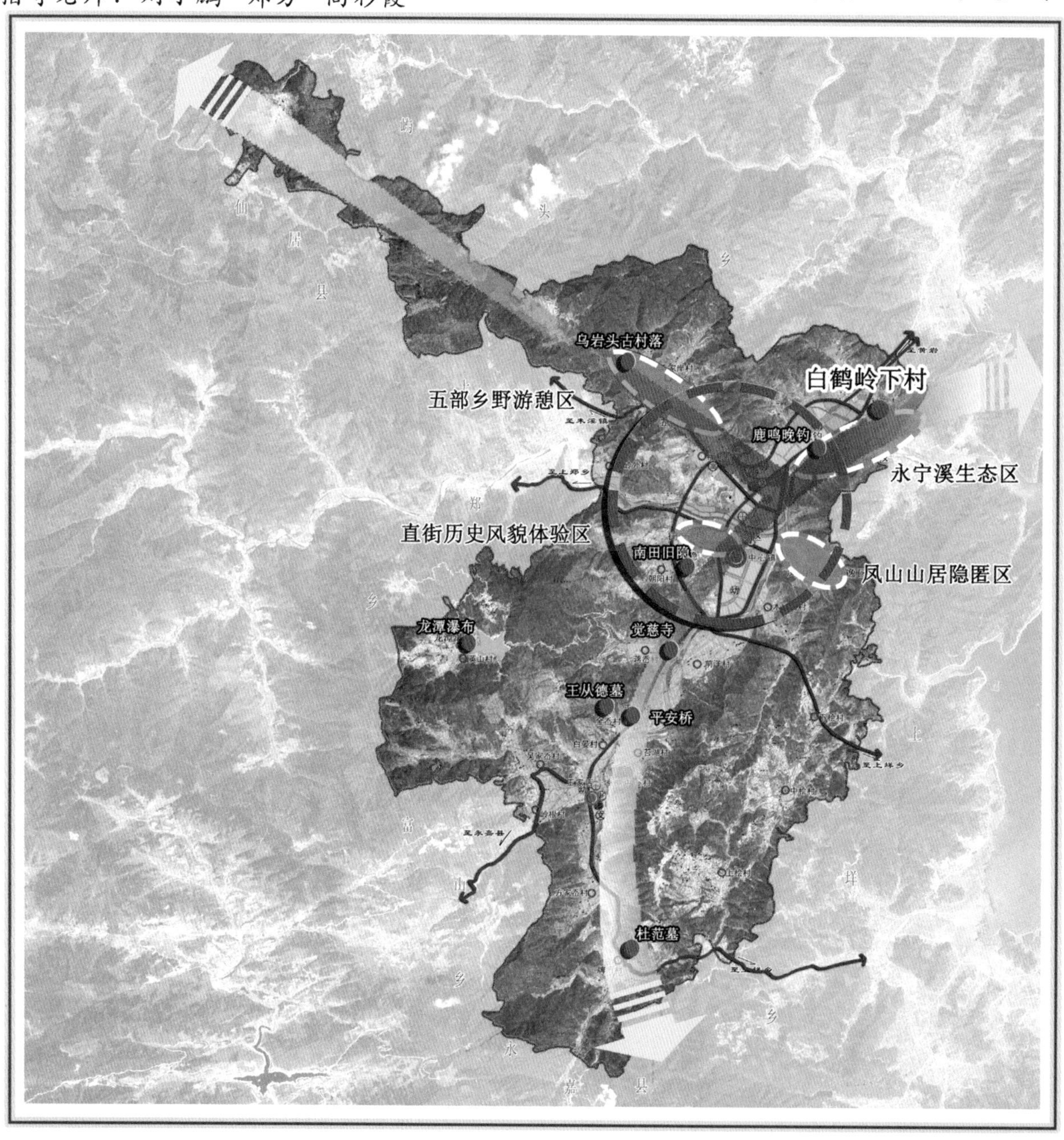

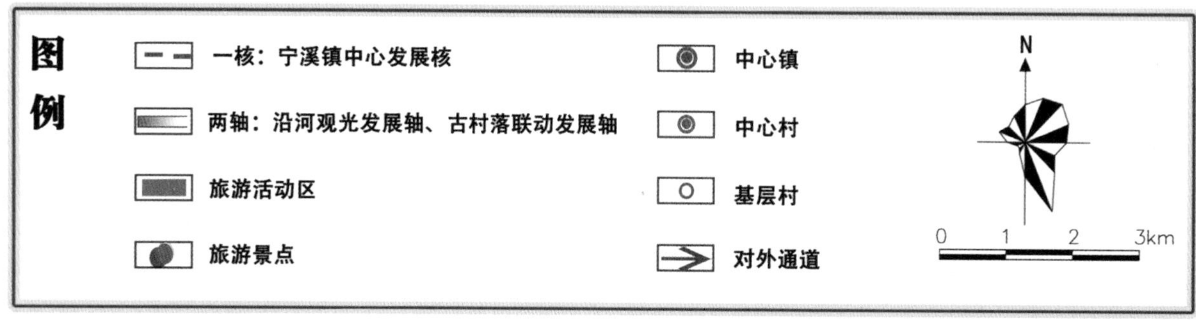

2017年全国高等院校城乡规划专业大学生乡村规划方案竞赛
上海大学 指导老师：李永浮 戎筱 小组成员：刘欣琪 严一 赵卉 熊彬宇
1 兴芯 向融

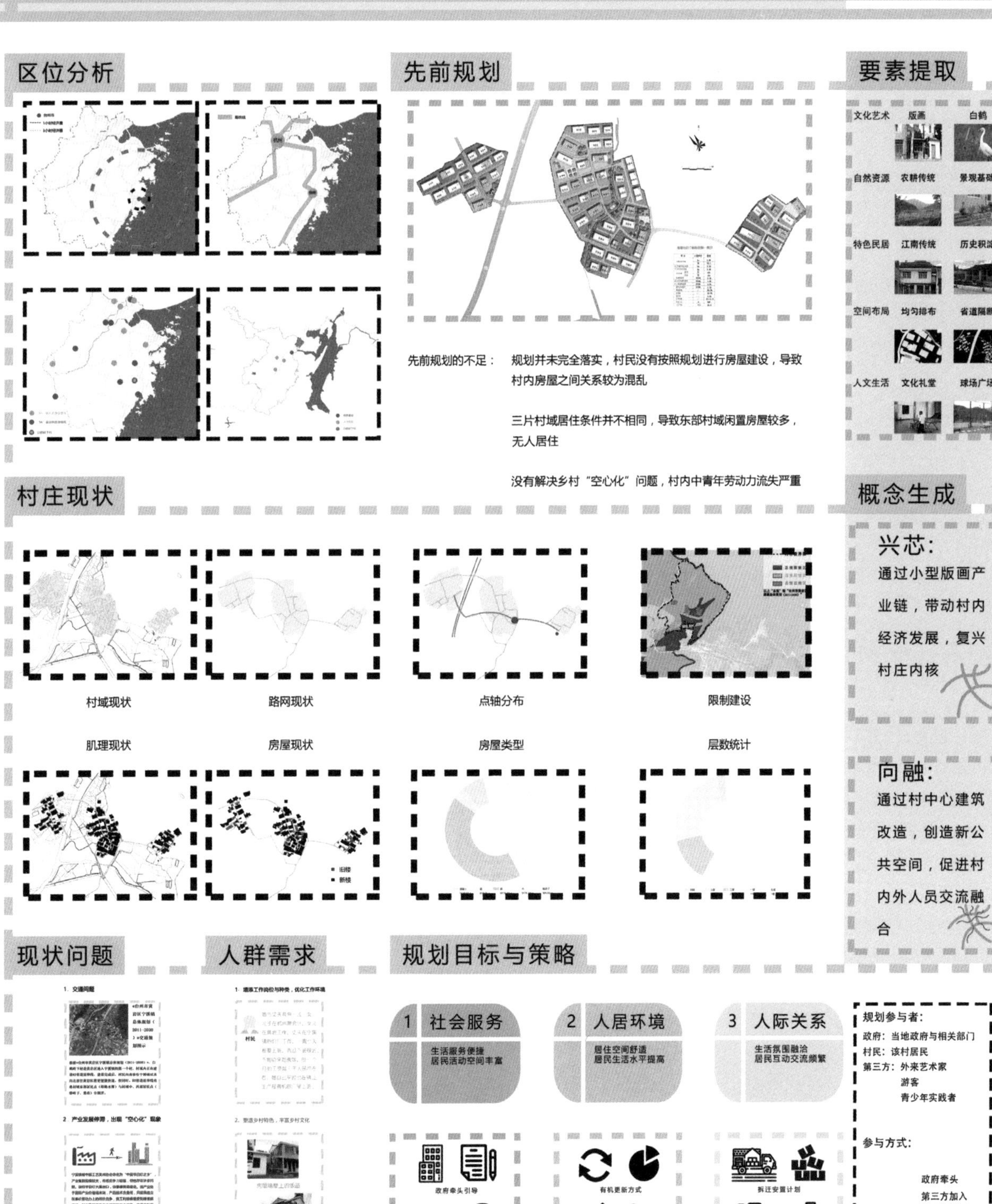
区位分析
先前规划
要素提取
文化艺术 版画 白鹤
自然资源 农耕传统 景观基础
特色民居 江南传统 历史积淀
空间布局 均匀排布 者道隔断
人文生活 文化礼堂 球场广场
先前规划的不足：
规划并未完全落实，村民没有按照规划进行房屋建设，导致村内房屋之间关系较为混乱
三片村域居住条件并不相同，导致东部村域闲置房屋较多，无人居住
没有解决乡村“空心化”问题，村内中青年劳动力流失严重
村庄现状
村域现状
路网现状
点轴分布
限制建设
肌理现状
房屋现状
房屋类型
层数统计
旧楼
新楼
概念生成
兴芯：
通过小型版画产业链，带动村内经济发展，复兴村庄内核
向融：
通过村中心建筑改造，创造新公共空间，促进村内外人员交流融合
现状问题
人群需求
规划目标与策略

1．交通问题
2．产业发展停滞，出现“空心化”现象
3．居住环境较差，生活质量较低

1．提供工作岗位与待遇，优化工作环境
村民
2．塑造乡村特色，丰富乡村文化

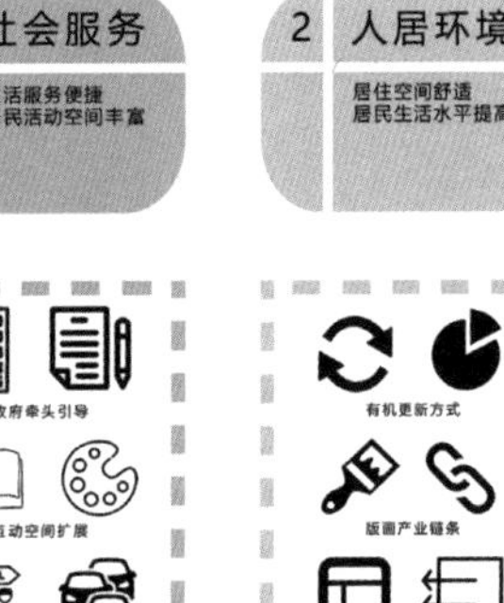
1 社会服务
生活服务便捷
居民活动空间丰富
2 人居环境
居住空间舒适
居民生活水平提高
3 人际关系
生活氛围融洽
居民互动交流频繁

有机更新方式
版画产业链条
村庄文脉体现
公共设施完善

规划参与者：
政府：当地政府与相关部门
村民：该村居民
第三方：外来艺术家
游客
青少年实践者
参与方式：
政府牵头
第三方加入
村民参与
政府
引导
村民
互动
第三方
协作

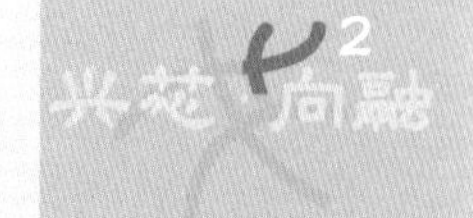
兴芯向融

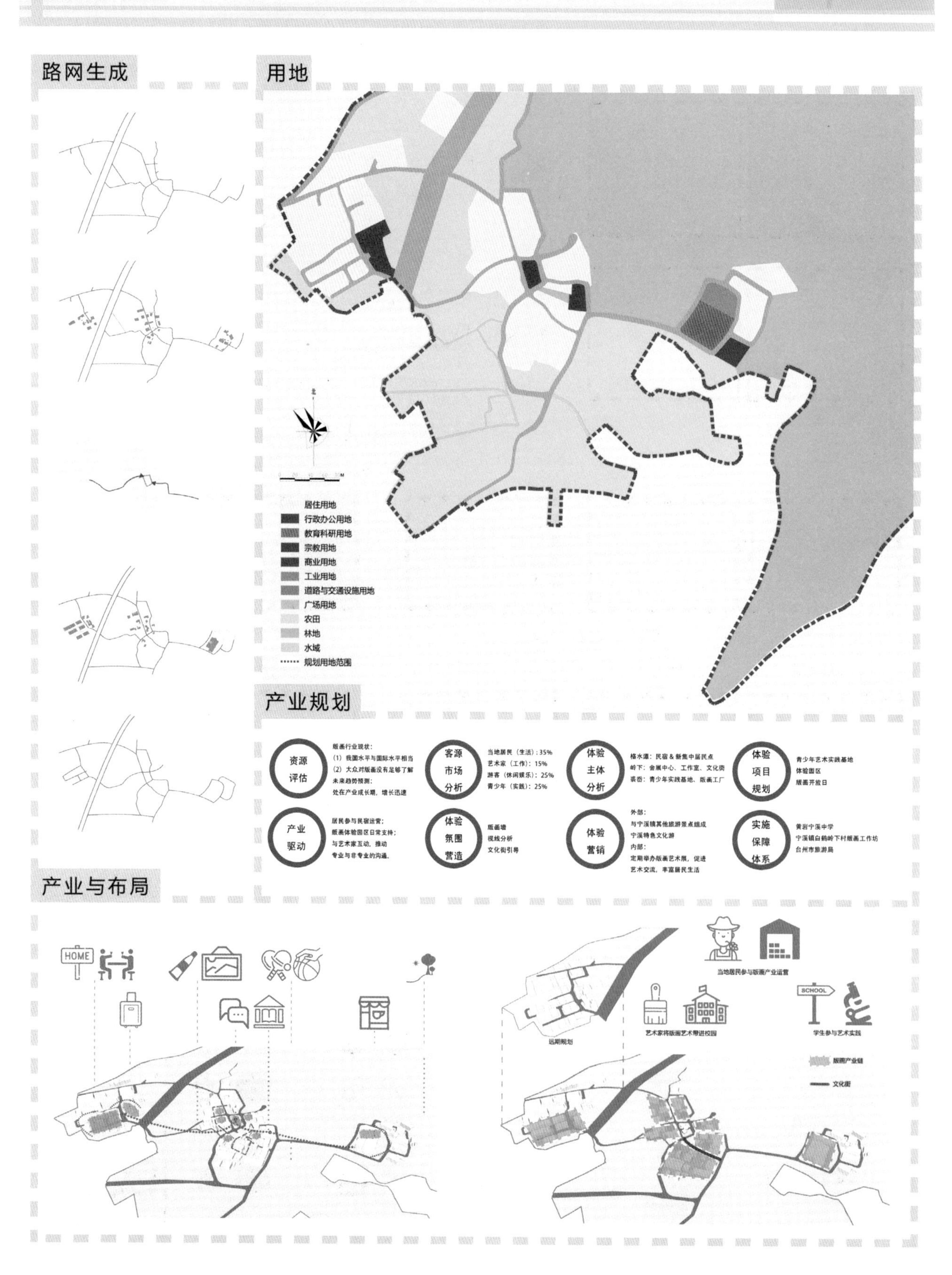
路网生成
用地
居住用地
行政办公用地
教育科研用地
宗教用地
商业用地
工业用地
道路与交通设施用地
广场用地
农田
林地
水域
规划用地范围
产业规划
资源评估
版画行业现状：
(1) 我国水平与国际水平相当
(2) 大众对版画没有足够了解
未来趋势预测：
处在产业成长期，增长迅速
客源市场分析
当地居民（生活）：35%
艺术家（工作）：15%
游客（休闲娱乐）：25%
青少年（实践）：25%
体验主体分析
格水源：民宿 & 新集中居民点
岭下：会展中心、工作室、文化街
裘岙：青少年实践基地、版画工厂
体验项目规划
青少年艺术实践基地
体验园区
版画开放日
产业驱动
居民参与民宿运营；
版画体验园区日常支持；
与艺术家互动，推动
专业与非专业的沟通。
体验氛围营造
版画墙
视线分析
文化街引导
体验营销
外部：
与宁溪镇其他旅游景点组成
宁溪特色文化游
内部：
定期举办版画艺术展，促进
艺术交流，丰富居民生活
实施保障体系
黄岩宁溪中学
宁溪镇白鹤岭下村版画工作坊
台州市旅游局
产业与布局
HOME
当地居民参与版画产业运营
远期规划
艺术家将版画艺术带进校园
SCHOOL
学生参与艺术实践
版画产业链
文化街

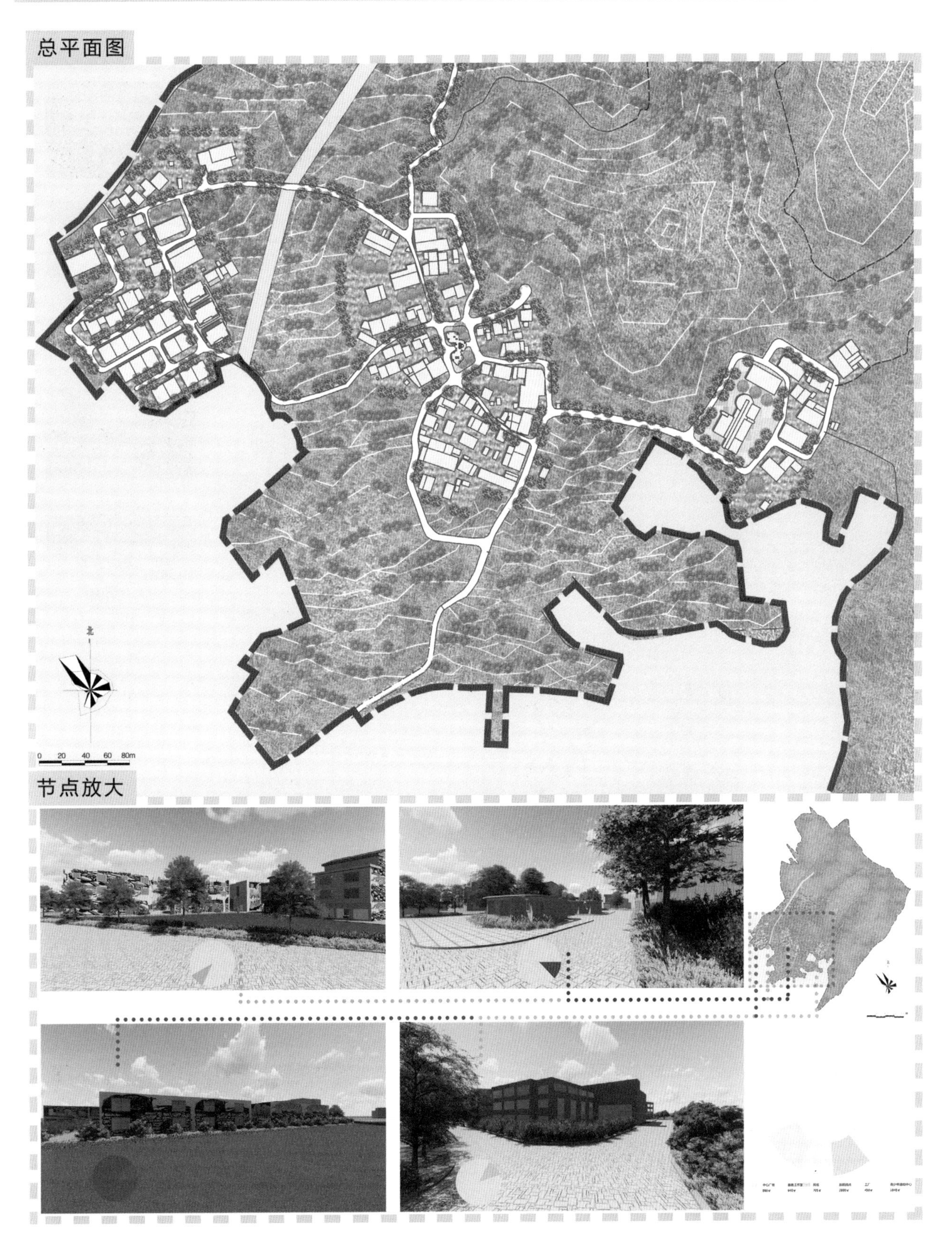
总平面图
北
0 20 40 60 80m
节点放大

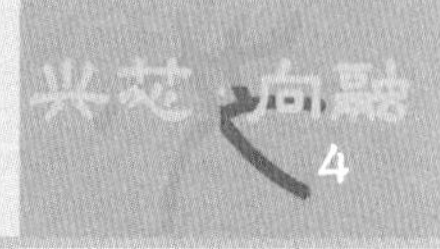

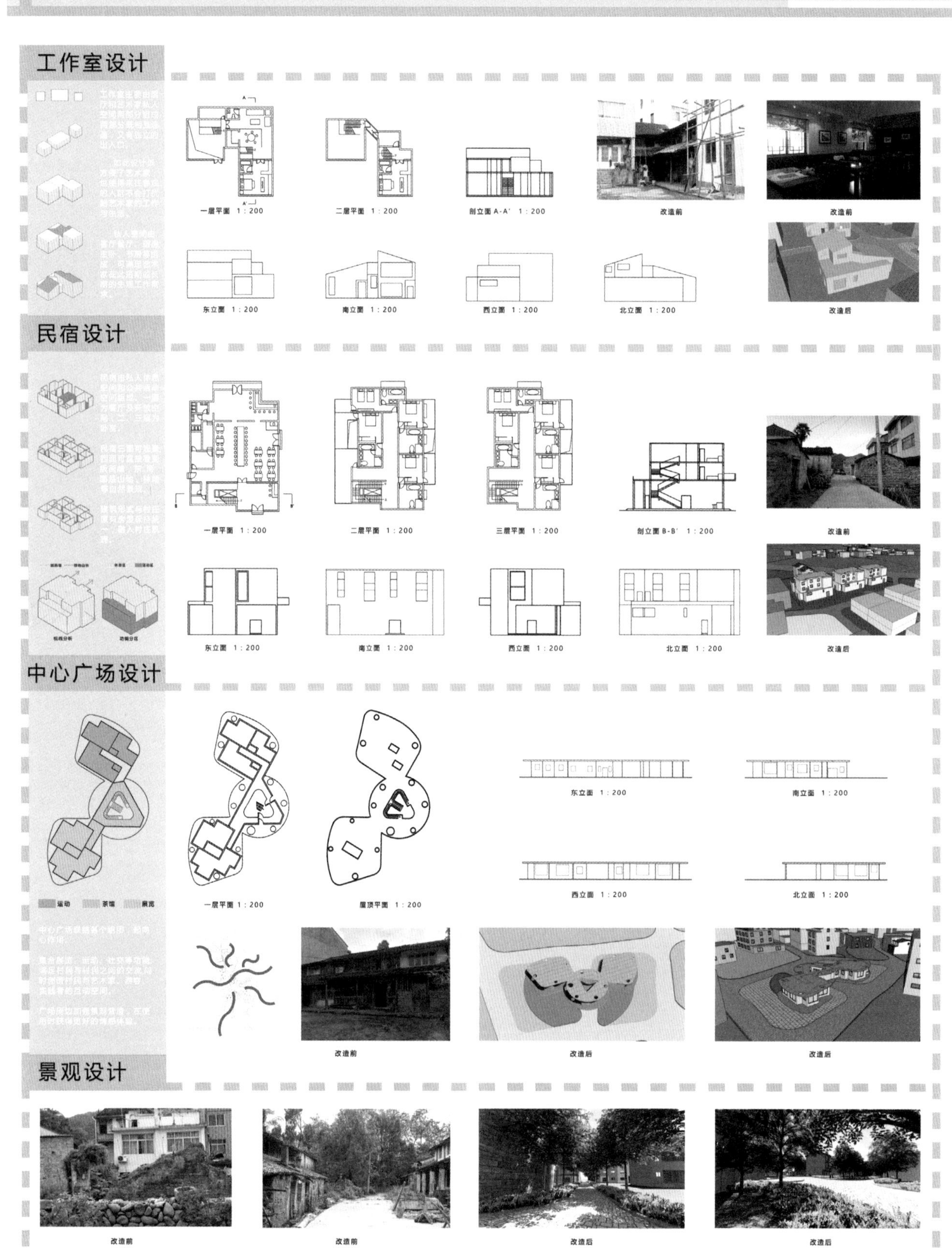
2017年全国高等院校城乡规划专业大学生乡村规划方案竞赛
上海大学 指导老师：李永浮 戎筱 小组成员：刘欣琪 严一 赵卉 熊彬宇
工作室设计
一层平面 1:200
二层平面 1:200
剖立面 A-A' 1:200
改造前
东立面 1:200
南立面 1:200
西立面 1:200
北立面 1:200
改造后
民宿设计
三层平面 1:200
剖立面 B-B' 1:200
中心广场设计
屋顶平面 1:200
景观设计

一带一路 · 岭下乡愁

【参赛院校】 平顶山学院团队

【参赛学生】 王 盼 阎东安 岳子琳 刘美娟 马腾辉 马 浩

【指导教师】 钱宏胜 李春妍 张宇华

一、背景

十九大报告指出，实施乡村振兴战略。2013年12月召开的中央城镇化工作会议，习近平总书记明确提出“让居民望得见山，看得见水，记得住乡愁”。浙江省宁溪镇白鹤岭下村，人均耕地偏少，又因82省道延伸线修缮的影响，第一产业发展缓慢。处于长潭水库上游的地理位置，限制了第二产业的发展。同时，白鹤岭下村依山傍水，景色优美。跳脱纯粹的农业生产，突破传统的发展模式，塑造独特的乡村情感，是白鹤岭下村转型发展的必然选择。

二、前期调研

初入岭下，仿佛进入一个仙境，山峦叠嶂，溪水绵延，环境优美，犹如一幅泼墨的中国画，远处的民居房屋的主视轴上画着一幅幅版画，视觉效果令人惊艳。近观这些版画，以黑白色调为主，描写乡村生活居多。走进岭下村，感受到来自村民的热情，也为我们的规划奠定了基础。

岭下村发展的限制性因素：

长潭水库上游的地理位置

劳动力流失严重

交通通行能力差

产业动力不足（左）
版画文化知名度低（右）

三、方案构思

根据现状调研发现，白鹤岭下村的产业、版画、景色、节日灯、公共空间以及基础设施主要分布在民政路与礼堂路两侧，提出了“一带一路”的空间构思，“一带”是沿礼堂路呈现乡村景观的乡愁带，“一路”是沿民政路以乡村产业为主导的乡愁路。

四、实施效果

岭下村是宁溪镇的后花园，环境优美，气候宜人，适合发展乡村旅游；通过实施“一带一路”空间策略，实现农业、手工业、旅游业的三产融合发展。

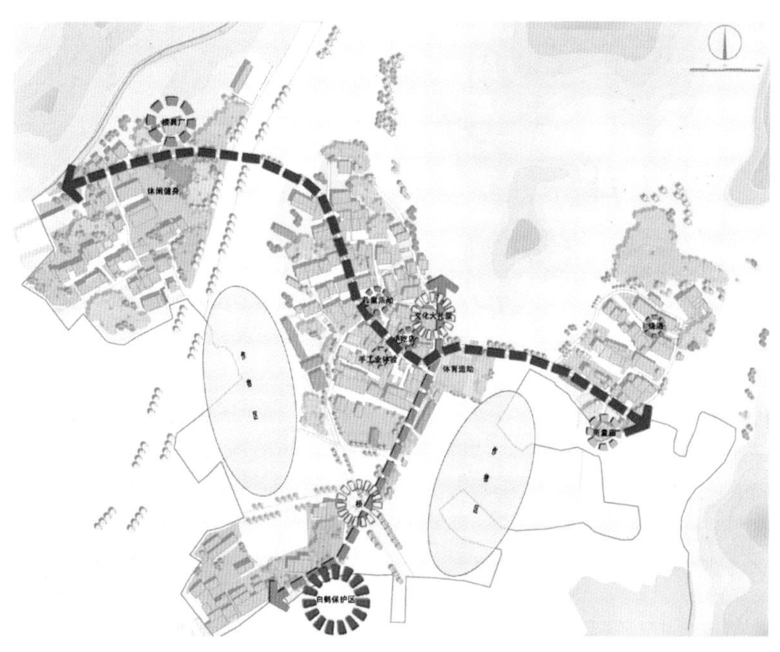

五、创新点

基于现状问题及资源整合分析，提出“一带一路”的空间规划格局，同时融合“乡愁”的文化理念，提出以提升村民幸福感，实现岭下村的振兴与发展为最终目标的“一带一路 · 岭下乡愁”规划理念。

一带一路·岭下乡愁

宁溪镇白鹤岭下村村庄规划

平顶山学院　指导老师：钱宏胜 李春妍 张宇华　小组成员：王盼 阎东安 岳子琳 刘美娟 马腾辉 马浩

寻找乡愁

一、区位解读

本次设计的地区——宁溪镇白鹤岭下村，地处浙江省东南沿海，黄岩区西部，长潭水库上游，是宁溪镇进入水库口的第一个村落，距离黄岩城区38km，位于北纬28.58°，东经120.97°处，处于宁溪镇东北部，邻近82省道和长决线，周边有快乐村、水闸头村和炭场头村三个行政村。

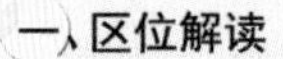

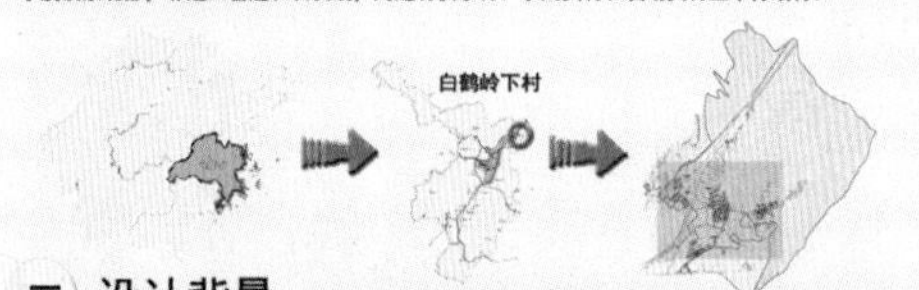

二、设计背景

宏观背景：

十九大报告指出，实施乡村振兴战略。2013年12月召开的中央城镇化工作会议，习近平总书记明确提出"让居民望得见山，看得见水，记得住乡愁"。

基地背景：

浙江省宁溪镇白鹤岭下村，人均耕地偏少，又因82省道延伸线修缮的影响，第一产业发展缓慢。处于长潭水库上游的地理位置，限制了第二产业的发展。同时，白鹤岭下村依山傍水，景色优美。跳脱纯粹的农业生产，突破传统的发展模式，塑造独特的乡村情感，是白鹤岭下村转型发展的必然选择。

规划策略：

根据现状调研发现，白鹤岭下村的产业、版画、景色、节日灯、公共空间以及基础设施主要布局在民政路与礼堂路两侧，提出了"一带一路"的空间构思，"一带"是沿礼堂路呈现乡村景观的乡愁带，"一路"是沿民政路以乡村产业为主导的乡愁路。

三、设计说明

基于现状问题及资源整合分析，提出"一带一路"的空间规划格局，同时融合"乡愁"的文化理念，提出以提升村民幸福感，实现岭下村的振兴与发展为最终目标的"一带一路·岭下乡愁"规划思路。

寻找乡愁
发现乡愁
演绎乡愁
享受乡愁
基于现状问题及资源整合分析，提出了"一带一路"的空间规划格局。
以寄托乡愁的物质载体为出发点，发现岭下村原有的，但现已淡化的乡愁记忆。
将发现乡愁所得到的乡愁记忆，用规划设计的手法，进行乡愁的演绎。
实施"一带一路"的空间策略，实现农业、手工业、三产融合发展。

四、规划理念

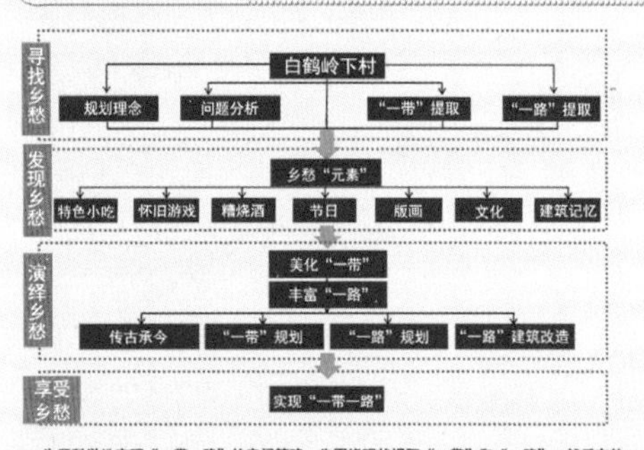

为了科学地实现"一带一路"的空间策略，先围绕现状提取"一带"和"一路"，然后在其中融入乡愁的元素，并对岭下村的景观带和产业路做详细的规划解释，让居民望得见山，看得见水，记得住乡愁。

五、现状问题分析

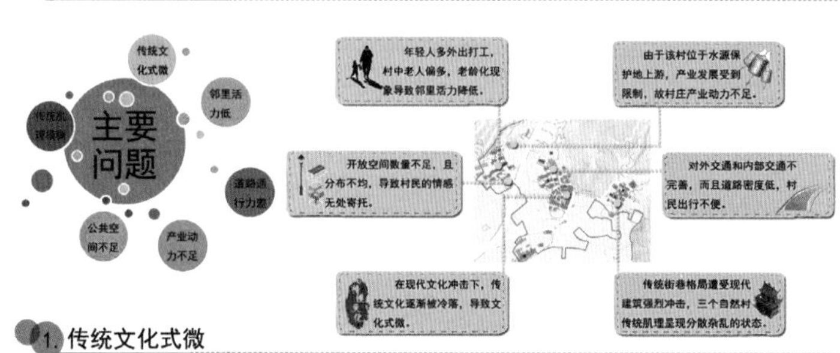

1. 传统文化式微

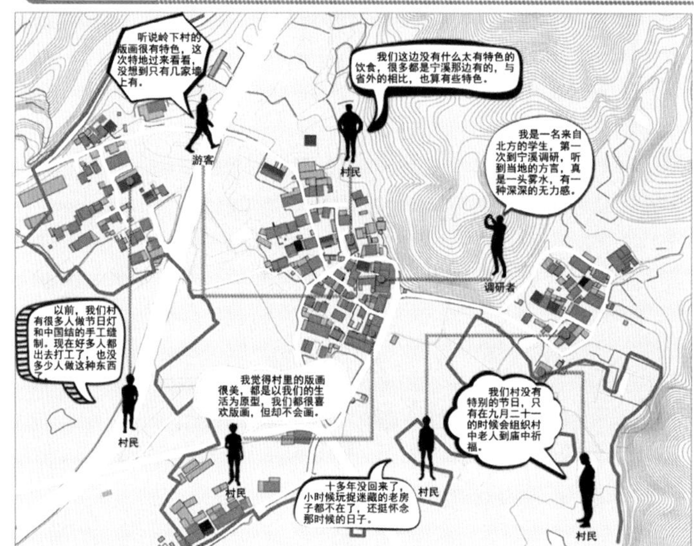

传统文化式微

在现代文化冲击下，传统文化逐渐被冷落，导致文化式微。

2. 产业动力不足

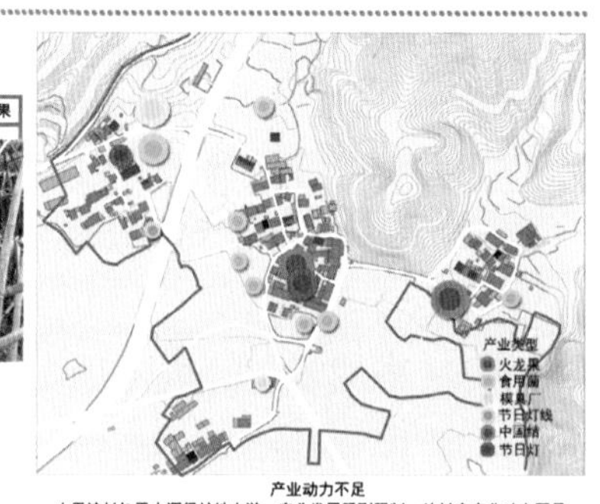

产业动力不足

由于该村位于水源保护地上游，产业发展受到限制，故村庄产业动力不足。

3. 公共空间不足

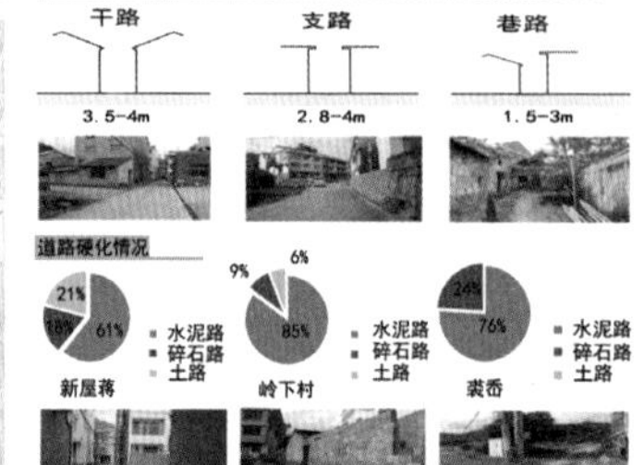

公共空间不足

开放空间数量不足，且分布不均，导致村民的情感无处寄托。

4. 道路通行力差

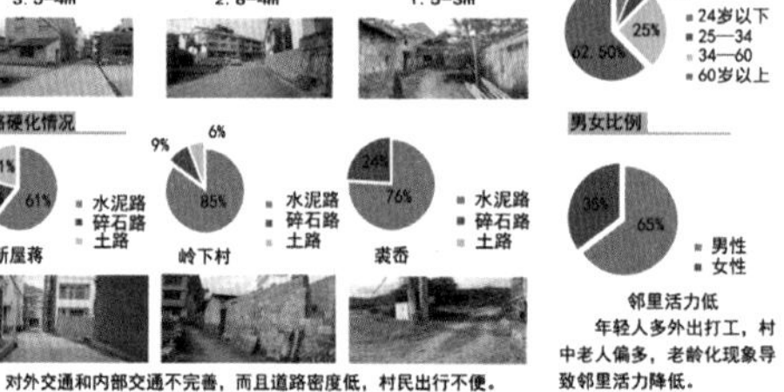

对外交通和内部交通不完善，而且道路密度低，村民出行不便。

5. 邻里活力低

邻里活力低

年轻人多外出打工，村中老人偏多，老龄化现象导致邻里活力降低。

6. 传统肌理模糊

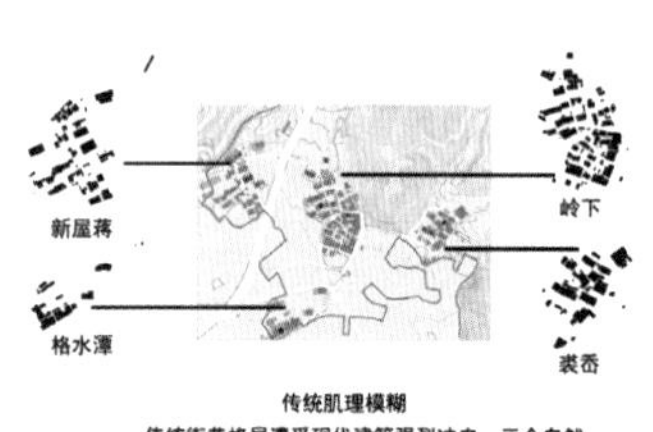

传统肌理模糊

传统街巷格局遭受现代建筑强烈冲击，三个自然村传统肌理呈现分散杂乱的状态。

壹

一带一路·岭下乡愁

宁溪镇白鹤岭下村村庄规划

平顶山学院 指导老师：钱宏胜 李春妍 张宇华 小组成员：王 盼 阎东安 岳子琳 刘美娟 马腾辉 马 浩

六、"一带一路"

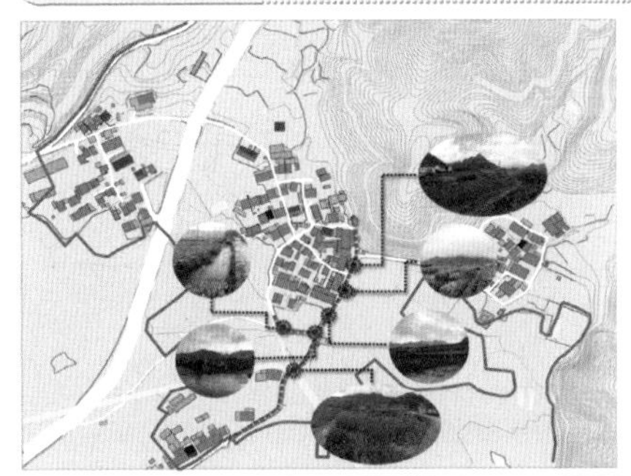

以"一带"（礼堂路）为主线，对道路两旁的资源进行整合，农田、远山、近水等资源组成了一条亮丽的风景带，走在其中，心情舒畅、身心俱安，适合游客节假日前来体验。

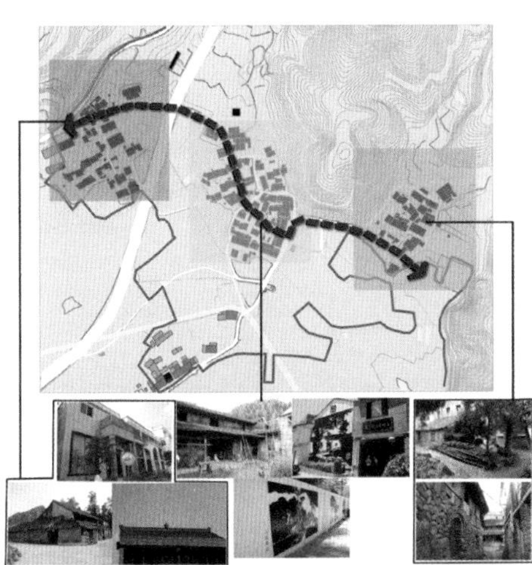

以"一路"（民政路）为主线对道路旁边的现状进行分析，为后期"一路"的建设奠定初步的基础。三个自然村各有特色，新屋蒋的产业、岭下村的版画、裘岙的风景和民俗，"一路"有效地把这些特色串联为一体。

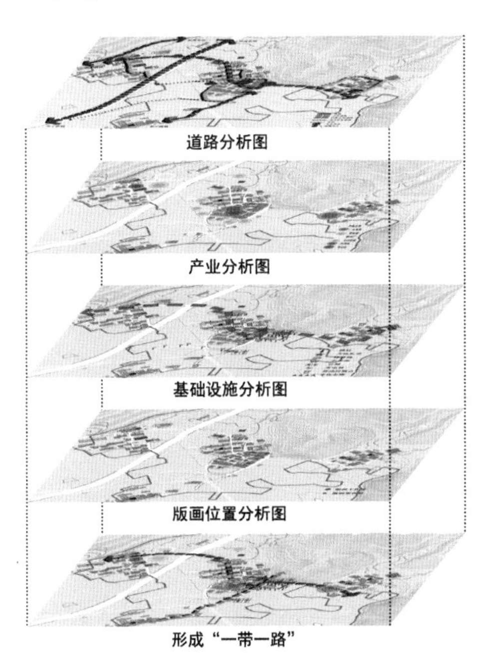

依据白鹤岭下村的道路现状、产业现状、基础设施现状和版画现状，进行叠加分析，提取出"一带一路"的规划主线，在此基础上对岭下村进行规划，解决岭下村面临的主要问题，带动当地产业发展、文化传承、基础设施建设，让村民共享幸福成果。

发现乡愁

一、乡愁"元素"

1. 特色小吃元素

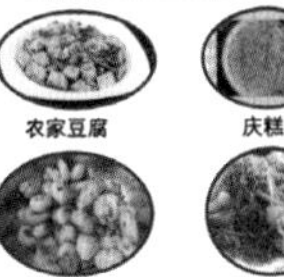
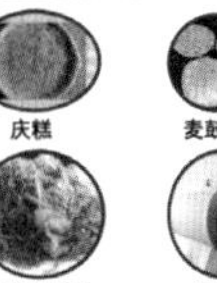
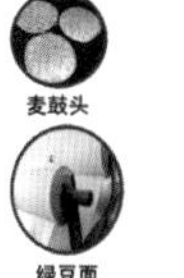
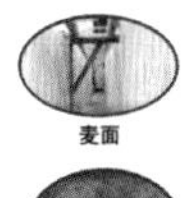

农家豆腐 庆糕 麦鼓头 麦面

烧土豆 特色炒面 绿豆面 牛肉

小吃之魅不在吃，它是一种带着乡愁的思念，是一种带着思念的乡情，是一种带着乡情的牵挂，是一种带着牵挂的离愁别绪。

2. 怀旧游戏元素

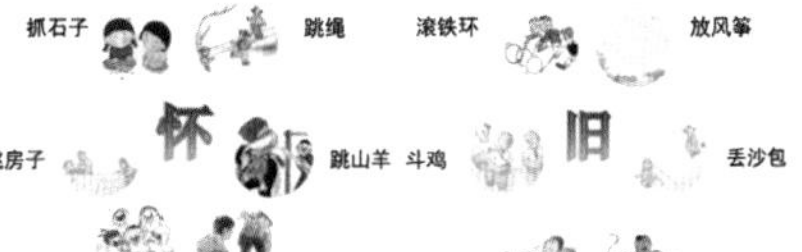

传统游戏曾融入百姓生活的方方面面，到了现代，随着人口流动性、社会变迁、信息科技进步等的节奏加快，仅二三十年的时间，扔沙包、跳皮筋等游戏就成了70后、80后心中的"乡愁"，并在90后、00后的记忆中开始变陌生。我们需要去挖掘这些怀旧游戏，为村中的儿童营造一个公共空间，让他们放下手机，走向运动。

3. 糟烧酒元素

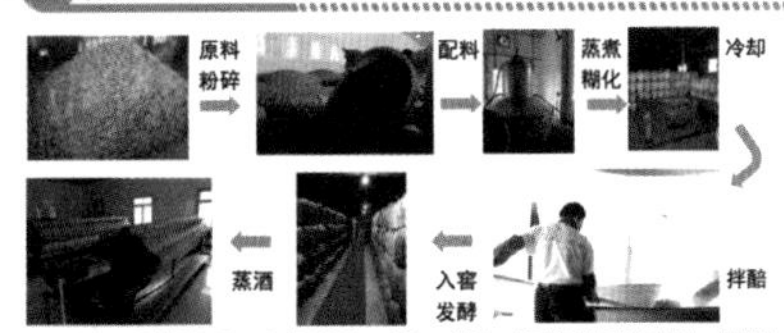

"未必开樽香十里，也应隔壁醉三家"，宁溪，是糟烧白酒的发源地，糟烧也承载了宁溪人莫大的乡愁。

4. 节日元素

二月二	不仅是灯笼盛会，同时也是展现当地民俗民谣的活动。人们载歌载舞欢腾一堂，祈祷一年的好收成。
三月三	三月三有吃烂眼糕（炒年糕）的习俗。
九月九	重阳节，也就老人节，每年的这一天，村里会给60岁以上的老人发一些钱或请老人吃长寿面。
九月二十	本村裘岙殿白鹤殿和老爷寿日，要做戏祈祷平安。

节日，是情感和乡愁的最佳载体，它往往蕴含着人们对美好生活的向往之情。

5. 版画元素

版画工作室、版画长廊、版画墙……版画正在逐渐地融入这个村庄发展。至今为止，村里约两千平方米的墙上都画上了版画，共二十多幅，除了顾奕兴的作品，还有著名版画大师杨可扬、赵延年及顾奕兴学生的作品。

6. 文化礼堂

在礼堂的东西两侧，分别是以"耕读传家""诗书继世"为名的两间屋子。这两间屋子将村子的田园生态和诗意文化融合起来，让田园耕读文化在这里传承。

以"两堂两廊"（礼堂、讲堂，室外长廊、室内长廊）为载体，通过对过往的展示，呈现对乡村的记忆；对寿星、学子和乡贤名士、善行义举者等人物的介绍，树立守信向善的风向标。

7. 建筑记忆

建筑形式分析

建筑材质

木材 钢筋 混凝土

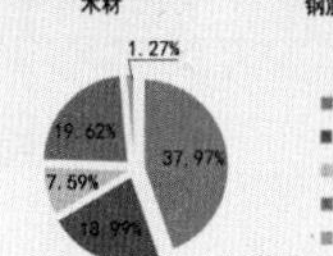

建筑材质

建筑外立面颜色

灰色 砖红色

灰青色 白色

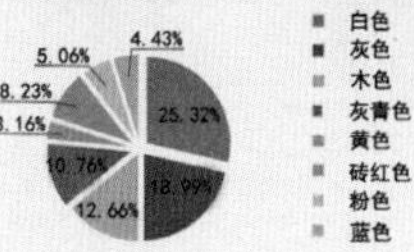

建筑外立面颜色

建筑屋顶

重檐屋顶 硬山（传统）

欧式屋顶 硬山（现代）

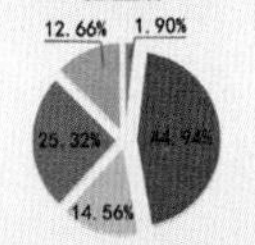

建筑屋顶

建筑细部

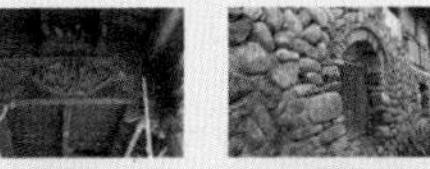

穿插枋 拱形窗

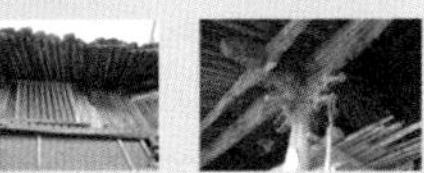

檩椽 柱挑

窗、梁形式与元素不同

不同年代的建筑材质、建筑颜色、建筑屋顶和建筑的细部都是乡愁元素体现，把这些元素融入白鹤岭下村，使其在岭下村扎根，让村民和外来的游客都能从中体会到岭下村的发展与变化。结合岭下村的建筑外立面材质、建筑颜色和建筑屋顶，我们提取出现代最常见的建筑外观形式。

贰

一带一路·岭下乡愁

宁溪镇白鹤岭下村村庄规划

平顶山学院　指导老师：钱宏胜 李春妍 张宇华　小组成员：王 盼 阎东安 岳子琳 刘美娟 马腾辉 马 浩

演绎乡愁

一、传古承今

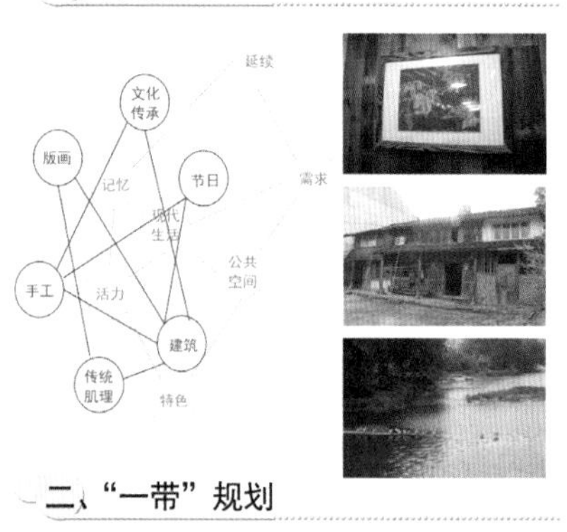

二、"一带"规划

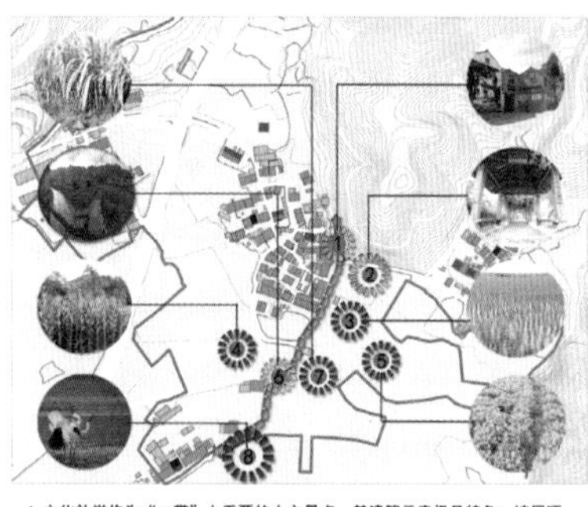

1. 文化礼堂作为"一带"上重要的人文景点，其建筑元素极具特色；坡屋顶、版画元素、木构形式等，吸引人驻足流连。（❶）
2. 在"文化长廊"基础上，种植葡萄等乡土攀缘植物，增加"文化长廊"景观。（❷）
3. 农作物是"一带"的一条亮丽风景线，岭下村种植的有玉米、花生、水稻等传统的农作物，通过规划的手段在保留农田经济功能的基础上，提升其景观功能。（❸❹❺❼）
4. 对小桥进行更新改造，提升小桥的安全系数，并扩展其观景空间，使得人们可驻足于此观赏岭下村的田园风光。（❻）
5. 岭下村因常有白鹤在此聚集而又称白鹤岭下村，故保护现有农田规模，使白鹤聚集地长久保留，并依托"一带"制造观景点。（❽）

三、"一路"演绎

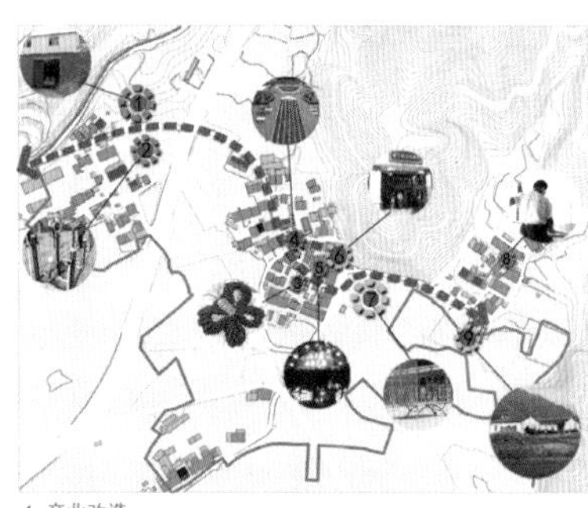

1. 产业改造

依托产业现状，对原有产业进行改造，重塑功能。

❶ 模具厂：将节日灯的元素融入模具厂，建设具有岭下村特色的节日灯模型。
❸ 小吃店：依据原有特色饮食，新建岭下村小吃店，重温美食记忆。
❺ 手工区：将中国结与节日灯的手工体验融入手工区，促进传统手工文化传承。
❽ 糟烧酒：在裘岙村设置糟烧酒的小型生产点，加深游客对糟烧酒的认识。

2. 公共空间重建

公共空间是承载乡愁记忆的重要节点，重建公共空间为岭下村的村民提供了休闲娱乐场所。

❷ 休闲健身绿地：在新屋蒋的废弃地上新建休闲健身绿地，提升村民素质的同时，增加景观效果。
❹ 儿童游乐场所：在岭下村空地上建设儿童游乐场所，为怀旧游戏营造活动空间。

3. 活动场所更新

活动是联系岭下村邻里感情的重要空间。更新活动场所利于"乡愁"元素的传播。

❻ 文化礼堂：二月二民俗表演、三月三炒年糕、九月九长寿面习俗等大型村内节日活动，布置于文化礼堂，丰富文化礼堂的内涵。
❼ 开敞活动区：在开敞活动区中举办乒乓球、篮球联赛，设置电影周，丰富村民生活。
❾ 商量庙：在商量庙中举办祈福活动，为村中村民祈福求平安，九月二十老爷寿日，在商量庙举行。

四、"一路"建筑改造

1. 版画改造与设计

岭下村版画效果

岭下村版画特色鲜明，以黑白为主色调，以村民现实生活为主要内容，用艺术形式突出当地的风土人情，是乡愁呈现的一个重要节点。基于现状，对一路上的版画进行修复、改造和重建。

新屋蒋版画效果

裘岙版画效果

岭下村版画效果

2. 建筑整治

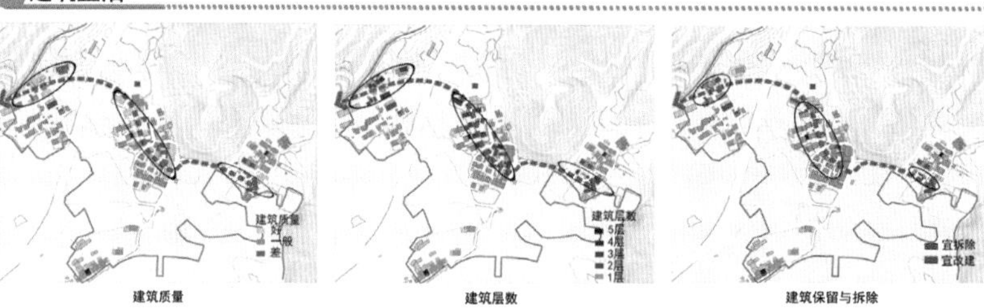

建筑质量　建筑层数　建筑保留与拆除

1. 古建筑整治

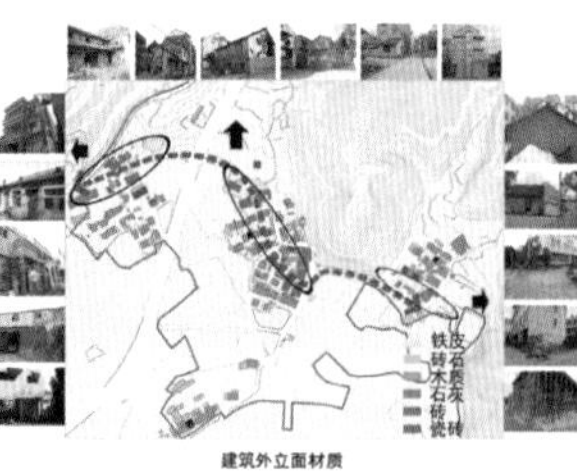

建筑外立面材质

整治方式说明：
①墙体修整
②原有木制墙面进行更新
③屋顶瓦片翻新
④提取先前窗户元素，设计改造
⑤对木门进行翻新
⑥原有木柱加柱础，更新加固柱体
⑦对窗下墙体进行翻新
⑧铺设水泥路

2. 现代建筑整治

整治方式说明：
①铺设水泥路
②版画上墙
③女儿墙加檐口线
④墙体颜色更新
⑤增设雨水管

一带一路·岭下乡愁

宁溪镇白鹤岭下村村庄规划

平顶山学院 指导老师：钱宏胜 李春妍 张宇华 小组成员：王 盼 阎东安 岳子琳 刘美娟 马腾辉 马 浩

享受乡愁

一、局部效果呈现

局部设计效果：

通过对局部节点的整治设计，在"一路"上形成了包含休闲健身绿地、儿童游乐场所、手工体验、特色小吃等系列活动空间，提升邻里活力；同时，对"一带"上的农田、长廊等特色景观进行保留或更新，从而实现在提高岭下村的经济发展的前提下传承文化，延续乡愁。让村民望得见山、看得见水、记得住乡愁。

提取乡愁中的怀旧游戏元素，增设游乐场所，提供儿童游乐空间的同时增加了绿化，丰富了"一路"的景观效果。

对颜奕兴故居进行改造，从建筑体的门窗、墙体、屋檐等方面进行修整，对建筑前的空间进行植物、铺装等的统一规划。

在新屋蒋规划一处休闲绿地，为村民休闲、游玩、健身提供场地，同时增加村落之间的联系。

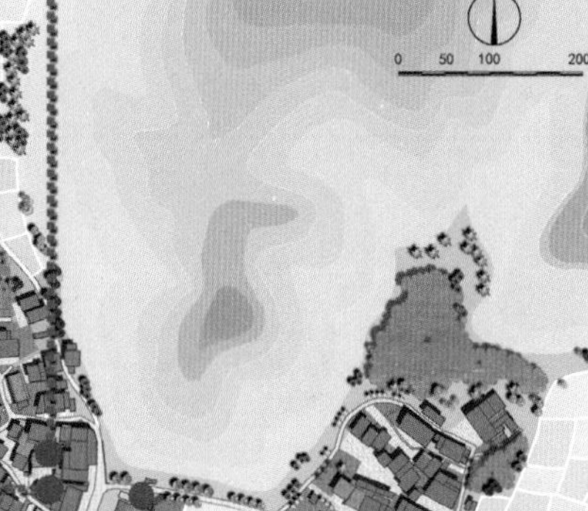

根据乡愁中的特色小吃元素，增设小吃店铺，提供当地特色饮食，让顾客体验"一带一路"上的岭下特色美食文化。

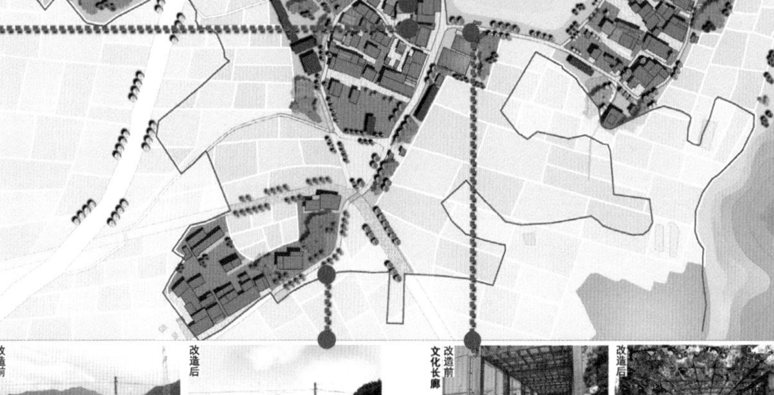

二、结构分析

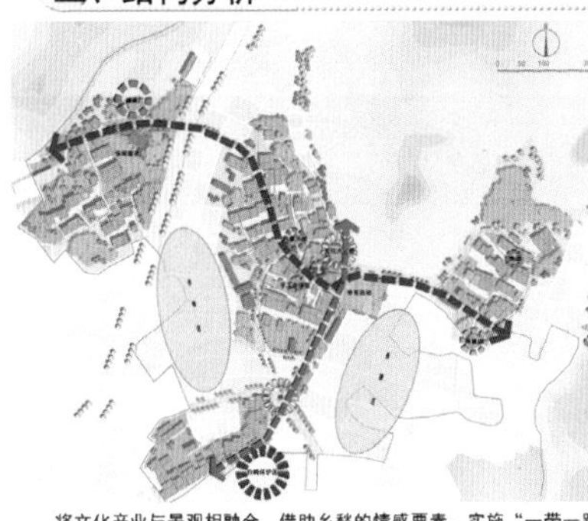

将文化产业与景观相融合，借助乡愁的情感要素，实施"一带一路"的空间策略。

对"一带"进行局部景观效果整治，规整乡村农田，合理配置植物，实现植物种植多样化。

增加"一带"上长廊的功能，发挥休息、观赏、宣传的作用，长廊内设置宣传栏，多种植物合理配置，增添美感。

三、鸟瞰效果

岭下村是宁溪镇的后花园，环境优美，气候宜人，适合发展乡村旅游；通过实施"一带一路"空间策略，实现农业、手工业、旅游业的三产融合发展。

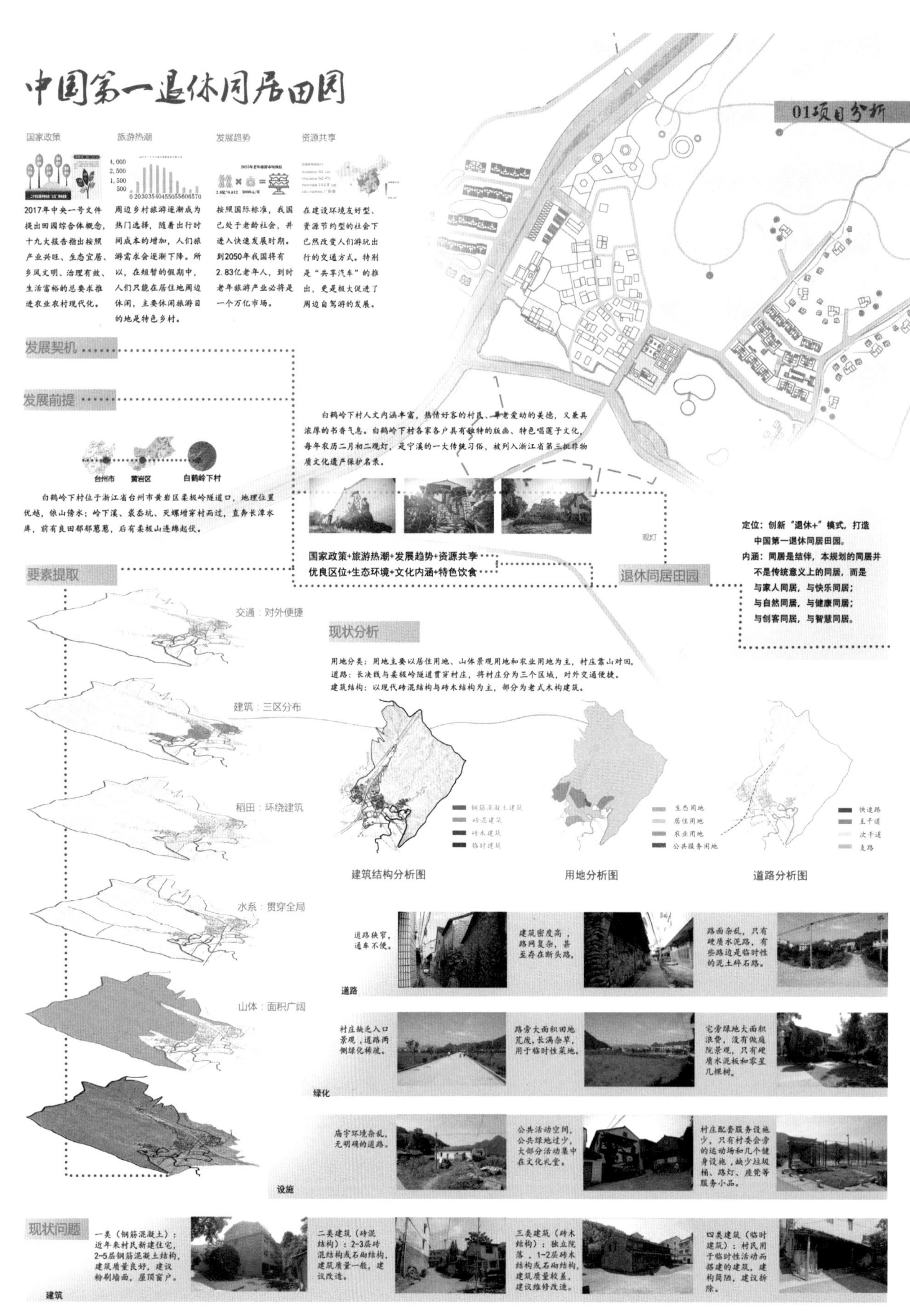

中国第一退休同居田园
01项目分析
国家政策
旅游热潮
发展趋势
资源共享
2017年中央一号文件提出田园综合体概念，十九大报告指出按照产业兴旺、生态宜居、乡风文明、治理有效、生活富裕的总要求推进农业农村现代化。
周边乡村旅游逐渐成为热门选择，随着出行时间成本的增加，人们旅游需求会逐渐下降。所以，在短暂的假期中，人们只能在居住地周边休闲，主要休闲旅游目的地是特色乡村。
按照国际标准，我国已处于老龄社会，并进入快速发展时期。到2050年我国将有2.83亿老年人，到时老年旅游产业必将是一个万亿市场。
在建设环境友好型、资源节约型的社会下已然改变人们游玩出行的交通方式。特别是“共享汽车”的推出，更是极大促进了周边自驾游的发展。
发展契机
发展前提
台州市
黄岩区
白鹤岭下村
白鹤岭下村位于浙江省台州市黄岩区柔极岭隧道口，地理位置优越，依山傍水；岭下溪、袁岙坑、灭螺增穿村而过，直奔长潭水库，前有良田郁郁葱葱，后有柔极山连绵起伏。
白鹤岭下村人文内涵丰富，热情好客的村民、尊老爱幼的美德，又兼具浓厚的书香气息。白鹤岭下村各家各户具有独特的版画、特色唱莲子文化，每年农历二月初二观灯，是宁溪的一大传统习俗，被列入浙江省第三批非物质文化遗产保护名录。
观灯
国家政策+旅游热潮+发展趋势+资源共享
优良区位+生态环境+文化内涵+特色饮食
退休同居田园
定位：创新“退休+”模式，打造中国第一退休同居田园。
内涵：同居是结伴，本规划的同居并不是传统意义上的同居，而是与家人同居，与快乐同居；与自然同居，与健康同居；与创客同居，与智慧同居。
要素提取
交通：对外便捷
建筑：三区分布
稻田：环绕建筑
水系：贯穿全局
山体：面积广阔
现状分析
用地分类：用地主要以居住用地、山体景观用地和农业用地为主，村庄靠山对田。
道路：长决线与柔极岭隧道贯穿村庄，将村庄分为三个区域，对外交通便捷。
建筑结构：以现代砖混结构与砖木结构为主，部分为老式木构建筑。
钢筋混凝土建筑
砖混建筑
砖木建筑
临时建筑
生态用地
居住用地
农业用地
公共服务用地
快速路
主干道
次干道
支路
建筑结构分析图
用地分析图
道路分析图
道路
道路狭窄，通车不便。
建筑密度高，路网复杂，甚至存在断头路。
路面杂乱，只有硬质水泥路，有些路边是临时性的泥土碎石路。
绿化
村庄缺乏入口景观，道路两侧绿化稀疏。
路旁大面积田地荒废，长满杂草，用于临时性菜地。
宅旁绿地大面积浪费，没有做庭院景观，只有硬质水泥板和零星几棵树。
设施
庙宇环境杂乱，无明确的道路。
公共活动空间，公共绿地过少，大部分活动集中在文化礼堂。
村庄配套服务设施少，只有村委会旁的运动场和几个健身设施，缺少垃圾桶、路灯、座凳等服务小品。
现状问题
建筑
一类（钢筋混凝土）：近年来村民新建住宅，2-5层钢筋混凝土结构，建筑质量良好，建议粉刷墙面，屋顶窗户。
二类建筑（砖混结构）：2-3层砖混结构或石砌结构，建筑质量一般，建议改造。
三类建筑（砖木结构）：独立院落，1-2层砖木结构或石砌结构，建筑质量较差，建议维修改造。
四类建筑（临时建筑）：村民用于临时性活动而搭建的建筑，建构简陋，建议拆除。

参赛学校名称:泉州师范学院（25点钟团队）　指导老师：李子蓉（教授）、王泽发（博士）　小组成员:白智敏、黄善程、林雅萍、吴晓梅、陈文山、方进新

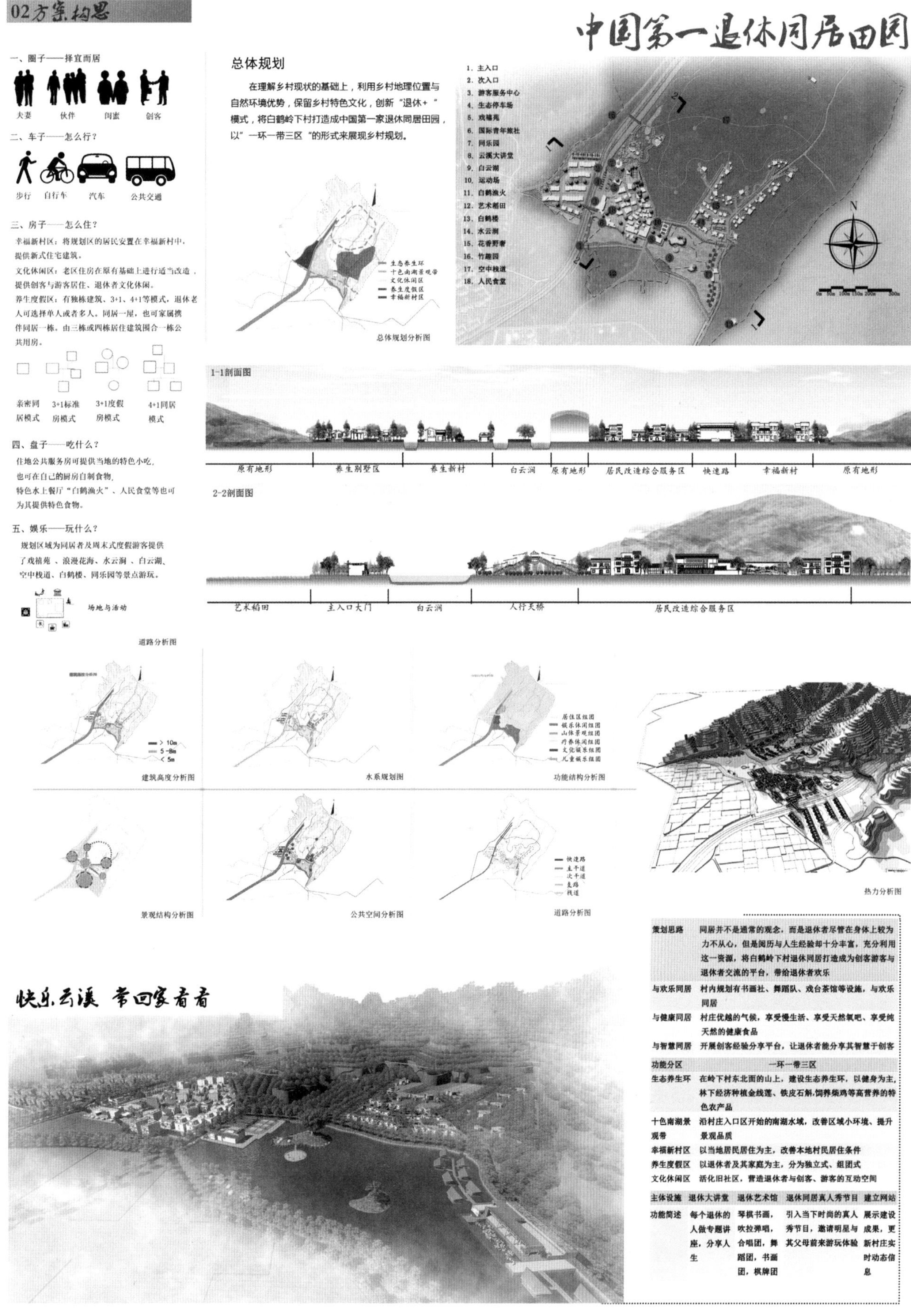
02方案构思
中国第一退休同居田园
一、圈子——择宜而居
夫妻
伙伴
闺蜜
创客
二、车子——怎么行？
步行
自行车
汽车
公共交通
三、房子——怎么住？
幸福新村区：将规划区的居民安置在幸福新村中，提供新式住宅建筑。
文化休闲区：老区住房在原有基础上进行适当改造，提供创客与游客居住、退休者文化休闲。
养生度假区：有独栋建筑、3+1、4+1等模式，退休老人可选择单人或者多人。同居一屋，也可家属携伴同居一栋。由三栋或四栋居住建筑围合一栋公共用房。
亲密同居模式
3+1标准房模式
3+1度假房模式
4+1同居模式
四、盘子——吃什么？
住地公共服务房可提供当地的特色小吃，
也可在自己的厨房自制食物，
特色水上餐厅“白鹤渔火”、人民食堂等也可为其提供特色食物。
五、娱乐——玩什么？
规划区域为同居者及周末式度假游客提供了戏禧苑、浪漫花海、水云涧、白云湖、空中栈道、白鹤楼、同乐园等景点游玩。
场地与活动
总体规划
在理解乡村现状的基础上，利用乡村地理位置与自然环境优势，保留乡村特色文化，创新“退休+”模式，将白鹤岭下村打造成中国第一家退休同居田园，以”一环一带三区“的形式来展现乡村规划。
生态养生环
十色南湖景观带
文化休闲区
养生度假区
幸福新村区
总体规划分析图
1. 主入口
2. 次入口
3. 游客服务中心
4. 生态停车场
5. 戏禧苑
6. 国际青年旅社
7. 同乐园
8. 云溪大讲堂
9. 白云湖
10. 运动场
11. 白鹤渔火
12. 艺术稻田
13. 白鹤楼
14. 水云涧
15. 花香野奢
16. 竹趣园
17. 空中栈道
18. 人民食堂
1-1剖面图
原有地形
养生别墅区
养生新村
白云涧
原有地形
居民改造综合服务区
快速路
幸福新村
原有地形
2-2剖面图
艺术稻田
主入口大门
白云涧
人行天桥
居民改造综合服务区
道路分析图
建筑高度分析图
水系规划图
居住区组团
娱乐休闲组团
山体景观组团
疗养休闲组团
文化娱乐组团
儿童娱乐组团
功能结构分析图
热力分析图
景观结构分析图
公共空间分析图
快速路
主干道
次干道
支路
栈道
道路分析图
快乐云溪 常回家看看
策划思路 同居并不是通常的观念，而是退休者尽管在身体上较为力不从心，但是阅历与人生经验却十分丰富，充分利用这一资源，将白鹤岭下村退休同居打造成为创客游客与退休者交流的平台，带给退休者欢乐
与欢乐同居 村内规划有书画社、舞蹈队、戏台茶馆等设施，与欢乐同居
与健康同居 村庄优越的气候，享受慢生活、享受天然氧吧、享受纯天然的健康食品
与智慧同居 开展创客经验分享平台，让退休者能分享其智慧于创客
功能分区 一环一带三区
生态养生环 在岭下村东北面的山上，建设生态养生环，以健身为主，林下经济种植金线莲、铁皮石斛，饲养柴鸡等高营养的特色农产品
十色南湖景观带 沿村庄入口区开始的南湖水域，改善区域小环境、提升景观品质
幸福新村区 以当地居民居住为主，改善本地村民居住条件
养生度假区 以退休者及其家庭为主，分为独立式、组团式
文化休闲区 活化旧社区，营造退休者与创客、游客的互动空间
主体设施 退休大讲堂 退休艺术馆 退休同居真人秀节目 建立网站
功能简述 每个退休的人做专题讲座，分享人生 琴棋书画，吹拉弹唱，合唱团，舞蹈团，书画团，棋牌团 引入当下时尚的真人秀节目，邀请明星与其父母前来游玩体验 展示建设成果，更新村庄实时动态信息

参赛学校名称:泉州师范学院（25点钟团队） 指导老师：李子蓉（教授）、王泽发（博士） 小组成员:白智敏、黄善程、林雅萍、吴晓梅、陈文山、方进新

03旧区改造

中国第一退休同居田园

钢筋混凝土：建筑质量良好，粉刷墙面。

砖混结构：建筑质量一般，建议改造。

砖木结构：独立院落，建筑质量较差，建议维修改造

临时建筑：村民用于临时性活动而搭建的建筑，建构简陋，建议拆除。

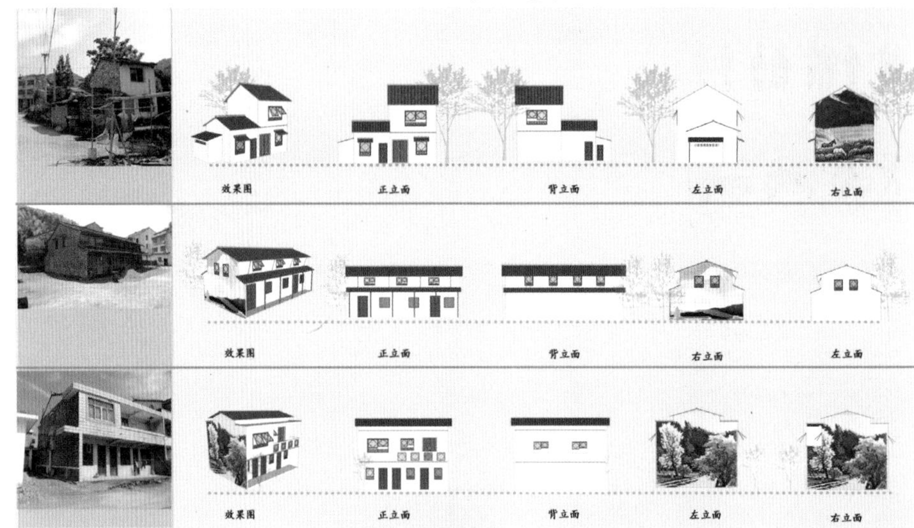

空间构成：改造乡村主入口，在入口处设置停车场，明确道路等级，增设广场，扩展公共服务空间。

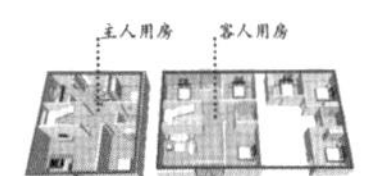

建筑规划：维旧修旧，保留乡村文化特色，重构住宅内部空间，实现主客同居。

文化提升：延续乡村文化礼堂活动、集会、教育功能，增设文化展厅、戏台等公共活动场所。

游客服务中心：服务于度假旅客及退休者管理处

国际青年旅社：供周末式以及短期游客居住

云溪大讲堂：展示村庄特色文化，退休者智慧讲堂

次入口

天桥

戏福苑：退休者与游客互动表演、观看戏曲节目

主入口

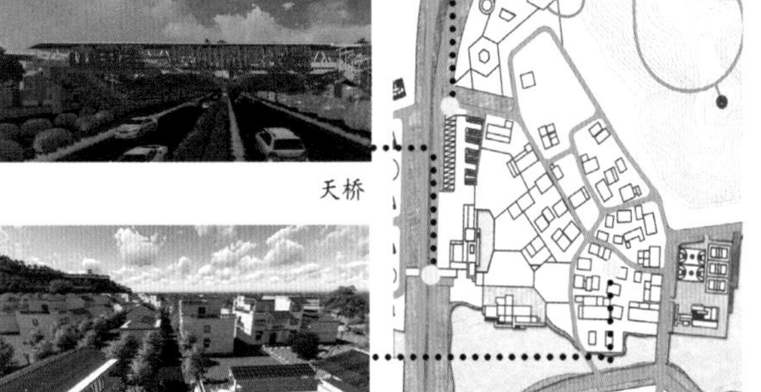

街区

同乐园：退休者与儿童游乐区，享受天伦之乐

参赛学校名称：泉州师范学院（25点钟团队）　指导老师：李子蓉（教授）、王泽发（博士）　小组成员：白智敏、黄善程、林雅萍、吴晓梅、陈文山、方进新

04局部规划

中国第一退休同居田园

退休同居于云滇

开启人生第二春

独栋同居

3+1模式同居

4+1模式同居

水云涧：养生区高端建筑区，两人独居一栋，配备高级会所。

花海：利用花的色彩营造养生区优美景观。

白鹤渔火：湖边特色餐饮区，建筑以渔船为造型，平面上似一条条小船飘荡在湖面退休老人居住区。

3-3剖面图

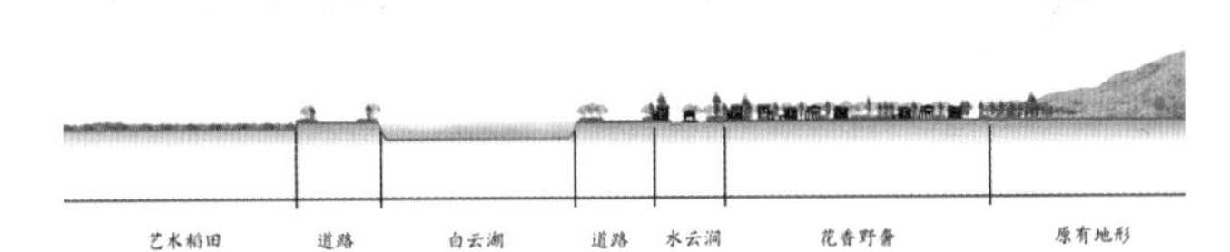

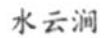

水云涧

白鹤渔火

欢聚白鹤岭下——幸福家园

幸福家园户型图

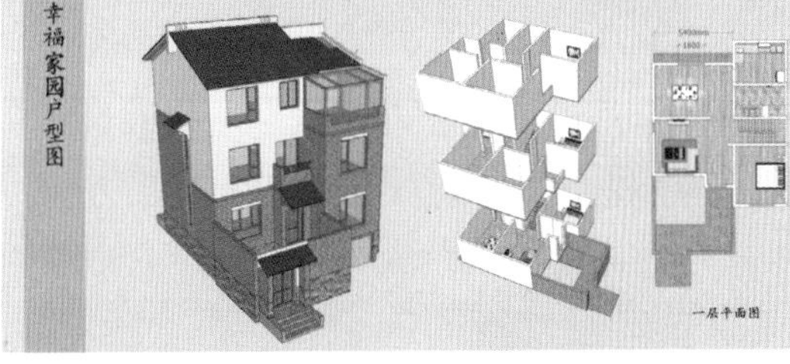

小品设计制作

设计——特色（结合家形象文化）

图案——简洁、明了

外形——统一变化，镂空艺术

制作——精明

元素提取

路灯 指示牌 垃圾桶

宣传栏

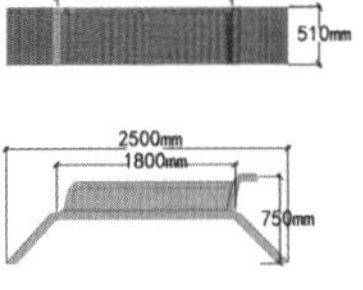

座椅

参赛学校名称:泉州师范学院（25点钟团队）

指导老师：李子蓉（教授）、王泽发（博士）

小组成员:白智敏、黄善程、林雅萍、吴晓梅、陈文山、方进新

立廊绕空巢 岭下唤故人 1

学校：浙江师范大学 指导老师：刘良勇 安旭 学生：薛皓戈 韦海丽 洪晨昊 项显博 郭晓婷 罗佳丽

区位分析

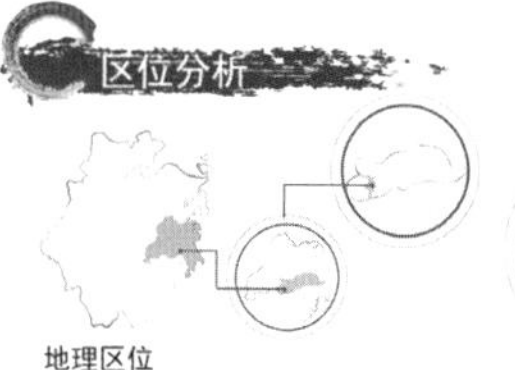

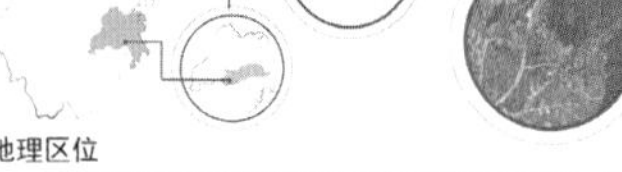

地理区位

白鹤岭下村位于浙江省台州市黄岩区宁溪镇，该村是黄岩进入宁溪镇的第一个村，在柔极岭隧道口。

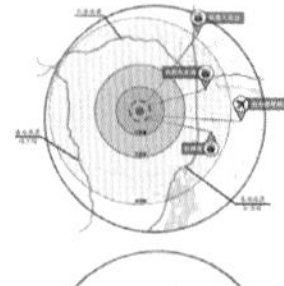

交通区位

基地位于台州市黄岩区宁溪镇，距离S325道仅1km，距离台州市区50km。处于城市对外交通辐射圈内。

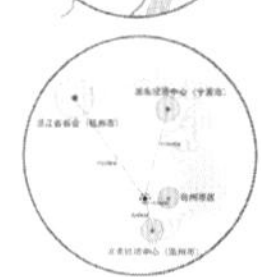

经济区位

基地处于浙南地区，临近海岸线，距离浙南经济中心仅一百公里，且对外与其他城市来往密切。黄岩区承担着台州西部特色制造、文化创意等职能。

旅游区位

宁溪镇作为黄岩西部旅游的集散中心，在黄岩生态休闲旅游中占据重要地位，是休闲生态度假的后花园。基地位于长潭水库上游，与周围传统村落共同形成黄岩区的“沿路美丽乡村发展带”。

基地现状分析

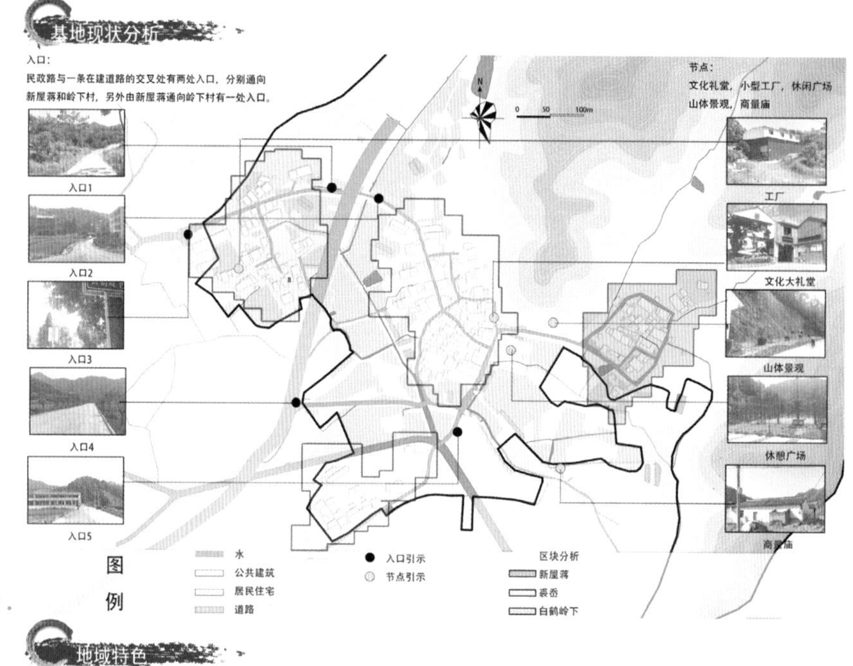

背景解读

村容村貌与乡村特色（乡土特色、版画特色、乡村特色）
产业策划与内生动力（主导产业、乡村造血、农民增收）
土地指标与生态制约（土地制约、水库管制、公益林保护）
区域统筹与精专发展（乡村精品线、长潭水库上游、宁溪镇新区）
开发方式与乡建模式（政府引导、社会资本利用、商业模式选择）

上位规划

《台州市黄岩区休闲旅游总体规划（2006—2020）》

白鹤岭下村是黄岩“沿路美丽乡村发展带”的重要节点。突出“一村一品”“一村一景”建设白鹤岭下版画村，宰相寝地牌门村等美丽乡村精品村。

《黄岩区宁溪镇白鹤岭下村村庄规划说明》

努力将白鹤岭下村建设一个高质量的理想都市乡村。即功能完善、结构清晰、布局合理、交通便捷通畅、配套设施完善、环境优美、节约土地、利于管理的新型生态型村庄。

《黄岩区宁溪镇村庄布点规划（2004—2020）》

岭下村为规划核心基层村，裘岙为规划一般基层村，岭下村为引导发展的村庄，裘岙为控制发展的村庄，新屋蒋为禁止发展的村庄。

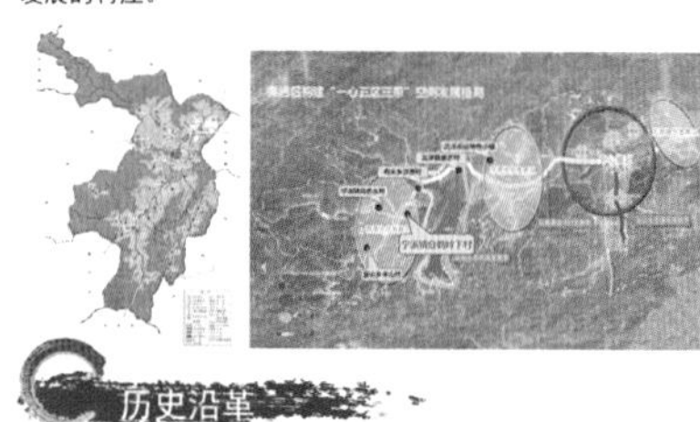

地域特色

建筑特色

村庄内现多为混凝土自建住宅，采用砖石贴面，整体色彩素雅、简洁。还存在部分土木结构的老房子，年代久远，少有人居住，多为大弧度坡度顶，大开间，且墙体运用了石块垒砌。部分住户家因养殖食用菌，有下沉式地下一层。

民俗文化特色

岭下村文化礼堂以“文化地标 精神家园”为主题，面向村民群众广泛举办各种活动。结合端午节、重阳节、宁溪二月二等传统节日，自发组织群众性集体文体活动，丰富农民群众的精神生活。

艺术符号特色

岭下村钟灵毓秀、人杰地灵，为黄岩版画名家顾奕兴的故乡，版画成为岭下村一大特色，该版画以黑白色调为主，以反映乡村生活为内容，以艺术的形式突出了当地的乡土乡情。

产业特色

岭下村的特色产业是食用菌产业，食用菌产业发展二十多年来，岭下村菌农已能自主研制高质量菌种，且依靠种菌脱贫致富。种植产量足以供应宁溪镇以及屿头乡等周边乡镇食用菌市场的需求。

自然环境特色

岭下村地处亚热带季风区，四季分明。临山而居，依水而建，良田郁郁葱葱，自然风光宜人。每年有白鹤等鸟类在岭下村筑巢安家，繁衍生息，盘旋飞舞，形成壮观的自然景象。

历史遗迹特色

白岩潭石拱桥是一座悬空依山而筑的石拱桥。该桥结构简单，体量不大，始建于清代，于2013年列入第三批区（县）级文物保护单位名单，是岭下村重要的历史遗迹。据悉，该桥建造最早与桥上方的林荫小道有关，在古时候是宁溪至黄岩重要的交通要道。

历史沿革

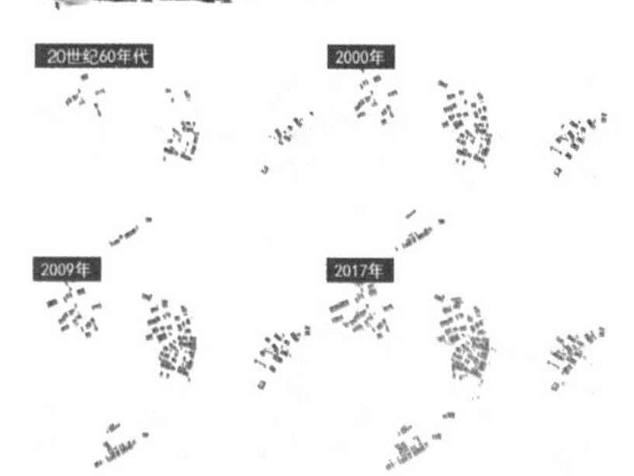

白鹤岭下村自历史追溯开始便由三个自然村形成，即岭下村、新屋蒋村和裘岙村。以岭下村为主村，裘岙为经过老村，新屋蒋为新村，村庄整体经过年代的更替和发展，村庄人口递增，用地规模扩大，形成一定的空间物质形态。

版画分析

根据统计，村内共有十七处建筑墙面绘制有版画，大多集中在岭下村。版画的形式单一，但内容丰富，贴近于表现农村的自然风光与田园生活；其中大多为黑白版画，也包含部分彩色版画的点缀。从村庄外围道路遥望整个村庄，建筑群外立面瞬间跃然眼前。

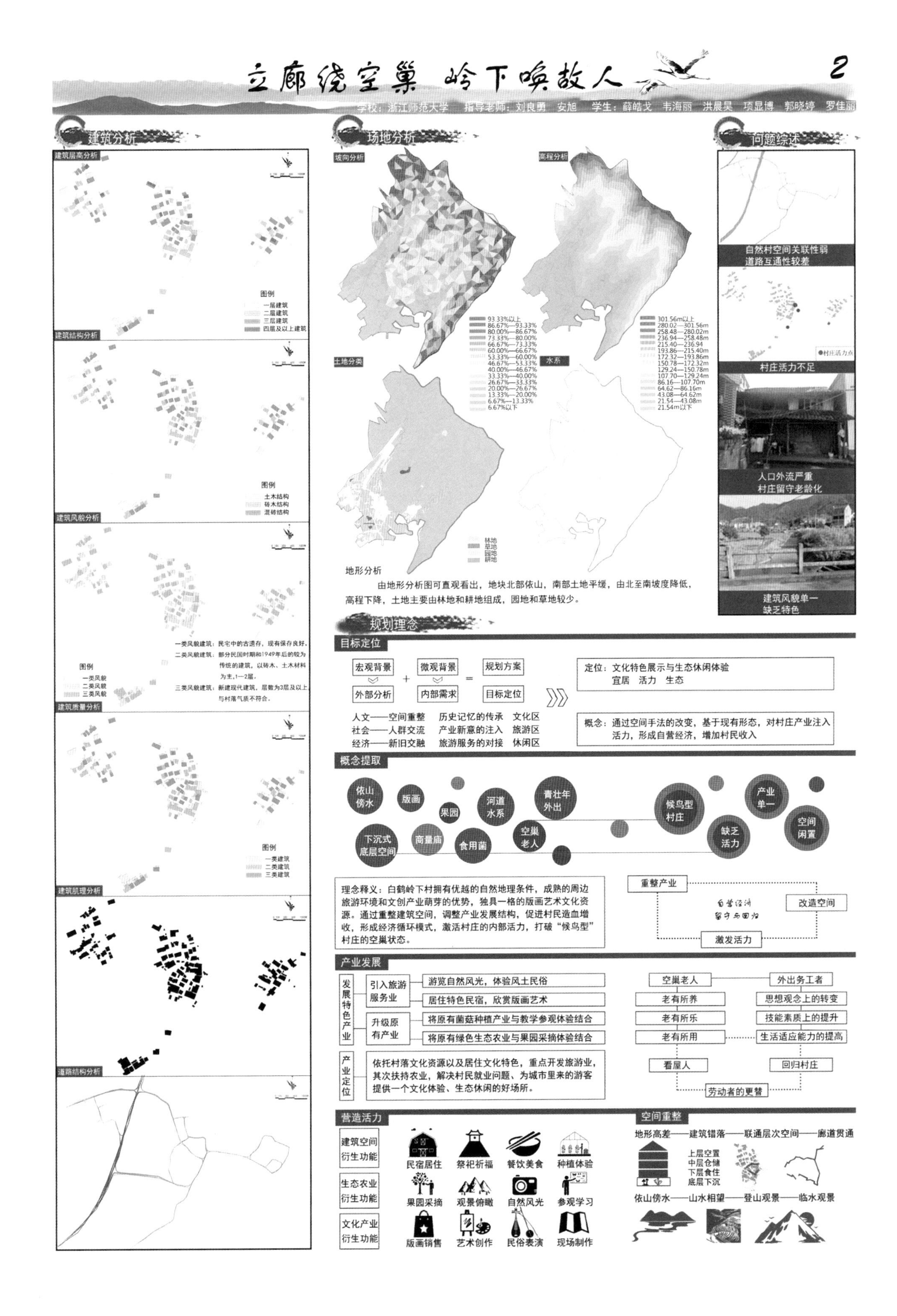

立廊绕空巢 岭下唤故人 2
学校：浙江师范大学 指导老师：刘良勇 安旭 学生：薛皓戈 韦海丽 洪晨昊 项显博 郭晓婷 罗佳丽
建筑分析
建筑层高分析
图例
一层建筑
二层建筑
三层建筑
四层及以上建筑
建筑结构分析
图例
土木结构
砖木结构
混砖结构
建筑风貌分析
一类风貌建筑：民宅中的古遗存，现有保存良好。
二类风貌建筑：部分民国时期和1949年后的较为传统的建筑，以砖木、土木材料为主，1—2层。
三类风貌建筑：新建现代建筑，层数为3层及以上，与村落气质不符合。
图例
一类风貌
二类风貌
三类风貌
建筑质量分析
图例
一类建筑
二类建筑
三类建筑
建筑肌理分析
道路结构分析
场地分析
坡向分析
高程分析
土地分类
水系
林地
草地
园地
耕地
地形分析
由地形分析图可直观看出，地块北部依山，南部土地平缓，由北至南坡度降低，高程下降，土地主要由林地和耕地组成，园地和草地较少。
问题综述
自然村空间关联性弱
道路互通性较差
村庄活力不足
人口外流严重
村庄留守老龄化
建筑风貌单一
缺乏特色
规划理念
目标定位
宏观背景
外部分析
微观背景
内部需求
规划方案
目标定位
定位：文化特色展示与生态休闲体验
宜居 活力 生态
人文——空间重整 历史记忆的传承 文化区
社会——人群交流 产业新意的注入 旅游区
经济——新旧交融 旅游服务的对接 休闲区
概念：通过空间手法的改变，基于现有形态，对村庄产业注入活力，形成自营经济，增加村民收入
概念提取
依山傍水
版画
果园
河道水系
青壮年外出
空巢老人
下沉式底层空间
商量庙
食用菌
候鸟型村庄
产业单一
缺乏活力
空间闲置
理念释义：白鹤岭下村拥有优越的自然地理条件，成熟的周边旅游环境和文创产业萌芽的优势，独具一格的版画艺术文化资源。通过重整建筑空间，调整产业发展结构，促进村民造血增收，形成良性经济循环模式，激活村庄的内部活力，打破“候鸟型”村庄的空巢状态。
重整产业
改造空间
激发活力
产业发展
发展特色产业
引入旅游服务业
游览自然风光，体验风土民俗
居住特色民宿，欣赏版画艺术
升级原有产业
将原有菌菇种植产业与教学参观体验结合
将原有绿色生态农业与果园采摘体验结合
产业定位
依托村落文化资源以及居住文化特色，重点开发旅游业，其次扶持农业，解决村民就业问题、为城市里来的游客提供一个文化体验、生态休闲的好场所。
空巢老人
老有所养
老有所乐
老有所用
看屋人
外出务工者
思想观念上的转变
技能素质上的提升
生活适应能力的提高
回归村庄
劳动者的更替
营造活力
建筑空间衍生功能
民宿居住
祭祀祈福
餐饮美食
种植体验
生态农业衍生功能
果园采摘
观景俯瞰
自然风光
参观学习
文化产业衍生功能
版画销售
艺术创作
民俗表演
现场制作
空间重整
地形高差——建筑错落——联通层次空间——廊道贯通
上层空置
中层仓储
下层食住
底层下沉
依山傍水——山水相望——登山观景——临水观景

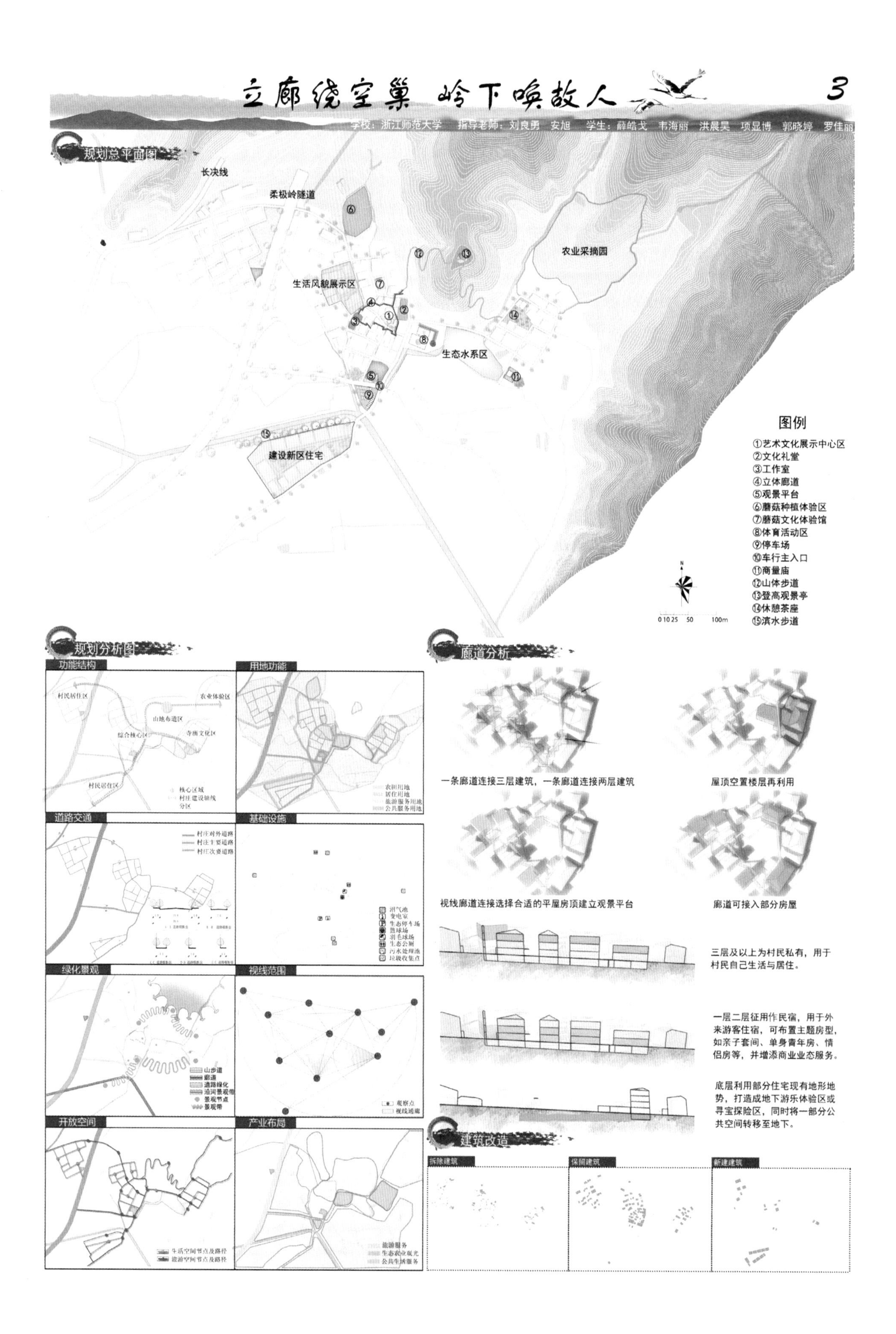

立廊绕空巢 岭下唤故人
3
学校：浙江师范大学 指导老师：刘良勇 安旭 学生：薛皓戈 韦海丽 洪晨昊 项显博 郭晓婷 罗佳丽
规划总平面图
长决线
柔极岭隧道
生活风貌展示区
农业采摘园
生态水系区
建设新区住宅
图例
①艺术文化展示中心区
②文化礼堂
③工作室
④立体廊道
⑤观景平台
⑥蘑菇种植体验区
⑦蘑菇文化体验馆
⑧体育活动区
⑨停车场
⑩车行主入口
⑪商量庙
⑫山体步道
⑬登高观景亭
⑭休憩茶座
⑮滨水步道
0 10 25 50 100m
规划分析图
功能结构
村民居住区
农业体验区
山地布道区
综合核心区
寺庙文化区
核心区域
村庄建设轴线
分区
用地功能
农田用地
居住用地
旅游服务用地
公共服务用地
道路交通
村庄对外道路
村庄主要道路
村庄次要道路
基础设施
沼气池
变电室
生态停车场
篮球场
羽毛球场
生态公厕
污水处理池
垃圾收集点
绿化景观
山步道
廊道
道路绿化
沿河景观带
景观节点
景观带
视线范围
观察点
视线通廊
开放空间
生活空间节点及路径
旅游空间节点及路径
产业布局
旅游服务
生态农业观光
公共事务服务
廊道分析
一条廊道连接三层建筑，一条廊道连接两层建筑
屋顶空置楼层再利用
视线廊道连接选择合适的平屋房顶建立观景平台
廊道可接入部分房屋
三层及以上为村民私有，用于村民自己生活与居住。
一层二层征用作民宿，用于外来游客住宿，可布置主题房型，如亲子套间、单身青年房、情侣房等，并增添商业业态服务。
底层利用部分住宅现有地形地势，打造成地下游乐体验区或寻宝探险区，同时将一部分公共空间转移至地下。
建筑改造
拆除建筑
保留建筑
新建建筑

立廊绕空巢 岭下唤故人
4
学校：浙江师范大学 指导老师：刘良勇 安旭 学生：薛皓戈 韦海丽 洪晨昊 项显博 郭晓婷 罗佳丽
互联网+云种树
果林
种植
景色
养护
收获
寄回
销售
互联网+
互联网上出资认领
时刻关注生长情况
农业采摘体验园，一部分林地征用改造为果园，增强游客参与性，体验田园生活。
与互联网+的形式结合，网站+APP——“云果林”，实时更新树的生长状况、果树日志等。
植物配置示意
银杏
桂花
大栀子
茶梅
狗尾草
鸢尾
节点效果展示
滨水步道
中心景观
鸟瞰效果图
蘑菇种植体验区
山体步道
休憩茶座
农业采摘体验园
蘑菇文化体验馆
工作室
登高观景亭
商量庙祈福树

客源结构分析与定位（市场分析）

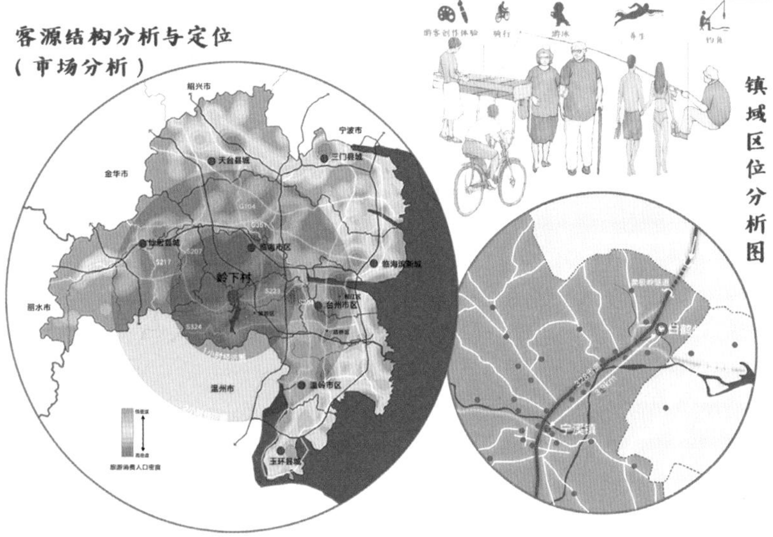

从台州及台州周边片区的人口数量来看，宁溪镇的旅游客源主要来源于台州市，其主要旅游资源为文创旅游和产品特色旅游，其旅游模式也以家庭度假居多，也有少部分的商务旅游和观光旅游，预测数据和现状表明宁溪镇有望成为一个度假养生和名俗文化旅游的特色小镇，主要面向东南片区甚至是全国市场的以文化旅游、养生旅游为主题的小镇。

SWOT分析

优势 Strenths

- 地理位置优越，临近高速，与主要客源地接近
- 自然环境优越，未被破坏开发
- 气候宜人，农副产品丰富
- 现有一定名气和规模的版画产业

劣势 Weakness

- 道路系统不明了，内部通达性欠缺，基础设施不足
- 知名度不高，产业规模较小且不完善
- 产业种类单一
- 村内部分建筑较为老旧

机遇 Opportunities

- 处于“一带一路”战略轴上
- 沿海地区经济基础较好
- 历史进程下人们对回归农村和自然的欲望加强
- 周边类似属性的旅游景点匮乏，市场巨大

挑战 Threats

- 周边地区乡村旅游快速发展带来的竞争
- 生态环境和经济效益的平衡
- 打造当地文化地标和品牌特色的挑战
- 深入挖掘本地旅游要素

S+O=SO战略
S+T=ST战略
W+T=WT战略
W+O=WO战略

SO战略

紧跟政策发展，抓住历史机遇，结合“深度体验农业”“互联网+”思维，“最美版画”产业，打造新型文化类休闲乡村，关注乡村的的文化禅城和本地居民的居住生活质量

ST战略

在发展经济的基础上，并重乡村特色文化的保护和激活，将其作为品牌进行营造加以充分宣传，完善乡村基础设施建设，整合村内部产业

WO战略

保持原始风貌的基础上，晚上基础设施建设，构建有特色的生态文化景观，整合乡村特色产业，形成完整的产业结构，打造“宁溪”品牌，扩大品牌效应

WT战略

精准自身定位，找准问题切入点，在解决现有的发展瓶颈之外，登高望远，明确未来的发展方向

问卷调查

通过网上问卷发布，对相关人群进行调查，共回收有效问卷五十份，现分析结果如下：

否 4%
是 96%

优美的村容村貌	淳朴的乡土人情	完善的基础设施	丰富的自然资源	可口的乡村饭菜	有趣的农家生活
84%	68%	52%	68%	68%	80%

否 16%
是 84%

大部分的人愿意在当地住宿

特色民宿	精品酒店	野营帐篷
	20%	52%

通过问卷调查，可以得知当地的旅游存在相当大的一个市场，对六项因素的调查可以引导我们规划的产业选择，说明白鹤岭下村适合发展为**养生和文创为主题的传统特色村落**

旅游类型分析

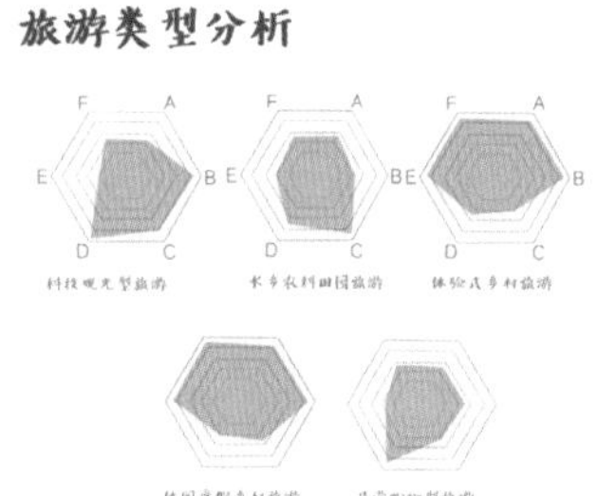

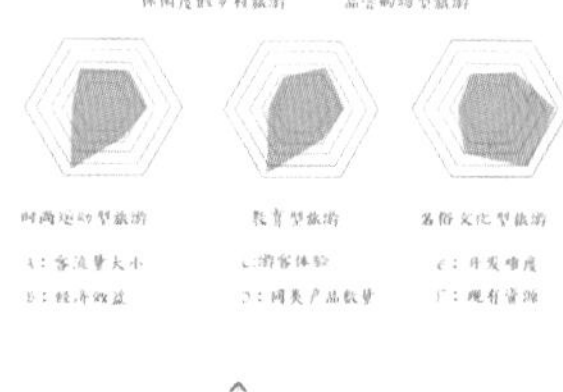

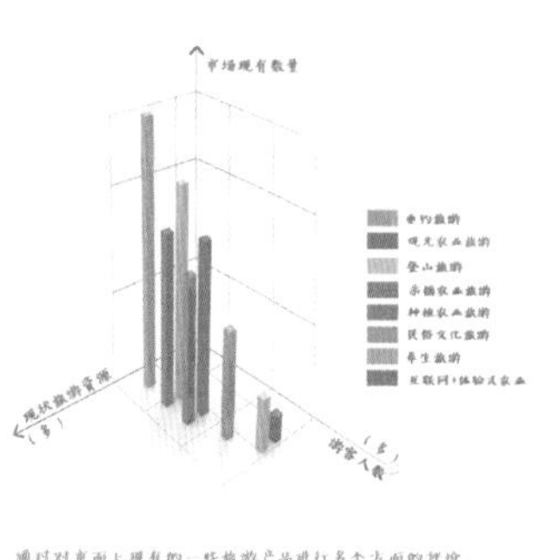

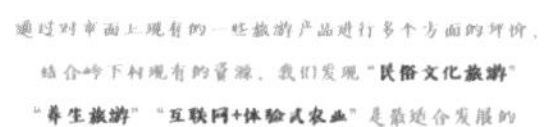

通过对市面上现有的一些旅游产品进行多个方面的评价，结合岭下村现有的资源，我们发现“**民俗文化旅游**”“**养生旅游**”“**互联网+体验式农业**”是最适合发展的

现状分析

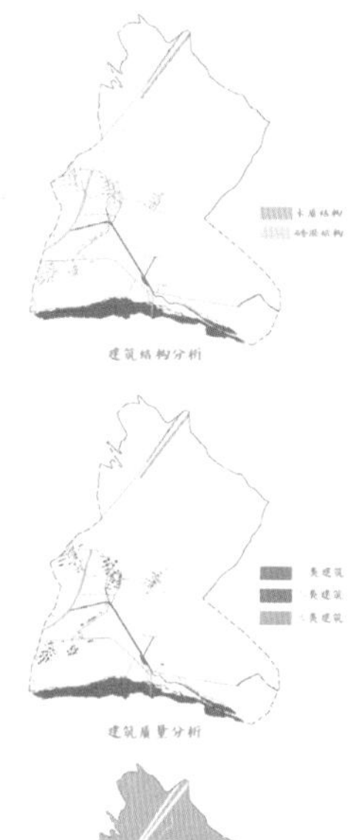

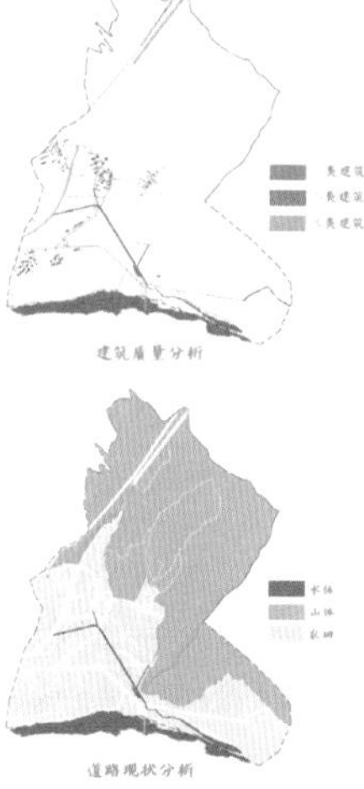

现状村容村貌

现状建筑虽都进行大量的立面处理但缺乏引导没有一个合理的路线引导
There are plenty of current buildings facade processing, but lack of guidance There is no reasonable route to lead guide.

特色建筑缺乏管理与重视没有进行完善的修补
The lack of management and construction characteristics Pay attention to not perfect repair.

村内现存老建筑内部空间质量差，无人管理
The existing ancient buildings in the village Of poor quality, no Administration.

滨水空间基础设施的缺乏，使得其不能发挥最大作用
The lack of waterfront space infrastructure makes , it unable to play its most important role.

建筑与环境虽融成一体但缺乏管理，无人居住形成资源浪费
Although the blend of architecture and environment But the lack of management of uninhabited form A waste of resources.

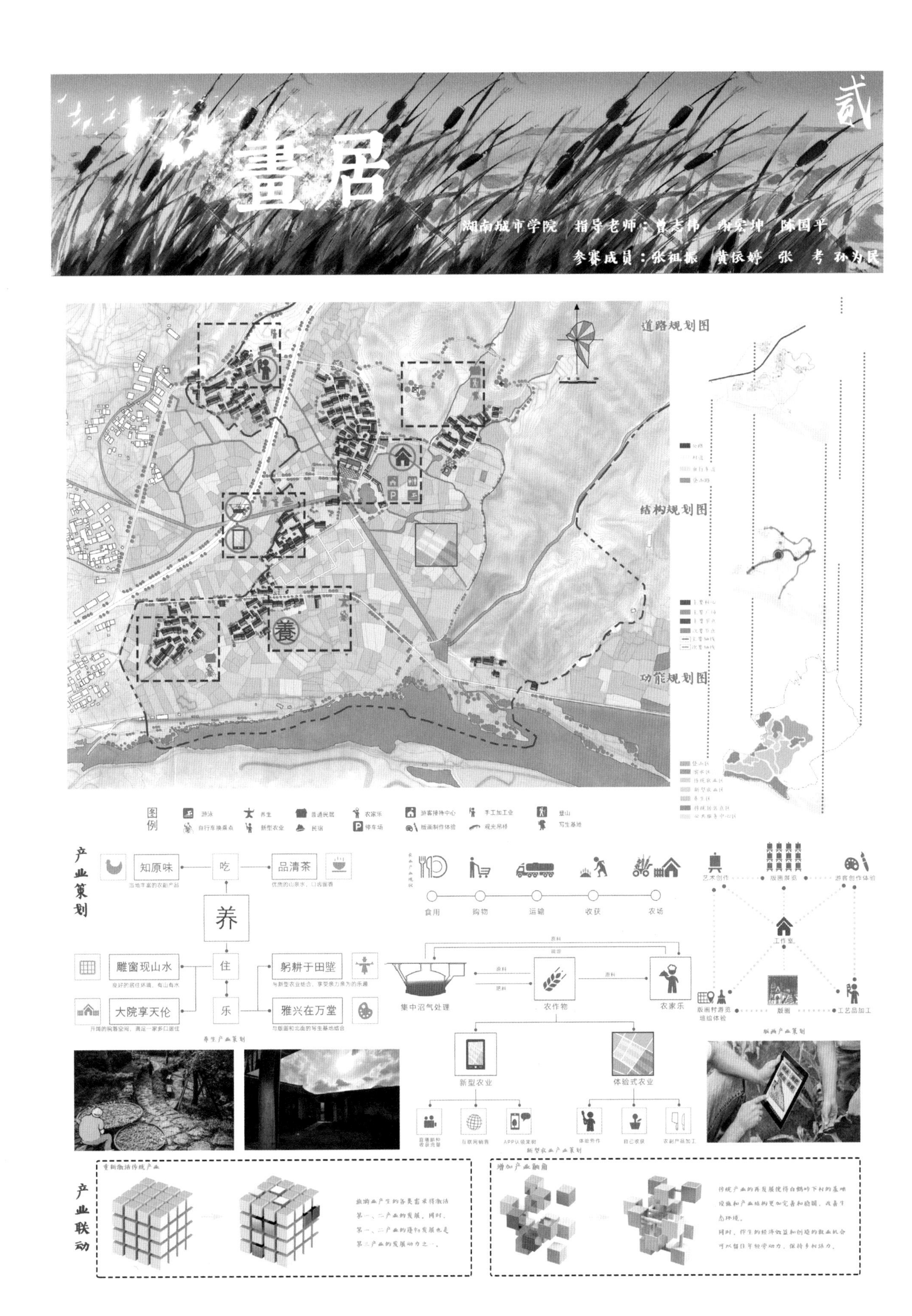

贰
画居
湖南城市学院 指导老师：曾志伟 向宏坤 陈国平
参赛成员：张祖振 黄依婷 张 考 孙为民
道路规划图
结构规划图
功能规划图
图例
游泳
养生
普通民居
农家乐
游客接待中心
手工加工业
登山
自行车换乘点
新型农业
民宿
停车场
版画制作体验
观光吊桥
写生基地
产业策划
知原味
吃
品清茶
当地丰富的农副产品
优质的山泉水，口感醇香
养
雕窗现山水
住
躬耕于田壁
良好的居住环境，每山有水
大院享天伦
乐
雅兴在万堂
开阔的院落空间，聚近一家多口居住
与版画和北面的写生基地结合
养生产业策划
食用
购物
运输
收获
农场
艺术创作
版画展览
游客创作体验
工作室
版画村游览
组织体验
版画
工艺品加工
版画产业策划
原料
肥料
集中沼气处理
农作物
农家乐
新型农业
体验式农业
APP认领果树
互联网销售
体验劳作
自己收获
农副产品加工
新型农业产业策划
产业联动
重新激活传统产业
增加产业触角

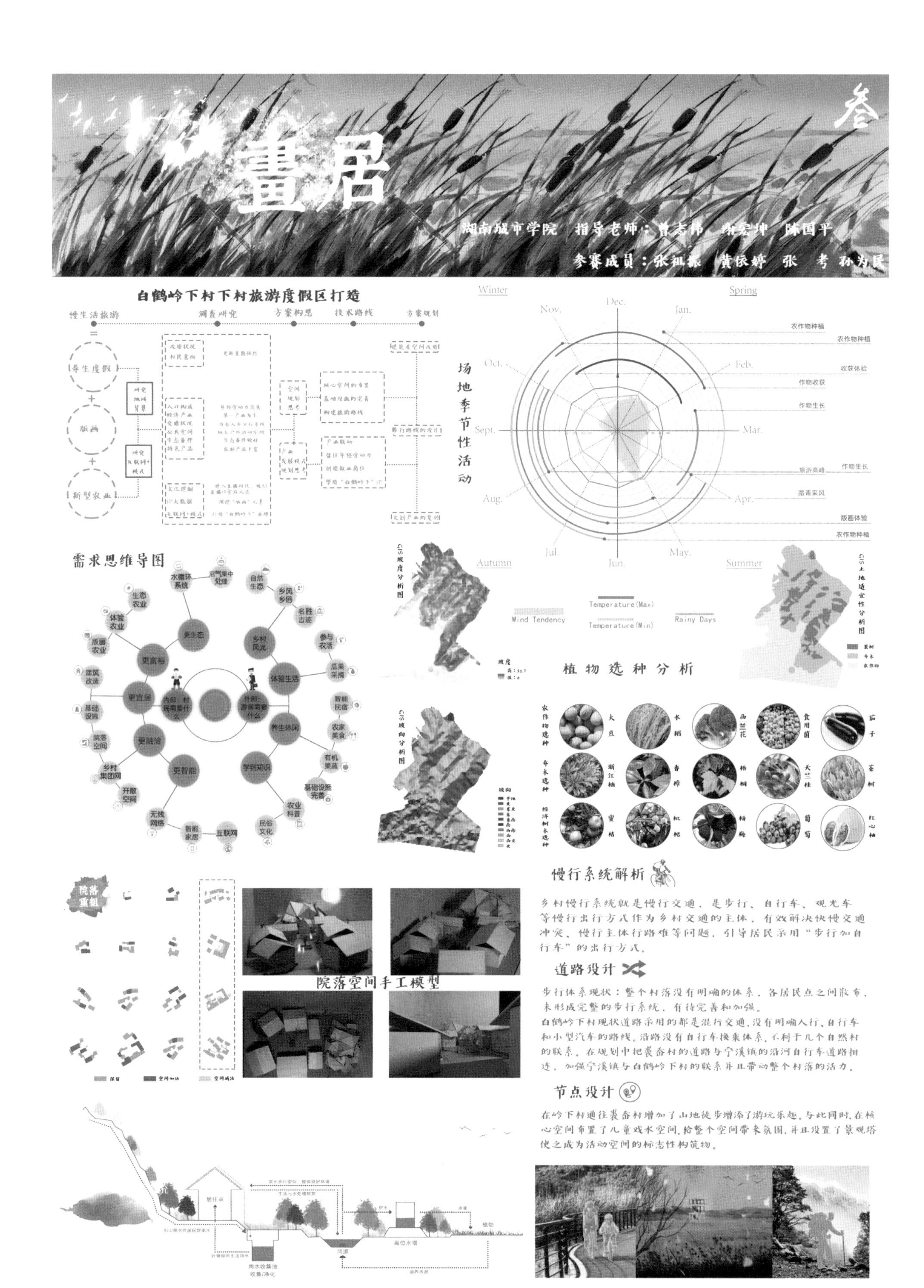

慢行系统解析

乡村慢行系统就是慢行交通，是步行、自行车、观光车等慢行出行方式作为乡村交通的主体，有效解决快慢交通冲突、慢行主体行路难等问题，引导居民采用“步行加自行车”的出行方式。

道路设计

步行体系现状：整个村落没有明确的体系，各居民点之间散布，未形成完整的步行系统，有待完善和加强。

白鹤岭下村现状道路采用的都是混行交通，没有明确人行、自行车和小型汽车的路线。沿路没有自行车换乘体系，不利于几个自然村的联系。在规划中把裘岙村的道路与宁溪镇的沿河自行车道路相连，加强宁溪镇与白鹤岭下村的联系并且带动整个村落的活力。

节点设计

在岭下村通往裘岙村增加了山地徒步增添了游玩乐趣。与此同时，在核心空间布置了儿童戏水空间，给整个空间带来氛围，并且设置了景观塔使之成为活动空间的标志性构筑物。

环境修复· 留住乡愁

“乡愁，有时候就是村口那棵大树，枝枝叶叶，牵动着人们的心”—席慕蓉《乡愁》

很多时候，对于故乡的感情往往寄托在一棵树上，一片开敞地上，一个儿时的玩伴身上……我们利用谷歌卫星图，对于规划地块内的历史进行分析，择优部分还原且加以改造，希望能够打造一个留得住乡愁的白鹤岭下村

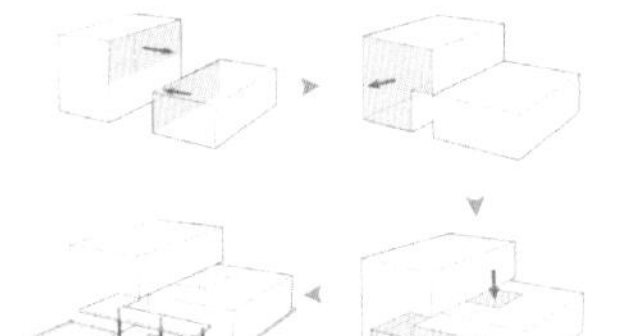

戶屋节点改造项目细节

该建筑改造位于蠹岳村东面山下，对于现状的分析，此处有两幢保存状况较为完整的戶屋，考虑到戶屋是黄岳地区独特的一种建筑形式，我们决定利用此资源进行建筑的改造设计。

主要是利用了建筑的加减法进行了修补改造，将坡屋面层的平顶作为可上人屋面，在两栋建筑形成的通廊前进行景观设计，引高山流水，做一条环绕建筑组合的水带，使得整个空间更加有灵性，更加符合我们赋予该块地区的文创写生基地定位。

故居节点改造项目细节

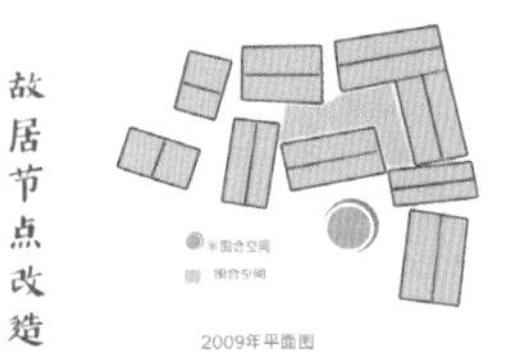
2009年平面图

通过谷歌地球我们获取了2009年时候的顾燮兴老先生的居所平面图，对其肌理进行了分析。

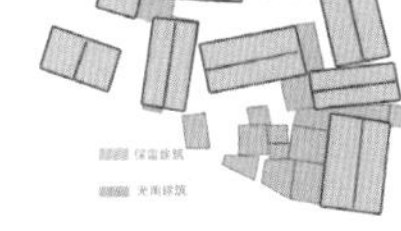
现状平面图

根据现状卫星图分析，我们发现，原本的较围合和半围合空间被一些新建及无章的建筑打破，使得原有的空间流线变得十分混乱，再加上建筑的已经老旧，此建筑群急需进行改造和修补。

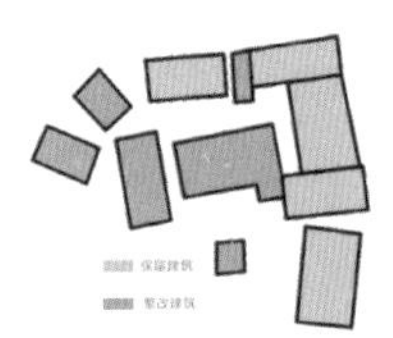
规划平面图

复原了该建筑群的历史肌理，对于主体建筑及其附属建筑进行了修缮，在空间上，重现原本的有序状态，形成了积极空间，对于原本的半围合空间进行了景观设计使整个空间有一个由疏到密，由松至紧的有序排列。

戶屋改造立面效果图

版画长街效果图

顾燮兴故居手工模型

戶屋改造效果图

戶屋改造效果图

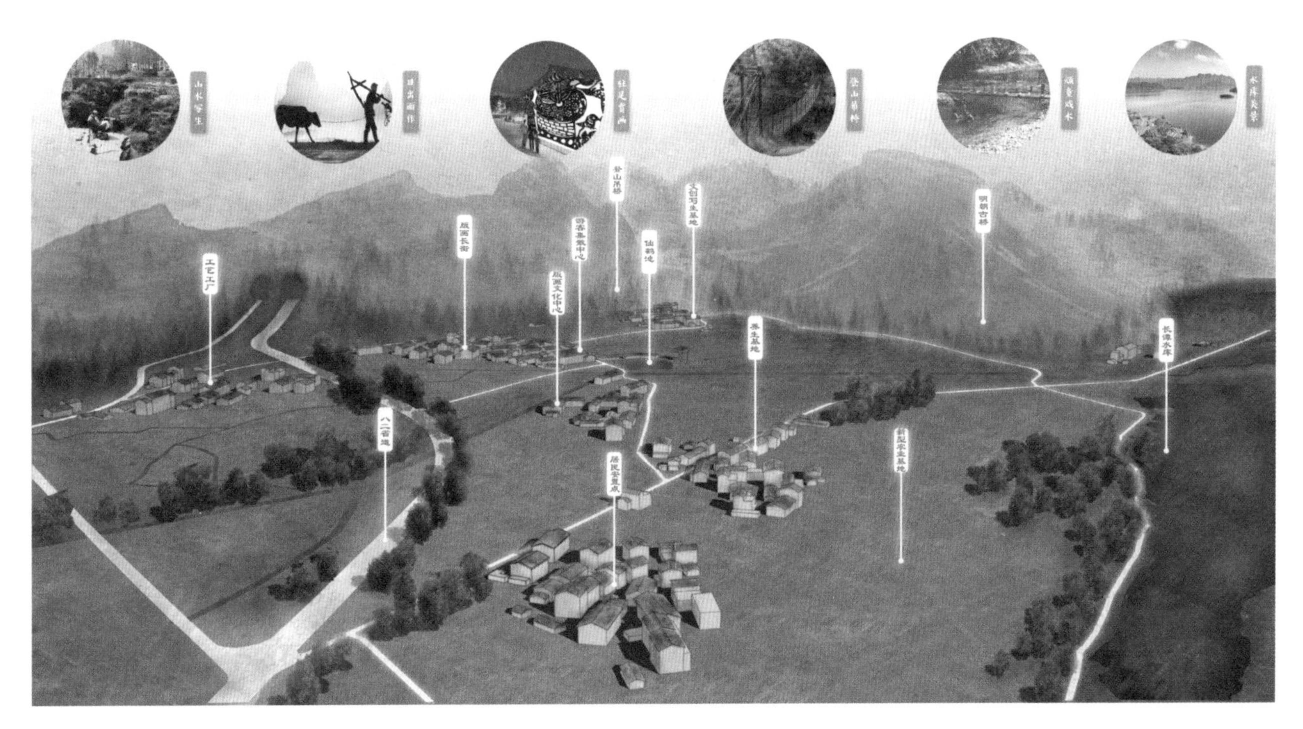

退归岭下 湿意溪居

【参赛院校】 同济大学

【参赛学生】 范凯丽 裴祖璇 涂匡仪 陈 薪 陈立宇

【指导教师】 栾 峰 杨 帆 张尚武

一、初识岭下

白鹤岭下村位于台州市黄岩区宁溪镇北部，是黄岩“沿路美丽乡村发展带”的重要节点，也处在供应台州市饮用水源的长潭水库上游，属于水源准保护区，生态环境敏感度高。白鹤岭下村所处自然环境优越，依山傍水：岭下溪、泰岙坑、灭螺增穿村而过，直奔长潭水库，前有良田郁郁葱葱，后有柔极山连绵起伏。

二、走访岭下

盛夏时节，小组成员走访白鹤岭下村，了解村民生产生活状况，踏勘村庄的道路、庭院、房屋。我们向村民和村干部了解了住房情况、设施和人居环境、农业和工业情况、基础设施情况、历史和文化特色，并从主要问题和发展资源等方面进行了总结。

三、问题研判

1. 生态环境敏感度高——38m 线永久性生态红线划定

该村位于生态功能保障区，要求是水源涵养、土壤保持、生物多样性与生境保护，禁止污染工业；长潭水库水源准保护区同样要求严格管控污染饮用水水源的设施和建设行为，并且明确要求减少化肥施用量，2016—2020 年，在现状基础上削减 10%。

38m 线是永久性生态红线，38m 高程以下耕种必须退出，人口必须迁移。

2. 传统产业发展受限——耕地减少、产业受阻

因为 38m 线的控制要求，村里的耕地减少过半，从原来的 $80hm^2$ 减少到 $35.6hm^2$，人均耕地面积减少到 0.85 亩 / 人，接近 0.8 亩 / 人的世界人均耕地面积警戒值。

因为生态保护的要求，很多工业项目的发展将受到严格限制，村里的车床加工厂和塑料厂都要转型升级，仅有灯厂和木材厂可以整治后保留。产业经济退化给村强民富带来新的挑战。

虽然村里还有菌菇种植能人，每天能保持 100 多公斤菌菇上市，但尚未显现对全村的明显带动作用。

产业经济不发达，直接影响村民收入，成为村民反映的重要问题。灯厂厂主家庭年收入 20 万，装修工人每人每年 8 万元，工厂打工老人每人每年 5000 元，退休老人每年每月 1500 元退休金，困难户每年 600 元补贴。这种状况使得村里留不住年轻人，很多人外出打工，劳动力流失约三分之二，在地人口的老龄化达到 35%。

3. 人居环境不佳——建成环境品质明显低下

村内环境虽然经过多次打造提升，但整体环境品质不高，关键问题是村里房屋布局凌乱，新老建筑物混杂，一些破旧待拆除的房屋对环境品质影响较大。

总体而言，村里房屋大体可分为两类。一种为年代久远的木结构和砖结构，单层或两层建筑，“脏、乱、差、挤”现象较为严重；另一种是近几年建造的建筑质量较好的，为砖混结构，大多为三层楼。不同质量的建筑混杂分布，整个村庄风貌较差。

裘岙、岭下村、新屋蒋三个自然村的建筑质量也有所不同，总的来说，岭下村建筑质量最好，新屋蒋建筑质量最差，老旧棚户建筑较多。村内公共空间虽然明显改善，但除了村委附近，村内公共空间及品质仍然明显有待改善。

4. 版画艺术正在植入——现实带动作用仍然有限

近年来打造版画风貌已经初现成效，也吸引了部分人气。但是版画风貌整体性尚不足，从82省道观望的界面还未打造。街巷内部房屋间距过小，造成一些版画的宣传效应受到限制。并且，虽然版画艺术大师顾奕兴确实是本村人，但版画艺术却并非村内传统，虽然包括美院等外部艺术资源正在陆续植入，但村民至今参与不多，且对版画的看法褒贬不一。版画暂时也没有给村里带来明显的经济效益。

四、核心策略

1. 退归岭下——村庄生态化

基于村庄严苛的生态格局，我们决定以“退”作为最主要的村庄改进策略，严守生态、耕地、水源等数条红线，并进行用地、人口等指标控制，以区域生态安全、生态修复作为主要实施引导。我们根据不同区块的保护要求，形成了三条生态保护带：进行“山林退种”形成森林植被恢复区；进行“水体退污”形成水源地活水示范区、进行“低地退耕”形成湿地生物多样性保护区。

（1）山林退种

划定主要植被恢复区，进行季节性封山护林措施，在林木主要生长季节实施封禁，在其他季节有计划地进行开发活动。修复被破坏的山溪肌理，营造山间水系，修复绿坡护岸，恢复山涧生态多样性。

（2）水体退污

进行村庄废料能源化处理，通过沼气生成，将村庄有机废物进行转化，减少废物排放。对排放废水进行截流处理，通过截流—曝气处理—湿地净化—排放的模式，实现废水利用。湿地净水系统主要利用基质的过滤、吸附，植物根系的吸收，微生物的截留作用等实现净化水体。基于库区 38m 线对于防洪的要求，进行防洪片区的划分，确定重点防洪保护区，通过疏通水渠等措施消除洪水隐患。

（3）低地退耕

在已经确保了区域粮食安全的基础上，对于部分耕地进行退耕，还原自然湿地。基于村庄脆弱的生态环境与水源地苛刻的保护要求，建立监测站与保护机制，确保水库及全域的生态安全。对部分肥力丧失的土地施用绿肥进行土壤修复，恢复土地生产力。为满足生物迁徙活动的要求，建立迁徙廊道与核心栖息区，满足生物栖息要求。

2. 乡村焕活——美丽乡村打造

我们从农业有机、老有所为、民众互促、画文并进、游有所乐这五个方面，在退的基础上适当发展村庄，实现乡村焕活。

（1）农业有机：农业生产生态化，打造宁溪的生态名片。

（2）老有所为：针对村内老人占比较大的情况，从助老生产、乐活养老两个角度为村内老人服务。

（3）民众互促：成立村民合作组织，整合资源的同时凝聚集体力量。

（4）画文并进：从版画资源和村内民俗文化两个角度打造特色艺术文化村。

（5）游有所乐：多种活动并进，打造休闲旅游。

五、居民点设计

1. 整体风貌整治

首先疏通水渠，增加原有水系的景观价值；村貌整体上统一版画风貌，形成连续界面；细节上宅前屋后在保持一定原貌的基础上进行美化。

2. 房屋及开敞空间整理

根据建筑质量评价，将质量较差的建筑拆除新建为公共建筑（茶室、村民活动中心、游客接待中心、版画中心、菌种培育中心）。整理民房之间的院落和场地，形成入口广场、村民健身广场、版画工作室广场等几个公共活动空间。

3. 道路整治

将南北向村庄主路作为主要打造轴，连接多个公共空间节点。道路进行硬化处理，两侧布置花坛和灌木。

六、一点思考

十九大报告中提出的“乡村振兴”战略中，最重要的要求之一便是生态宜居。从环境的角度出发，乡村是生态空间的重要载体，其在整体生态系统中的影响远大于城市，白鹤岭下村就是一个很好的例子：水库源头，生态林场，都对黄岩乃至台州有着重要的环境意义。我们对它所做的每一项改变都必须十分仔细，其保护也必审，其开发也必慎。而从人居的角度，安全美好的环境是基本人权的保障与体现。我们对村庄的改造着重了居民的生活与体验。营造一个良好的环境，改善自身的本底条件，要远比对外的吸引力打造来得重要，也更具有可持续的发展动力与潜力。而乡村旅游想要发展起来，必须立足于自身的特点与优势，保留乡村特色风貌，避免同质化，同时完善配套服务设施，来发挥其经济价值和社会意义。

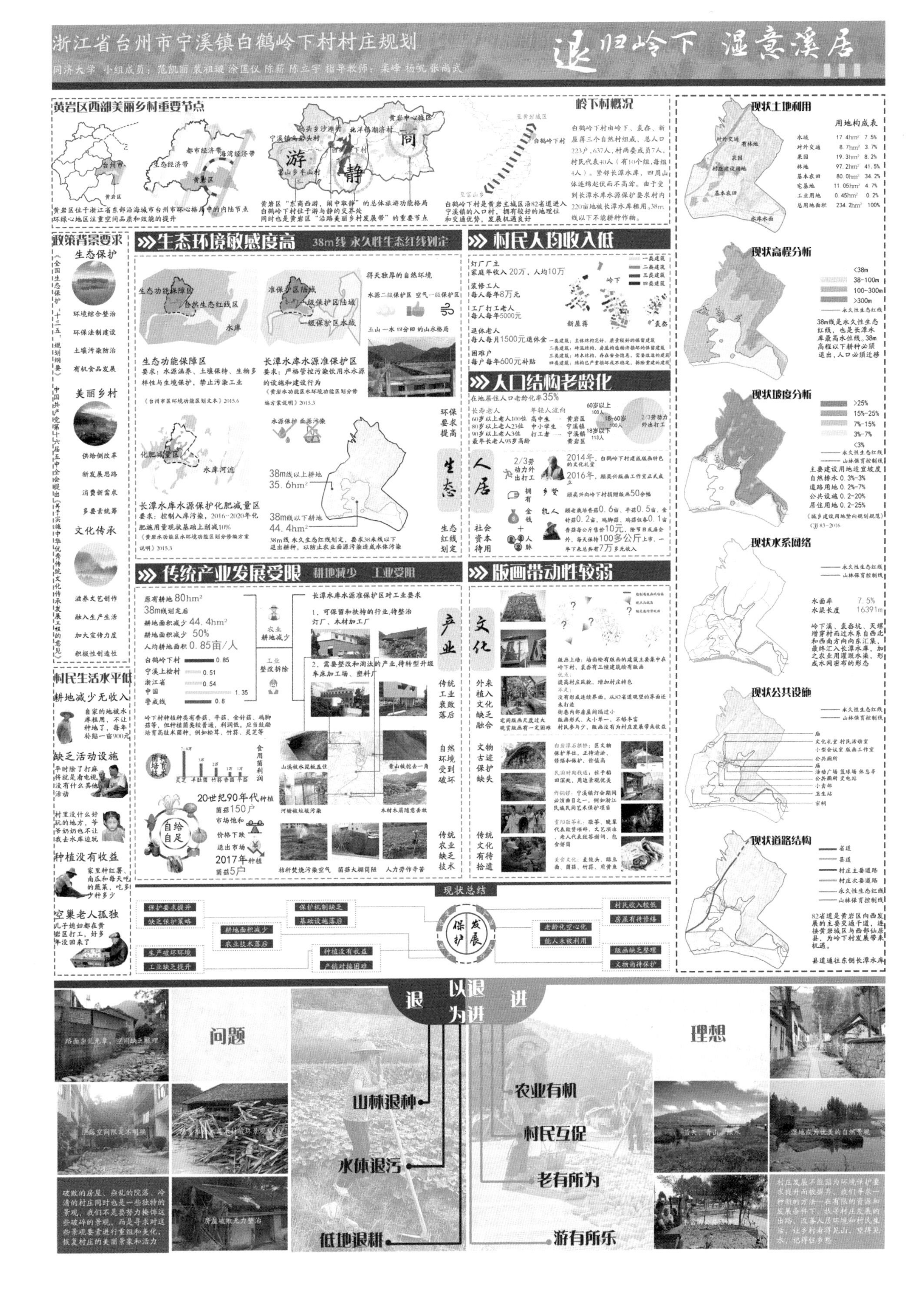

浙江省台州市宁溪镇白鹤岭下村村庄规划
退归岭下 湿意溪居
同济大学 小组成员：范凯丽 裴祖璇 涂匡仪 陈薪 陈立宇 指导教师：栾峰 杨帆 张尚武
黄岩区西部美丽乡村重要节点
岭下村概况
现状土地利用
用地构成表
政策背景要求
生态保护
美丽乡村
文化传承
生态环境敏感度高 38m线 永久性生态红线划定
村民人均收入低
人口结构老龄化
现状高程分析
现状坡度分析
传统产业发展受限 耕地减少 工业受阻
版画带动性较弱
现状水系网络
现状公共设施
现状道路结构
村民生活水平低
耕地减少无收入
缺乏活动设施
种植没有收益
空巢老人孤独
生态
人居
产业
文化
现状总结
保护
发展
退
以退为进
进
问题
理想
山林退种
水体退污
低地退耕
农业有机
村民互促
老有所为
游有所乐

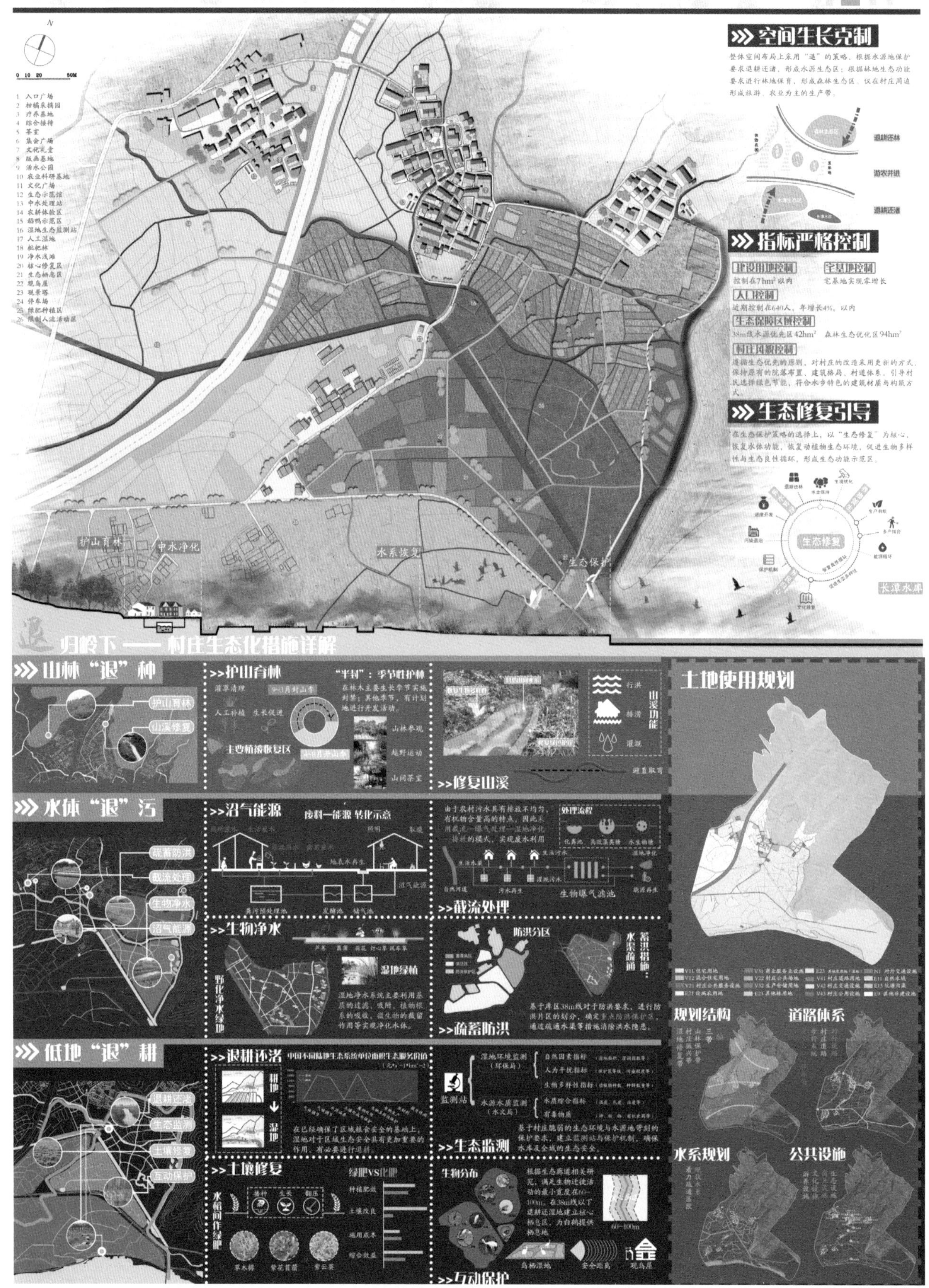
浙江省台州市宁溪镇白鹤岭下村村庄规划
同济大学 小组成员：范凯丽 裴祖璇 涂匡仪 陈薪 陈立宇 指导教师：栾峰 杨帆 张尚武
退归岭下 湿意溪居
N
0 10 20 50M
1 入口广场
2 柑橘采摘园
3 疗养基地
4 综合接待
5 茶室
6 集会广场
7 文化礼堂
8 版画基地
9 活水公园
10 农业科研基地
11 文化广场
12 生态示范馆
13 中水处理站
14 农耕体验区
15 稻鸭示范区
16 湿地生态监测站
17 人工湿地
18 枇杷林
19 净水浅滩
20 核心修复区
21 生态栖息区
22 观鸟屋
23 观景塔
24 停车场
25 绿肥种植区
26 限制人流活动区
>>空间生长克制
整体空间布局上采用“退”的策略，根据水源地保护要求退耕还渚，形成水源生态区；根据林地生态功能要求进行林地保育，形成森林生态区，仅在村庄周边形成旅游、农业为主的生产带。
退耕还林
游农并进
退耕还渚
>>指标严格控制
建设用地控制
控制在7hm²以内
宅基地控制
宅基地实现零增长
人口控制
近期控制在640人，年增长4%。以内
生态保障区域控制
38m线水源优先区42hm²　森林生态优化区94hm²
村庄风貌控制
遵循生态优先的原则，对村庄的改造采用更新的方式，保持原有的院落布置、建筑格局、村道体系，引导村民选择绿色节能，符合水乡特色的建筑材质与构筑方式。
>>生态修复引导
在生态保护策略的选择上，以“生态修复”为核心，恢复水体功能，恢复动植物生态环境，促进生物多样性与生态良性循环，形成生态功能示范区。
退耕还林
水土保持
生境优化
适度开发
生产有机
生态修复
护山育林
中水净化
水系恢复
生态保护
退归岭下——村庄生态化措施详解
>>山林“退”种
护山育林
山溪修复
>>护山育林
灌草清理
人工补植
生长促进
主要植被恢复区
“半封”：季节性护林
在林木主要生长季节实施封禁；其他季节，有计划地进行开发活动。
山林参观
越野运动
山间茶室
行洪
排涝
灌溉
山溪功能
避直取弯
>>修复山溪
>>水体“退”污
疏蓄防洪
截流处理
生物净水
沼气能源
>>沼气能源
废料—能源 转化示意
照明
取暖
地表水再生
沼气能源
粪污预处理池
发酵池
储气池
由于农村污水具有排放不均匀，有机物含量高的特点，因此采用截流—曝气处理—湿地净化—排放的模式，实现废水利用
处理流程
生活污水
湿地净化
自然河道
污水再生
生物曝气滤池
能源再生
>>截流处理
>>生物净水
芦苇
菖蒲
荷花
灯心草
风车草
湿地绿植
野化净水绿地
湿地净水系统主要利用基质的过滤、吸附，植物根系的吸收，微生物的截留作用等实现净化水体。
防洪分区
蓄洪措施：水渠疏通
基于库区38m线对于防洪要求，进行防洪片区的划分，确定重点防洪保护区，通过疏通水渠等措施消除洪水隐患。
>>疏蓄防洪
>>低地“退”耕
退耕还渚
生态监测
土壤修复
互动保护
>>退耕还渚
中国不同陆地生态系统单位面积生态服务价值
耕地
湿地
在已经确保了区域粮食安全的基础上，湿地对于区域生态安全具有更加重要的作用，有必要进行退耕。
湿地环境监测（环保局）
自然因素指标
人为干扰指标
生物多样性指标
监测站
水源水质监测（水文局）
水质综合指标
有毒物质
基于村庄脆弱的生态环境与水源地苛刻的保护要求，建立监测站与保护机制，确保水库及全域的生态安全。
>>生态监测
>>土壤修复
水稻间作绿肥
播种
生长
翻压
草木樨
紫花苜蓿
紫云英
绿肥VS化肥
种植肥效
土壤改良
施用成本
综合效益
生物分布
根据生态廊道相关研究，满足生物迁徙活动的最小宽度在60~100m。在38m线以下退耕还湿地建立核心栖息区，为白鹤提供栖息地。
60~100m
鸟栖湿地
安全距离
观鸟屋
>>互动保护
土地使用规划
规划结构
道路体系
水系规划
公共设施

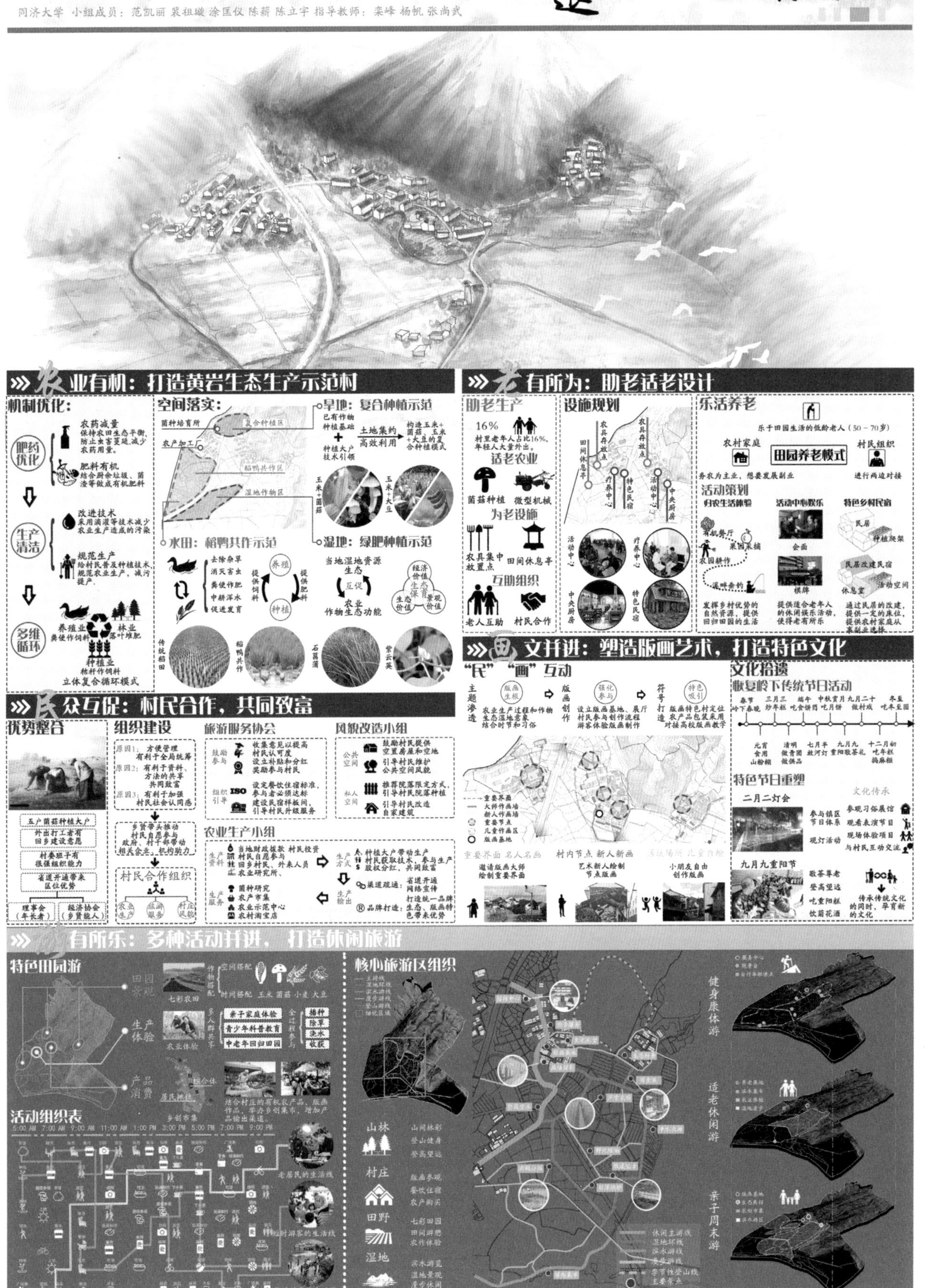
浙江省台州市宁溪镇白鹤岭下村村庄规划
同济大学 小组成员：范凯丽 裘祖璇 涂匡仪 陈薪 陈立宇 指导教师：栾峰 杨帆 张尚武
退归岭下 湿意溪居
农业有机：打造黄岩生态生产示范村
机制优化：
空间落实：
旱地：复合种植示范
水田：稻鸭共作示范
湿地：绿肥种植示范
老有所为：助老适老设计
助老生产
设施规划
乐活养老
田园养老模式
民众互促：村民合作，共同致富
优势整合
组织建设
旅游服务协会
风貌改造小组
农业生产小组
村民合作组织
画文并进：塑造版画艺术，打造特色文化
"民""画"互动
文化拾遗
恢复岭下传统节日活动
特色节日重塑
二月二灯会
九月九重阳节
游有所乐：多种活动并进，打造休闲旅游
特色田园游
活动组织表
核心旅游区组织
山林
村庄
田野
湿地
健身康体游
适老休闲游
亲子周末游

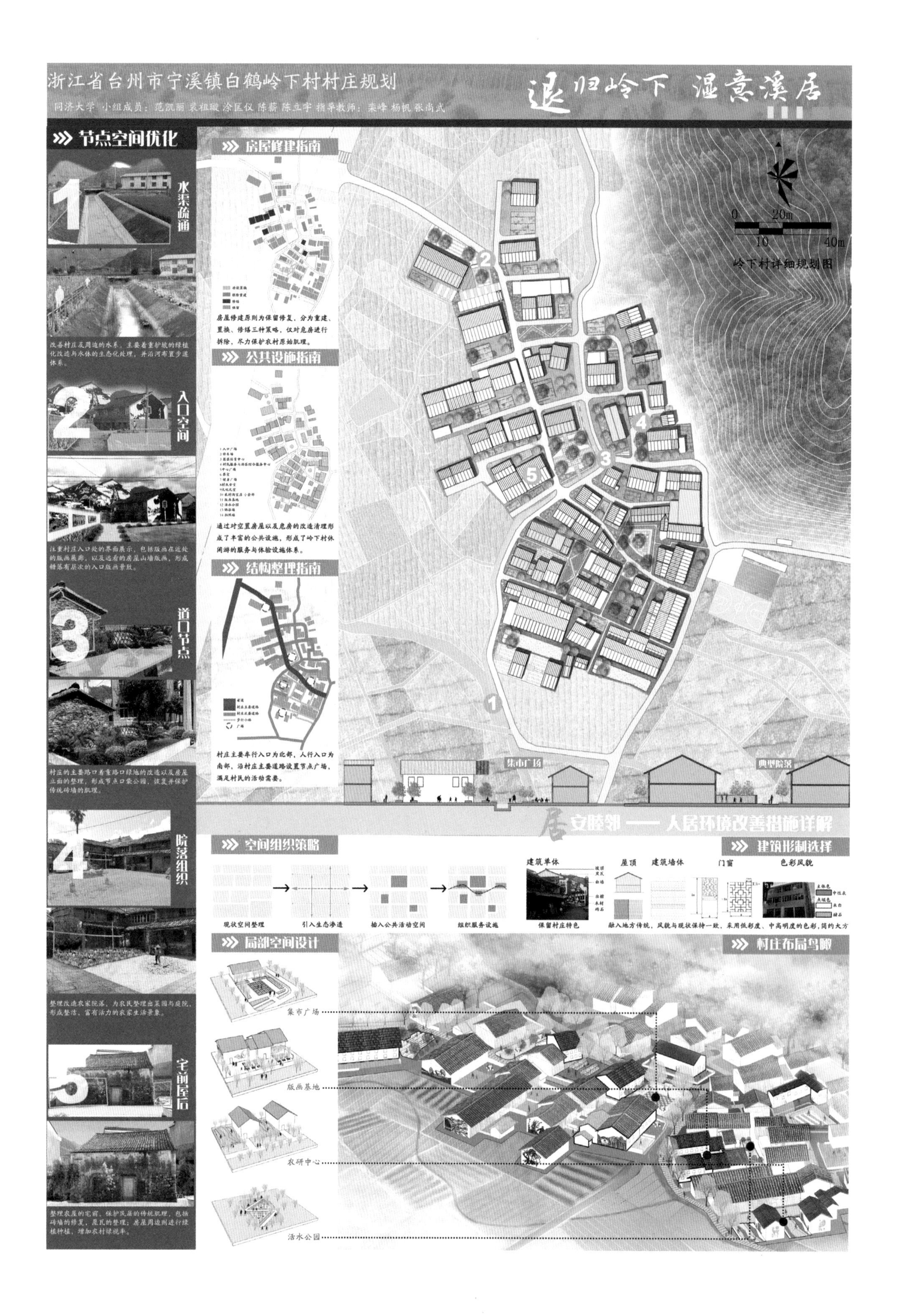

浙江省台州市宁溪镇白鹤岭下村村庄规划
同济大学 小组成员：范凯丽 裘祖璇 涂匡仪 陈蓓 陈立宇 指导教师：栾峰 杨帆 张尚武
退归岭下 湿意溪居
节点空间优化
1 水渠疏通
改善村庄及周边的水系，主要着重护坡的绿植化改造与水体的生态化处理，并沿河布置步道体系。
2 入口空间
注重村庄入口处的界面展示，包括版画在近处的版画展廊，以及远看的房屋山墙版画，形成错落有层次的入口版画景致。
3 道口节点
村庄的主要路口着重路口绿地的改造以及房屋立面的整理，形成节点口袋公园，恢复并保护传统砖墙的肌理。
4 院落组织
整理改造农家院落，为农民整理出菜园与庭院，形成整洁、富有活力的农家生活景象。
5 宅前屋后
整理农屋的宅前，保护民居的传统肌理，包括砖墙的修复、屋瓦的整理；房屋周边则进行绿植种植，增加农村绿视率。
房屋修建指南
房屋修建原则为保留修复，分为重建、置换、修缮三种策略，仅对危房进行拆除，尽力保护农村原始肌理。
公共设施指南
通过对空置房屋以及危房的改造清理形成了丰富的公共设施，形成了岭下村休闲游的服务与体验设施体系。
结构整理指南
村庄主要车行入口为北部，人行入口为南部，沿村庄主要道路设置节点广场，满足村民的活动需要。
0 10 20m 40m
岭下村详细规划图
集市广场
典型院落
居 安睦邻 —— 人居环境改善措施详解
空间组织策略
现状空间整理
引入生态渗透
植入公共活动空间
组织服务设施
建筑形制选择
建筑单体
屋顶
建筑墙体
门窗
色彩风貌
保留村庄特色
融入地方传统，风貌与现状保持一致，采用低彩度、中高明度的色彩，简约大方
局部空间设计
集市广场
版画基地
农研中心
活水公园
村庄布局鸟瞰

创享岭下 画里人家

【参赛院校】 浙江大学

【参赛学生】

吴佳一

刘 爽

金盼盼

朱俊峰

李丹阳

【指导教师】

曹 康

董文丽

一、背景介绍

白鹤岭下村地处浙江省台州市黄岩区宁溪镇内，是黄岩至宁溪的第一个村落，在柔极岭隧道口，地理位置优越，依山傍水：岭下溪、裘岙坑、灭螺增穿村而过，直奔长潭水库，前有良田郁郁葱葱，后有柔极山连绵起伏。该村钟灵毓秀、人杰地灵，是黄岩版画名家顾奕兴的故乡。

二、现村问题

村集体经济无固定收入来源，日常开支依靠各级财政项目补助和扶贫单位资助；村民老龄化十分明显，老年人留守在村内，青壮年流失，全村近2/3劳动力外出就业；版画产业有历史积淀与潜力，但难以单一产业发展；建筑质量较差，风格多样；街巷尺度杂乱，改造潜力与可能性高。

三、设计思路

基于创意（Create）、共享（Share）、体验（Enjoy）三个概念，形成规划思路如下：

C-Create-艺术创作：创意产业化可以使文化智能创造价值，为版画文化复兴创造经济条件。

S-Share-博览体验:使游客的游览从单一观光转向亲身实践拓展，同时支持线上线下同步分享，使大众了解版画，扩大版画影响力。

E-Enjoy-民居休闲：享受方式多元化使大众喜爱版画文化，提高版画认可度。

四、方案介绍

乡村空间布局：规划范围包括原居民聚居点和周边山水、农林用地。五大功能区围绕“版画”这一主题从创作、生产、展示多角度发展白鹤岭下版画文化，并创造出村民宜居、游客宜乐的空间环境。

特色旅游模式：开发政府主导、艺术家带头、人才引进、全民参与的旅游开发模式。积极拓展现有版画内容，从观光、疗养、教育等多方面增加旅游产品策划，并利用线上线下多种推广平台推广旅游攻略、游览路线、项目特色等旅游项目信息。

建筑风貌设计：建筑依照其现状与类别（居住建筑、公共建筑、建筑小品），改造融入符合其功能要求的当地建筑语言，凸显景观风貌。

游览路线规划：依托于村庄布局以及周边自然环境，穿插布置自然景观节点和文创景观节点，使得游客可以在游览过程中充分感受白鹤岭下文化。

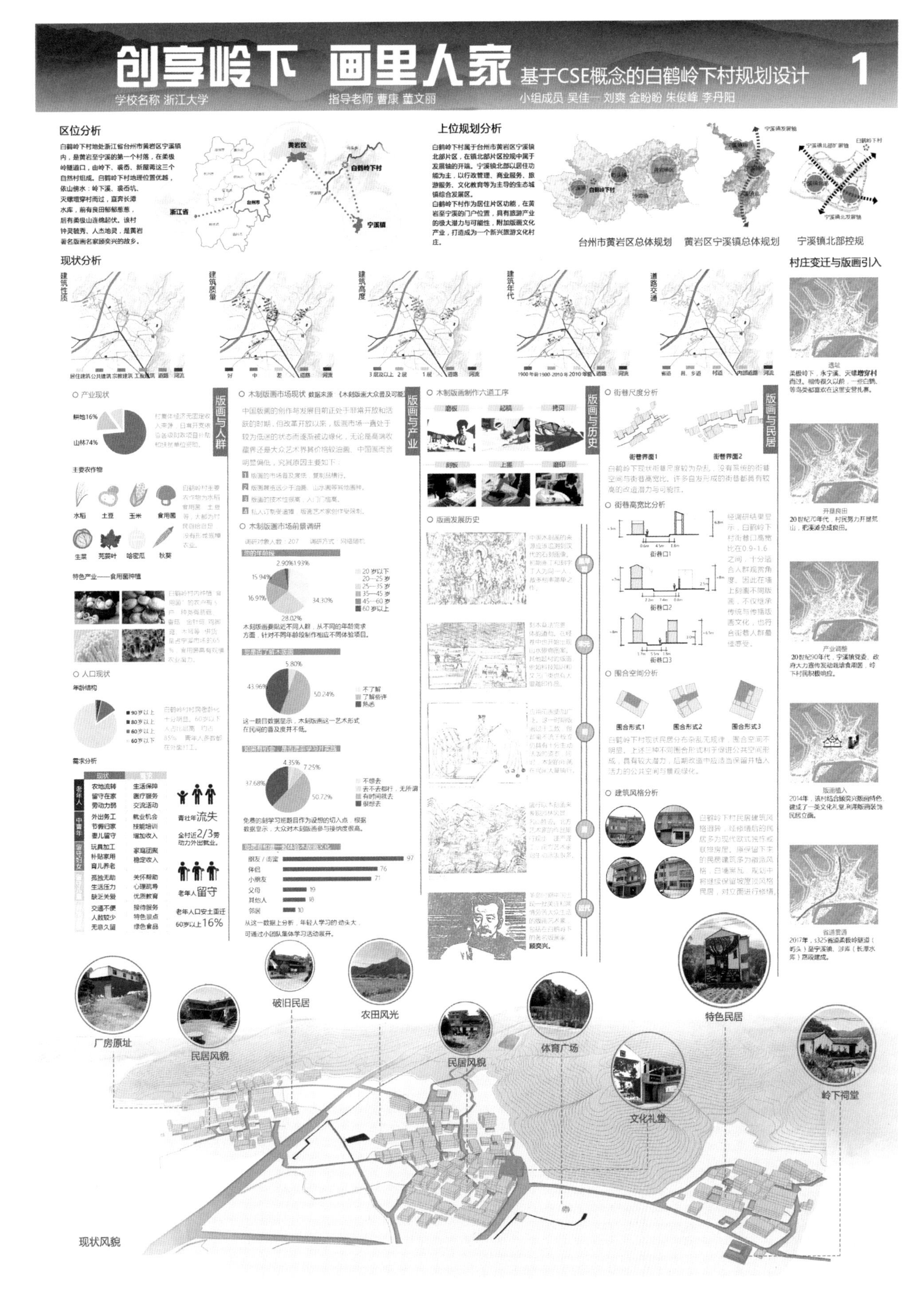
创享岭下 画里人家
基于CSE概念的白鹤岭下村规划设计 1
学校名称 浙江大学
指导老师 曹康 董文丽
小组成员 吴佳一 刘爽 金盼盼 朱俊峰 李丹阳
区位分析
白鹤岭下村地处浙江省台州市黄岩区宁溪镇内，是黄岩至宁溪的第一个村落，在柔极岭隧道口，由岭下、裘岙、新屋蒋这三个自然村组成。白鹤岭下村地理位置优越，依山傍水：岭下溪、裘岙坑、灭螺增穿村而过，直奔长潭水库，前有良田郁郁葱葱，后有柔极山连绵起伏。该村钟灵毓秀、人杰地灵，是黄岩著名版画名家顾奕兴的故乡。
浙江省
黄岩区
白鹤岭下村
宁溪镇
上位规划分析
白鹤岭下村属于台州市黄岩区宁溪镇北部片区，在镇北部片区控规中属于发展轴的开端。宁溪镇北部以居住功能为主，以行政管理、商业服务、旅游服务、文化教育等为主导的生态城镇综合发展区。
白鹤岭下村作为居住片区功能，在黄岩至宁溪的门户位置，具有旅游产业的极大潜力与可能性，附加版画文化产业，打造成为一个新兴旅游文化村庄。
台州市黄岩区总体规划
黄岩区宁溪镇总体规划
宁溪镇北部控规
现状分析
建筑性质
建筑质量
建筑高度
建筑年代
道路交通
村庄变迁与版画引入
版画与人群
版画与产业
版画与历史
版画与民居
产业现状
耕地16%
山林74%
主要农作物
水稻
土豆
玉米
食用菌
生菜
芫荽叶
哈密瓜
秋葵
特色产业——食用菌种植
人口现状
年龄结构
需求分析
现状
需求
老年人
中青年
留守妇女
青壮年流失
全村近2/3劳动力外出就业。
老年人留守
老年人口安土重迁
60岁以上16%
木制版画市场现状
木制版画市场前景调研
木制版画制作六道工序
版画发展历史
街巷尺度分析
街巷界面1
街巷界面2
街巷高宽比分析
街巷口1
街巷口2
街巷口3
围合空间分析
围合形式1
围合形式2
围合形式3
建筑风格分析
厂房原址
民居风貌
破旧民居
农田风光
民居风貌
体育广场
文化礼堂
特色民居
岭下祠堂
现状风貌

创享岭下 画里人家

基于CSE概念的白鹤岭下村规划设计 2

学校名称 浙江大学 指导老师 曹康 董文丽 小组成员 吴佳一 刘爽 金盼盼 朱俊峰 李丹阳

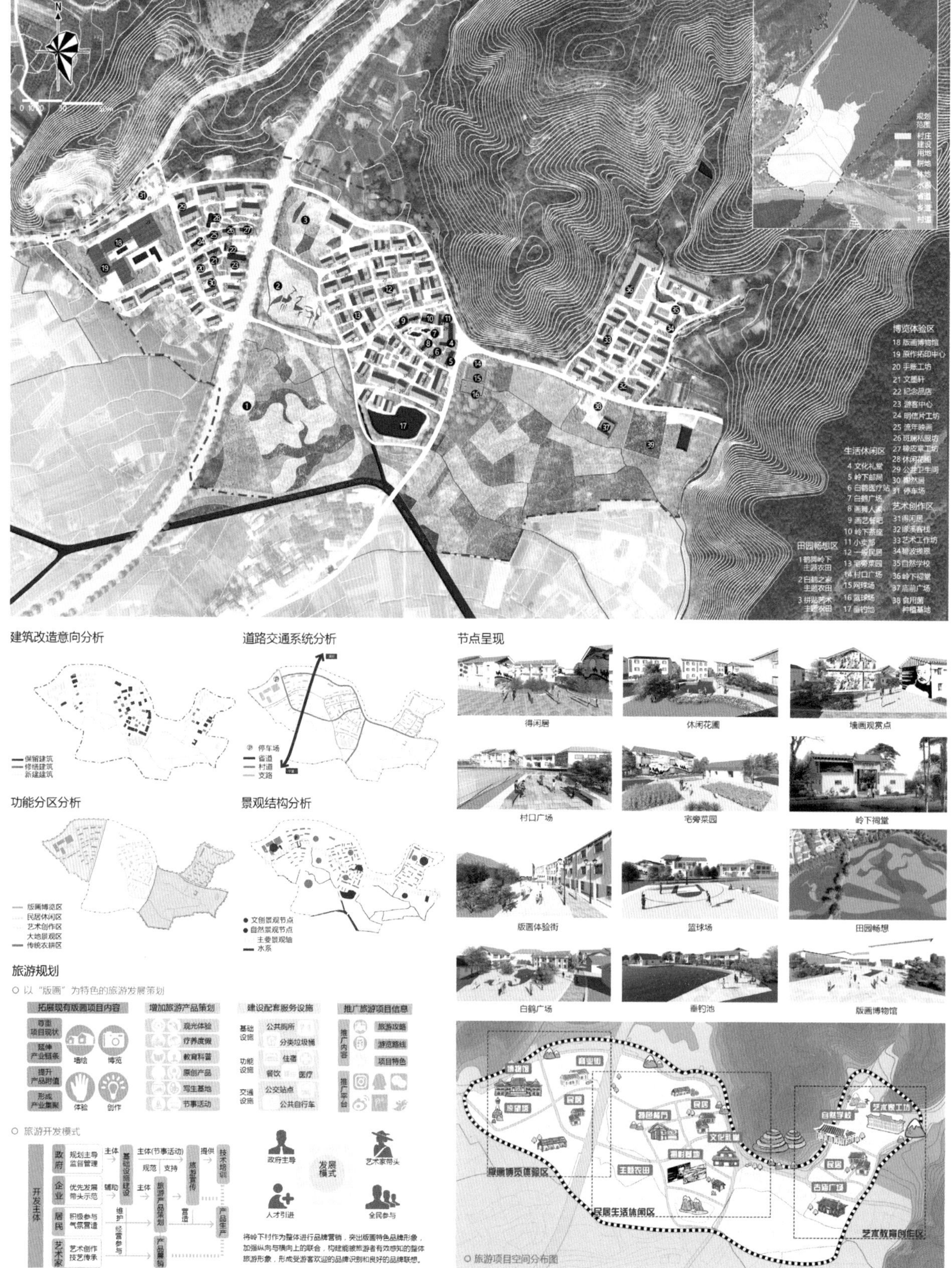

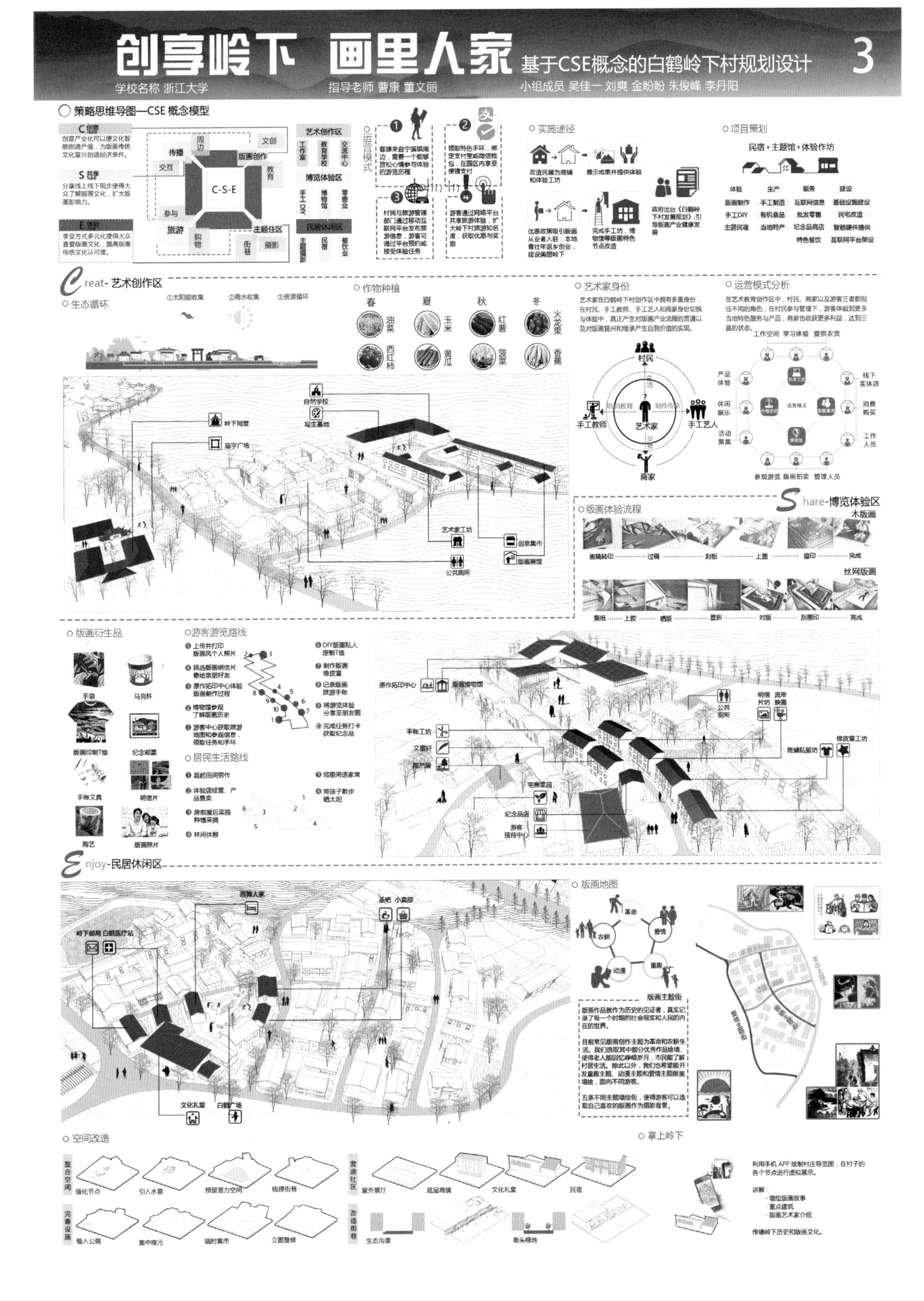

创享岭下 画里人家
基于CSE概念的白鹤岭下村规划设计
3
学校名称 浙江大学
指导老师 曹康 董文丽
小组成员 吴佳一 刘爽 金盼盼 朱俊峰 李丹阳
策略思维导图—CSE 概念模型
C 创意
S 共享
E 体验
运营模式
实施途径
项目策划
民宿+主题馆+体验作坊
Creat- 艺术创作区
生态循环
作物种植
春
夏
秋
冬
艺术家身份
运营模式分析
版画体验流程
Share-博览体验区
版画衍生品
游客游览路线
居民生活路线
Enjoy-民居休闲区
版画地图
空间改造
掌上岭下

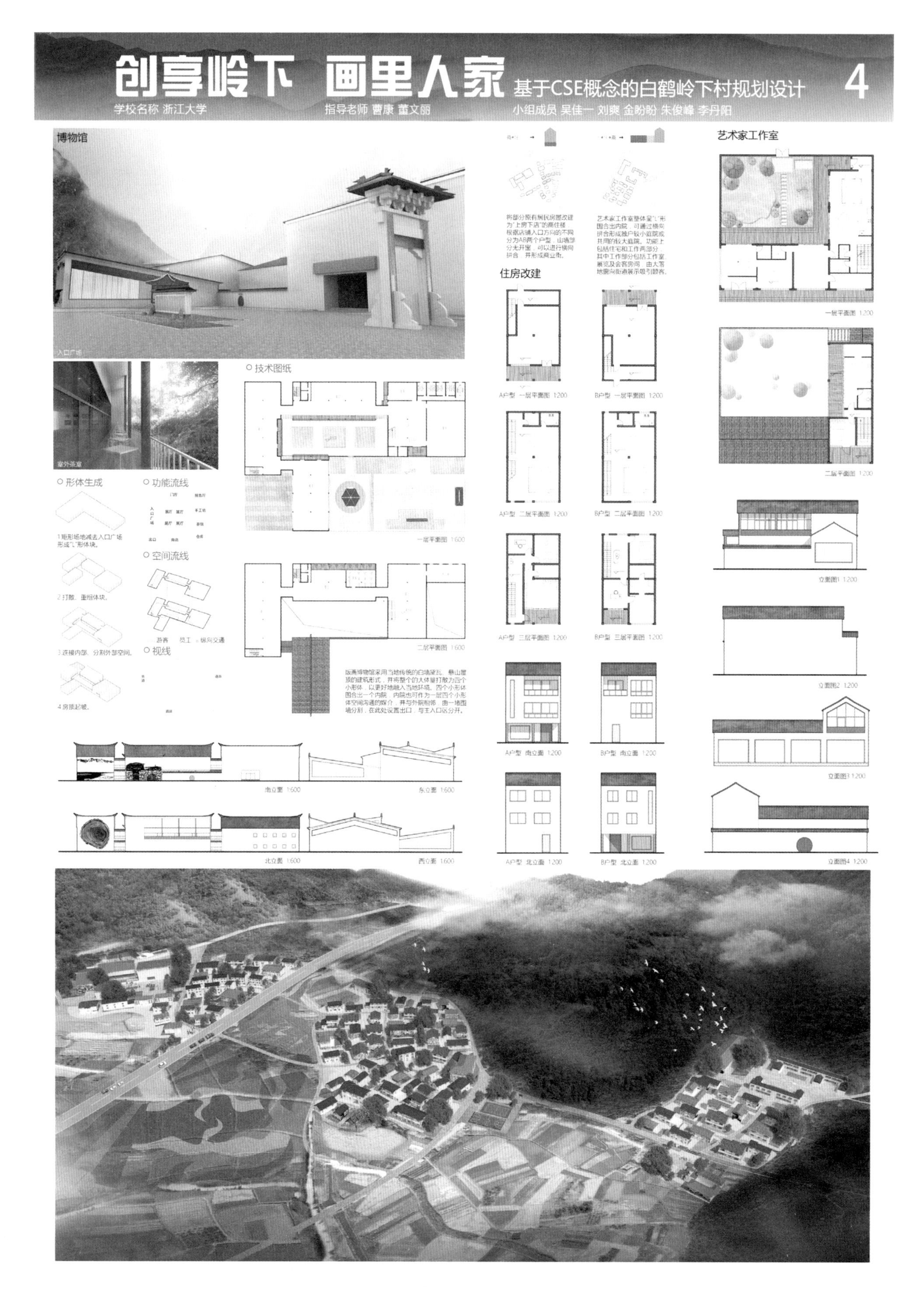
创享岭下 画里人家 基于CSE概念的白鹤岭下村规划设计 4
学校名称 浙江大学
指导老师 曹康 董文丽
小组成员 吴佳一 刘爽 金盼盼 朱俊峰 李丹阳
博物馆
入口广场
室外茶座
○ 技术图纸
一层平面图 1:600
二层平面图 1:600
版画博物馆采用当地传统的白墙黛瓦、悬山屋顶的建筑形式，并将整个的大体量打散为四个小形体，以更好地融入当地环境。四个小形体围合出一个内院，内院也可作为一层四个小形体空间沟通的媒介，并与外院相邻，由一堵围墙分割，在此处设置出口，与主入口区分开。
○ 形体生成
1 矩形场地减去入口广场形成"L"形体块。
2 打散、重组体块。
3 连接内部、分割外部空间。
4 房顶起坡。
○ 功能流线
门厅
入口广场
展厅
出口
○ 空间流线
游客 员工 纵向交通
○ 视线
南立面 1:600
东立面 1:600
北立面 1:600
西立面 1:600
将部分原有居民房屋改建为"上房下店"的商住楼，根据店铺入口方向的不同分为AB两个户型，山墙部分无开窗，可以进行横向拼合，并形成商业街。
艺术家工作室整体呈"L"形围合出内院，可通过横向拼合形成独户较小庭院或共用的较大庭院。功能上包括住宅和工作两部分，其中工作部分包括工作室、展览及会客房间，由大落地窗向街道展示吸引游客。
住房改建
A户型 一层平面图 1:200
B户型 一层平面图 1:200
A户型 二层平面图 1:200
B户型 二层平面图 1:200
A户型 三层平面图 1:200
B户型 三层平面图 1:200
A户型 南立面 1:200
B户型 南立面 1:200
A户型 北立面 1:200
B户型 北立面 1:200
艺术家工作室
一层平面图 1:200
二层平面图 1:200
立面图1 1:200
立面图2 1:200
立面图3 1:200
立面图4 1:200

陈田新耕 寻鹤画中

【参赛院校】 浙江工业大学

【参赛学生】 金 利 秦佳俊 沈文婧 姚海铭 杨名远 赵双阳

【指导教师】 陈玉娟 周 骏 张善峰 龚 强 武前波

浙江工业大学团队从 2017 年 3 月起开始围绕台州市宁溪镇白鹤岭下村展开了一系列调查研究，面对村庄现存的突出矛盾，尝试对其开出一剂乡村振兴的良药。

白鹤岭下村毗邻长潭水库，位于台州市二级饮用水源保护区范围内，是台州市基本生态控制线控制区域。同时，白鹤岭下村也是黄岩美丽乡村发展带、旅游精品线路中的重要节点。每年，白鹤成群结队栖息在岭下村，造就了“柔极岭下白鹤村，纷至沓来观鹤人”的热闹景象。岭下英杰顾奕兴，是浙江省版画艺术的代表人物，这让白鹤岭下村成了宁溪镇里赫赫有名的版画村。

中国有 60 万个行政村，白鹤岭下村不过是其中极其平凡的一个小村，深入其中，细细品味，我们却可以从它身上看到现今乡村发展的三大突出矛盾。

一：村庄人居环境提升需求同发展不充分之间的矛盾

二：村庄产业发展需求同敏感的生态环境之间的矛盾

三：村庄生态保护建设同不健全不完善的村庄基础设施建设之间的矛盾

调研过程中，团队对白鹤岭下村的文化、产业、人居、生态等方面进行综合评价，深入挖掘乡村活力驱动因子。基于生态区的生态保护，围绕田、画、鹤三者制定全面科学的乡村振兴策略。

以特色生态农业为发展基点，挖掘版画内涵，打响白鹤生态名片，把白鹤岭下村打造成展现黄岩西部乡村文化、生态、人居品质的窗口。

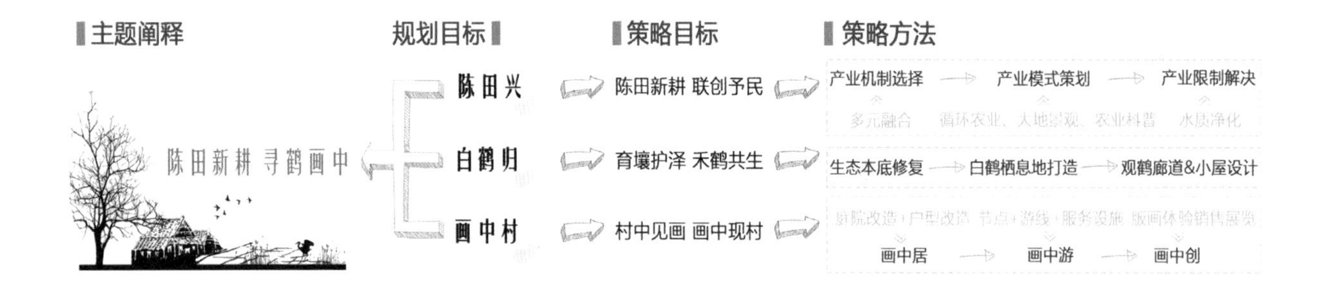

设计贯彻可持续发展的生态—生产—生活“三支柱”理念。在生态空间上不仅要山清水秀，还要包容共享——禾鹤共生；在生产空间上不仅要集约高效，还要守本复兴——陈田新耕；在生活空间上不仅要宜居适度，还要智慧多元。

团队希望利用生态的手段重构滩涂，在水库和村庄之间建立缓冲湿地屏障，净化村庄农田面源污染。在不影响生态环境质量的前提下适当地引导开发，打造多元融合的产业机制，一产三产共同促进发展。

通过规划整治，提高各个居住组团的环境质量。针对村民对村庄基础设施、公共空间、庭院空间的需求，进行改造设计，让村民享受居于画中的美妙。

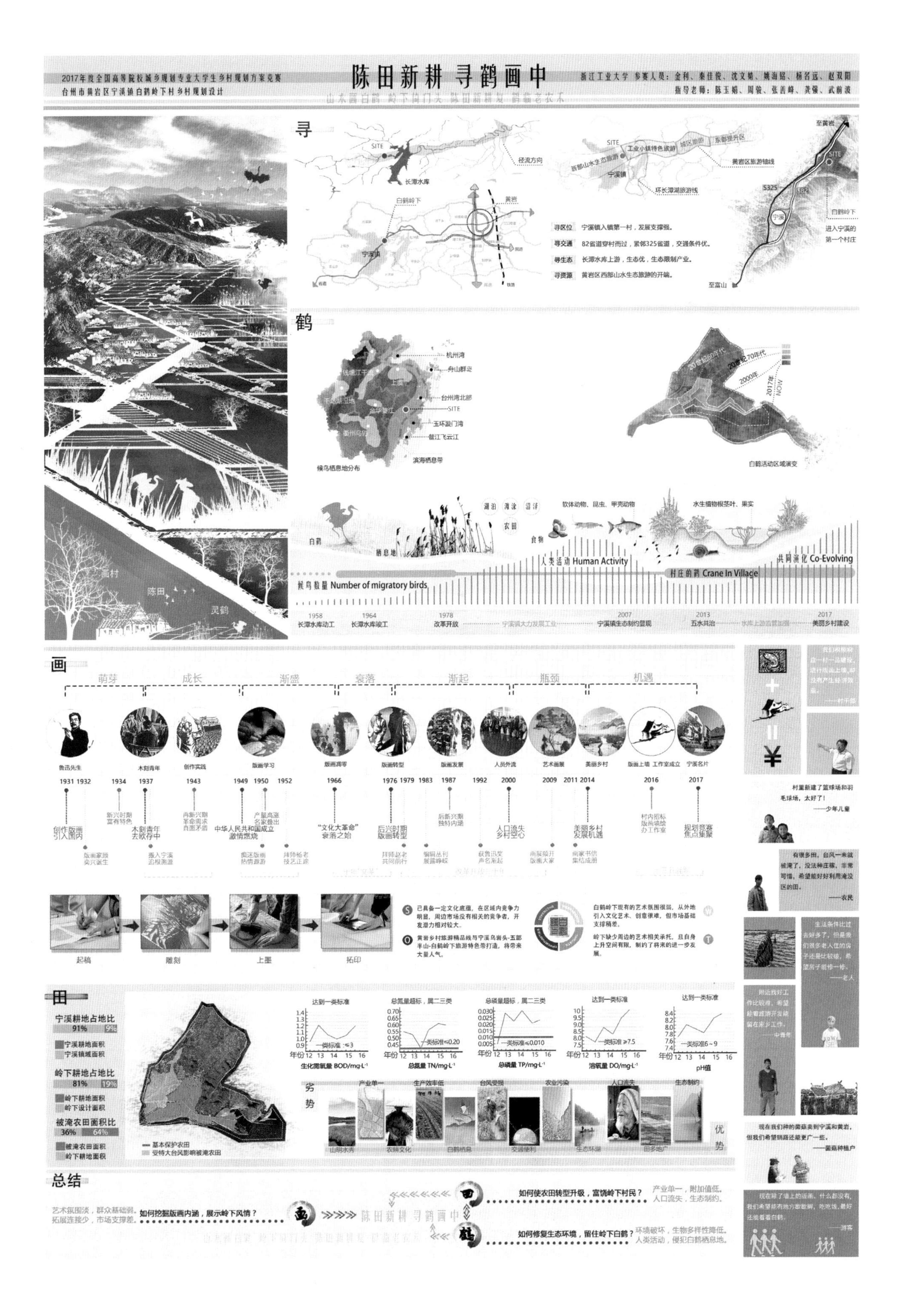

2017年度全国高等院校城乡规划专业大学生乡村规划方案竞赛
台州市黄岩区宁溪镇白鹤岭下村乡村规划设计
陈田新耕 寻鹤画中
浙江工业大学 参赛人员：金利、秦佳俊、沈文娟、姚海铭、杨名远、赵双阳
指导老师：陈玉娟、周骏、张善峰、龚强、武前波
寻
长潭水库
径流方向
宁溪镇
白鹤岭下
寻区位 宁溪镇入镇第一村，发展支撑强。
寻交通 82省道穿村而过，紧邻325省道，交通条件优。
寻生态 长潭水库上游，生态优，生态限制产业。
寻资源 黄岩区西部山水生态旅游的开端。
至黄岩
至富山
进入宁溪的第一个村庄
鹤
杭州湾
舟山群岛
台州湾北部
玉环漩门湾
瓯江飞云江
滨海栖息带
候鸟栖息地分布
白鹤活动区域演变
白鹤
栖息地
食物
软体动物、昆虫、甲壳动物
水生植物根茎叶、果实
人类活动 Human Activity
村庄的鹤 Crane In Village
共同演化 Co-Evolving
候鸟数量 Number of migratory birds
1958 长潭水库动工
1964 长潭水库竣工
1978 改革开放
2007 宁溪镇生态制约显现
2013 五水共治
2017 美丽乡村建设
画村
陈田
灵鹤
画
萌芽
成长
渐盛
衰落
渐起
瓶颈
机遇
鲁迅先生
木刻青年
创作实践
版画学习
版画转型
版画发展
人员外流
艺术画展
美丽乡村
宁溪名片
1931 1932 1934 1937 1943 1949 1950 1952 1966 1976 1979 1983 1987 1992 2000 2009 2011 2014 2016 2017
创作版画 引入国内
木刻青年 去欧存中
中华人民共和国成立 激情燃烧
“文化大革命” 衰落之始
版画转型
人口流失 乡村空心
美丽乡村 发展机遇
规划竞赛 焦点聚集
起稿
雕刻
上墨
拓印
村里新建了篮球场和羽毛球场，太好了！ ——少年儿童
田
宁溪耕地占地比 91% 9%
宁溪耕地面积
宁溪镇域面积
岭下耕地占地比 81% 19%
岭下耕地面积
岭下设计面积
被淹农田面积比 36% 64%
被淹农田面积
岭下耕地面积
基本保护农田
受特大台风影响被淹农田
生化需氧量 BOD/mg·L⁻¹
总氮量 TN/mg·L⁻¹
总磷量 TP/mg·L⁻¹
溶氧量 DO/mg·L⁻¹
pH值
劣势
产业单一
生产效率低
台风受损
农业污染
人口流失
生态制约
优势
山明水秀
农耕文化
白鹤栖息
交通便利
生态环境
田多地广
总结
如何挖掘版画内涵，展示岭下风情？
如何使农田转型升级，富饶岭下村民？
如何修复生态环境，留住岭下白鹤？
产业单一，附加值低，人口流失，生态制约。
环境破坏，生物多样性降低，人类活动，侵犯白鹤栖息地。

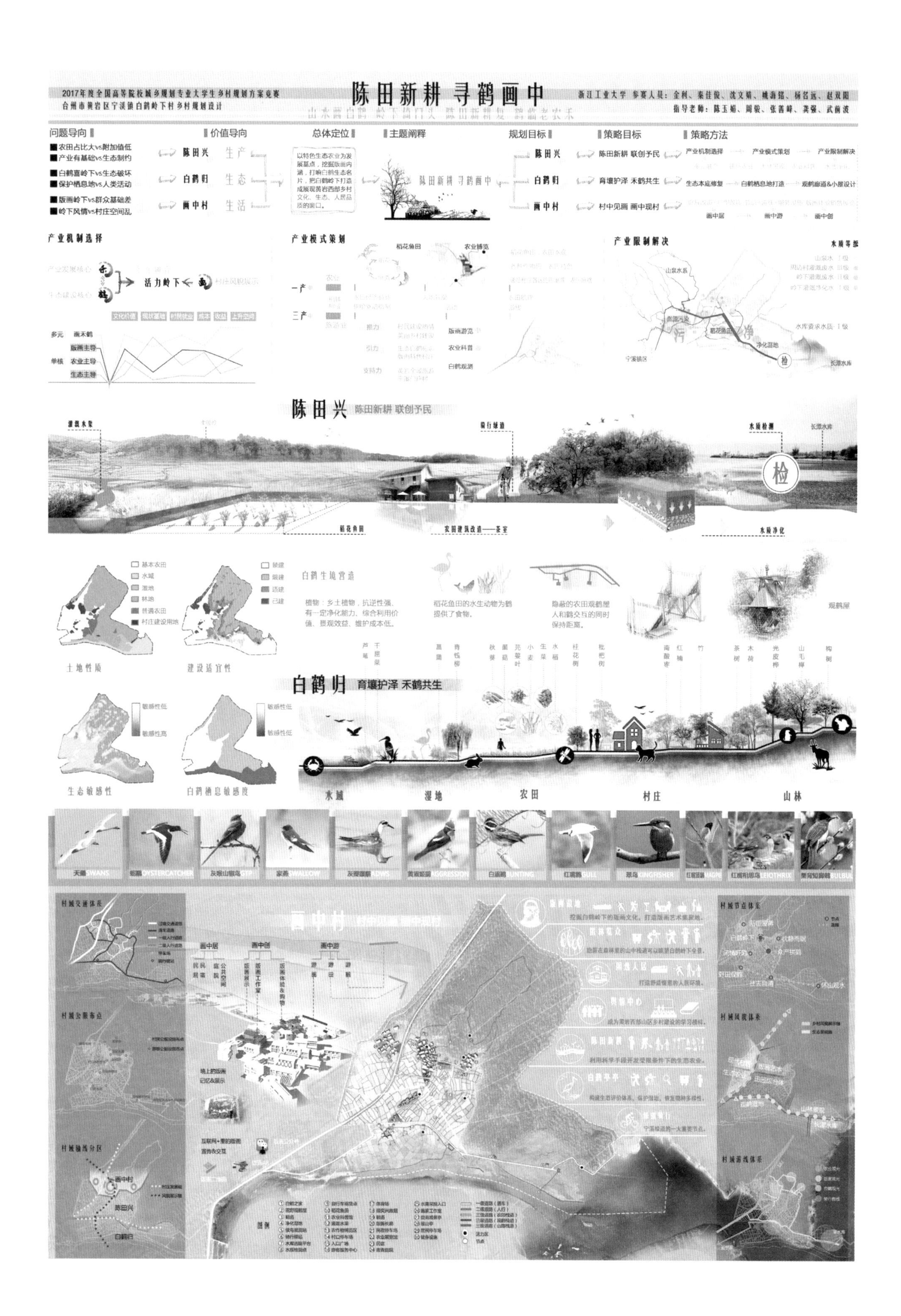

2017年度全国高等院校城乡规划专业大学生乡村规划方案竞赛
台州市黄岩区宁溪镇白鹤岭下村乡村规划设计
陈田新耕 寻鹤画中
浙江工业大学 参赛人员：金利、秦佳俊、沈文晴、姚海冠、杨名远、赵观阳
指导老师：陈玉娟、周骏、张善峰、龚强、武前波
问题导向
农田占比大vs附加值低
产业有基础vs生态制约
白鹤喜岭下vs生态破坏
保护栖息地vs人类活动
版画岭下vs群众基础差
岭下风情vs村庄空间乱
价值导向
陈田兴 生产
白鹤归 生态
画中村 生活
总体定位
以特色生态农业为发展基点，挖掘版画内涵，打响白鹤生态名片，把白鹤岭下打造成展现黄岩西部乡村文化、生态、人居品质的窗口。
主题阐释
陈田新耕 寻鹤画中
规划目标
陈田兴
白鹤归
画中村
策略目标
陈田新耕 联创予民
育壤护泽 禾鹤共生
村中见画 画中观村
策略方法
产业机制选择
产业模式策划
产业限制解决
生态本底修复
白鹤栖息地打造
观鹤廊道&小屋设计
画中居
画中游
画中创
活力岭下
稻花鱼田
农业播览
一产
三产
版画游览
农业科普
白鹤观测
山泉水系
宁溪镇区
净化湿地
水库要求水质：I级
长潭水库
多元
单核
画禾鹤
版画主导
农业主导
生态主导
陈田兴 陈田新耕 联创予民
骑行绿道
水质检测
长潭水库
检
稻花鱼田
农田建筑改造——茶室
水质净化
基本农田
水域
湿地
林地
普通农田
村庄建设用地
禁建
限建
适建
已建
土地性质
建设适宜性
白鹤生境营造
植物：乡土植物，抗逆性强、有一定净化能力、综合利用价值、景观效益、维护成本低。
稻花鱼田的水生动物为鹤提供了食物。
隐蔽的农田观鹤屋人和鹤交互的同时保持距离。
观鹤屋
白鹤归 育壤护泽 禾鹤共生
敏感性低
敏感性高
生态敏感性
白鹤栖息敏感度
水域
湿地
农田
村庄
山林
天鹅 SWANS
蛎鹬 OYSTERCATCHER
灰喉山椒鸟 GTP
家燕 SWALLOW
灰瓣蹼鹬 KDWS
黄眉姬鹟 AGGRESSION
白鹡鸰 BUNTING
红嘴鸥 GULL
翠鸟 KINGFISHER
红嘴相思鸟 LEIOTHRIX
村域交通体系
村域公服布点
村域轴线分区
画中村
陈田兴
白鹤归
画中村
画中居
画中创
画中游
民宿 茶室
版画展示
版画工作室
版画体验&购物
地上的版画 记忆&展示
互联网+里的版画 宣传&交互
挖掘白鹤岭下的版画文化，打造版画艺术集聚地。
打造舒适惬意的人居环境。
成为黄岩西部山区乡村建设的学习榜样。
利用科学手段开发受限条件下的生态农业。
构建生态评价体系，保护湿地，修复物种多样性。
宁溪绿道的一大重要节点。
村域节点体系
村域风貌体系
村域游线体系
图例

2017年度全国高等院校城乡规划专业大学生乡村规划方案竞赛
台州市黄岩区宁溪镇白鹤岭下村乡村规划设计

陈田新耕 寻鹤画中

浙江工业大学 参赛人员：金利、秦佳俊、沈文娟、姚海铭、杨名远、赵双阳
指导老师：陈玉娟、周骏、张善峰、龚强、武前波

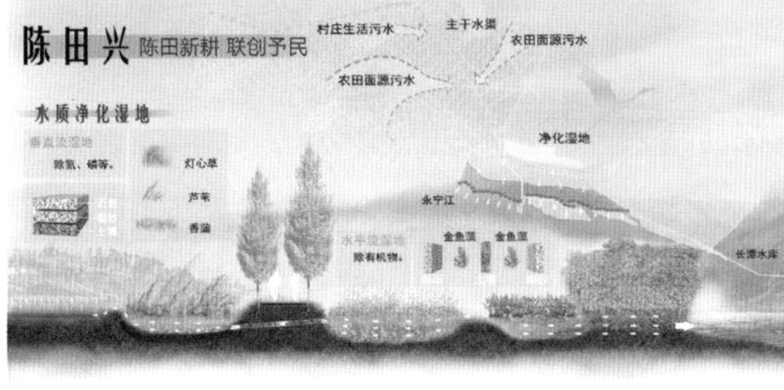

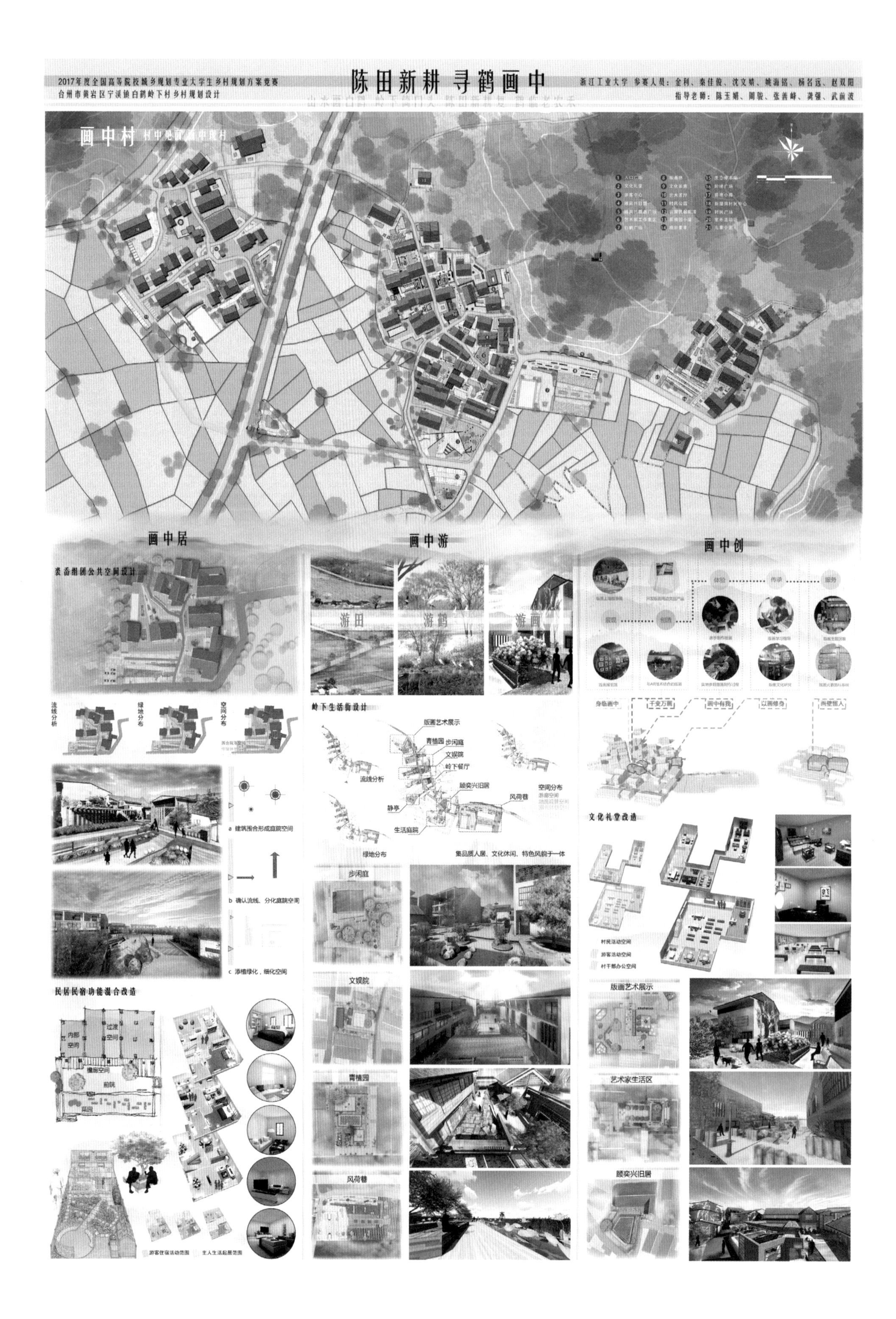
2017年度全国高等院校城乡规划专业大学生乡村规划方案竞赛
台州市黄岩区宁溪镇白鹤岭下村乡村规划设计
陈田新耕 寻鹤画中
浙江工业大学 参赛人员：金利、秦佳俊、沈文婧、姚海铭、杨名远、赵双阳
指导老师：陈玉娟、周骏、张善峰、龚强、武前波
画中村
画中居
表岙稍团公共空间设计
流线分析
绿地分布
空间分布
a 建筑围合形成庭院空间
b 确认流线、分化庭院空间
c 添植绿化，细化空间
民居民宿功能混合改造
内部空间
过渡空间
前院
菜园
游客住宿活动范围
主人生活起居范围
画中游
游田
游鹤
游画
岭下生活街设计
版画艺术展示
青植园
步闲庭
文娱院
岭下餐厅
颐奕兴旧居
风荷巷
静亭
生活庭院
流线分析
空间分布
绿地分布
集品质人居、文化休闲、特色风貌于一体
步闲庭
文娱院
青植园
风荷巷
画中创
体验
传承
服务
展现
创造
身临画中
千变万画
画中有我
以画修身
画壁留人
文化礼堂改造
村民活动空间
游客活动空间
村干部办公空间
版画艺术展示
艺术家生活区
颐奕兴旧居

白鹤岭下，栖画田居

【参赛院校】 华中科技大学

【参赛学生】

亢　颖

黎子群

张恩嘉

姚　旺

柴晓怡

唐　爽

【指导教师】

何　依

邓　巍

基于村落发展现状、资源禀赋、人文特色，规划提出建设“CS3A的田园综合体”策略，即以社区（Community）为基础，发展循环农业（Agriculture）、版画小镇（Art）、体验乡村（Attraction）。

白鹤岭下村位于宁溪镇门户地区，由于长潭水库边上，山脚下每年都有白鹤飞来，该村由此而得名。镇域有丰富的自然人文资源，古迹众多，环境优美，人文民俗独特。目前，基地的经济、交通、文化背景优越。其中经济方面，周边农业以果蔬和渔业为主，可与周边基地特色农产品火龙果、菌菇形成规模互补效应。工业方面以农产品加工为主。三产方面以旅游业为主。交通方面，基地位于黄岩区30min生活圈、台州市1h生活圈，对外交通便利，为后续规划发展提供重要支撑。文化方面，基地本身有丰富的版画文化，与周边山水文化、建筑文化和民俗文化相结合，为开发文创产业提供基础。但由于城市化进程的发展，村庄人口流失较大，劳动力缺乏，留下来的以空巢老人和留守儿童居多。

从建设情况上看，西部村湾新修建筑较多，旧宅多为木质建筑，村内部分石子院，村湾周边为大面积青田。中部村湾大多数住宅山墙有版画，村湾内已进行局部环境改造。村湾周边种植菇类。东部村湾有部分弃宅，建筑周边建有菜圃园，并有部分竹林。村湾南部有一处商量庙，尚在使用中，山墙绘有黑白版画和彩色版画。整体而言，村湾道路交通系统局部完善，白鹤岭下村内部存在部分房屋破败、庭院杂乱、杂物堆置的情况，虽有垃圾桶，但使用率不高，建筑修葺杂物堆放严重。在东部村湾内部存在废弃建筑，道路不通且竹林杂乱，整体环境有待整改。

从村湾特色上看，白鹤岭下村为版画之村，是著名版画家顾奕兴的老家。村内依托文化堂设立工作室，村内建筑山墙面为版画，形成鲜明特色。

初步思路为打造白鹤岭下村田园综合体，以农业、文旅、社区为主题，打造集现代休闲型产业园、CS3A产业模式、休闲创意农业、文创+旅游产业、度假乡村、艺术之家于一体的，保留传统村落肌理的新型乡村邻里社区。

产业发展策略：延伸传统产业链，一产增效，发展现代循环农业及社区支持农业模式，使农民充分参与和受益；三产拓展，发展创意农业、农事体验项目。

空间发展策略：整合村湾，延续传统村落自由肌理，稳定基本骨架，整合新旧院落，融合主体空间，在此基础上，植入复合功能，激活村庄活力。

CSArt集中体现在中部的白鹤岭下村，以营造艺术、生活“1+1”组合院落为目标，对质量较差的建筑进行拆除或改建，以及功能置换，新建建筑遵循原有建筑肌理，增加村落的活动空间，提高公共性。对裘岙村进行农舍改造设计（CS Agriculture），针对不同类型的农宅进行不同设计。新屋蒋村在三个居民点中最接近长决线，具有良好的地理优势，可依托附近的长潭水库等景点发展民宿、农家乐，带动休闲产业的发展，故在此体现了CS Attraction，对民宿改造进行了设计。

最终希望能够利用现有的村落资源，进行合理的功能配置以及景观优化，综合提升居民的生活质量以及游客的游览体验。

白鹤岭下，栖画田居

——基于CSA模式的浙江省台州市白鹤岭下村规划设计

01

参赛学校：华中科技大学　　指导老师：何依、邓巍　　小组成员：亢颖、黎子群、张恩嘉、姚旺、柴晓怡、唐爽

区位背景

浙江省

台州，浙江省省辖地级市，位于浙江省中部沿海，东濒东海，北靠宁波市，西邻金华市。

台州市

黄岩区，是浙江台州市三区之一，位于浙江黄金海岸线中部，东界椒江区、路桥区，南邻温岭市

黄岩区

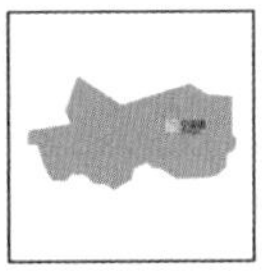

宁溪镇地处浙江东南沿海，黄岩区西部，长潭水库上游，距黄岩城区38km，其北与屿头，南与上洋乡、富山乡接壤

宁溪镇

白鹤岭下村位于宁溪镇门户区位。其名由来为长潭水库边上，山脚下，每年又有白鹤飞来。

镇域背景

白鹤岭下村位于台州宁溪镇

历史悠久

古迹众多

已有800多年历史，古建保存良好、文化独特，具有较好的保护价值和开发潜力。

民俗独特

环境优美

以独特的方式用“花朝节”大办花灯，在农历二月二，与元宵节齐名，直至今日。

宁溪镇处浙江东南沿海，黄岩区西部，长潭水库上游，距黄岩城区38km，白鹤岭下镇在黄岩前往宁溪镇的“门户”区位。

经济背景

水稻亩产首超“吨粮”

沿海渔业全省领先

重要果蔬出口基地

火龙果　菌菇

基地盛产火龙果与菌菇，但目前没有形成现代化农业产业规模。

I产　基础　价值　农业　手工　科技　潜力

II产

III产

基地周边农业方面以果蔬和渔业为主，可与基地特色农产品火龙果/菌菇形成规模互补效应。工业方面以农产品加工为主，三产方面以旅游业为主。

交通背景

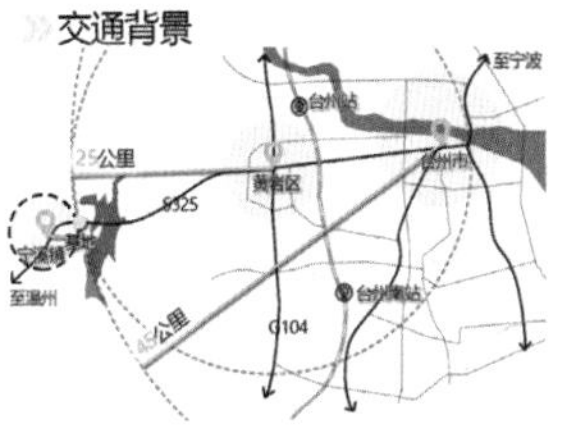

至宁波　台州站　台州市　黄岩区　25公里　S325　宁溪镇　基地　至温州　45公里　G104　台州南站

前往宁溪镇　前往黄岩区　前往台州市

基地周边交通方面，位于黄岩区30min生活圈，台州市1h生活圈，对外交通较为便利，为后续规划发展提供较好的基础设施支撑。

文化背景

布袋山景观　建筑文化集群区　黄岩生态文明景观　基地　美援溪景观　长潭水库景观　山水文化集群区　民俗文化集群区　沐川石崖景观　富山大裂谷景观

山峰　瀑布　山水文化　水库　裂谷

庄园　亭台　建筑文化　寺庙　民居

花灯　美食　民俗文化　武术　民间艺术

基地文化景观方面有较为丰富的文化要素，分别为山水文化，建筑文化和民俗文化，与基地中的版画特色相结合，为开发文创产业提供基础。

人群分析

问题：乡村通信单一亲情……

能需要的服务

走出去的人

留守空巢

候鸟迁徙

留下来的人 如何满足需求

问题：向往城市

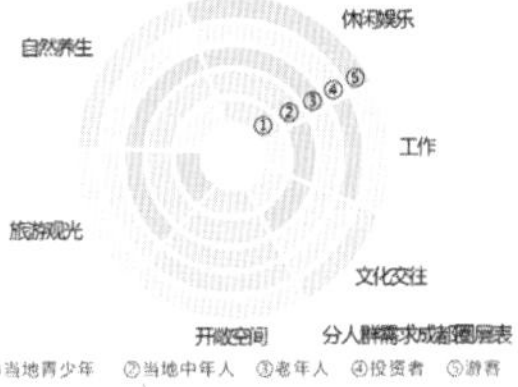

休闲娱乐　自然养生　工作　旅游观光　文化交往　开放空间　分人群需求分析层级表

①当地青少年　②当地中年人　③老年人　④投资者　⑤游客

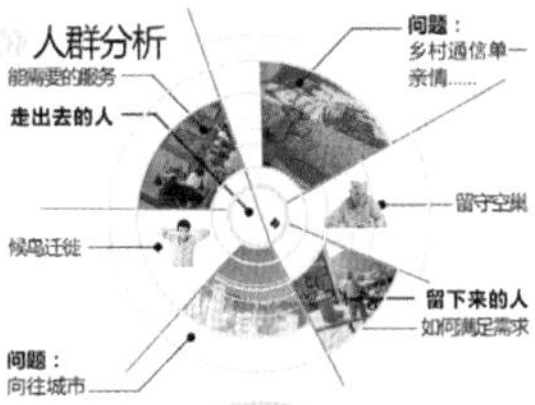

周边资源

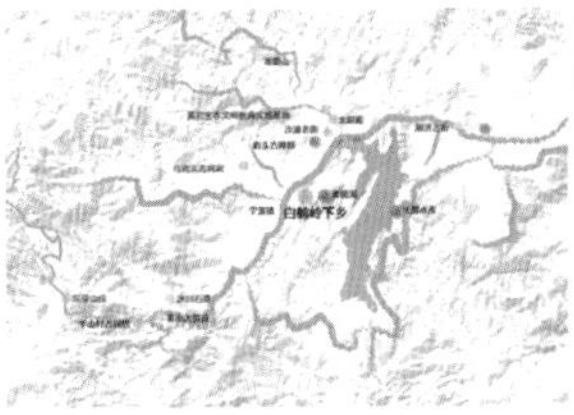

白鹤岭下村位于长潭水库西侧，周边有各类旅游景点，位于黄岩长决线内部，长决线是黄岩城区通往富山乡西部山区及温州永嘉县的主要交通要道，是黄岩美丽公路古村探幽之径的重要组成部分。沿途有长潭水库、石潭、富山裂谷、半山村古民居、柔极溪、沙滩老街、屿头古樟群、太尉殿、潮济古街、瑞岩寺等著名旅游景点。

村域现状

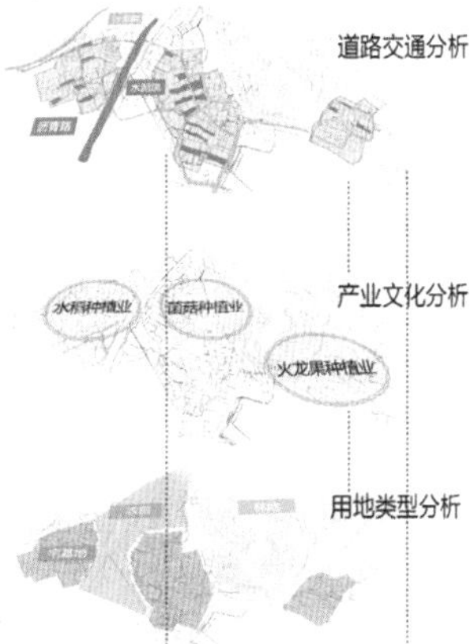

道路交通分析

产业文化分析

水稻种植业　菌菇种植业　火龙果种植业

用地类型分析

版画特色

“版画之村”

白鹤岭下村为版画之村，是顾著名版画家顾奕兴的老家。村内依托文化堂设立版画工作室，村内建筑山墙面为版画，形成鲜明特色。

现状问题总结

居民点现状

房屋破旧　庭院杂乱　杂物堆积

房材堆积　垃圾回收　庭院晾晒

房屋废弃　道路不通　植物杂乱

白鹤岭下乡内部存在部分房屋破败、庭院杂乱、杂物堆置的情况，虽有垃圾箱，但使用率不高，建筑修葺杂物堆放严重。在东部村湾内部存在部分废弃建筑，道路不通且竹林杂乱，整体环境有待整改。

场地要素

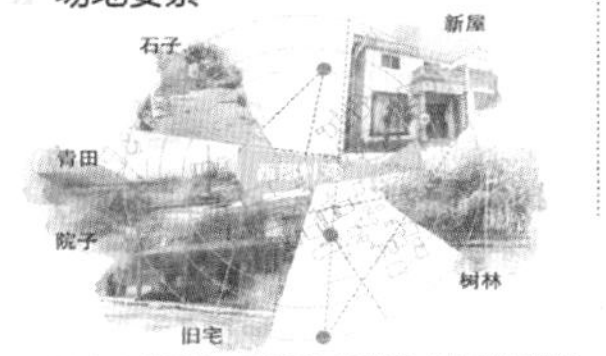

石子　新屋　青田　院子　树林　旧宅

西部村湾新修建筑较多，旧宅多为木质建筑，村内部分石子院，村湾周边为大面积青田。

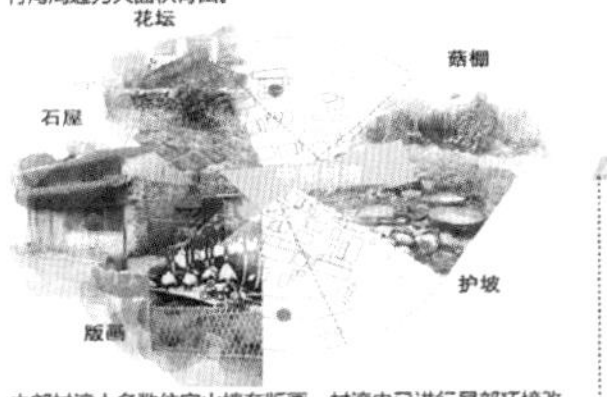

花坛　菇棚　石屋　护坡　版画

中部村湾大多数住宅山墙有版画，村湾内已进行局部环境改造。村湾周边种植菇类。

菜圃　弃宅　商量庙

东部村湾有部分弃宅，建筑周边建有菜圃园，并有部分竹林。村湾南部有一处商量庙，尚在使用中，山墙绘有黑白版画和彩色版画。

居民点现状

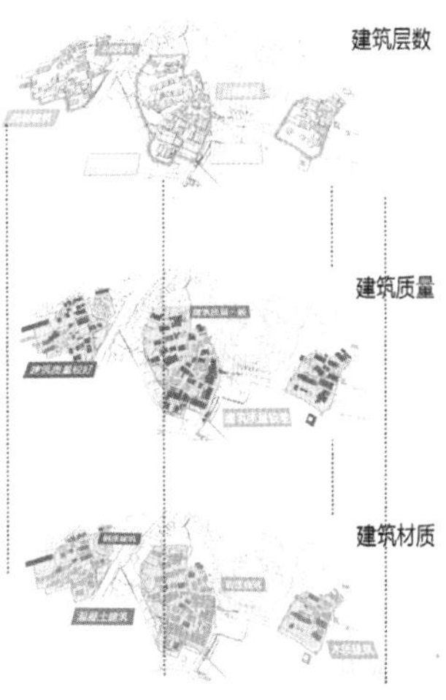

建筑层数

建筑质量

建筑材质

技术路线

白鹤岭下村田园综合体打造

农业：现代生产型产业园　CS3A产业模式　休闲创意农业

文旅：文创+旅游产业　文创+度假乡村　文创+艺术之家

社区：新型乡村邻里社区　保留传统肌理院落

空间规划思考 /文创发展模式思考

Community Supported Agriculture Art Attrations

方案规划　发展规划　详细设计

白鹤岭下村乡村规划

5个村民小组，216户，633人

亚热带季风性气候　年平均气温17℃

耕地251亩，山林1164亩，村域1.05平方公里

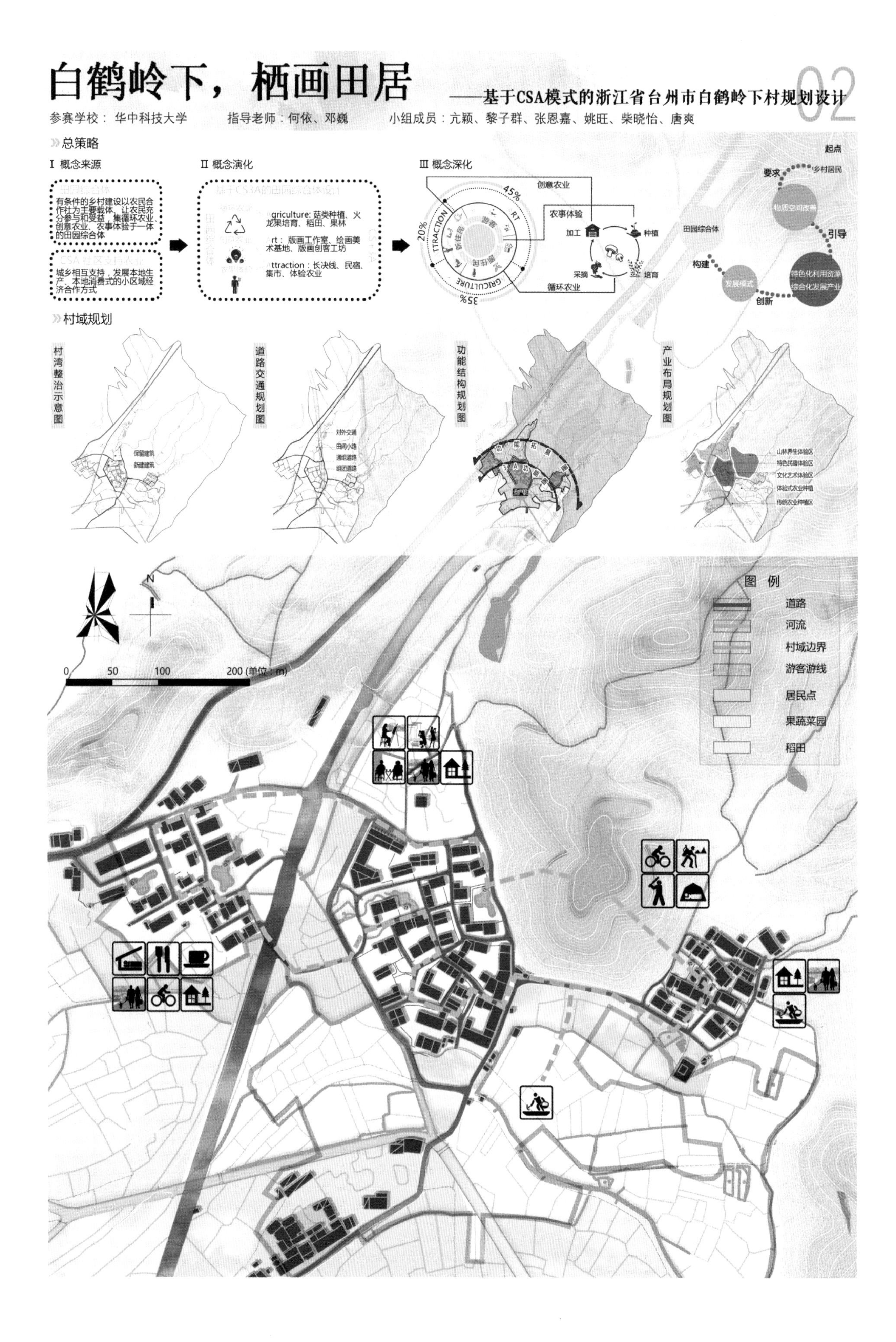
白鹤岭下，栖画田居
——基于CSA模式的浙江省台州市白鹤岭下村规划设计
02
参赛学校：华中科技大学
指导老师：何依、邓巍
小组成员：亢颖、黎子群、张恩嘉、姚旺、柴晓怡、唐爽
总策略
I 概念来源
有条件的乡村建设以农民合作社为主要载体，让农民充分参与和受益，集循环农业、创意农业、农事体验于一体的田园综合体
CSA 社区支持农业
城乡相互支持，发展本地生产、本地消费式的小区域经济合作方式
II 概念演化
griculture：菇类种植、火龙果培育、稻田、果林
rt：版画工作室、绘画美术基地、版画创客工坊
ttraction：长决线、民宿、集市、体验农业
III 概念深化
创意农业
农事体验
加工
种植
采摘
培育
循环农业
45%
20%
35%
起点
乡村居民
要求
物质空间改善
引导
田园综合体
构建
发展模式
特色化利用资源综合化发展产业
创新
村域规划
村湾整治示意图
保留建筑
新建建筑
道路交通规划图
对外交通
田间小路
通组道路
组团道路
功能结构规划图
产业布局规划图
山林养生体验区
特色民宿体验区
文化艺术体验区
体验式农业种植
传统农业种植区
N
0 50 100 200 (单位：m)
图例
道路
河流
村域边界
游客游线
居民点
果蔬菜园
稻田

白鹤岭下，栖画田居

——基于CSA模式的浙江省台州市白鹤岭下村规划设计 03

参赛学校：华中科技大学　指导老师：何依、邓巍　小组成员：亢颖、黎子群、张恩嘉、姚旺、柴晓怡、唐爽

理念生成

保护　发展　置入　田园生活环境　技术　管理　活动

现状资源　人的需求　综合发展

城市：优美的自然生态、惬意的田园享受、健康的食品来源…
乡村：舒适的日常生活、丰富的公共活动、稳定的经济收入…

农业　文旅　社区

?

特色的农业产品
良好的版画基础
优美的自然环境

社区支持

农业市集 市民农园…
版画工坊 艺术博览…
旅游服务 田园民宿…

!

城市、乡村共享田园新生活。

活动策划

产业策略

传统产业链的延展

传统农业　现代农业产业　社区支持农业　三产融合

更多经济收入　产业升级　投入减少　收入增多

露营　民宿

时间线分析

播种　收获　加工　售卖

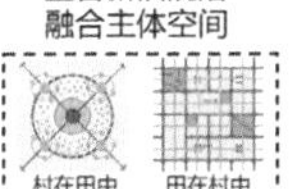

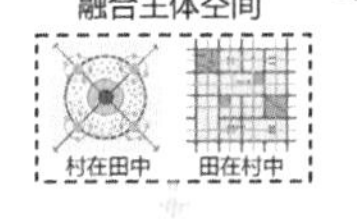

乡村公共空间改造意向

院落空间改造策略

延续自由肌理 确定基本骨架　➡　整合新旧院落 融合主体空间　➡　激活村庄活力 植入复合功能

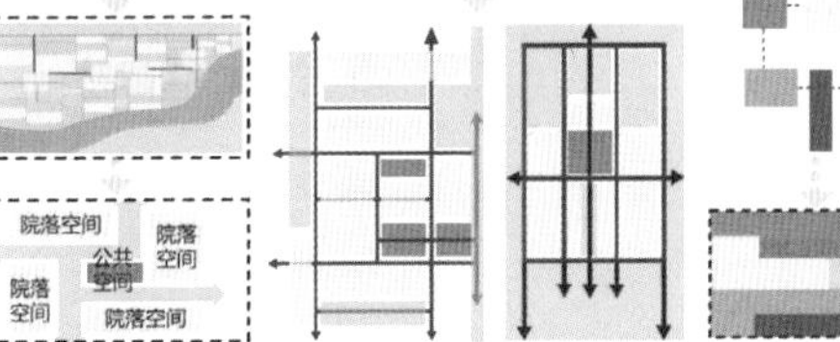

乡村公共活动改造策略

1. 整体分布分散，缺乏良好的联系
Distribution of scattered
Lack of good contact

策略：节点数量不足　增加节点数量　新旧节点形成完整的节点体系

2. 公共活动空间功能单一，设施不足
Public space mostly have sole function
Inadequate infrastructure

策略：完善功能　增加设施　美化环境

3. 点状和线状空间为主，面状空间不足
Threadiness or point distribution in space
Lack of planar space

策略：废弃构筑物　村民活动场

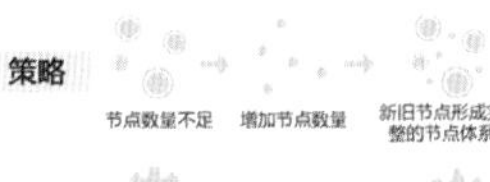

白鹤岭下，栖画田居

——基于CSA模式的浙江省台州市白鹤岭下村规划设计

参赛学校：华中科技大学　指导老师：何依、邓巍　小组成员：亢颖、黎子群、张恩嘉、姚旺、柴晓怡、唐爽

04

裘岙农舍改造设计（CS Agriculture）

一正房两耳房　一正房一耳房　两正房两耳房　两正房无耳房

新屋蒋民宿改造（CS Aattraction）

民宿改造意向图

基地选点

新屋蒋村在三个居民点中最接近长决线，具有良好的地理优势，可依托附近的长潭水库等景点发展民宿、农家乐产业，同时带动休闲农业的发展，拉动经济增长

白鹤岭下村细部设计（CSArt）

岭下村平面图 1：2000

图例：完整保留建筑　功能置换改建建筑　新建风貌协调建筑　乡村绿道　河流水系　村内道路　住宅院落空间　公共院落空间　步行街巷　停车场　绿道驿站　文化广场

景观空间优化设计

绿道驿站　心情　活动　视线　放松　休憩　餐饮　开阔　换乘　舒缓

杉树　马尾松　竹子　木荷　浙江楠　忍冬　兔儿伞　勾儿茶　鸡爪槭　莎草丛

草坪种植：将树木较多的区块设置为草坪，为村民提供郊外开放的空间。

树池种植：树池不仅可界定树木的生长范围，也利于场地规划设计。

配合水景：树木与水景配合形成倒影的景观效果，营造树木漂浮于水上的景观美感。

围树椅：通过围树椅使树下的空间得到利用，为村民提供良好休闲空间。

入口标志：放在入口空间作为入口的标志，也与"村口大树下"的乡村意向相符合。

插入建筑：在建筑之间进行树木种植，一方面美化室内环境，另一方面增加照明。

艺术、生活"1+1"组合院落

游客接待中心　新村建设展示馆　景观塘　绿道驿站　景观节点　版画中心　文化广场　院落单元

不是家里　大家/大部分人都可以去　公共性　聊天　打牌　讨论集体事物　下棋　闲坐　参观游览　活动　有个专门的地方　站着　坐着　空间

建筑形式改造策略

打开建筑外墙面，对于进行功能完全置换的建筑，增加空间开敞性。

扩展建筑空间，在原有建筑一侧，增加辅房，满足储藏等新功能需求。

打开屋顶空间，将部分屋顶材质置换，活跃空间视图。

增加庭院空间，既能满足生活所需之安宁，亦能丰富村庄景观环境。

室外空间延展，创造灰空间，营造休闲娱乐生活区。

插入异化空间，如竹制屋顶、水塘为村的微小活动空间，增加空间趣味性。

版画艺术中心节点放大轴测表现

版画工作室　版画工坊　版画博物馆　住宅院落　公共空间　纪念品商店　公共空间　最佳拍摄视点

栖岭下、筑新生
——基于 CSA 模式的生态营村

【参赛院校】 四川农业大学

【参赛学生】 王　琳　刘　昱　陈　曦　韩璐蔓　王亚婷　张璞涵

【指导教师】 曹　迎　周　睿

四川农业大学团队对白鹤岭下村及其周围环境做了仔细调研，确立了以CSA农业为支撑，以“三生”为核心，以本地村民和社区成员为对象，实现有机种植的发展目标。在发展集体经济的同时，结合当地山林与湿地，力求打造一个生态良好、经济发展、文化传承的美丽新村，为本地与社区人群提供优美的生活环境，共同营造生态化的生活方式，栖身栖心，筑景筑魂。

白鹤岭下村是黄岩进入宁溪镇的第一个村，在柔极岭隧道口，由岭下、格水潭、裘岙、新屋蒋这四个自然村组成。地理位置优越，依山傍水，前有良田郁郁葱葱，后有柔极山连绵起伏。该村钟灵毓秀、人杰地灵，是黄岩版画名家顾奕兴的故乡。如何挖掘并充分利用村庄资源禀赋，提升村庄的活力，提高村民生活质量，探索出村庄未来的发展道路，是村民和调研小组所面临的主要问题。

图1 白鹤岭下村周边美景

方案设计中四川农业大学团队将CSA模式与生态营村理念相结合，重新建立人们与土地、农业生产之间自然、和谐的联系，重塑生产者与消费者之间的友好关系，为实现良好的农业产业发展进行努力。

CSA模式通过二十四节气将本地村民与社区成员联系在一起。耕种、收获季节，社区成员根据兴趣可参与到农事活动中，同时，有机农场为教育、培训提供场地，将一三产业联动，发展当地集体经济。收获的粮食、蔬菜定期运送到社区，为社区成员提供生态、优质、健康的食物。

生态营村方面，设计团队以“生产、生活、生态”为理念，以“本地、社区”人群为对象，以“三横两纵”规划构思为方法，融入建筑、景观、文化特色，为本地与社区人群提供优美的生活环境，共

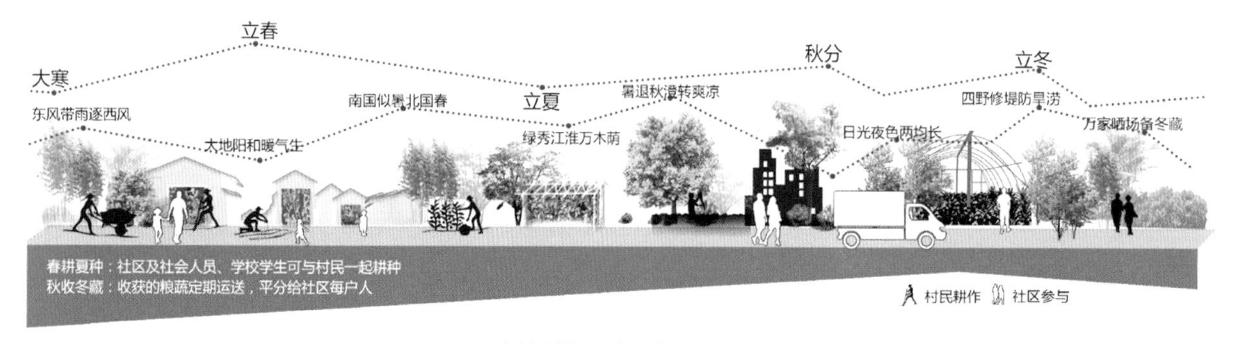

图2 当地村民和社区成员生活意向图

同营造生态化的生活方式。

为了丰富居民和游客的休憩娱乐，设计团队特意打造了三条绿道环线，将原有道路拓宽、增加了绿化与景观。

绿道环线分为自行车骑游、山地漫游两类，倡导低碳出行、生态化的生活方式，为本地村民与社区成员提供一个更舒适更生态的环境。

另外，白鹤岭下村有丰富的竹木资源，因此设计团队构想了一条竹产业链，希望借助本土竹林打造别具风情的竹质景观。

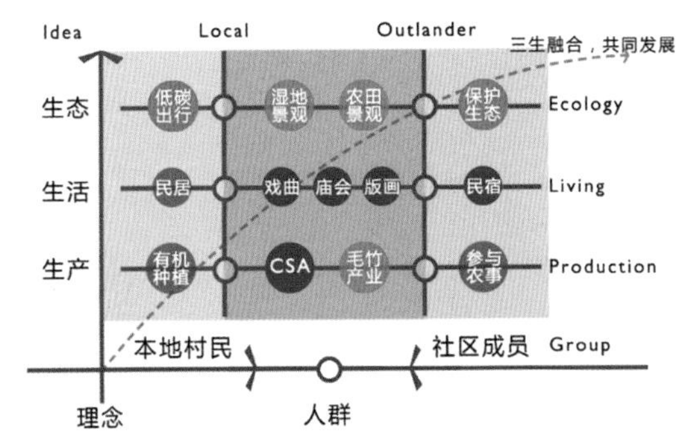

图 3 生态营村理念

最后，奉上一首小诗以表达团队对白鹤岭下村的美好祝愿。

林木栖鸟，山水栖身，一屋栖人，一村栖心。

朝暮筑生，四时筑景，版画筑居，文情筑魂。

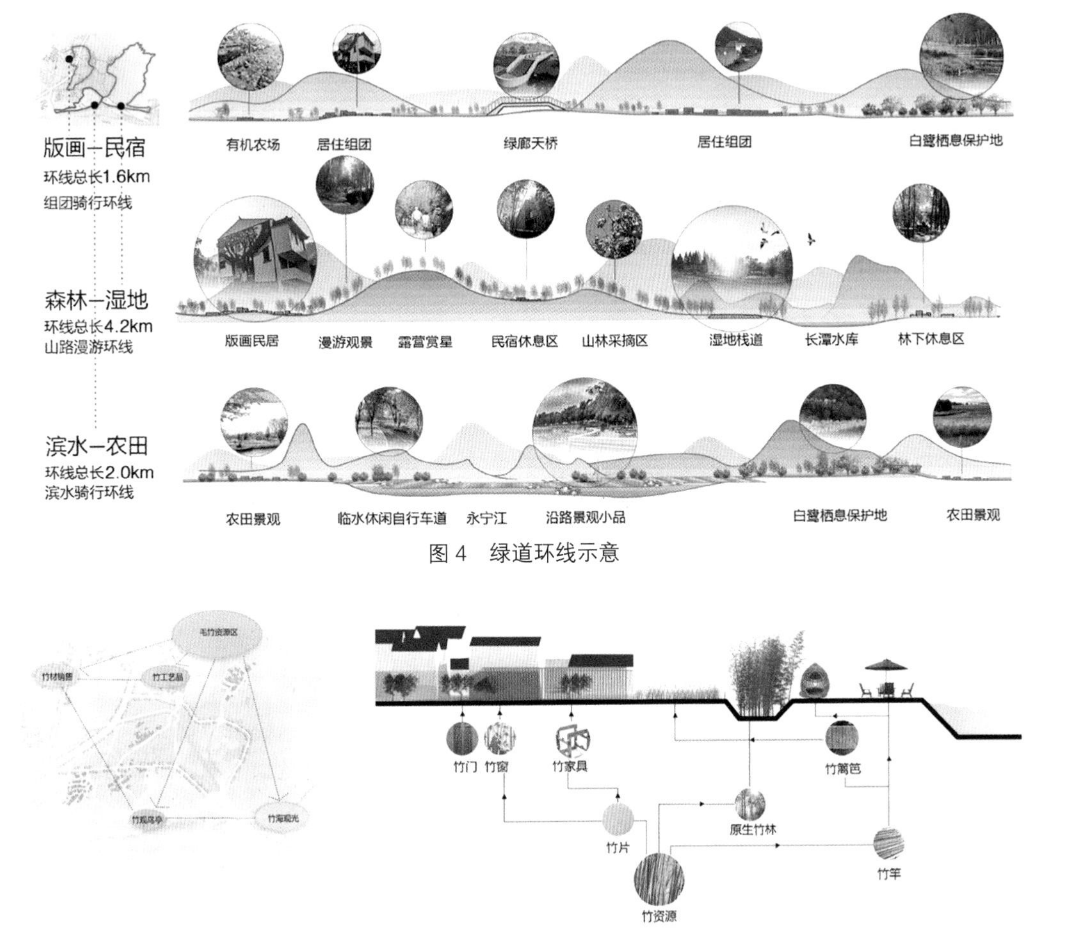

图 4 绿道环线示意

图 5 竹林利用示意

栖岭下、筑新生——基于CSA模式的生态营村

参赛学校名称：四川农业大学 指导老师：曹迎 周睿 小组成员：王琳 刘昱 陈曦 韩璐蔓 王亚婷 张璞涵

问卷分析

以建筑、经济、社会、文化为导向，对规划范围内常住村民进行问卷调查与走访。意见反馈呈现分区特征，A区基础设施较为薄弱，B区道路绿化不足，宅前空间秩序混乱，C区建筑条件有待提高，D区建筑较为分散，建筑风貌差异较大。

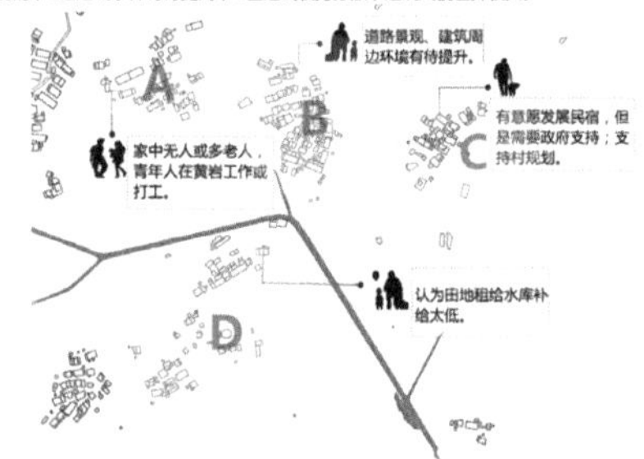

产业分析

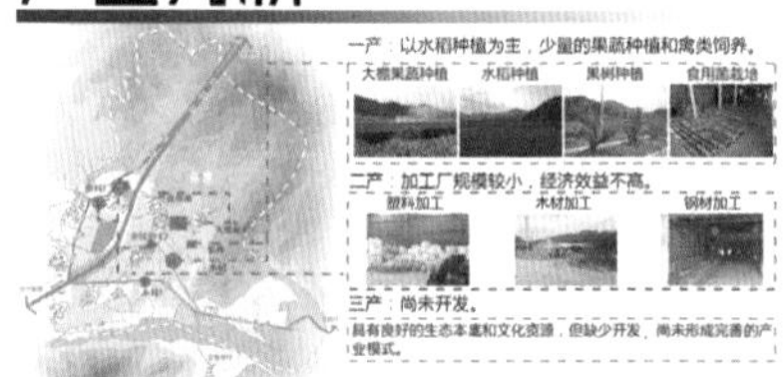

SWOT分析

S 优势——交通优势明显，生态本底优质，文化底蕴深厚，居住环境优美

W 劣势——村内老龄化空心化严重，空间与风貌协调性不高、产业匮乏

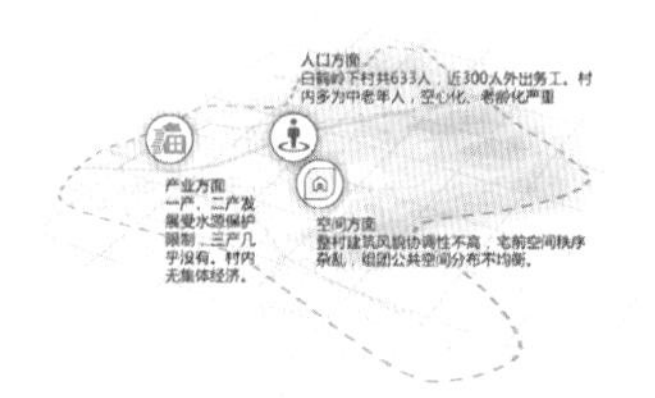

O 机遇——台州市、黄岩区、宁溪镇相关规划，以发展生态、旅游为重点

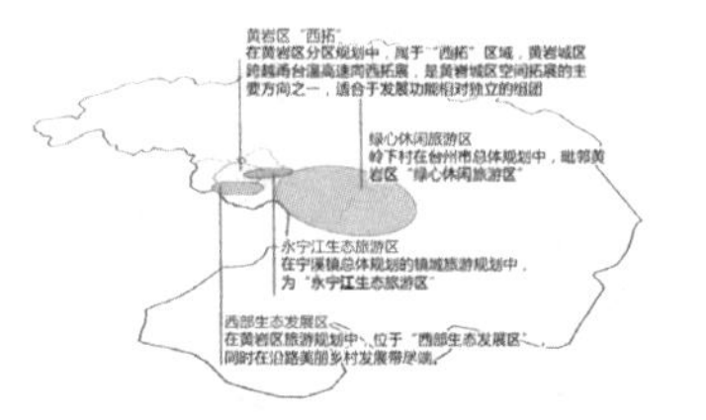

T 挑战——位于长潭水库上游，生态保护区划定为岭下村发展提出了更高要求

区位分析 地理位置优越，交通便利，经济受重要经济带发展影响，周边旅游资源丰富，具有生态本底优势

杭州市 台州市 黄岩区 宁溪镇 白鹤岭下村 经济区位

地理区位 交通区位 旅游区位 生态区位

地形分析 村落处于周山环抱地势，居住地块坡度平缓，呈南向坡向

高程分析：规划范围内地形大致呈东北高，西南低的趋势。海拔最高点为406m，最低点为34m。

坡度分析：总体上看规划区坡度平缓，聚居点坡度大多为10°以下。山体坡度大多在45°以下。

坡向分析：山体坡向以东南向和西北向为主。

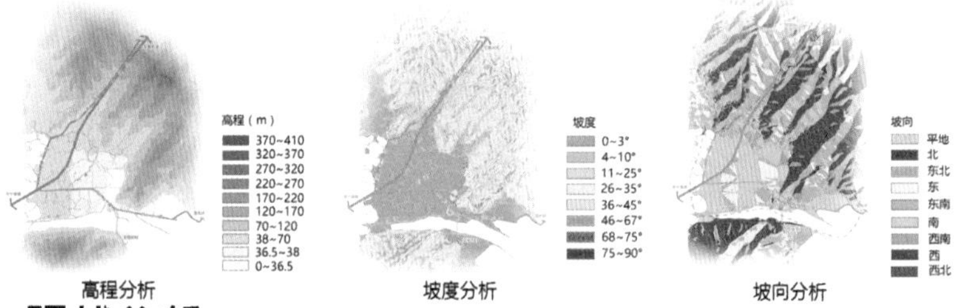

高程分析 坡度分析 坡向分析

现状分析 林地面积相对较大，交通便利，文化资源丰富，公共空间与基础配套设施分布存在差异，整体环境卫生治理到位

土地利用分析：规划范围内林地面积较大，耕地、水域面积次之。

道路交通分析：纵向省道和快速路、横向村道等多条道路贯穿区域，道路交通便利，村内部分道路未硬化，部分道路宽度不满足错车要求。

公共空间与资源现状分析：公共空间主要集中在区域中部，文化资源分布于地块的南部和东北部。

电力电信分析：分别有35KV和10KV高压线穿过该区域；通信服务设施基础良好。

环卫分析：重视污水处理、垃圾收集等治理、管理工作，整体而言，环境卫生条件较好。

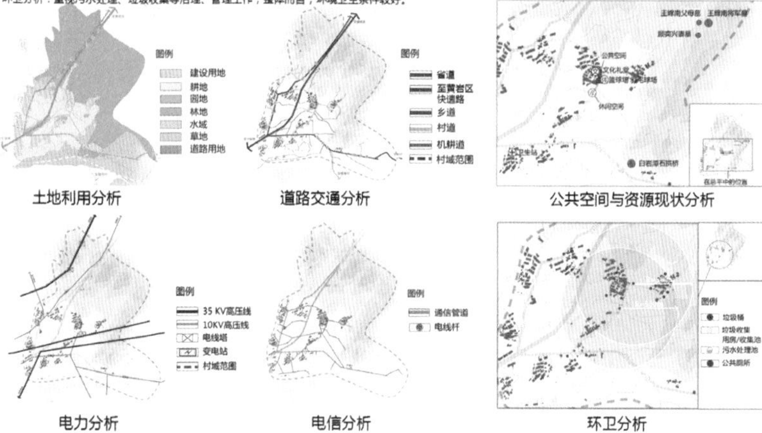

土地利用分析 道路交通分析 公共空间与资源现状分析

电力分析 电信分析 环卫分析

建筑分析 传统建筑与新建建筑风貌协调性不高，存在老旧危房，版画建筑独具特色

建筑层数

18% 27% 55%（一层 二层 三层及以上）

建筑55%为三层及以上建筑。多层建筑中，一层多用于储物、停车或生产，二层、三层以及四层多用于居住。

建筑结构

25% 14% 61%（木结构 砖结构 砖混结构）

木结构受雨水风影响大，大多为C级或D级危房，砖结构为承重砖墙，空间小，开窗约束大。砖混结构以混凝土浇筑框架，结构牢固，造型多变。

建筑质量

31% 45% 24%（好 一般 差）

木石材结构建筑大多处于危房级别，有的仍然在使用，质量较差的砖结构建筑用于堆放杂物。新旧筑紧邻形成“旧屋不拆建新屋”状态。

建筑屋顶

11% 89%（平屋顶 坡屋顶）

建筑大部分为双坡屋顶，只有极少数是平屋顶。坡屋顶相比于平屋顶：造型更加美观，防水性能好，空间利用率高。

建筑年代

20% 12% 24% 44%（1980年代以前 1980—2000年 2000—2010年 2010年以后）

2010年前后建筑分别占比44%、24%，建筑修建趋势减缓。新屋行列式布局，老屋分布较为分散。

建筑风格

10% 90%（有版画 无版画）

村里目前有版画的建筑占少数，版画内容基本分为中国历史名人（如雷锋，鲁迅等）和对乡村生活的描绘。

现状分析01

栖岭下、筑新生——基于CSA模式的生态营村

参赛学校名称：四川农业大学 指导老师：曹迎 周睿 小组成员：王琳 刘昱 陈曦 韩璐蔓 王亚婷 张璞涵

规划理念

概念提出

白鹤岭下村位于长潭水库二级保护区和生态保护区，通过进行现场调研，了解村民诉求，提出发展策略，以生态为核心，以产业为支撑，以文化为特色，打造CSA集体农业，融入版画与戏曲庙会元素，栖于岭下，筑其新生，共建生态、生活、生产新村。
（CSA，Community Support Agriculture）

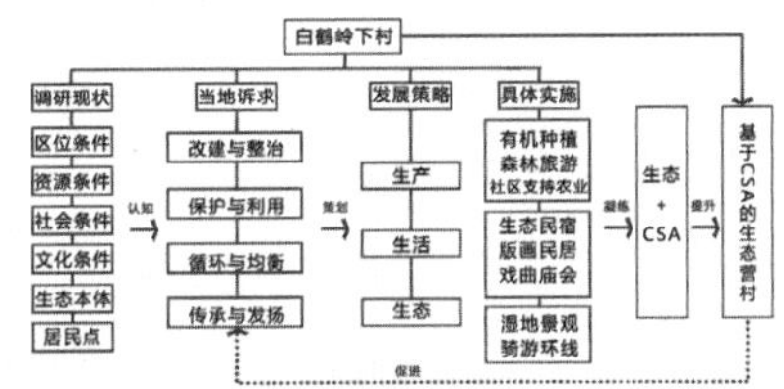

基于CSA模式

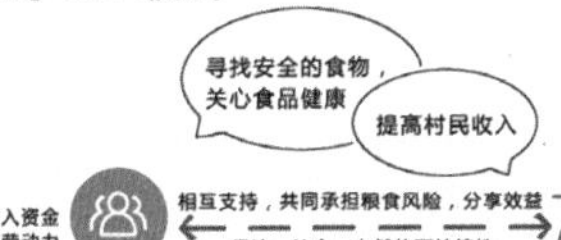

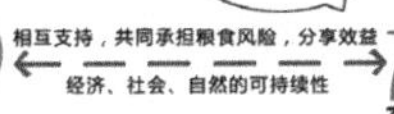

【基于CSA模式】——CSA模式是一种新型农业生产方式，生产者与消费者之间的友好关系。其核心在于重新建立人们与土地、农业生产之间自然、和谐的联系，重塑生产者与消费者之间的友好关系。

基于生态营村

【生态本底】

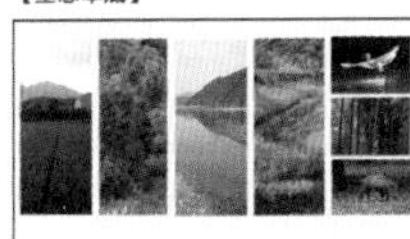

土地利用
农田，山林、水库、湿地，秀美的生态环境，体现村域范围内良好的生态本底。
生物资源
白鹭、毛竹、猕子，独特而充满趣味的生态环境，孕育了当地特有的生物资源。

【基于生态营村】——依托当地优质生态本底，发展有机农场、湿地景观、大地景观、骑游环线；就地取材，改造民居、打造民宿；同时进行生态管理，生产过程中产生的二次能源充分利用。

规划思路

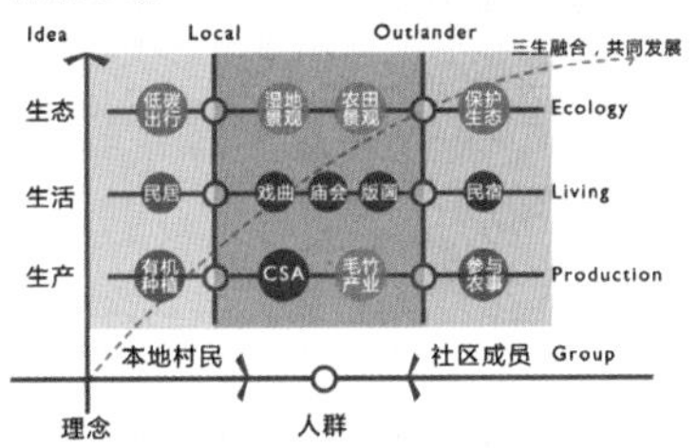

以“生产、生活、生态”为理念，以“本地、社区”人群为对象，以“三横两纵”规划构思为方法，融入建筑、景观、文化特色，为本地与社区人群提供优美的生活环境，共同营造生态化的生活方式。

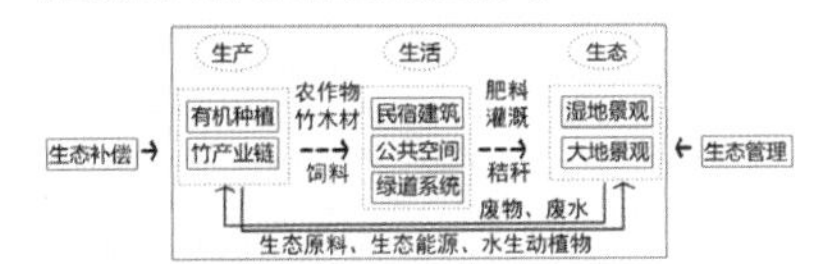

CSA意愿调查问卷

针对台州社区人群进行了社区支持农业意愿问卷调查。结果显示，大部分了解或听说过CSA模式，过半数人支持或有意愿加入该种模式。由此可见发展CSA模式具有可行性。

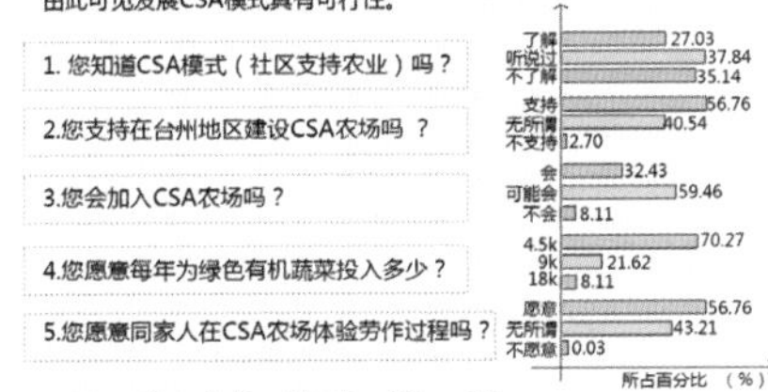

生产——有机农场

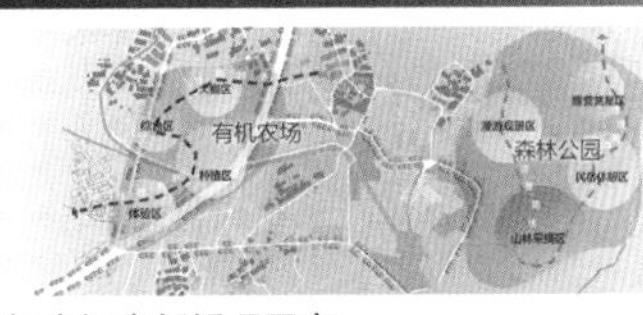

区位图

有机农场位于省道与快速路之间，与外界形成8m缓冲区，以保证有机种植环境不受外界干扰。
森林公园位于地块东北部，由四大功能区组成，为游客提供了爬山健身、游憩采摘、露营住宿等条件。

有机农场内部循环示意

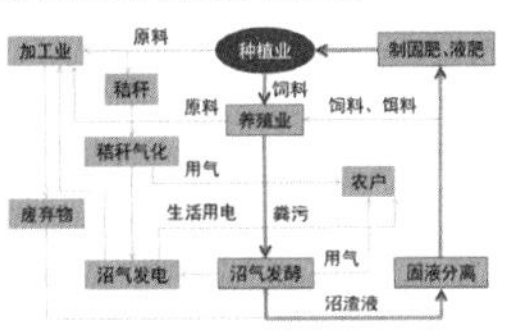

综合区：
对现有房屋进行改造，作为办公及室内活动场地，提供展销、教育等功能。
大棚区：
利用立体栽培技术，提高作物产量。
种植区：
采用生态种植技术，实行精细化管理，确保作物质量达到生态要求标准。
体验区：
内有大棚种植参观点、农耕体验田、果树采摘园等场地，满足游客种植体验需求，并且可以提供农业教育示范作用。

农场平面图

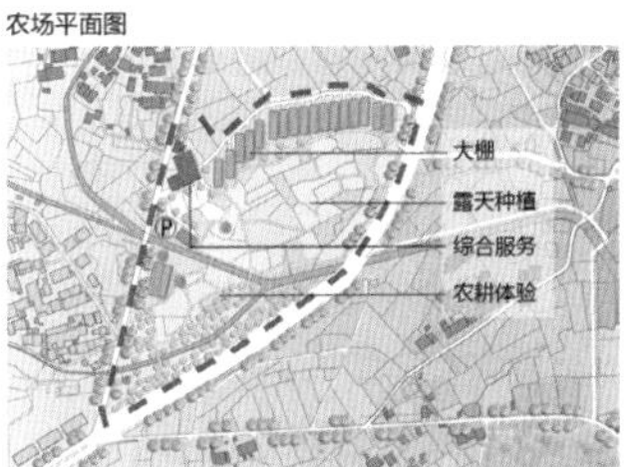

功能分区图

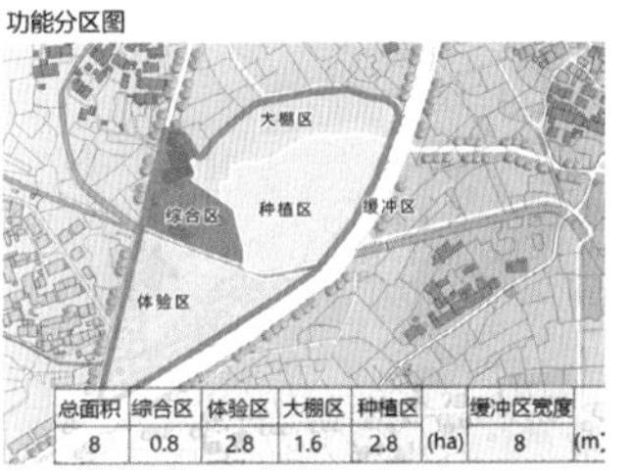

总面积	综合区	体验区	大棚区	种植区		缓冲区宽度	
8	0.8	2.8	1.6	2.8	(ha)	8	(m)

CSA运营方式示意

基于现有农业生产合作社，采用合作社牵头创办、村民提供土地、社区成员提供资金或劳动力的运营方式,并合理确定股权。合作社进行日常管理运营、提供技术指导。本地村民或社区成员提出产品需求，合作社组织村民进行种植。产出所得按股权进行分红。

种植方式

露天种植 无土栽培 立体种植

打破传统农业种植方式，利用现代化农业生产技术，充分利用温室空间和太阳能，提高土地利用率3～5倍，提高单位面积产量2～3倍。
以大棚番茄种植为例，一年一茬收获6000kg。假如每户人每周需求量为0.5kg，一亩一茬大棚番茄可满足230余户人的一年需求量。

生产——竹产+森林公园

毛竹产业链

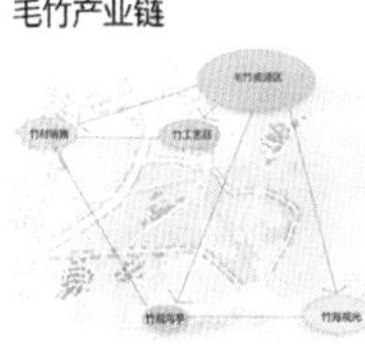

以毛竹为产业链的原始资源，竹片通过后期加工可以制成竹门竹窗和竹家具，进而构成整体的建筑及其内部家具；以竹竿为基础进行后期加工和处理，可以构成竹篱笆和观鸟亭等装饰物，同时可以制成特色竹制桌椅等装饰物，将原生竹林进行移栽，可以构成观光的竹海。

森林公园

规划区内森林公园的发展背景是与联一村、塘山头和白岭所围合的山林形成区域联动发展。该森林公园的打造以亲近自然、融入自然同时保护自然为主题，森林公园内注入人的生态活动，分为山林采摘区、露营赏星区、民宿休憩区和漫游观景区。注重当地民俗的传承，扩大特色果蔬的影响力，让游客愿意走进去、留下来。

生活——公共空间与交往

道路交通

针对原有道路存在道路未硬化、错车空间不足、环境绿化不够、景观质量不高等现象，相应拓宽道路、增加绿化、增强道路观赏性。同时配套太阳能路灯以达到节能目的。

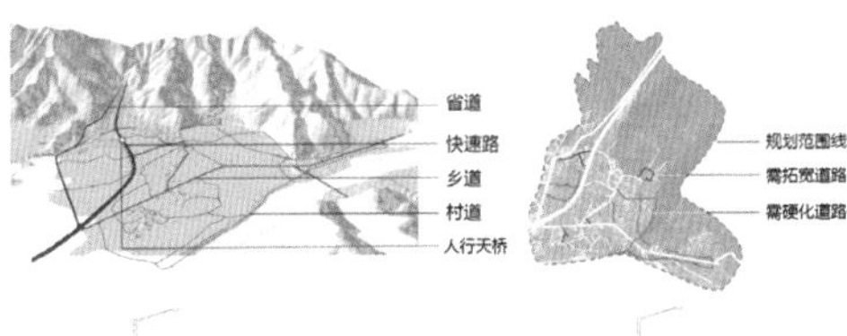

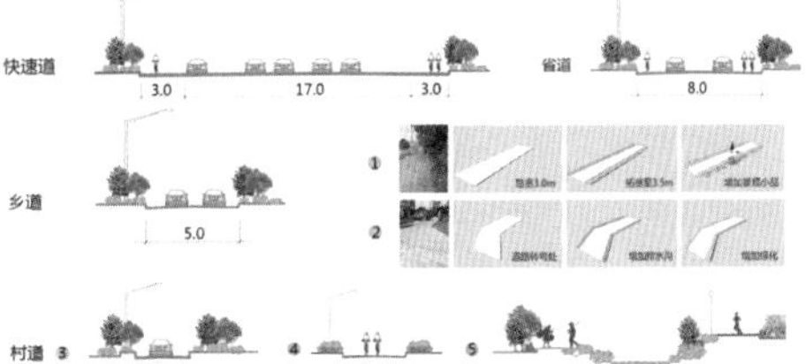

公共空间

广场空间改造——入口处设置现代主义风格的屏风，运用漏景、框景等中国古典园林造景手法，结合白鹤岭下村的版画文化，绘制版画。屏风前面种植当地的毛竹，后面摆放白鹭雕塑和竹制座椅。

游园空间改造——入口处为白岩潭小船复原模型，传承白岩潭和石拱桥文化。铺装采用具有江南特色的青砖和青石，廊道整体为竹结构，局部采用砖石材料。

栖岭下丶筑新生——基于CSA模式的生态营村

参赛学校名称：四川农业大学 指导老师：曹迎 周睿 小组成员：王琳 刘昱 陈曦 韩璐蔓 王亚婷 张璞涵

生活——民居

民居改造

白鹤岭下村三层民居占80%以上，主要分为有阳台和无阳台两种形式，针对这两种形式，运用生态设计理念，对外立面和配套的生态设施进行改造。

加入徽州建筑元素马头墙，明朗雅致，并在建筑密集的岭下村有防火作用。

建筑正立面增加空调外机保护木格栅，增强建筑美观性的同时，可以作为窗台使用。

生态设施

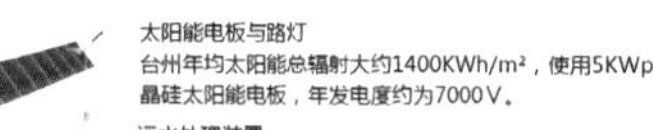

太阳能电板与路灯
台州年均太阳能总辐射大约1400KWh/m²，使用5KWp晶硅太阳能电板，年发电度约为7000V。

污水处理装置
村里污水排放集中到污水处理装置进行循环利用，处理装置上方种植生态绿地。

沼气池
一个10m³沼气池，每天进秸秆3kg可满足一户人一天的燃料需要，一年可利用作物秸秆1100kg以上，可产沼气400m³左右。

雨水循环系统
当地雨量充沛，年均降水量17443mm；该系统对屋面与地面雨水进行有效收集和处理，可缓解雨水与垃圾渗滤液混合；并节约大量水资源。

生活——环线

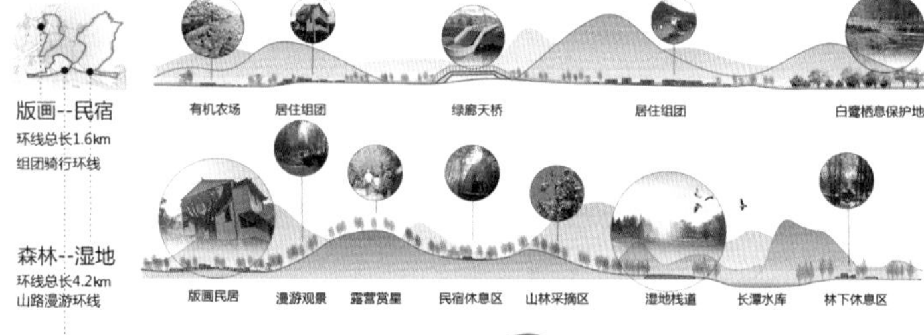

版画--民宿
环线总长1.6km
组团骑行环线

森林--湿地
环线总长4.2km
山路漫游环线

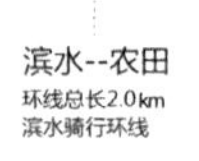

滨水--农田
环线总长2.0km
滨水骑行环线

生活——民宿

民宿改造

白鹤岭下村建筑一字形有128栋，L字形有37栋。其中有41栋木质建筑，因年久失修杂乱破败，选取部分建筑进行民宿改造。在保护当地文化历史的同时，赋予它们更多实际利用价值。民宿具有很大发展潜力，以15m²/人预算，预算，当地可同时提供220间民宿。

“一”字形建筑

效果图

南立面图

北立面图

西立面图

“L”形建筑

效果图

南立面图　北立面图　西立面图

山林民宿

位于森林公园内民宿休闲区内，为爬山、采摘、赏星等人群提供住宿。建筑以毛竹为主要材料，因山就势，融于自然。底层架空，二层露台用于休憩。

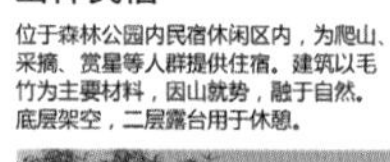

生态设施

在污水处理装置方面，平地建筑将污水集中处理，山地建筑单独建立生态污水处理装置。
而新建民宿采用装配式卫生间，墙体和楼板均由工厂预制，大大提高建造效率。

污水处理装置　山地民宿污水单独安置污水处理装置，处理装置上方绿化种植。

装配式卫生间　卫生间墙体和楼板由工厂预制，提高建造效率并节约资源；采用生活污水和自来水并存水箱，循环利用废水。

规划平面图

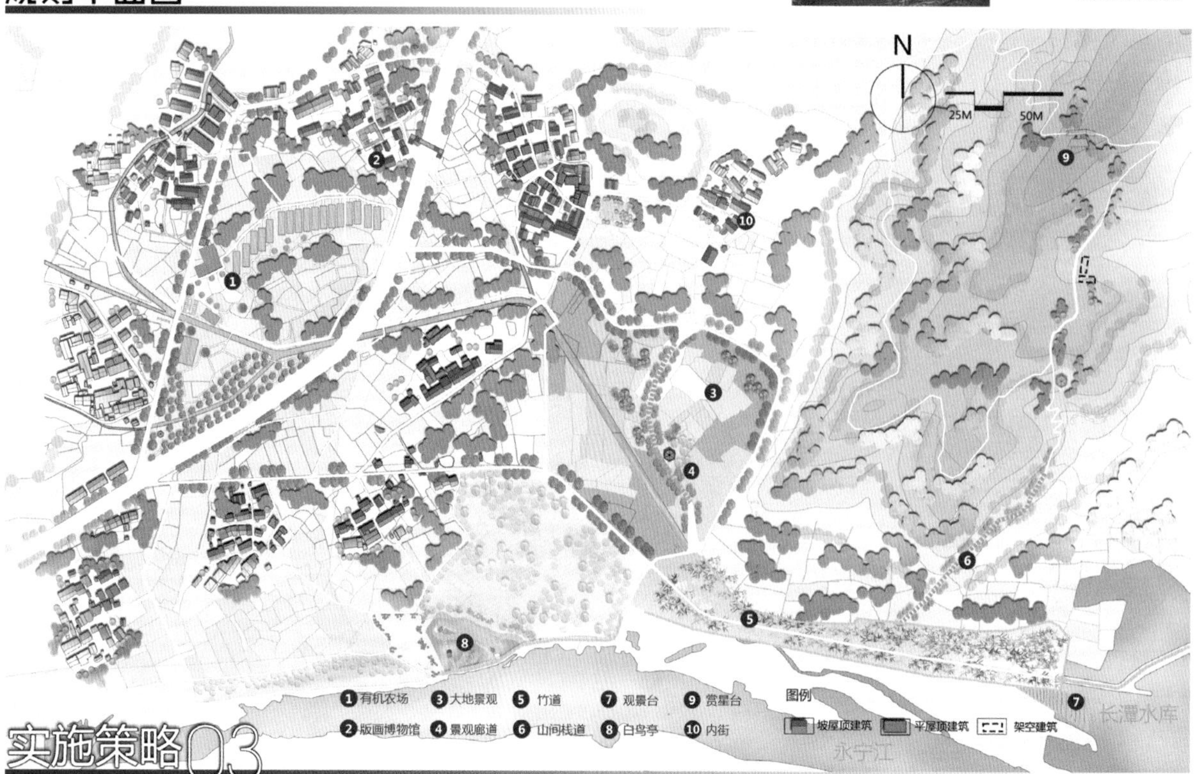

实施策略03

栖岭下丶筑新生——基于CSA模式的生态营村

参赛学校名称：四川农业大学 指导老师：曹迎 周睿 小组成员：王琳 刘昱 陈曦 韩璐蔓 王亚婷 张瑾涵

鸟瞰效果图

栖岭下，筑新生。以CSA农业为支撑，以“三生”为核心，以本地村民和社区成员为对象，实现有机种植。发展集体经济的同时，结合当地山林与湿地，打造一个生态良好、经济发展、文化传承的新村，栖身栖心，筑景筑魂。

生态化的生活方式

生活意象 林木栖鸟，山水栖身，一屋栖人，一村栖心。朝暮筑生，四时筑景，版画筑居，文情筑魂。CSA有机农场将村民与游客两类人群联系。村民春耕、夏种、秋收、冬藏，为社区居民提供健康的蔬菜和食物，而村民本身，日出而作，日落而息，休闲娱乐，低碳生活。

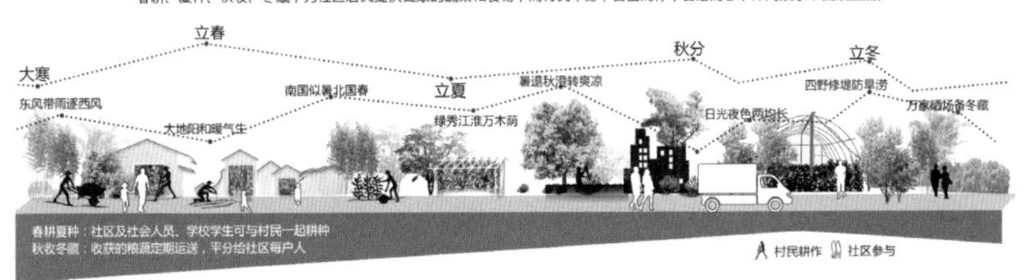

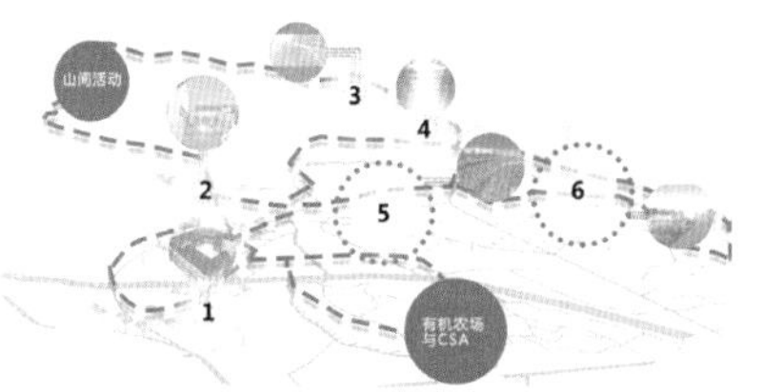

景观意象 各大景观的打造为游客提供观山赏景、露营赏星之处，流连于有机农场、湿地景观、民俗版画之间，栖身栖心。

1 版画博物馆

1. 墙面构造
墙体采用内保温贯穿整个墙体地面屋面，达到全面保温，减少冬季取暖和夏季散热的碳排放。

2. 遮光竹片
利用竹片不同方向排布限制采光达到对温度的生态调控。

3. 生态材料
竹、石为当地盛产材料，自然环保，减少运输过程中的碳排放，smc板材融入可装配式建筑，达到加工快、碳排放少的效果。

2 室内街

功能分析：将墙面上的版画挂在室内街并予以讲解，让旅客能深入了解当地版画文化。

材料分析：双层玻璃为主，形成空气间层，达到一定保温隔热作用。竹材为辅，起到遮阳和视觉改善作用。

3 山间栈道

山间栈道抬高视野引入垂直景观，与地面的水平景观结合，让游客的空间体验更为立体。

4 竹香路

竹植道两旁，车行只见竹，人行竹两旁，山水笑而相迎。

5 大地景观

视线分析：
将动物视角引入设计，双层廊道构建丰富的视觉体验。让大地景观观看更有整体感。

黄花风铃木+麻叶绣球菊
药用：消肿，清热。

文珠兰做景观围合。
药用：消肿，蛇咬伤。

矢车菊+金盏菊
搭配种植，花期可满足冬季旅游观赏。
药用：肠胃，风湿。

四季海棠
花期长，色优美。满足夏季观赏。
药用：清热解毒。

龙船花六七月为盛，颜色艳丽，色彩多样，景观效果优秀。
药用：活血散瘀。

百合花+鸡蛋花
百合花花色高雅，气味柔和，放置近处。炎热时换种鸡蛋花。
药用：安神制粥。

6 湿地景观与白鹭亭

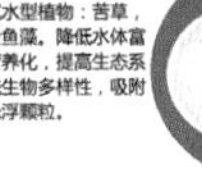

挺水型植物：芦苇，千屈菜。挺水型植物有利于水体过滤拦截杂物，同时与沉水、浮叶植物搭配达到生态净水的功效。

浮叶型与漂浮型植物：大漂，睡莲。利于吸收重金属元素，同样可以抑制藻华生长，净化水体。

沉水型植物：苦草，金鱼藻。降低水体富营养化，提高生态系统生物多样性，吸附悬浮颗粒。

生态岭下乡规民约

基于CSA模式的生态营村，需以“生产、生活、生态”为要点，以“本地村民、社区成员”为对象，融入“三横两纵”的发展理念，打造生产发展、生活健康、生态保护的白鹤岭下新村。

生产

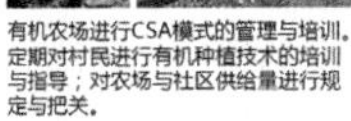

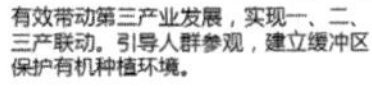

有机农场进行CSA模式的管理与培训。定期对村民进行有机种植技术的培训与指导；对农场与社区供给量进行规定与把关。

有效带动第三产业发展，实现一、二、三产联动。引导人群参观，建立缓冲区保护有机种植环境。

生活

在环境改造方面，增加宅前屋后绿化，院内院外不随意摆放杂物，不破坏空间秩序。

在文化传承方面，结合本地戏曲庙会文化和版画文化，举办重大节日和教育活动。

生态

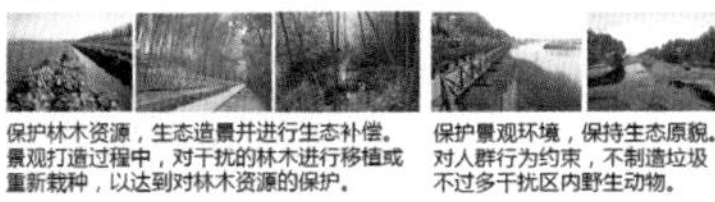

保护林木资源，生态造景并进行生态补偿。景观打造过程中，对干扰的林木进行移植或重新栽种，以达到对林木资源的保护。

保护景观环境，保持生态原貌。对人群行为约束，不制造垃圾，不过多干扰区内野生动物。

三维韧度·立体乡村
——基于韧性空间重塑的村庄规划设计

【参赛院校】 天津城建大学

【参赛学生】

马 然

齐丛品

高 健

方博伟

宋安琦

【指导教师】

张 戈

杨向群

李 巍

白鹤岭下村临近 82 省道，是从黄岩区进入宁溪镇的必经之路，作为宁溪镇的“门面”，其乡村风貌规划建设亦是发展宁溪镇全域旅游的关键节点。版画上墙是白鹤岭下村的特色，村内还有文化礼堂、篮球场，夏天的傍晚，球场前会搭起露天影院，村民其乐融融，我们挨家挨户地串门，热情的村民和我们聊天，给我们拿水喝，拿花生吃。这样一个有山有水有人情的乡村，在快速城镇化的大背景之下，白鹤岭下村也呈现出大部分乡村同样存在的空心化、老龄化、空间破碎化等问题。因此，如何破解生态制约下传统村庄转型发展的困境，成为我们重点思考的问题。对此，团队提出“韧性”解读，韧性是指在面对压力和破坏的时候，维持或恢复功能和活力的能力，接受外界带来的各种干扰，自身做出的应对反应。以乡村社会 – 生态系统的角度为切入点，从乡村韧性空间重构出发，通过提高乡村自我生长的能力以适应扰动因素的变化，以探索乡村规划建设方式，在抓住发展机遇的同时留住乡愁。

方案设计中，天津城建大学团队希望以发掘乡村自身的韧性潜力为重点进行规划探索，通过塑造其自身的韧性空间，改善其在快速城镇化背景下相对弱势的位置，拥有更自主的应对能力。因此，团队以重塑“韧性”空间为主要发展方向，构建一条属于白鹤岭下村的故事线，将韧性理念贯穿其中构成四个章回，娓娓道来一个关于传统村庄如何通过塑造自身韧性空间而实现自我生长的故事。

第一章 :“韧”重道远。分别从自然生态、经济生产、社会生活三个方面对白鹤岭下村现状问题进行分析以及研判。继而从人群活动的视角出发，对整个村庄的空间进行全景分析，分析空间层面上组团优势，体现村内重要节点，明确规划设计主体的需求。

第二章 : 游“韧”有余。村庄现状分析的问题聚焦在空间层面，进一步导出空间韧性缺失的问题，由此将韧性概念介入，进行策略指导。提出韧性规划的策略构想 : 刚性规划控制 + 弹性规划引导，并将这一策略植入，在自然生态、经济生产、社会生活三大层面指导空间重塑。自然生态、经济生产和社会生活三大空间做纬线，控制及引导做经线，交织融合，以促进三维稳定的乡村发展。

第三章 :“韧”性回生。策略落地，使白鹤岭下村的韧性真正得到提升。将控制加引导的规划策略回归落实到空间层面进行详细的规划设计，对白鹤岭下村的空间进行重新整合、演变，并将建筑功能落位。综合各项规划，绘制出总平面图。

第四章 : 亲“韧”善邻。将版画街场景再现以及展示重要节点示意。愿景畅想，幸福岭下，规划设计所做的不仅仅是居住环境的改善，还有对自然生态的保护、经济生产的提高、文化的发扬传承，最终所想实现的是看到一个有山有水有人情味的幸福白鹤岭下村。

落脚的城市在巨变，回头望，远方的故乡，是否还如同记忆里的那般温柔地存在。我们的乡村在不断生长，生长的过程中也有很多外界、自身的扰动，提高自身的韧性能力，才能有更多选择的路。在探索乡村规划之路上，希望我们的努力，能有一点点地突破，一点点地贡献。

三维韧度·立体乡村

——基于韧性空间重塑的村庄规划设计

天津城建大学 指导老师：张戈 杨向群 李巍
小组成员：马然 齐丛品 高健 方博伟 宋安琦

"韧"1 重道远

区位导识 区域认知

宁溪镇主要村落 宁溪镇主要景点 宁溪镇主要通道 周边功能分析 周边产业资源分析

位于浙江中部，滨临东海，是台州市城市
位于黄岩区西部山区，生态稳定自然环境优美，是黄岩城区的
紧邻82省道，是宁溪镇通往黄岩区的必经之路，是宁溪全域旅游的
82省道穿村而过，为本村发展带来显著

周边地区村落集聚，乡村特色风貌突出，白鹤岭下村村庄风貌保存较为完整，与周边村落相比，较自然朴素。
位于环长潭生态旅游发展圈与宁溪全域旅游发展的；是旅游发展规划中的
位于宁溪镇东北部交通要塞之处，是进镇的必经之路——82省道入口处，是宁溪镇的
临近城市中心，镇区中心，综合旅游服务中心，在中，处于中心环位置，发展条件便利，功能定位以公共服务为主。
地区内总体产业结构较为单一，产业结构层次偏低；传统产业所占比重过大，旅游业目前发展程度较低，其发展潜力较大。

规划背景

社会背景——传统乡村的不适应
政策背景——乡村发展新契机
现实背景——新农村建设困惑
现实诉求
居住条件诉求 村庄环境诉求 居住服务诉求 经济增长诉求
归属感诉求

规划愿景
面对当前乡村规划建设的困惑，以乡村社会生态系统的角度为切入点，从乡村韧性空间重构出发，以探索乡村规划建设方式，意在通过提高乡村自我生长的能力以适应扰动因素的变化，抓住发展机遇的同时留住乡愁。

现状问题解析

研判

自然生态现状
[自然景观] 自然环境优美
[地形] 高程分析
[气候] 年均降雨量 易发生暴雨、山洪 受灾情况
生态环境优美，但与周边村庄类似，特色欠缺。
村内防洪减灾设施不完善，应对灾害能力差。

经济生产现状
[城市产业现状] 产业产值情况 产业增长情况
[村庄产业现状] 农业 手工业 工业 菌菇相关 其他相关 版画相关
宁溪镇产业结构失衡，当前处于产业转型期。
菌菇为主要作物，版画业还处于萌芽状态。
[城乡收入现状] 城市 乡村
[村庄收入现状] 个人 集体
城乡收入差距大，个人收入颇丰，但缺少集体收入。

社会生活现状
[人口需求]
[人口结构] 74.3% 25.7% 老年人口 青年人口 51.1% 48.9% 外出打工 空巢人口
老龄化 缺少年轻的劳动力，内生力不足。
空心化 人才大量流失，发展速度缓慢。
[宅基地用地标准] 1-3人/户 一开间（50m²） 4-7人/户 两开间（100m²）
[宅基地用地现状] 一户多宅
村内宅基地总量严重超标，导致村域内建设用地无法合理使用。

场地全景

规划元素
空间使用率 空间活跃度 村民满意度

菌菇培养基地 农耕种植基地 开敞空间 文化礼堂 电影放映空间 运动场 版画建筑
在建工厂 现代风格建筑 破旧房屋 在建洋房 木质房屋 商量庙

新屋殿：该组团靠近省道，交通优势明显
岭下：面积最大，元素丰富，功能完善
袋岙：靠近山脚，生态优势明显

CUL：文化价值 QUA：建筑质量 REC：改造价值 TRA：交通优势 ECO：生态价值 COM：商业价值

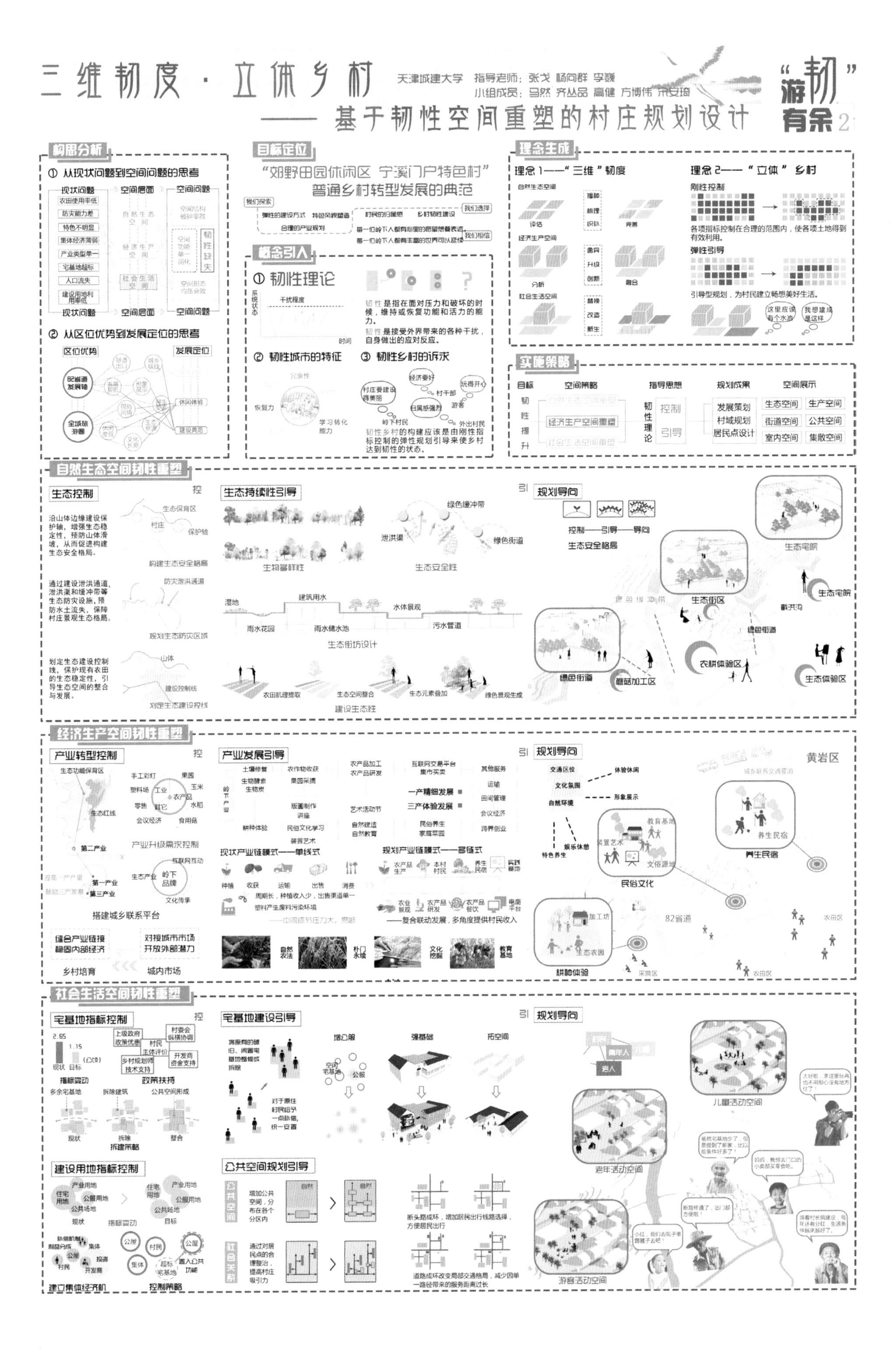
三维韧度·立体乡村
——基于韧性空间重塑的村庄规划设计
天津城建大学 指导老师：张戈 杨向群 李巍
小组成员：马然 齐丛品 高健 方博伟 宋安琦
"游韧"有余
构思分析
① 从现状问题到空间问题的思考
② 从区位优势到发展定位的思考
目标定位
"郊野田园休闲区 宁溪门户特色村"
普通乡村转型发展的典范
概念引入
① 韧性理论
② 韧性城市的特征
③ 韧性乡村的诉求
理念生成
理念1——"三维"韧度
理念2——"立体"乡村
刚性控制
弹性引导
实施策略
自然生态空间韧性重塑
生态控制
生态持续性引导
规划导向
经济生产空间韧性重塑
产业转型控制
产业发展引导
规划导向
社会生活空间韧性重塑
宅基地指标控制
宅基地建设引导
建设用地指标控制
公共空间规划引导
规划导向

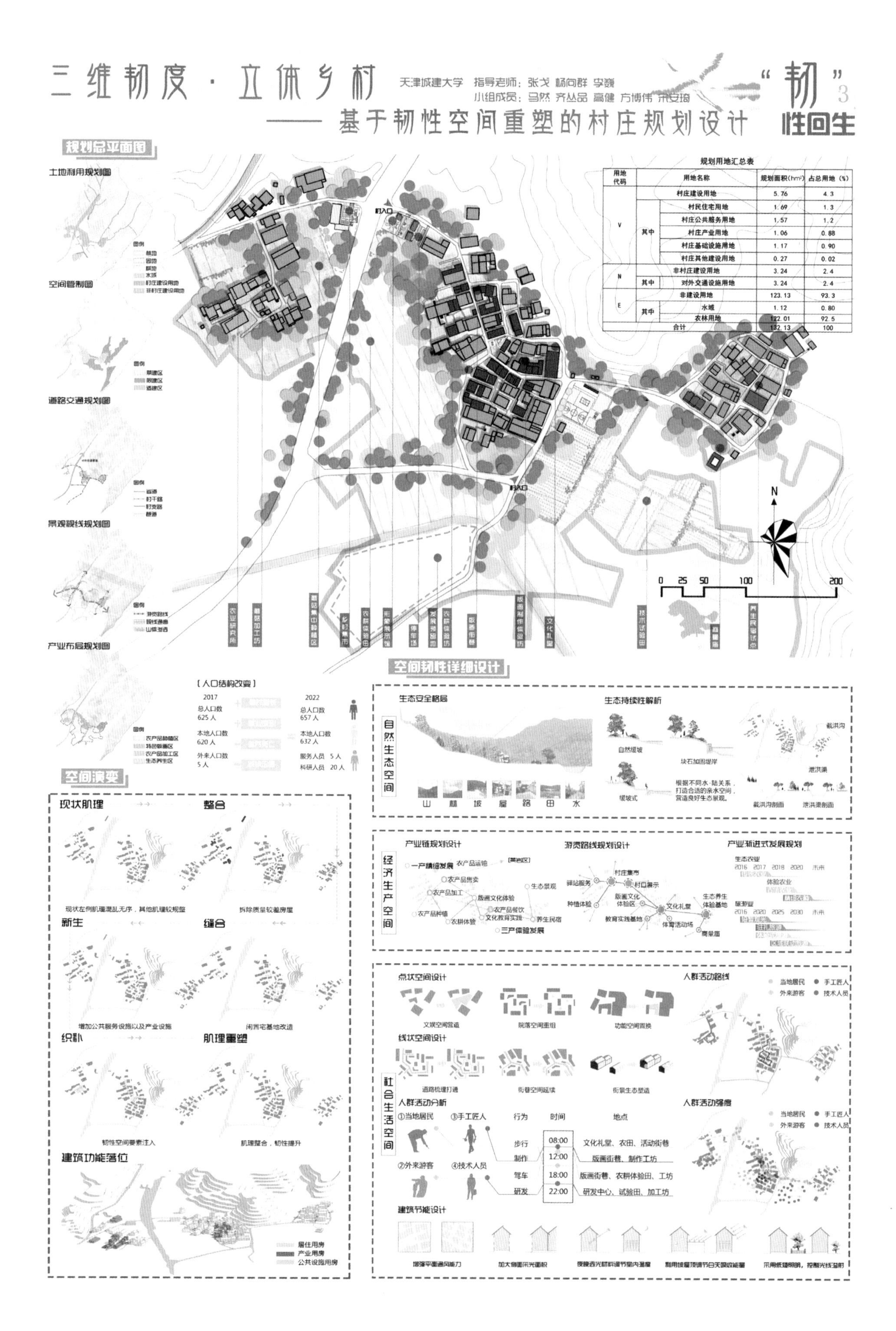

规划用地汇总表

用地代码	用地名称		规划面积(hm²)	占总用地（%）
V	村庄建设用地		5.76	4.3
	其中	村民住宅用地	1.69	1.3
		村庄公共服务用地	1.57	1.2
		村庄产业用地	1.06	0.88
		村庄基础设施用地	1.17	0.90
		村庄其他建设用地	0.27	0.02
N	非村庄建设用地		3.24	2.4
	其中	对外交通设施用地	3.24	2.4
E	非建设用地		123.13	93.3
	其中	水域	1.12	0.80
		农林用地	122.01	92.5
合计			132.13	100

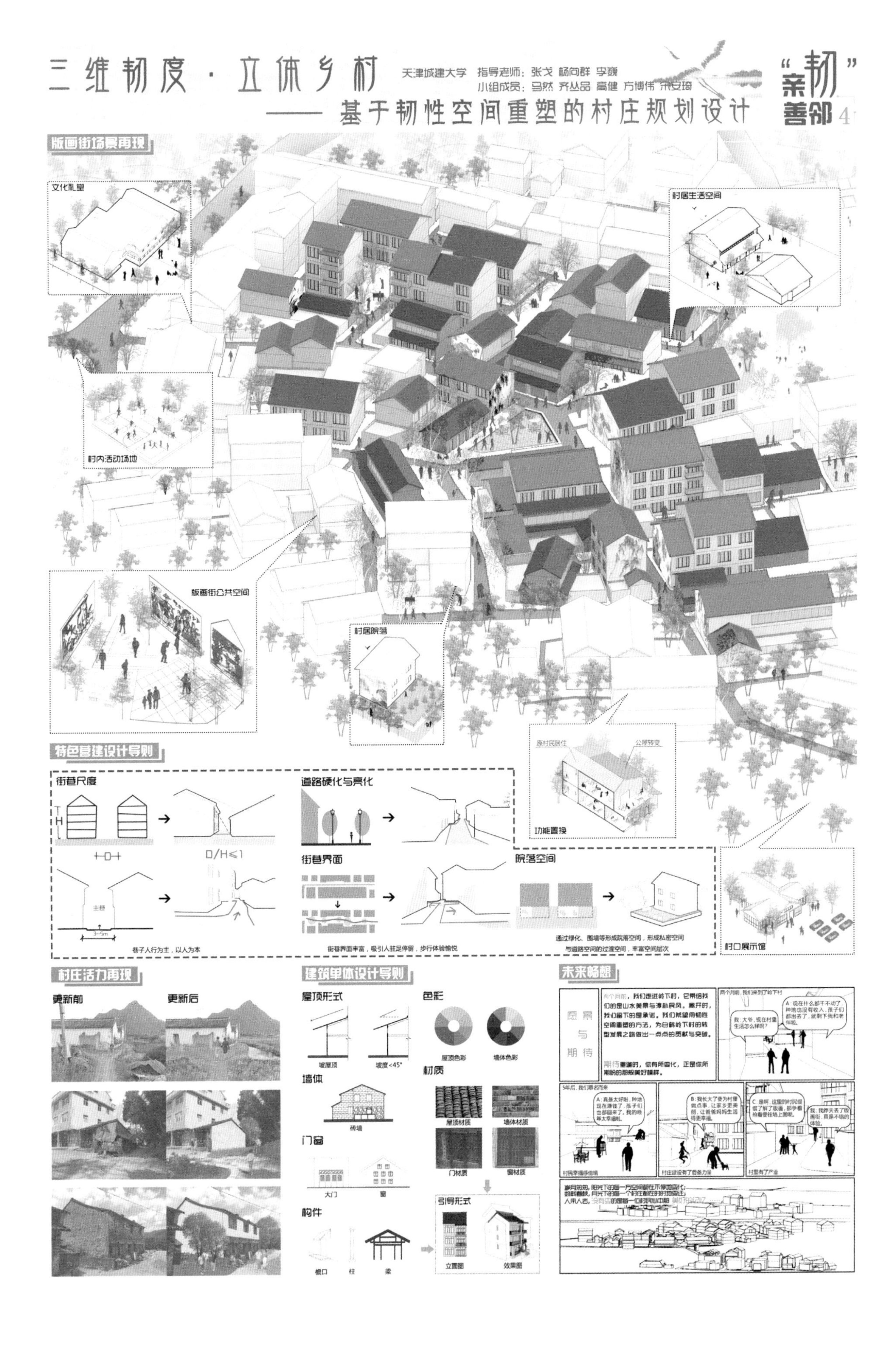
三维韧度·立体乡村
天津城建大学 指导老师：张戈 杨向群 李巍
小组成员：马然 齐丛品 高健 方博伟 宋安琦
——基于韧性空间重塑的村庄规划设计
版画街场景再现
文化礼堂
村居生活空间
村内活动场地
版画街公共空间
村居院落
功能置换
特色营建设计导则
街巷尺度
道路硬化与亮化
街巷界面
院落空间
巷子人行为主，以人为本
街巷界面丰富，吸引人驻足停留，步行体验愉悦
通过绿化、围墙等形成院落空间，形成私密空间与道路空间的过渡空间，丰富空间层次
D/H≤1
村口展示馆
村庄活力再现
更新前
更新后
建筑单体设计导则
屋顶形式
色彩
墙体
材质
门窗
构件
引导形式
未来畅想
愿景与期待

城鄉分野 信息岭下
—— 浙江省台州市黄岩區宁溪镇白鹤岭下村规划
天津大學
指導老師：陳天
小組成員：尹福禎 汪梦媛 謝理 石路 趙昭 王鼎逸
壹
地理区位分析
台州市
白鹤岭下村
基地位于浙江省台州市黄岩区白鹤岭下村，地理位置优越，依山傍水，紧邻长潭水库和柔极山，同时紧贴宁溪镇镇区，是宁溪镇的近郊村，也是进入宁溪镇的重要门户。
上位规划解读
《台州市城市总体规划》2017修订
发展方向：城市空间拓展的策略为：东进西扩、南联北跨、中心内聚。西扩---黄岩城区跨越甬台温高速公路向西拓展，是黄岩城区空间拓展的主要方向之一，承担台州西部特色制造、文化创意等职能。
空间结构：构建“一心、一核、六脉、四组团”的中心城区空间结构，形成环心拥湾、山海宜居组团式城市的城市空间体系。黄岩区属于副中心。
形象定位
黄岩组团
椒江组团
路桥组团
滨海组团
台州市总体规划
《黄岩区旅游总体规划》
发展方向：努力将黄岩打造成为具有一定地标性、影响力和知名度的台州乡村旅游精品示范区、长三角地区令人向往的旅游目的地、华东“慢轻旅游”示范区。
目标定位：宁溪镇位于“一心一带，一圈两区”中的环长潭湖生态休闲圈，宁溪作为黄岩西部旅游的集散中心，在黄岩生态休闲旅游中占据重要的地位。(1)黄岩西部休闲旅游集散中心；(2)台州生态度假后花园；(3)浙江生态文明古镇。
闹
游
基地
商
静
旅游资源
黄岩区旅游总体规划
区域交通分析
台州市
黄岩区
宁台 45 分钟
宁黄 30 分钟
朱宁线
白鹤岭下
宁大线
82 省道
《黄岩区综合交通运输“十三五”发展规划》“十三五”时期，黄岩交通将着力补齐交通基础设施短板，重点实施综合交通“双百”工程：新改建一百公里一级公路、完成百亿投资，努力打造113交通圈（1小时市域交通圈、通达杭甬温都市区1小时交通圈、长三角城市群重要城市3 小时交通圈）。
国道
省道
机场高速
县道
规划道路
自然文化资源分析
水库
白鹤
版画
蘑菇
灯会
基地现状分析
基地山势现状分析
基地水体现状分析
基地交通现状分析
基地现状建筑高度分析
① 游客接待中心
② 特色民宿
③ 体验式农田
④ 市民公园
⑤ 四季花海
⑥ 物流中心
⑦ 生产性农田
⑧ 农业科研中心
⑨ 实验田
⑩ 配套公寓
⑩
⑨
①
⑥

城鄉分野 信息岭下 —— 浙江省台州市黃岩區宁溪鎮白鹤岭下村規划
贰
天津大學
指導老師：陳天
小組成員：尹福禎 汪梦媛 謝瑾 石路 趙昭 王晶逸
①
②
③
④
⑤
⑦
⑧
N
0 40 80 120 160 200m
体验式农业
生产性农业
交通分析
规划结构
功能分区
建筑改造情况分析

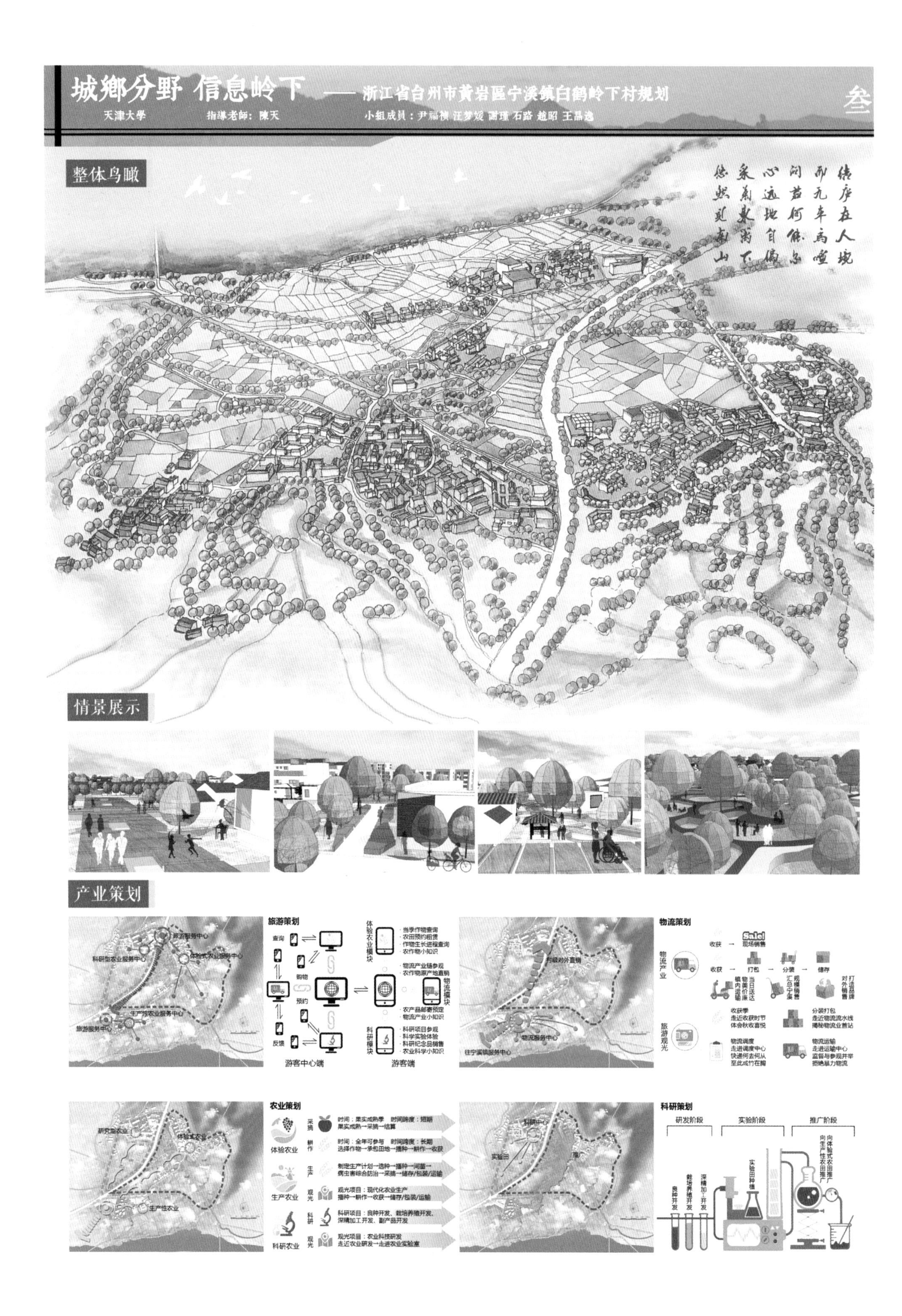
城鄉分野 信息岭下 —— 浙江省台州市黄岩區宁溪镇白鹤岭下村规划
叁
天津大學
指導老師：陳天
小組成員：尹福禎 汪梦媛 謝瑾 石路 趙昭 王晶逸
整体鸟瞰
结庐在人境
而无车马喧
问君何能尔
心远地自偏
采菊东篱下
悠然见南山
情景展示
产业策划
旅游服务中心
科研型农业服务中心
体验式农业服务中心
生产性农业服务中心
旅游策划
查询
购物
预约
反馈
游客中心端
体验农业模块
当季作物查询
农田预约租赁
作物生长进程查询
农作物小知识
物流产业链参观
农作物原产地直销
物流模块
农产品邮寄预定
物流产业小知识
科研模块
科研项目参观
科学实验体验
科研纪念品销售
农业科学小知识
游客端
村级对外直销
物流服务中心
往宁溪镇服务中心
物流策划
物流产业
收获 → 现场销售
Sale!
收获 → 打包 → 分装 → 储存
当日送达
物美价廉
镇内运输
规模销售
汇总宁溪
打造品牌
对外销售
旅游观光
收获季
走近收获时节
体会秋收喜悦
分装打包
走近物流流水线
揭秘物流业首站
物流调度
走进调度中心
快递何去何从
至此成竹在胸
物流运输
走进运输中心
监督与参观并举
拒绝暴力物流
研究型农业
体验式农业
生产性农业
农业策划
体验农业
采摘
时间：果实成熟季 时间跨度：短期
果实成熟→采摘→结算
耕作
时间：全年可参与 时间跨度：长期
选择作物→承包田地→播种→耕作→收获
生产农业
生产
制定生产计划→选种→播种→间苗→病虫害综合防治→采摘→储存/包装/运输
观光
观光项目：现代化农业生产
播种→耕作→收获→储存/包装/运输
科研农业
科研
科研项目：良种开发、栽培养殖开发、深精加工开发、副产品开发
观光
观光项目：农业科技研发
走近农业研发→走进农业实验室
科研中心
实验田
推广
科研策划
研发阶段
实验阶段
推广阶段
良种开发
栽培养殖开发
深精加工开发
实验田种植
向体验式农田推广
向生产性农田推广

——浙江省台州市黃岩區宁溪鎮白鹤岭下村規划

小組成員：尹福禎 汪梦媛 謝瓘 石路 趙昭 王晶逸

肆

建筑更新导则
屋顶屋面
墙身墙面
窗洞与门
近地空间
立面涂料
整治要点：尽量采用灰瓦，不接受仿欧风格屋顶，禁止使用围栏等装饰。尽量采用坡屋顶，局部可以使用平屋顶。多层房屋的坡屋顶可以采用重檐。
控制要点：在地民居砌筑方式多样，文化石、青砖、红砖、木材，多为在地材料，山墙面主体为一种材料，辅以线性的装饰性材料，山墙不开窗。拒绝使用外贴瓷砖。
控制要点：门窗深陷入墙内，形状控制在矩形或弧形，禁止使用仿欧式老虎窗。传统材质为木材，局部可以使用金属材料。色彩尽量与当地风格相统一。
控制要点：近地空间尺度亲切，民居的首层设置挡雨篷，材质多为木材、砖材和石材，可根据地形设置平台，踏步数尽量控制在5阶。禁止使用欧式柱廊。
控制要点：尽量使用在在地建筑材料，保留石材砖材随着时间发生的自然变化，尽量不要使用装饰性的外贴瓷砖。颜色以黑白灰和砖红色为主，部分立面可以辅以版画装饰。
导则图解
木材
文化石
砖材装饰
青瓦坡屋顶
窗洞
近地空间
红砖
版画

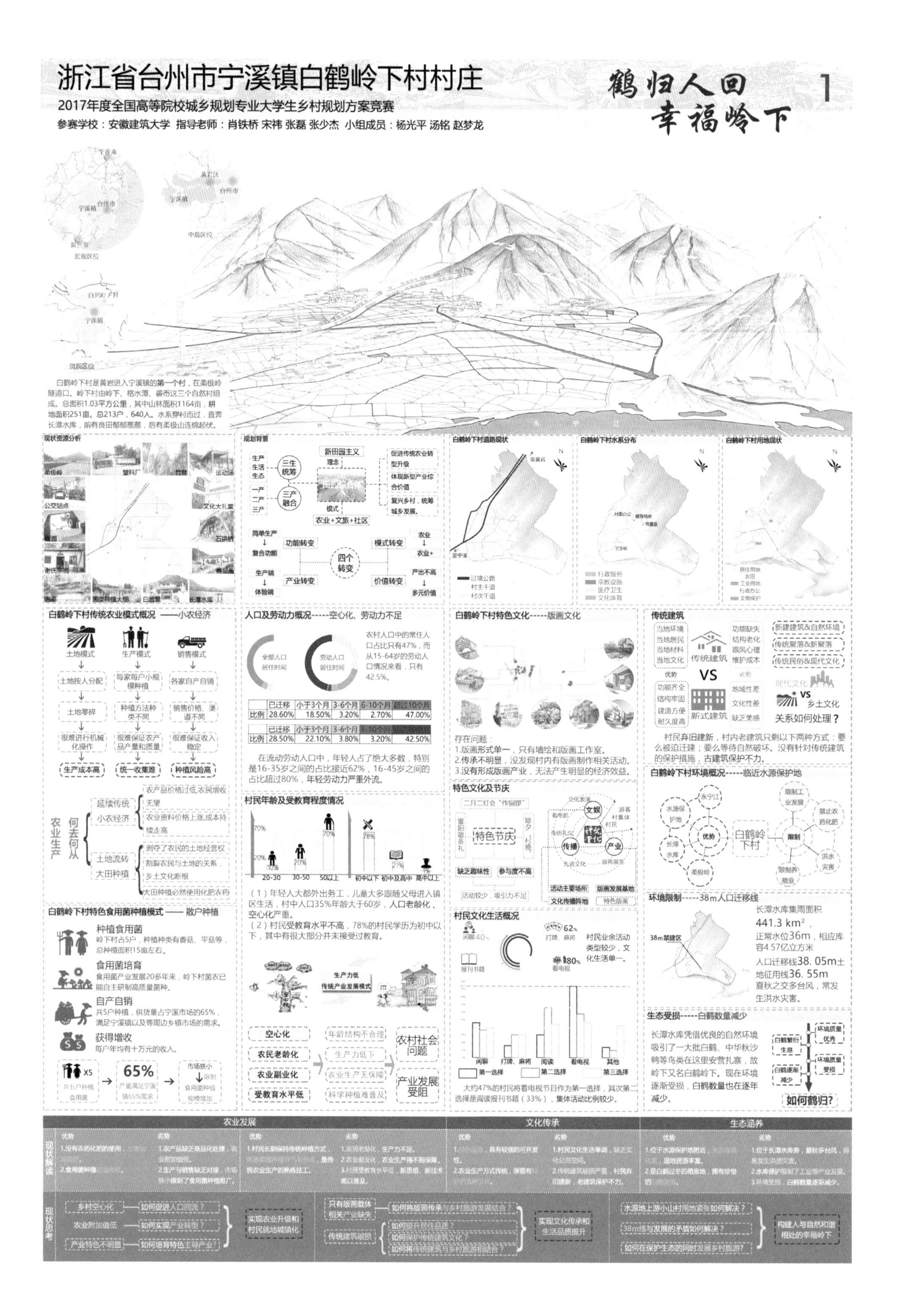

浙江省台州市宁溪镇白鹤岭下村村庄
2017年度全国高等院校城乡规划专业大学生乡村规划方案竞赛
参赛学校：安徽建筑大学 指导老师：肖铁桥 宋祎 张磊 张少杰 小组成员：杨光平 汤铭 赵梦龙
鹤归人回
幸福岭下
1
宏观区位
中观区位
微观区位
白鹤岭下村是黄岩进入宁溪镇的第一个村，在柔极岭隧道口。岭下村由岭下、格水潭、裘岙这三个自然村组成。总面积1.03平方公里，其中山林面积1164亩，耕地面积251亩。总213户，640人。水系穿村而过，直奔长潭水库，前有良田郁郁葱葱，后有柔极山连绵起伏。
现状资源分析
规划背景
生产 生活 生态
三生统筹
一产 二产 三产
三产融合
新田园主义理念
模式
农业+文旅+社区
促进传统农业转型升级
体现新型产业综合价值
复兴乡村，统筹城乡发展。
简单生产 复合功能
功能转变
生产端 体验端
产业转变
四个转变
模式转变
农业 农业+
价值转变
产出不高 多元价值
白鹤岭下村道路现状
过境公路
村主干道
村次干道
白鹤岭下村水系分布
行政服务
宗教设施
医疗卫生
文化体育
白鹤岭下村用地现状
居住用地
农田
工业用地
行政办公
文物保护
白鹤岭下村传统农业模式概况 ——小农经济
土地模式
生产模式
销售模式
土地按人分配
每家每户小规模种植
各家自产自销
土地零碎
种植方法种类不同
销售价格、渠道不同
很难进行机械化操作
很难保证农产品产量和质量
很难保证收入稳定
生产成本高
统一收集难
种植风险高
农业生产何去何从
延续传统
小农经济
农产品价格过低,农民增收无望
农业资料价格上涨,成本持续走高
土地流转
大田种植
剥夺了农民的土地经营权
割裂农民与土地的关系，
乡土文化断根
大田种植必然使用化肥农药
白鹤岭下村特色食用菌种植模式 —— 散户种植
种植食用菌
岭下村占5户，种植种类有香菇、平菇等，总种植面积15亩左右。
食用菌培育
食用菌产业发展20多年来，岭下村菌农已能自主研制高质量菌种。
自产自销
共5户种植，供货量占宁溪市场的65%，满足宁溪镇以及等周边乡镇市场的需求。
获得增收
每户年均有十万元的收入。
X5
共五户种植食用菌
65%
产量满足宁溪镇65%需求
市场狭小
限制
食用菌种植规模增加
人口及劳动力概况-----空心化、劳动力不足
全部人口居住时间
劳动人口居住时间
农村人口中的常住人口占比只有47%，而从15-64岁的劳动人口情况来看，只有42.5%。
	已迁移	小于3个月	3-6个月	6-10个月	超过10个月
比例	28.60%	18.50%	3.20%	2.70%	47.00%
	已迁移	小于3个月	3-6个月	6-10个月	超过10个月
比例	28.50%	22.10%	3.80%	3.20%	42.50%
在流动劳动人口中，年轻人占了绝大多数，特别是16-35岁之间的占比接近62%，16-45岁之间的占比超过80%，年轻劳动力严重外流。
村民年龄及受教育程度情况
70%
20%
10%
20%
70%
78%
21%
1%
20-30
30-50
50以上
初中以下
初中及高中
高中以上
（1）年轻人大都外出务工，儿童大多跟随父母进入镇区生活，村中人口35%年龄大于60岁，人口老龄化、空心化严重。
（2）村民受教育水平不高，78%的村民学历为初中以下，其中有很大部分并未接受过教育。
生产力低
传统产业发展模式
空心化
农民老龄化
农业副业化
受教育水平低
年龄结构不合理
生产力低下
农业生产无保障
科学种植难普及
农村社会问题
产业发展受阻
白鹤岭下村特色文化-----版画文化
存在问题：
1.版画形式单一，只有墙绘和版画工作室。
2.传承不明显，没发现村内有版画制作相关活动。
3.没有形成版画产业，无法产生明显的经济效益。
特色文化及节庆
二月二灯会“作铜锣”
重阳敬老礼
特色节庆
除夕村晚
缺乏趣味性
参与度不高
活动较少
吸引力不足
文化表演
文娱
游客
村集体
村民
看电影
传统礼仪
传播
产业
孔道文化
版画展览
活动主要场所
版画发展基地
文化传播阵地
特色版画
村民文化生活概况
闲聊 40%
62%
打牌、麻将
80%
看电视
报刊书籍
村民业余活动类型较少，文化生活单一。
闲聊
打牌、麻将
阅读
看电视
其他
第一选择
第二选择
第三选择
大约47%的村民将看电视节目作为第一选择，其次第二选择是阅读报刊书籍（33%），集体活动比例较少。
传统建筑
当地环境
当地居民
当地材料
当地文化
传统建筑
优势
功能缺失
结构老化
跟风心理
维护成本
劣势
VS
功能齐全
结构牢固
建造方便
耐久度高
新式建筑
地域性差
文化性差
缺乏美感
新建建筑&自然环境
传统聚落&新聚落
传统民俗&现代文化
现代文化 VS 乡土文化
关系如何处理？
村民弃旧建新，村内老建筑只剩以下两种方式：要么被迫迁建；要么等待自然破坏。没有针对传统建筑的保护措施，古建筑保护不力。
白鹤岭下村环境概况-----临近水源保护地
水源保护地
永宁江
长潭水库
柔极岭
优势
白鹤岭下村
限制
限制工业发展
禁止农药化肥
洪水灾害
限制养殖业
环境限制-----38m人口迁移线
38m禁建区
长潭水库集雨面积
441.3 km²，
正常水位36m，相应库容4.57亿立方米
人口迁移线38.05m±
地征用线36.55m
夏秋之交多台风，常发生洪水灾害。
生态受损-----白鹤数量减少
长潭水库凭借优良的自然环境吸引了一大批白鹤、中华秋沙鸭等鸟类在这里安营扎寨，故岭下又名白鹤岭下。现在环境逐渐受损，白鹤数量也在逐年减少。
白鹤繁衍生息
环境质量优秀
白鹤逐渐减少
环境质量受损
如何鹤归?
农业发展
文化传承
生态涵养
现状解读
优势
劣势
1.没有农药化肥的使用
2.食用菌种植
1.农产品缺乏商品化处理
2.生产与销售脱节
1.村民长期保持传统种植方式
2.农业副业化，农业生产得不到保障。
3.村民受教育水平低
1.具有较强的可开发性。
2.农业生产方式传统
1.村民文化生活单调，缺乏文化公共空间。
2.传统建筑破损严重，村民弃旧建新，老建筑保护不力。
1.位于水源保护地附近
2.是白鹤过冬的栖息地
1.位于长潭水库旁，夏秋多台风，容易发生洪涝灾害。
2.水库保护限制了工业产业发展。
3.环境受损，白鹤数量逐渐减少。
现状思考
乡村空心化
如何促进人口回流？
农业附加值低
如何实现产业转型？
产业特色不明显
如何培育特色主导产业？
实现农业升级和村民就地城镇化
只有版画载体相关产业缺失
如何将版画传承与乡村旅游发展结合？
传统建筑破损
如何提升居住品质？
如何保护传统建筑文化？
如何将传统建筑与乡村旅游相结合？
实现文化传承和生活品质提升
水源地上游小山村用地紧张如何解决？
38m线与发展的矛盾如何解决？
如何在保护生态的同时发展乡村旅游？
构建人与自然和谐相处的幸福岭下

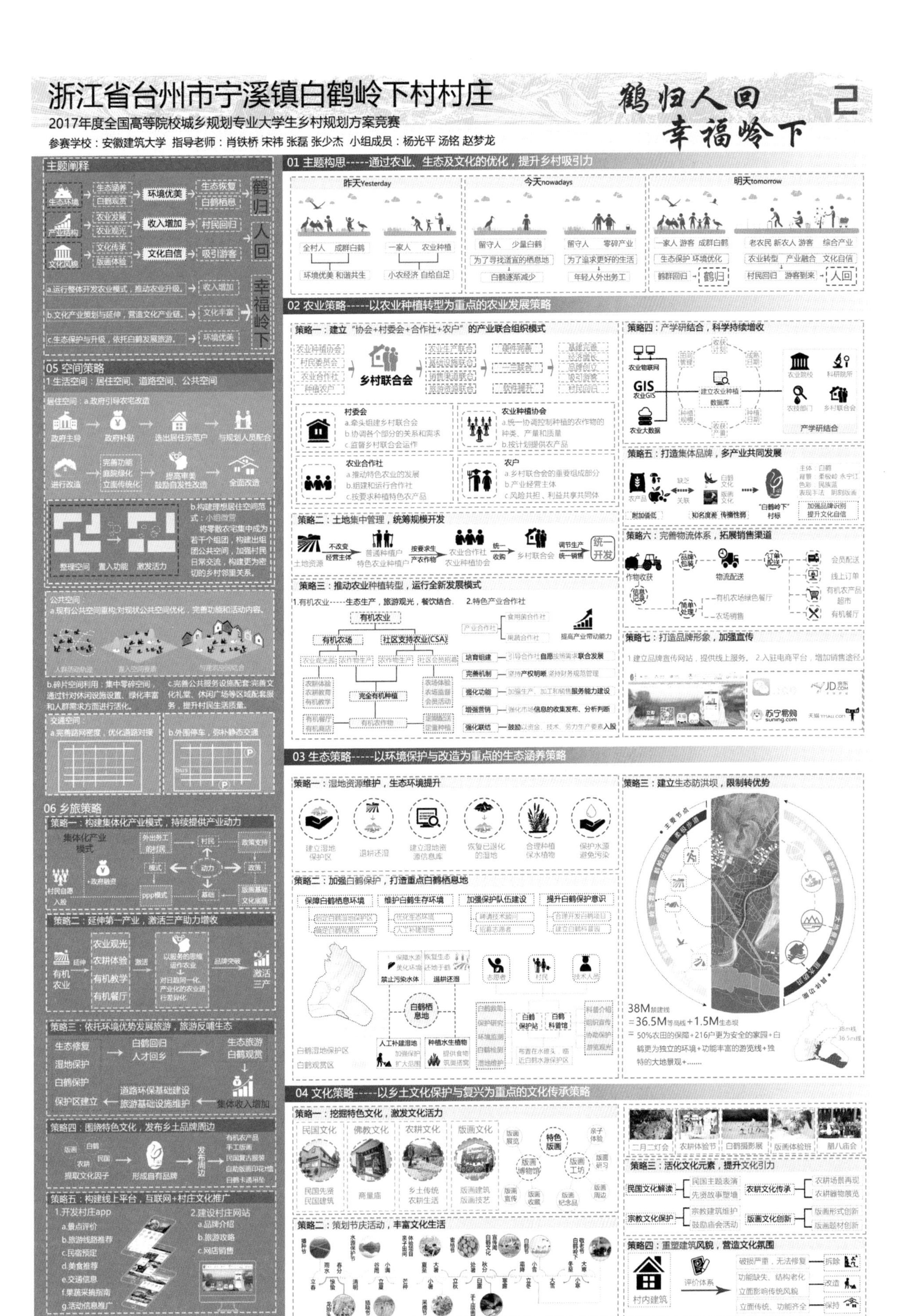

浙江省台州市宁溪镇白鹤岭下村村庄
2017年度全国高等院校城乡规划专业大学生乡村规划方案竞赛
参赛学校：安徽建筑大学 指导老师：肖铁桥 宋祎 张磊 张少杰 小组成员：杨光平 汤铭 赵梦龙
鹤归人回 幸福岭下
2
主题阐释
01 主题构思-----通过农业、生态及文化的优化，提升乡村吸引力
02 农业策略-----以农业种植转型为重点的农业发展策略
03 生态策略-----以环境保护与改造为重点的生态涵养策略
04 文化策略-----以乡土文化保护与复兴为重点的文化传承策略
05 空间策略
06 乡旅策略

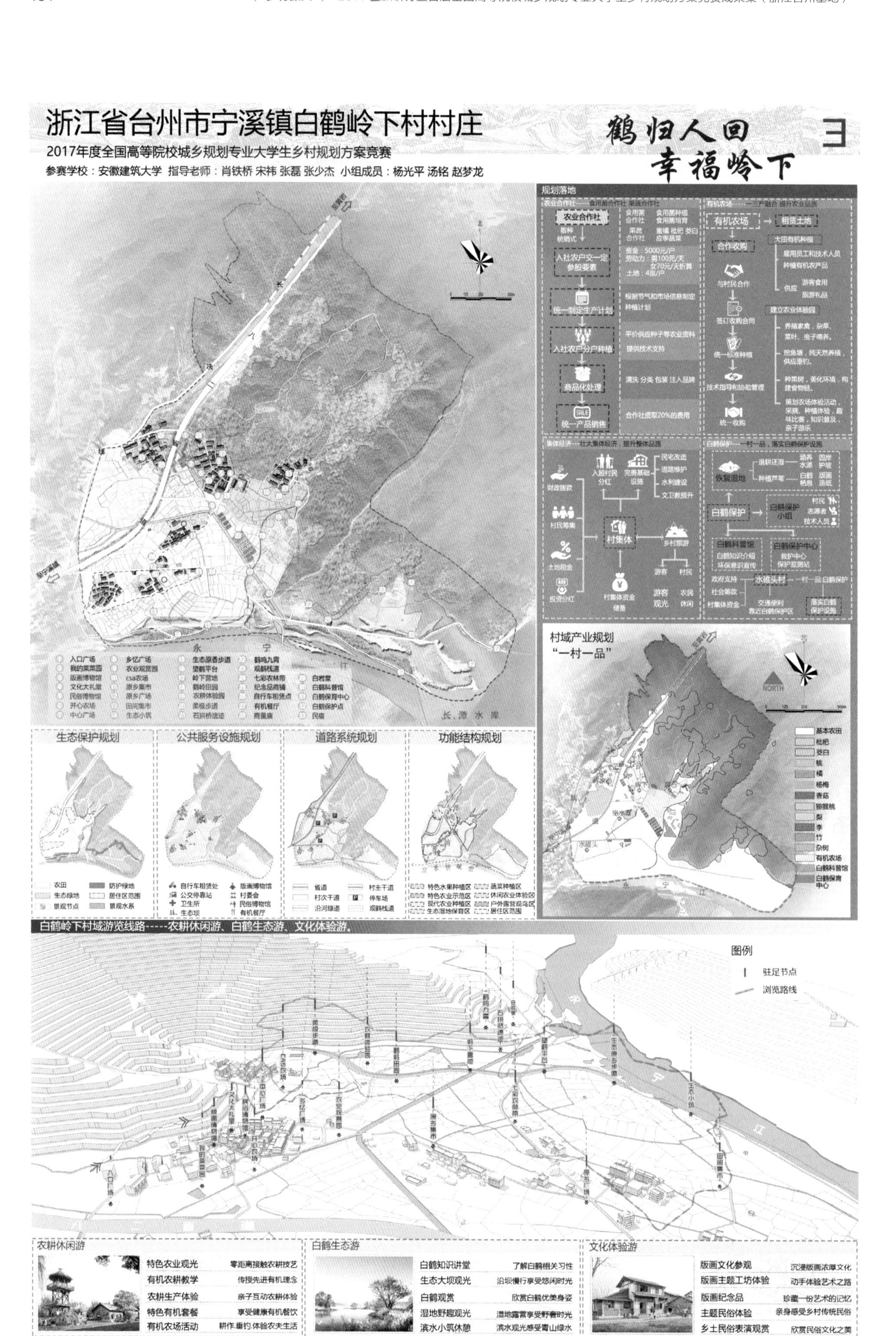

浙江省台州市宁溪镇白鹤岭下村村庄
2017年度全国高等院校城乡规划专业大学生乡村规划方案竞赛
参赛学校：安徽建筑大学 指导老师：肖铁桥 宋祎 张磊 张少杰 小组成员：杨光平 汤铭 赵梦龙
鹤归人回 幸福岭下
3
规划落地
村域产业规划 "一村一品"
生态保护规划
公共服务设施规划
道路系统规划
功能结构规划
白鹤岭下村域游览线路-----农耕休闲游、白鹤生态游、文化体验游。
图例
驻足节点
浏览路线
农耕休闲游
特色农业观光 零距离接触农耕技艺
有机农耕教学 传授先进有机理念
农耕生产体验 亲子互动农耕体验
特色有机套餐 享受健康有机餐饮
有机农场活动 耕作.垂钓.体验农夫生活
白鹤生态游
白鹤知识讲堂 了解白鹤相关习性
生态大坝观光 沿坝慢行享受悠闲时光
白鹤观赏 欣赏白鹤优美身姿
湿地野趣观光 湿地露营享受野营时光
滨水小筑休憩 滨水观光感受青山绿水
文化体验游
版画文化参观 沉浸版画浓厚文化
版画主题工坊体验 动手体验艺术之路
版画纪念品 珍藏一份艺术的记忆
主题民俗体验 亲身感受乡村传统民俗
乡土民俗表演观赏 欣赏民俗文化之美

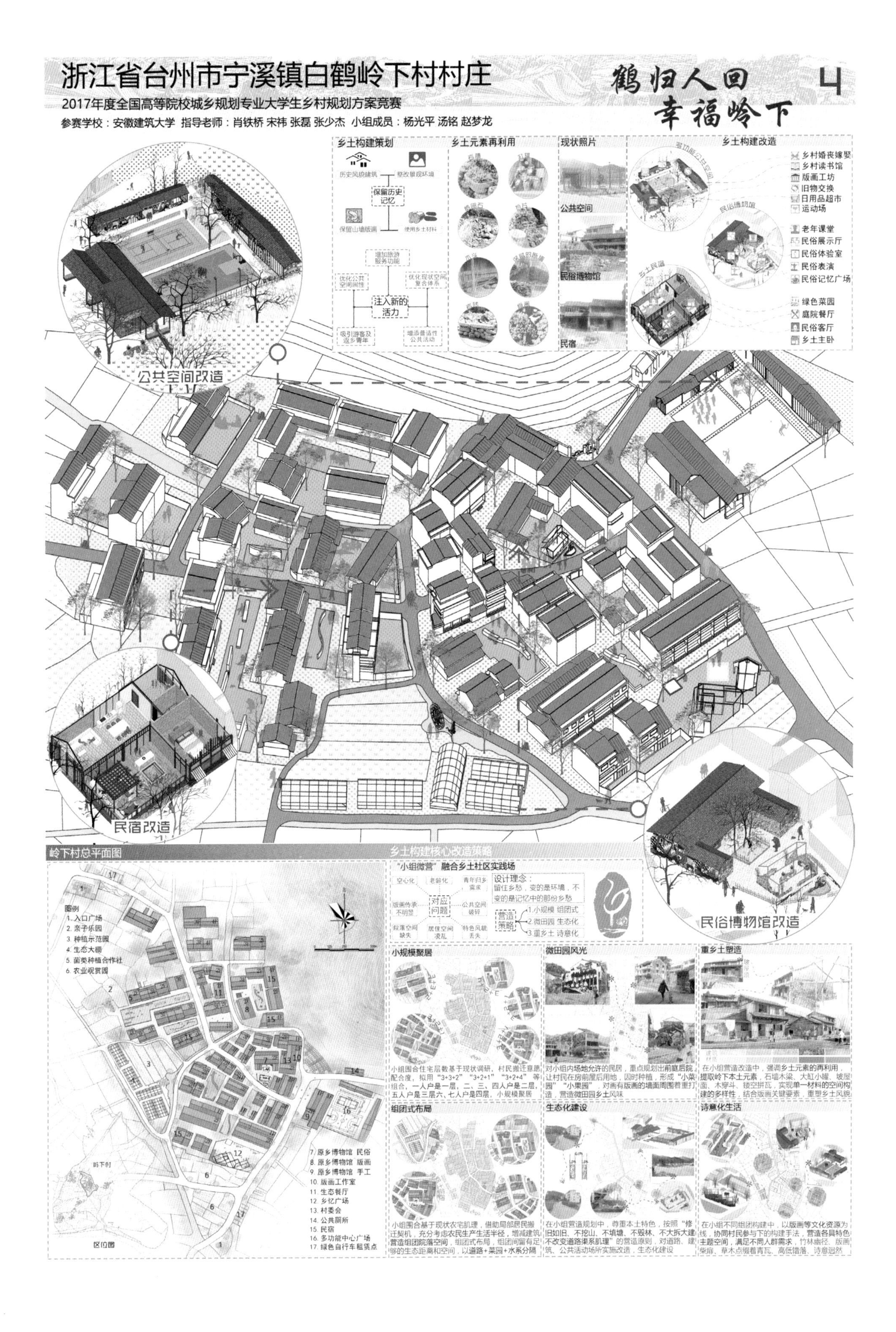

浙江省台州市宁溪镇白鹤岭下村村庄
2017年度全国高等院校城乡规划专业大学生乡村规划方案竞赛
参赛学校：安徽建筑大学 指导老师：肖铁桥 宋祎 张磊 张少杰 小组成员：杨光平 汤铭 赵梦龙
鹤归人回 幸福岭下
4
乡土构建策划
历史风貌建筑
整改景观环境
保留历史记忆
保留山墙版画
使用乡土材料
增加旅游服务功能
优化公共空间属性
优化现状空间复合体系
注入新的活力
吸引游客及返乡青年
增添普适性公共活动
乡土元素再利用
现状照片
公共空间
民俗博物馆
民宿
乡土构建改造
乡村婚丧嫁娶
乡村读书馆
版画工坊
旧物交换
日用品超市
运动场
老年课堂
民俗展示厅
民俗体验室
民俗表演
民俗记忆广场
绿色菜圃
庭院餐厅
民俗客厅
乡土主卧
公共空间改造
民宿改造
民俗博物馆改造
岭下村总平面图
图例
1. 入口广场
2. 亲子乐园
3. 种植示范圃
4. 生态大棚
5. 菌类种植合作社
6. 农业观赏园
7. 原乡博物馆 民俗
8. 原乡博物馆 版画
9. 原乡博物馆 手工
10. 版画工作室
11. 生态餐厅
12. 乡忆广场
13. 村委会
14. 公共厕所
15. 民宿
16. 多功能中心广场
17. 绿色自行车租赁点
岭下村
区位图
乡土构建核心改造策略
“小组微营” 融合乡土社区实践场
空心化
老龄化
青年归乡需求
版画传承不明显
对应问题
公共空间破碎
院落空间缺失
居住空间凌乱
特色风貌丢失
设计理念：
留住乡愁，变的是环境，不变的是记忆中的那份乡愁
营造策略
1.小规模 组团式
2.微田园 生态化
3.重乡土 诗意化
小规模聚居
小组围合住宅层数基于现状调研，村民搬迁意愿配合度，拟用“3+3+2”“3+2+1”“3+2+4”等组合，一人户是一层，二、三、四人户是二层，五人户是三层六、七人户是四层，小规模聚居
微田园风光
对小组内场地允许的民居，重点规划出前庭后院，让村民在房前屋后用地，因时种植，形成“小菜园”“小果园”，对画有版画的墙面周围着重打造，营造微田园乡土风味
重乡土塑造
在小组营造改造中，强调乡土元素的再利用，提取岭下本土元素，石墙木梁、大缸小罐、坡屋面、木穿斗、镂空拼瓦，实现单一材料的空间构建的多样性，结合版画关键要素，重塑乡土风貌
组团式布局
小组围合基于现状农宅肌理，借助局部居民搬迁契机，充分考虑农民生产生活半径，增减建筑营造组团院落空间，组团式布局，组团间留有足够的生态距离和空间，以道路+菜园+水系分隔
生态化建设
在小组营造规划中，尊重本土特色，按照“修旧如旧、不挖山、不填塘、不毁林、不大拆大建不改变道路渠系肌理”的营造原则，对道路、建筑、公共活动场所实施改造，生态化建设
诗意化生活
在小组不同组团构建中，以版画等文化资源为线，协同村民参与下的构建手法，营造各具特色主题空间，满足不同人群需求，竹林幽径、版画柴扉、草木点缀着青瓦、高低错落、诗意迥然

“朝望画，夕拾菇”台州市黄岩区白鹤岭下村庄规划

浙江师范大学
沈 轶　盛宇磊　孙 慧
吴美圆　夏杉杉　张嘉慧
指导老师
胡梦翔　马永俊

1 现状篇

村庄现状分析

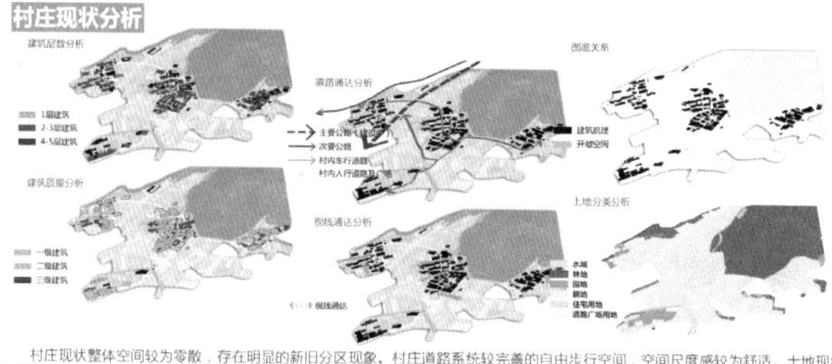

村庄现状整体空间较为零散，存在明显的新旧分区现象。村庄道路系统较完善的自由步行空间，空间尺度感较为舒适。土地现状利用较为单一，以居住和农林用地为主。

区位分析

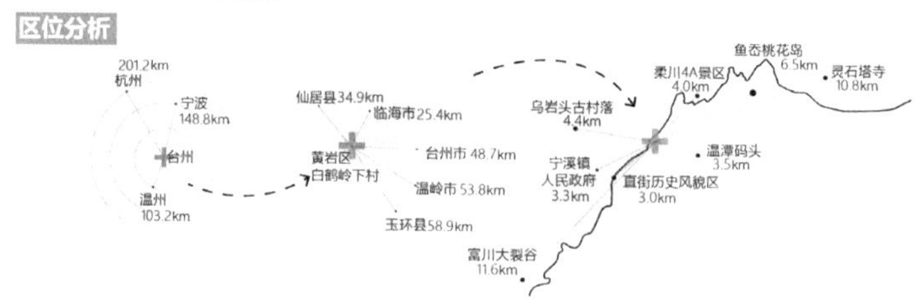

台州市黄岩区白鹤岭下村位于宁溪镇东部，是黄岩城区进入宁溪镇的第一个村，在柔极岭隧道口出口处，长决线穿村而过，交通便利。距离镇政府驻地仅3.3km，与其他旅游景区交通联系紧密，为村庄旅游发展提供充足的条件。

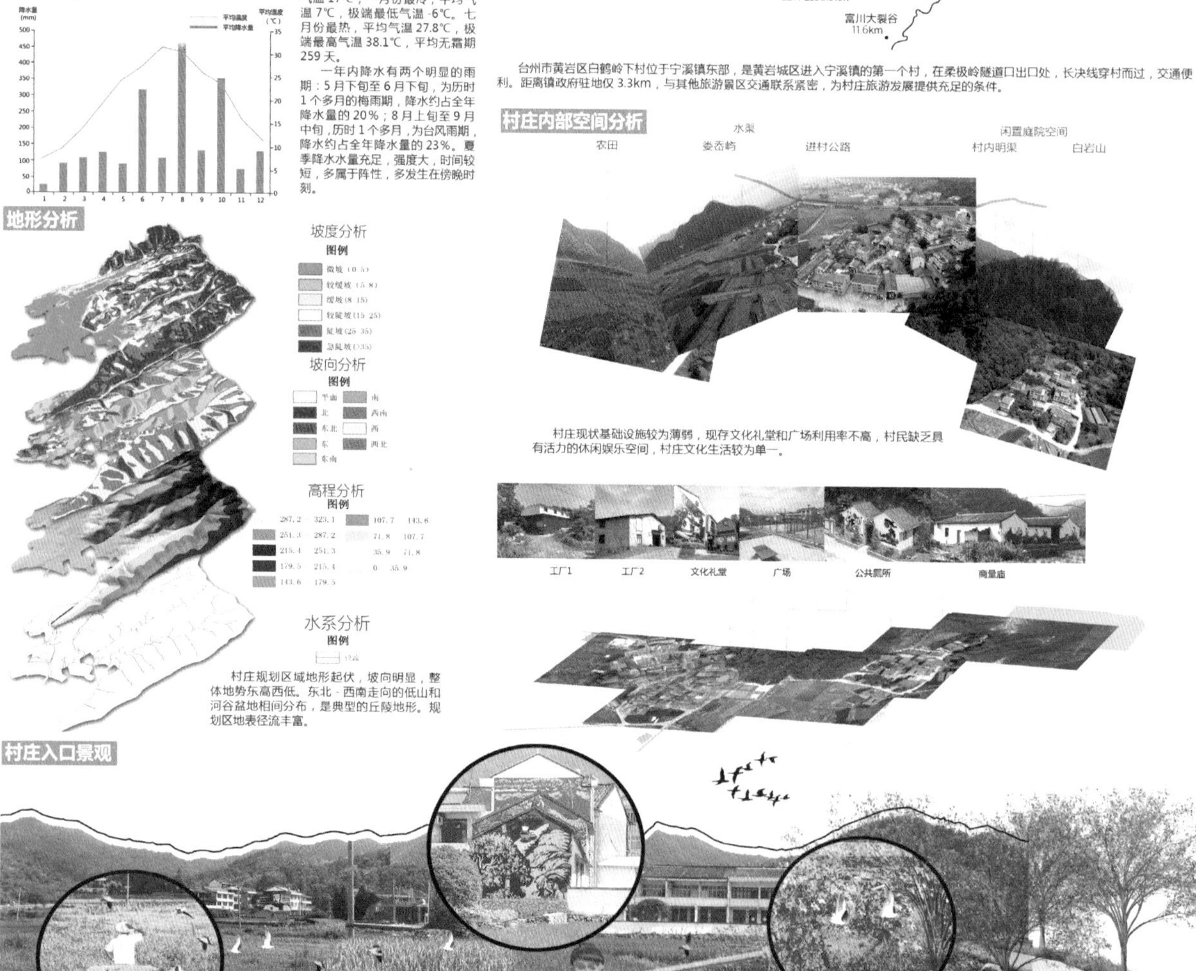

气候分析

宁溪镇气候条件优越。年平均气温17℃，一月份最冷，平均气温7℃，极端最低气温-6℃。七月份最热，平均气温27.8℃，极端最高气温38.1℃，平均无霜期259天。

一年内降水有两个明显的雨期：5月下旬至6月下旬，为历时1个多月的梅雨期，降水约占全年降水量的20%；8月上旬至9月中旬，历时1个多月，为台风雨期，降水约占全年降水量的23%。夏季降水水量充足，强度大，时间较短，多属于阵性，多发生在傍晚时刻。

地形分析

村庄规划区域地形起伏，坡向明显，整体地势东高西低。东北-西南走向的低山和河谷盆地相间分布，是典型的丘陵地形。规划区地表径流丰富。

村庄内部空间分析

村庄现状基础设施较为薄弱，现存文化礼堂和广场利用率不高，村民缺乏具有活力的休闲娱乐空间，村庄文化生活较为单一。

村庄入口景观

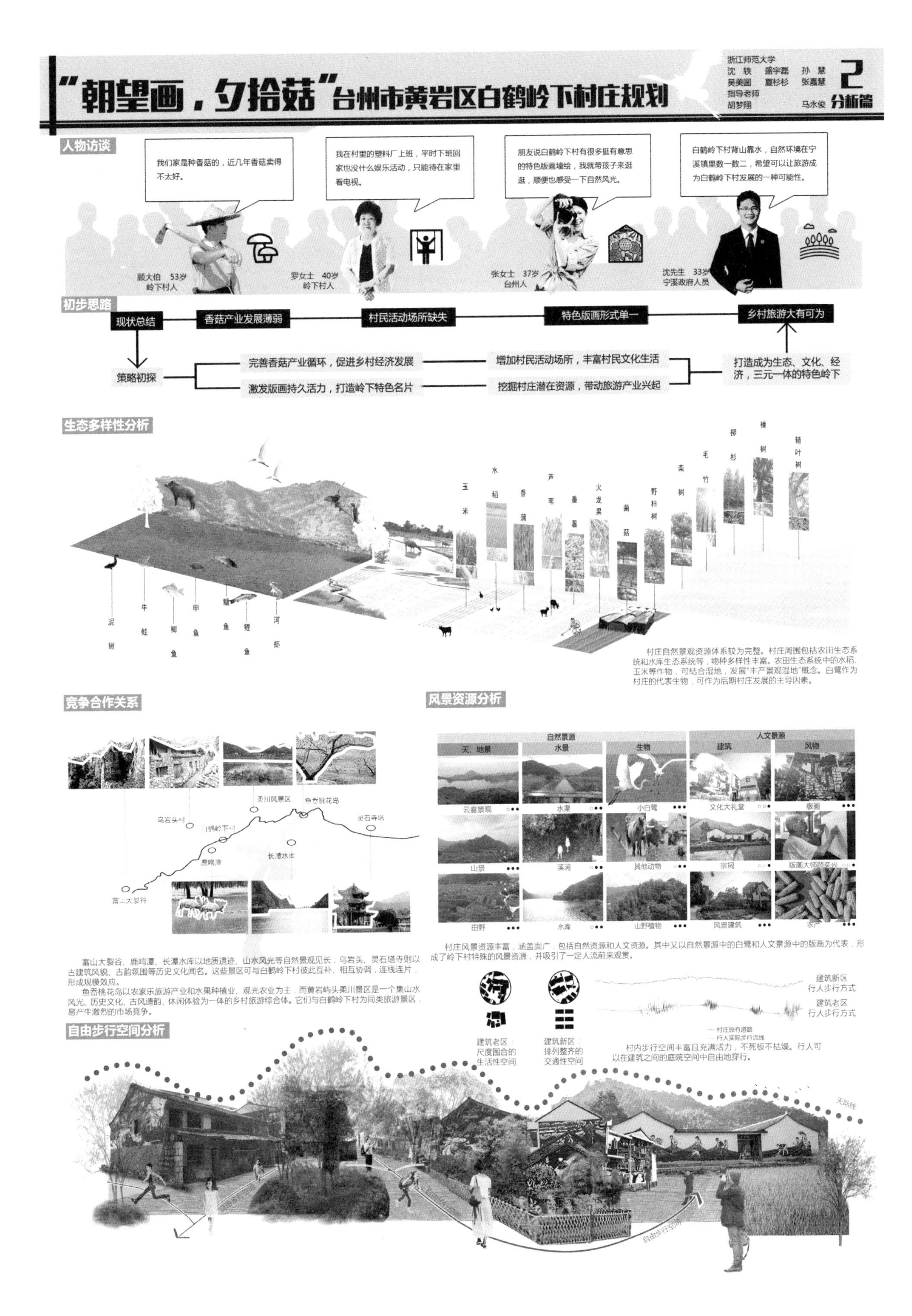

"朝望画，夕拾菇"台州市黄岩区白鹤岭下村庄规划
浙江师范大学
沈轶 盛宇磊 孙慧
吴美圆 夏杉杉 张嘉慧
指导老师
胡梦翔 马永俊
2 分析篇
人物访谈
我们家是种香菇的，近几年香菇卖得不太好。
顾大伯 53岁 岭下村人
我在村里的塑料厂上班，平时下班回家也没什么娱乐活动，只能待在家里看电视。
罗女士 40岁 岭下村人
朋友说白鹤岭下村有很多挺有意思的特色版画墙绘，我就带孩子来逛逛，顺便也感受一下自然风光。
张女士 37岁 台州人
白鹤岭下村背山靠水，自然环境在宁溪镇里数一数二，希望可以让旅游成为白鹤岭下村发展的一种可能性。
沈先生 33岁 宁溪政府人员
初步思路
现状总结
香菇产业发展薄弱
村民活动场所缺失
特色版画形式单一
乡村旅游大有可为
策略初探
完善香菇产业循环，促进乡村经济发展
激发版画持久活力，打造岭下特色名片
增加村民活动场所，丰富村民文化生活
挖掘村庄潜在资源，带动旅游产业兴起
打造成为生态、文化、经济，三元一体的特色岭下
生态多样性分析
泥鳅 牛蛙 鲫鱼 甲鱼 鳜鱼 鲤鱼 河虾
玉米 水稻 香蒲 芦苇 番薯 火龙果 菌菇 野柿树 栾树 毛竹 柳杉 樟树 樟叶树
村庄自然景观资源体系较为完整。村庄周围包括农田生态系统和水库生态系统等，物种多样性丰富。农田生态系统中的水稻、玉米等作物，可结合湿地，发展"丰产景观湿地"概念。白鹭作为村庄的代表生物，可作为后期村庄发展的主导因素。
竞争合作关系
柔川风景区 鱼岙桃花岛 乌岩头村 白鹤岭下村 灵石寺塔 鹿鸣潭 长潭水库 富山大裂谷
富山大裂谷、鹿鸣潭、长潭水库以地质遗迹、山水风光等自然景观见长；乌岩头、灵石塔寺则以古建筑风貌、古韵氛围等历史文化闻名。这些景区可与白鹤岭下村彼此互补、相互协调，连线连片，形成规模效应。
鱼岙桃花岛以农家乐旅游产业和水果种植业、观光农业为主，而黄岩屿头柔川景区是一个集山水风光、历史文化、古风遗韵、休闲体验为一体的乡村旅游综合体。它们与白鹤岭下村为同类旅游景区，易产生激烈的市场竞争。
风景资源分析
自然景源 人文景源
天、地景 水景 生物 建筑 风物
云雾景观 水渠 小白鹭 文化大礼堂 版画
山景 溪涧 其他动物 宗祠 版画大师陈奕兴
田野 水库 山野植物 风景建筑 农产
村庄风景资源丰富，涵盖面广，包括自然资源和人文资源。其中又以自然景源中的白鹭和人文景源中的版画为代表，形成了岭下村特殊的风景资源，并吸引了一定人流前来观赏。
建筑老区 尺度围合的生活性空间
建筑新区 排列整齐的交通性空间
建筑新区 行人步行方式
建筑老区 行人步行方式
村庄现有道路
行人实际步行流线
村内步行空间丰富且充满活力，不死板不枯燥。行人可以在建筑之间的庭院空间中自由地穿行。
自由步行空间分析
自由步行空间
天际线

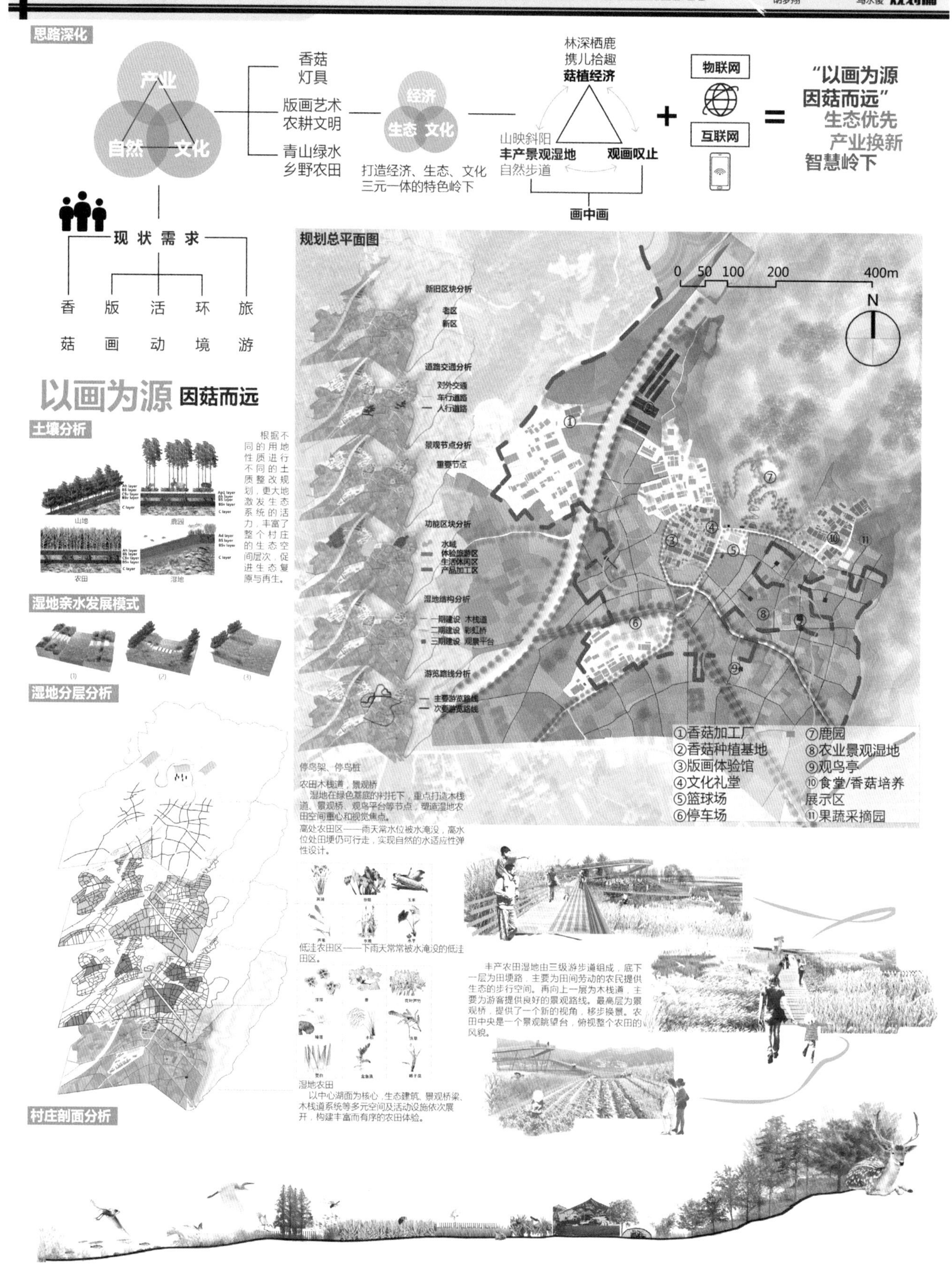
“朝望画，夕拾菇”台州市黄岩区白鹤岭下村庄规划
浙江师范大学
沈 铁 盛宇磊 孙 慧
吴美圆 夏杉杉 张嘉慧
指导老师
胡梦翔 马永俊
3
规划篇
思路深化
产业
自然
文化
香菇
灯具
版画艺术
农耕文明
青山绿水
乡野农田
经济
生态
文化
打造经济、生态、文化
三元一体的特色岭下
林深栖鹿
携儿拾趣
菇植经济
山映斜阳
丰产景观湿地
自然步道
观画叹止
画中画
物联网
互联网
“以画为源
因菇而远”
生态优先
产业换新
智慧岭下
现状需求
香菇
版画
活动
环境
旅游
以画为源 因菇而远
土壤分析
根据不同的用地性质进行不同的土质整改规划，更大地激发生态系统的活力，丰富了整个村庄的生态空间层次，促进生态复原与再生。
山地
農园
农田
湿地
湿地亲水发展模式
湿地分层分析
规划总平面图
0 50 100 200 400m
N
新旧区块分析
老区
新区
道路交通分析
对外交通
车行道路
人行道路
景观节点分析
重要节点
功能区块分析
水域
体验旅游区
生活休闲区
产品加工区
湿地结构分析
一期建设 木栈道
二期建设 彩虹桥
三期建设 观景平台
游览路线分析
主要游览路线
次要游览路线
①香菇加工厂
②香菇种植基地
③版画体验馆
④文化礼堂
⑤篮球场
⑥停车场
⑦鹿园
⑧农业景观湿地
⑨观鸟亭
⑩食堂/香菇培养展示区
⑪果蔬采摘园
停鸟架、停鸟桩
农田木栈道，景观桥
湿地在绿色基底的衬托下，重点打造木栈道、景观桥、观鸟平台等节点，塑造湿地农田空间重心和视觉焦点。
高处农田区——雨天常水位被水淹没，高水位处田埂仍可行走，实现自然的水适应性弹性设计。
低洼农田区——下雨天常常被水淹没的低洼田区。
湿地农田
以中心湖面为核心，生态建筑、景观桥梁、木栈道系统等多元空间及活动设施依次展开，构建丰富而有序的农田体验。
丰产农田湿地由三级游步道组成，底下一层为田埂路，主要为田间劳动的农民提供生态的步行空间。再向上一层为木栈道，主要为游客提供良好的景观路线。最高层为景观桥，提供了一个新的视角，移步换景。农田中央是一个景观眺望台，俯视整个农田的风貌。
村庄剖面分析

“朝望画，夕拾菇”台州市黄岩区白鹤岭下村庄规划

浙江师范大学
沈 轶 盛宇磊 孙 慧
吴美圆 夏杉杉 张嘉慧
指导老师
胡梦翔 马永俊

4 发展篇

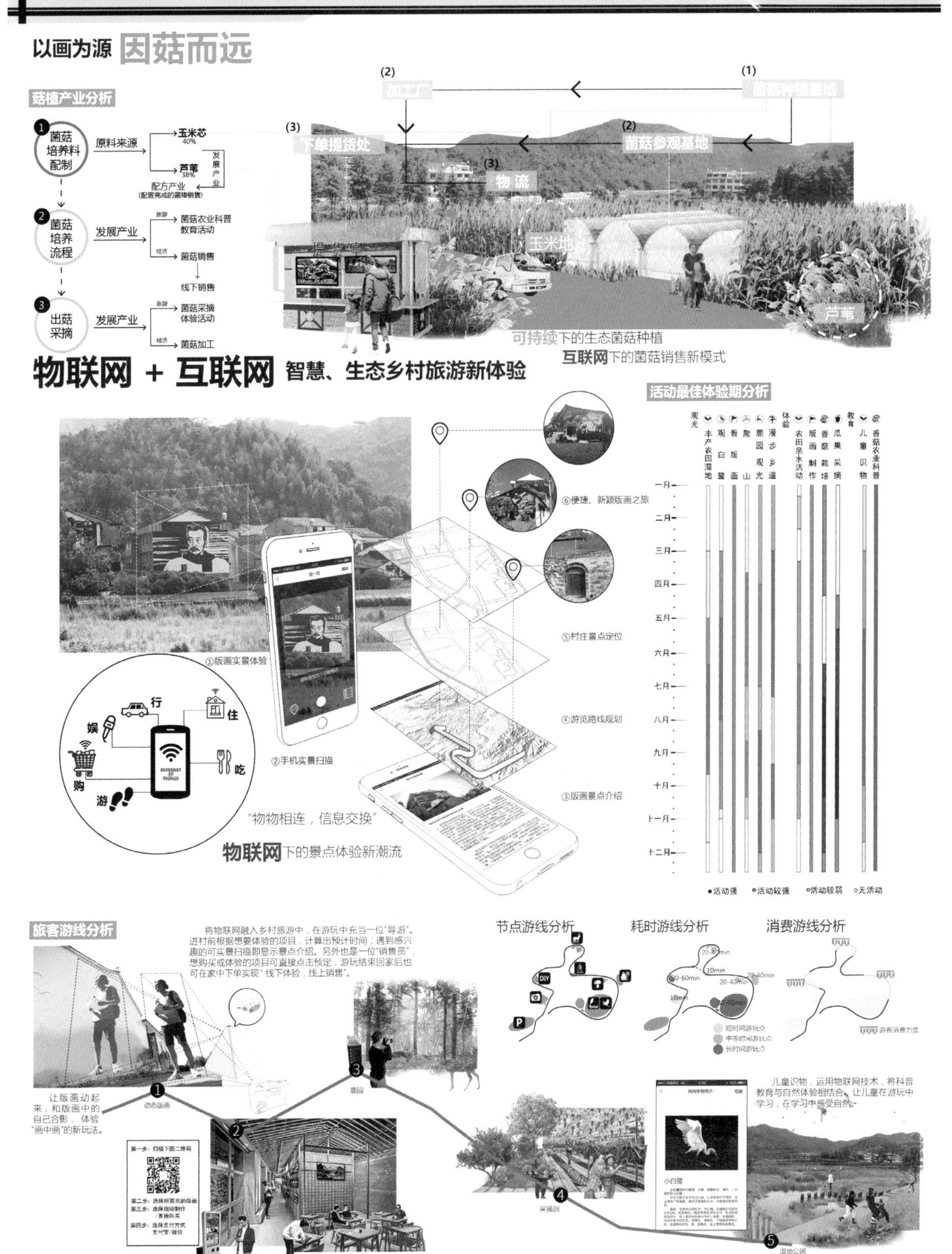
以画为源 因菇而远
菇植产业分析
菌菇培养料配制
原料来源
玉米芯 40%
芦苇 38%
配方产业
发展产业
菌菇培养流程
菌菇农业科普教育活动
菌菇销售
线下销售
出菇采摘
菌菇采摘体验活动
菌菇加工
下单提货处
菌菇参观基地
物流
玉米地
芦苇
可持续下的生态菌菇种植
互联网下的菌菇销售新模式
物联网 + 互联网 智慧、生态乡村旅游新体验
①版画实景体验
②手机实景扫描
③版画景点介绍
④游览路线规划
⑤村庄景点定位
⑥便捷、新颖版画之旅
行
住
娱
吃
购
游
“物物相连，信息交换”
物联网下的景点体验新潮流
活动最佳体验期分析
观光
丰产农田湿地
观白鹭
看版画
爬山
鹿园观光
漫步乡道
体验
农田亲水活动
版画制作
香菇栽培
瓜果采摘
教育
儿童识物
香菇农业科普
一月
二月
三月
四月
五月
六月
七月
八月
九月
十月
十一月
十二月
活动强
活动较强
活动较弱
无活动
旅客游线分析
将物联网融入乡村旅游中，在游玩中充当一位“导游”。进村前根据想要体验的项目，计算出预计时间；遇到感兴趣的可实景扫描即显示景点介绍。另外也是一位“销售员”，想购买或体验的项目可直接点击预定，游玩结束回家后也可在家中下单实现“线下体验，线上销售”。
节点游线分析
耗时游线分析
消费游线分析
10min
20-40min
30-60min
短时间游玩点
中等时间游玩点
长时间游玩点
游客消费力度
让版画动起来，和版画中的自己合影，体验“画中画”的新玩法。
动态版画
鹿园
版画DIY
采摘园
湿地公园
儿童识物，运用物联网技术，将科普教育与自然体验相结合，让儿童在游玩中学习，在学习中感受自然。
小白鹭

鹤栖岭下，归“原”田居

【参赛院校】 浙江科技学院

【参赛学生】 屠商杰 徐盛昕 詹钰鸿 陆哲锴 王竹男 卢闻雯

【指导教师】 吴德刚 张学文 黄扬飞

一路奔波，花了大半天时间赶到岭下村时，并未出乎太多人的意料，这个位于黄岩区西部山区的小村庄，在浙江省来说实在是普通得不能再普通了，她安静地坐落那里，开车经过，丝毫不会抓住路人过多的眼光。

然而，当真的在宁溪镇工作人员和岭下村书记陪同下走进这个小村庄、听他们对村庄的历史和发展娓娓道来的时候，她的积淀和容貌又在为我们刻画出她独一无二的脉络……

充分体会岭下村现有发展状况的基础上，设计团队还对宁溪镇乃至黄岩区等宏观层面对于今后岭下村发展的背景进行了梳理，最终以岭下村的实际定位了其发展的基调——“慢生活”。

岭下村的节奏很贴切地就使设计团队想到了木心先生的《从前慢》。白鹤翩翩，村庄的祥和宁静使人能够在这样的慢生活中体会到更加“原本”的田居快乐，用一根“慢”的线串联起村庄今后的发展，同时也可以用这样的思路来进行村庄的规划设计。

“慢”并不意味着低效和拖延，而是一种基于村庄本身发展节奏的态度，强调守住山水、张弛有度、留筑乡韵，将原本村庄应有的“慢能力”逐步打造和恢复回来。从实现设计理念的具体操作手段来分析，主要体现在三个方面：一是基于生态环境的外部控制，二是拓展强化产业形成村庄发展重要动力，三是融合文化的内部空间塑造。

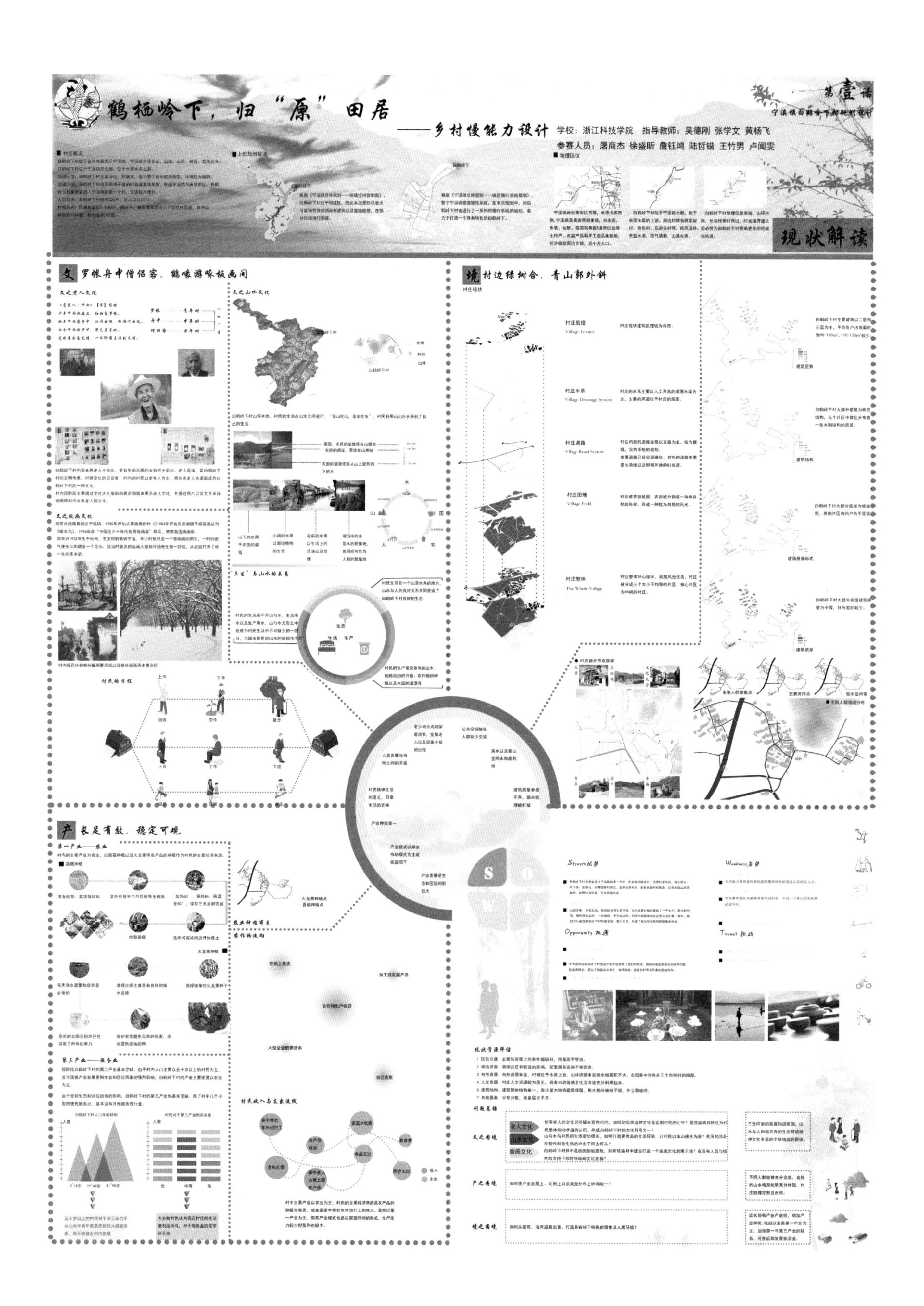
鹤栖岭下，归“原”田居
——乡村慢能力设计
学校：浙江科技学院 指导教师：吴德刚 张学文 黄杨飞
参赛人员：屠商杰 徐盛昕 詹钰鸿 陆哲锴 王竹男 卢闻雯
第壹话
现状解读
文 罗帐舟中僧侣客，鹤唳游啄板画间
境 村边绿树合，青山郭外斜
产 长足有效，稳定可现
村民的日程
村庄肌理
Village Texture
村庄水系
Village Drainage System
村庄道路
Village Road System
村庄田地
Village Field
村庄整体
The Whole Village
Strength优势
Weakness劣势
Opportunity机遇
Threat挑战
现状资源评估
问题总结
文之困境
产之困境
境之困境
老人文化
山水文化
版画文化

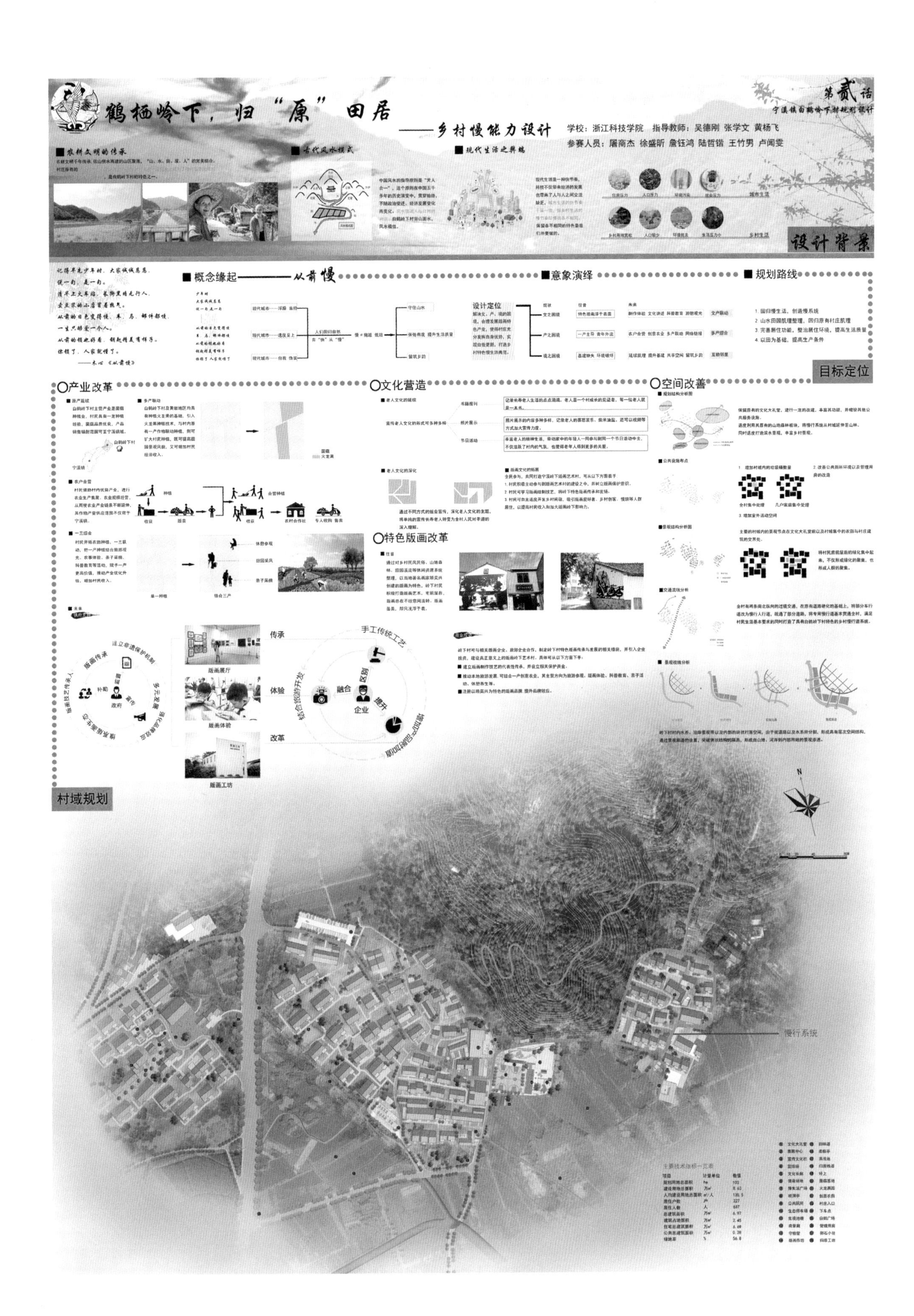
鹤栖岭下，归“原”田居
——乡村慢能力设计
第贰话
学校：浙江科技学院 指导教师：吴德刚 张学文 黄杨飞
参赛人员：屠商杰 徐盛昕 詹钰鸿 陆哲锴 王竹男 卢闻雯
设计背景
概念缘起——从前慢
意象演绎
规划路线
1. 回归慢生活，创造慢系统
2. 山水田园肌理整理，回归原有村庄肌理
3. 完善居住功能，整治居住环境，提高生活质量
4. 以田为基础，提高生产条件
目标定位
产业改革
文化营造
空间改善
特色版画改革
版画展厅
版画体验
版画工坊
传承
体验
改革
手工传统工艺
融合
企业
政府
提升
村域规划
慢行系统

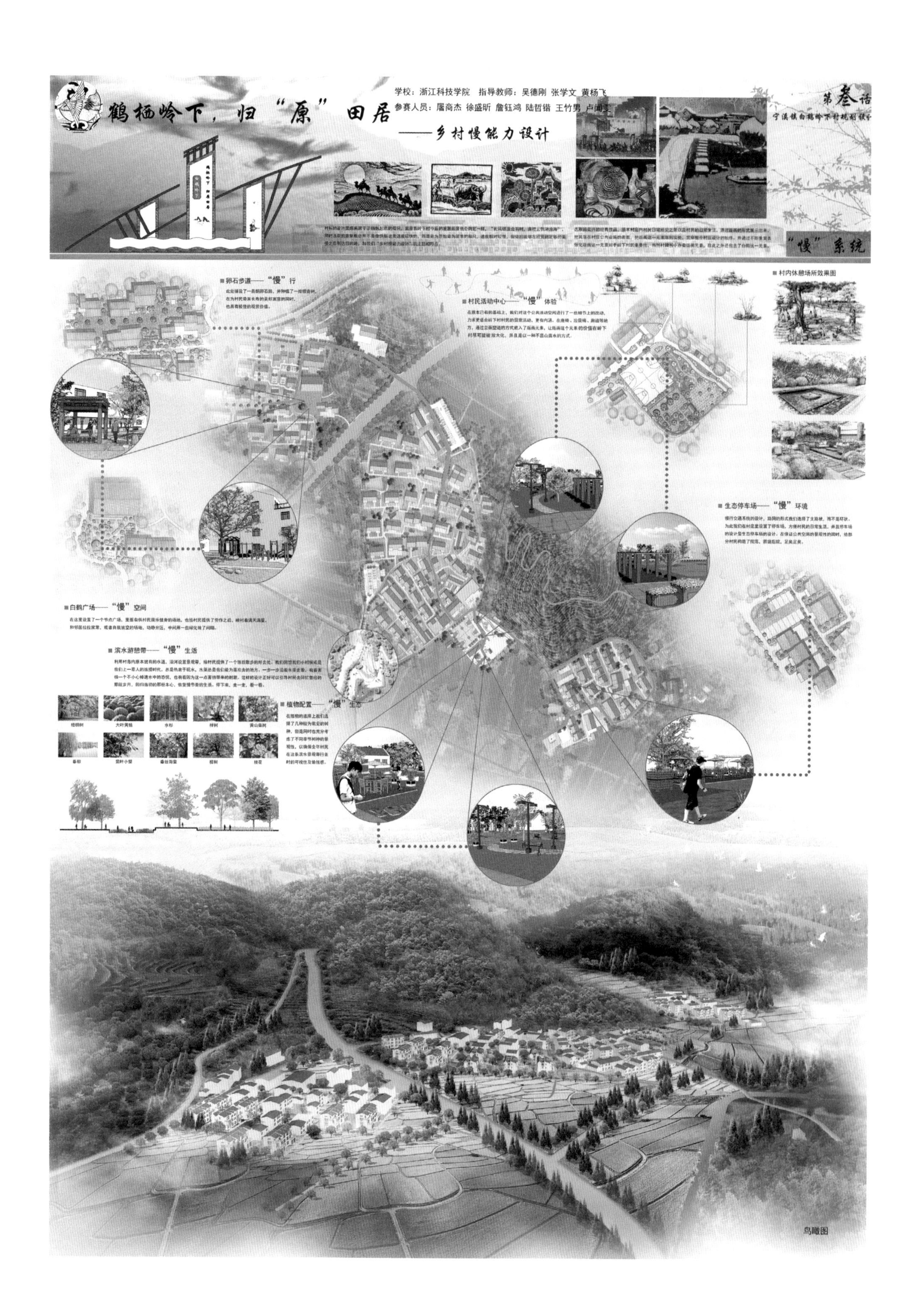
鹤栖岭下，归"原"田居
——乡村慢能力设计
学校：浙江科技学院　指导教师：吴德刚 张学文 黄杨飞
参赛人员：屠商杰 徐盛昕 詹钰鸿 陆哲锴 王竹男
第叁话
"慢"系统
卵石步道——"慢"行
村民活动中心——"慢"体验
村内休憩场所效果图
生态停车场——"慢"环境
白鹤广场——"慢"空间
滨水游憩带——"慢"生活
植物配置——"慢"生态
鸟瞰图

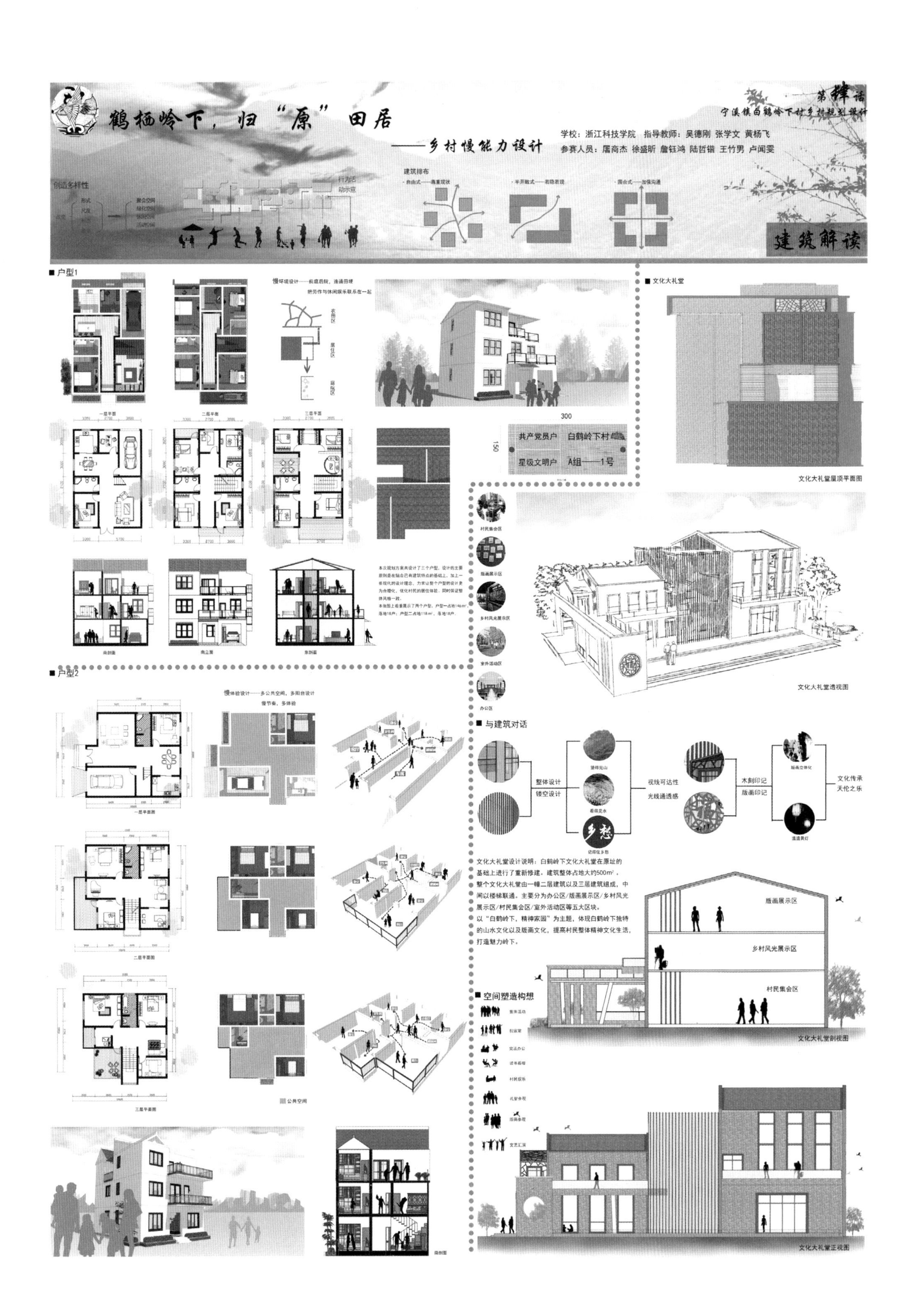
鹤栖岭下，归“原”田居
——乡村慢能力设计
第肆话
宁溪镇白鹤岭下村乡村规划设计
学校：浙江科技学院 指导教师：吴德刚 张学文 黄杨飞
参赛人员：屠商杰 徐盛昕 詹钰鸿 陆哲锴 王竹男 卢闻雯
创造多样性
行为活动示意
建筑排布
自由式——散落错落
半开敞式——若隐若现
围合式——加强沟通
建筑解读
户型1
慢环境设计——前庭后院，连通田埂
把劳作与休闲娱乐联系在一起
农田区
居住区
庭院区
300
150
共产党员户
白鹤岭下村
星级文明户
A组——1号
本次规划方案共设计了三个户型，设计的主要原则是在贴合已有建筑特点的基础上，加上一些现代的设计理念，力求让整个户型的设计更为合理化，优化村民的居住体验，同时保证整体风格一致。
本张图上着重展示了两个户型，户型一占地146m²，落地18户；户型二占地118m²，落地18户。
户型2
慢体验设计——多公共空间，多阳台设计
慢节奏，多体验
一层平面图
二层平面图
三层平面图
公共空间
文化大礼堂
文化大礼堂屋顶平面图
村民集会区
版画展示区
乡村风光展示区
室外活动区
办公区
文化大礼堂透视图
与建筑对话
整体设计
镂空设计
望得见山
看得见水
记得住乡愁
视线可达性
光线通透感
木刻印记
版画印记
版画立体化
温暖黄灯
文化传承
天伦之乐
文化大礼堂设计说明：白鹤岭下文化大礼堂在原址的基础上进行了重新修建。建筑整体占地大约500m²。
整个文化大礼堂由一幢二层建筑以及三层建筑组成，中间以楼梯联通。主要分为办公区/版画展示区/乡村风光展示区/村民集会区/室外活动区等五大区块。
以“白鹤岭下，精神家园”为主题，体现白鹤岭下独特的山水文化以及版画文化，提高村民整体精神文化生活，打造魅力岭下。
版画展示区
乡村风光展示区
村民集会区
文化大礼堂剖视图
空间塑造构想
文化大礼堂正视图

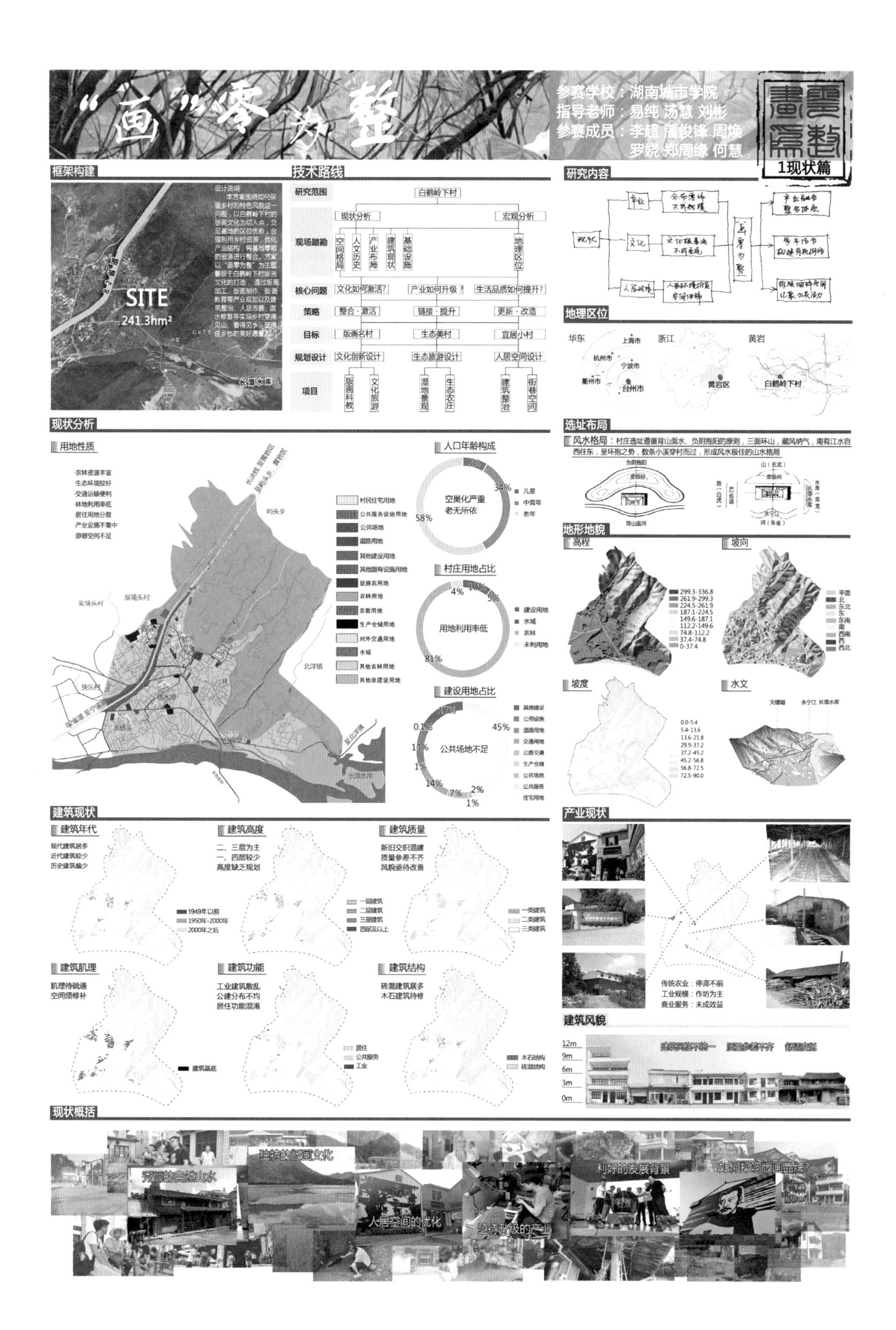

"画"零为整
参赛学校：湖南城市学院
指导老师：易纯 汤慧 刘彬
参赛成员：李超 潘俊锋 周焕
罗娆 郑周缘 何慧
1现状篇
框架构建
设计说明
本方案围绕如何保留乡村的特色风貌这一问题，以白鹤岭下村的版画文化为切入点，立足基地的区位优势，合理利用乡村资源，优化产业结构，将基地零散的资源进行整合。方案以"画零为整"为主题，着眼于白鹤岭下村版画文化的打造，通过版画加工、版画制作、版画教育等产业规划以及建筑整治、人居改善、滨水修复等实现乡村望得见山、看得见水、留得住乡愁的美好愿景。
SITE
241.3hm²
长潭水库
技术路线
研究范围 白鹤岭下村
现状分析 宏观分析
现场踏勘 空间格局 人文历史 产业布局 建筑现状 基础设施 地理区位
核心问题 文化如何激活? 产业如何升级? 生活品质如何提升?
策略 整合·激活 链接·提升 更新·改造
目标 版画名村 生态美村 宜居小村
规划设计 文化创新设计 生态旅游设计 人居空间设计
项目 版画科教 文化旅游 湿地景观 生态农庄 建筑整治 街巷空间
研究内容
地理区位
华东 上海市 杭州市 宁波市 衢州市 台州市
浙江 黄岩区
黄岩 白鹤岭下村
现状分析
用地性质
农林资源丰富
生态环境较好
交通运输便利
林地利用率低
居住用地分散
产业设施不集中
游憩空间不足
村民住宅用地
公共服务设施用地
公共场地
道路用地
其他建设用地
其他国有设施用地
设施农用地
农林用地
苗圃用地
生产仓储用地
对外交通用地
水域
其他农林用地
其他非建设用地
人口年龄构成
空巢化严重 老无所依
8% 34% 58%
儿童 中青年 老年
村庄用地占比
用地利用率低
10% 4% 5% 81%
建设用地 水域 农林 未利用地
建设用地占比
公共场地不足
17% 45% 0.1% 13% 1% 14% 7% 2% 1%
其他建设 公用设施 道路用地 交通用地 公路交通 生产仓储 公共场地 公共服务 住宅用地
选址布局
风水格局：村庄选址遵循背山面水、负阴抱阳的原则，三面环山，藏风纳气，南有江水自西往东，呈环抱之势，数条小溪穿村而过，形成风水极佳的山水格局
地形地貌
高程
299.3-336.8
261.9-299.3
224.5-261.9
187.1-224.5
149.6-187.1
112.2-149.6
74.8-112.2
37.4-74.8
0-37.4
坡向
平面 北 东北 东 东南 南 西南 西 西北
坡度
0.0-5.4
5.4-13.6
13.6-21.8
29.9-37.2
37.2-45.2
45.2-56.8
56.8-72.5
72.5-90.0
水文
天睡湖 永宁江 长潭水库
建筑现状
建筑年代
现代建筑居多
近代建筑较少
历史建筑偏少
1949年以前
1950年-2000年
2000年之后
建筑高度
二、三层为主
一、四层较少
高度缺乏规划
一层建筑
二层建筑
三层建筑
四层及以上
建筑质量
新旧交织混建
质量参差不齐
风貌亟待改善
一类建筑
二类建筑
三类建筑
建筑肌理
肌理待梳通
空间须修补
建筑基底
建筑功能
工业建筑散乱
公建分布不均
居住功能混淆
居住
公共服务
工业
建筑结构
砖混建筑居多
木石建筑待修
木石结构
砖混结构
产业现状
传统农业：停滞不前
工业规模：作坊为主
商业服务：未成效益
建筑风貌
12m 9m 6m 3m 0m
建筑风格不统一 质量参差不齐 色调混乱
现状概括
秀丽的自然山水
独特的版画文化
人居空间的优化
亟待升级的产业
利好的发展背景
如何打响版画品牌?

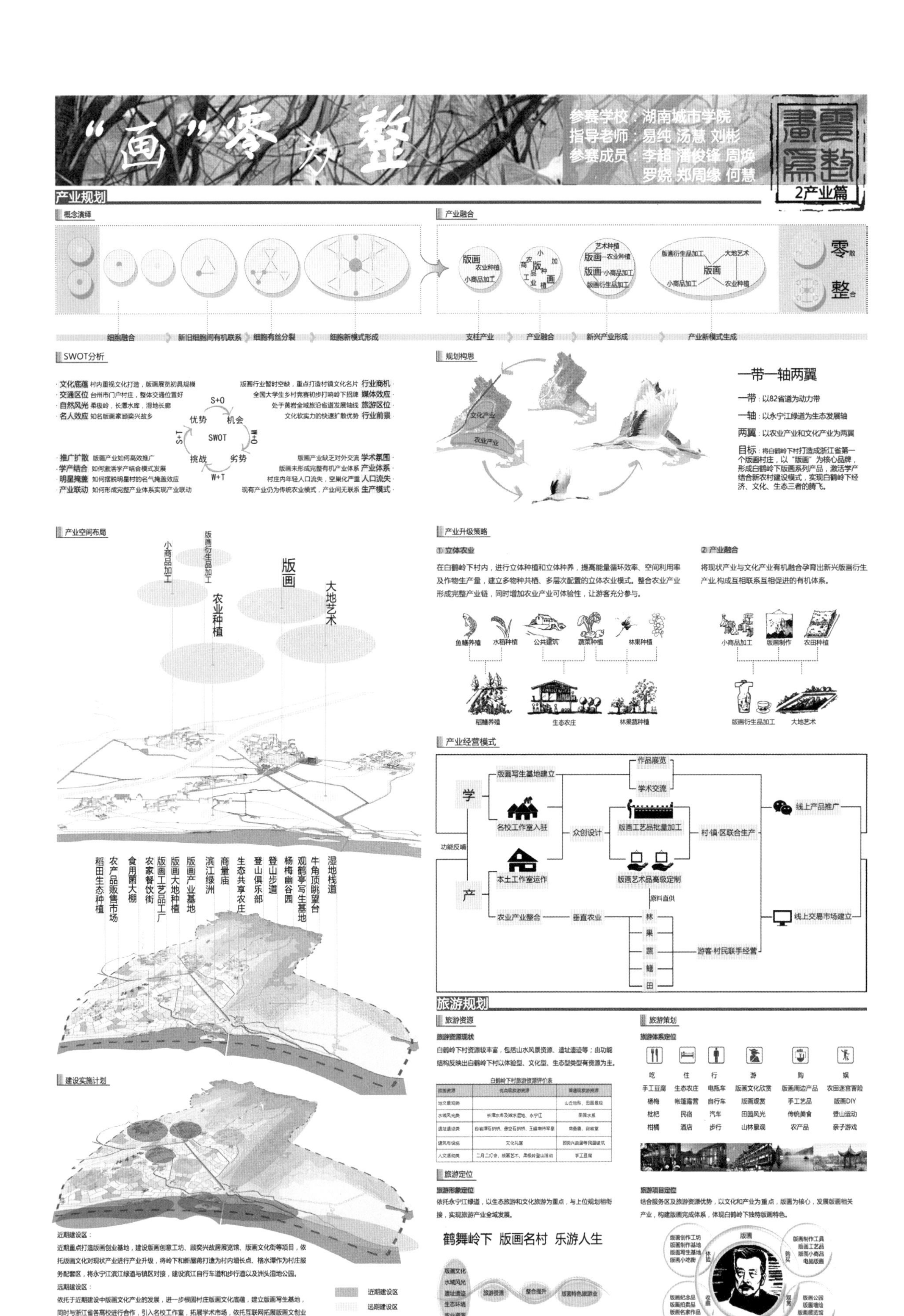
"画"零为整
参赛学校：湖南城市学院
指导老师：易纯 汤慧 刘彬
参赛成员：李超 潘俊锋 周焕 罗烧 郑周缘 何慧
2产业篇
产业规划
概念演绎
产业融合
细胞融合
新旧细胞间有机联系
细胞有丝分裂
细胞新模式形成
支柱产业
产业融合
新兴产业形成
产业新模式生成
SWOT分析
规划构思
一带一轴两翼
一带：以82省道为动力带
一轴：以永宁江绿道为生态发展轴
两翼：以农业产业和文化产业为两翼
产业空间布局
产业升级策略
① 立体农业
在白鹤岭下村内，进行立体种植和立体种养，提高能量循环效率、空间利用率及作物生产量，建立多物种共栖、多层次配置的立体农业模式。整合农业产业形成完整产业链，同时增加农业产业可体验性，让游客充分参与。
② 产业融合
将现状产业与文化产业有机融合孕育出新兴版画衍生产业，构成互相联系互相促进的有机体系。
产业经营模式
建设实施计划
近期建设区：
近期重点打造版画创业基地，建设版画创意工坊、顾奕兴故居展览馆、版画文化街等项目，依托版画文化对现状产业进行产业升级，将岭下和新屋润打造为村内增长点、梧水潭作为村庄服务配套区，将永宁江滨江绿道与镇区对接，建设滨江自行车道和步行道以及洲头湿地公园。
远期建设区：
依托于近期建设中版画文化产业的发展，进一步根固村庄版画文化底蕴，建立版画写生基地，同时与浙江省各高校进行合作，引入名校工作室，拓展学术市场，依托互联网拓展版画文创业态产业链与市场。长潭水库湿地与柔极岭登山步道的打造，完善生态旅游链。
旅游规划
旅游资源
旅游资源现状
白鹤岭下村资源较丰富，包括山水风景资源、遗址遗迹等；由功能结构反映出白鹤岭下村以体验型、文化型、生态型类型有资源为主。
旅游策划
旅游定位
旅游形象定位
依托永宁江绿道，以生态旅游和文化旅游为重点，与上位规划相衔接，实现旅游产业全域发展。
鹤舞岭下 版画名村 乐游人生
旅游项目定位
结合服务区及旅游资源优势，以文化和产业为重点，版画为核心，发展版画相关产业，构建版画完成体系，体现白鹤岭下独特版画特色。

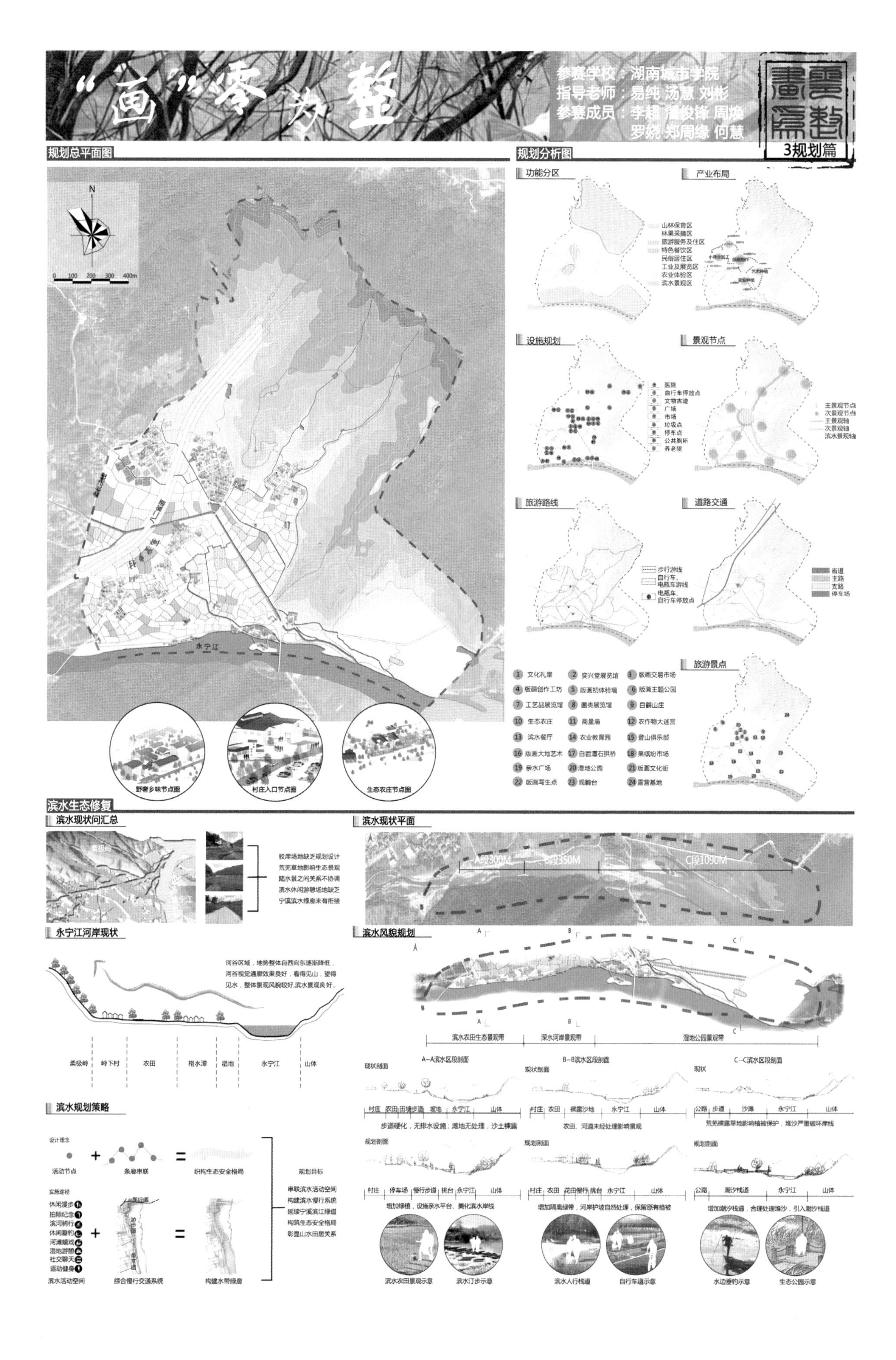

"画"零为整
参赛学校：湖南城市学院
指导老师：易纯 汤慧 刘彬
参赛成员：李超 潘俊锋 周焕 罗娆 郑周缘 何慧
3规划篇
规划总平面图
永宁江
野奢乡味节点图
村庄入口节点图
生态农庄节点图
规划分析图
功能分区
山林保育区
林果采摘区
旅游服务及住区
特色餐饮区
民俗居住区
工业及展览区
农业体验区
滨水景观区
产业布局
设施规划
医院
自行车停放点
文物古迹
广场
市场
垃圾点
停车点
公共厕所
养老院
景观节点
主景观节点
次景观节点
主景观轴
次景观轴
滨水景观轴
旅游路线
步行游线
自行车、电瓶车游线
电瓶车、自行车停放点
道路交通
省道
主路
支路
停车场
旅游景点
1 文化礼堂
2 突兴堂展览馆
3 版画交易市场
4 版画创作工坊
5 版画初体验园
6 版画主题公园
7 工艺品展览馆
8 菌类展览馆
9 白鹤山庄
10 生态农庄
11 商量庙
12 农作物大迷宫
13 滨水餐厅
14 农业教育园
15 登山俱乐部
16 版画大地艺术
17 白岩潭石拱桥
18 果缤纷市场
19 亲水广场
20 湿地公园
21 版画文化街
22 版画写生点
23 观鹤台
24 露营基地
滨水生态修复
滨水现状问汇总
驳岸场地缺乏规划设计
荒芜草地影响生态景观
陆水景之间关系不协调
滨水休闲游憩场地缺乏
宁溪滨水绿廊未有衔接
滨水现状平面
A段300M
B段350M
C段1090M
永宁江河岸现状
河谷区域，地势整体自西向东逐渐降低，河谷视觉通廊效果良好，看得见山，望得见水，整体景观风貌较好，滨水景观良好。
柔极岭
岭下村
农田
格水潭
湿地
永宁江
山体
滨水风貌规划
滨水农田生态景观带
深水河岸景观带
湿地公园景观带
A-A滨水区段剖面
B-B滨水区段剖面
C-C滨水区段剖面
现状剖面
村庄 农田 田埂步道 坡地 永宁江 山体
步道硬化，无排水设施；滩地无处理，沙土裸露
村庄 农田 裸露沙地 永宁江 山体
农田、河道未经处理影响景观
公路 步道 沙滩 永宁江 山体
荒芜裸露草地影响植被保护，堆沙严重破坏岸线
规划剖面
村庄 停车场 慢行步道 挑台 永宁江 山体
增加绿植，设施亲水平台、美化滨水岸线
村庄 农田 花田慢行 挑台 永宁江 山体
增加隔离绿带，河岸护坡自然处理，保留原有植被
公路 潮汐栈道 永宁江 山体
增加潮汐栈道，合理处理堆沙，引入潮汐栈道
滨水农田景观示意
滨水汀步示意
滨水人行栈道
自行车道示意
水边垂钓示意
生态公园示意
滨水规划策略
设计理念
活动节点
条廊串联
织构生态安全格局
规划目标
串联滨水活动空间
构建滨水慢行系统
延续宁溪滨江绿道
构筑生态安全格局
彰显山水田居关系
实施途径
休闲漫步
拍照纪念
滨河骑行
休闲垂钓
河滩嬉戏
湿地游憩
社交聊天
运动健身
滨水活动空间
综合慢行交通系统
构建水带绿廊

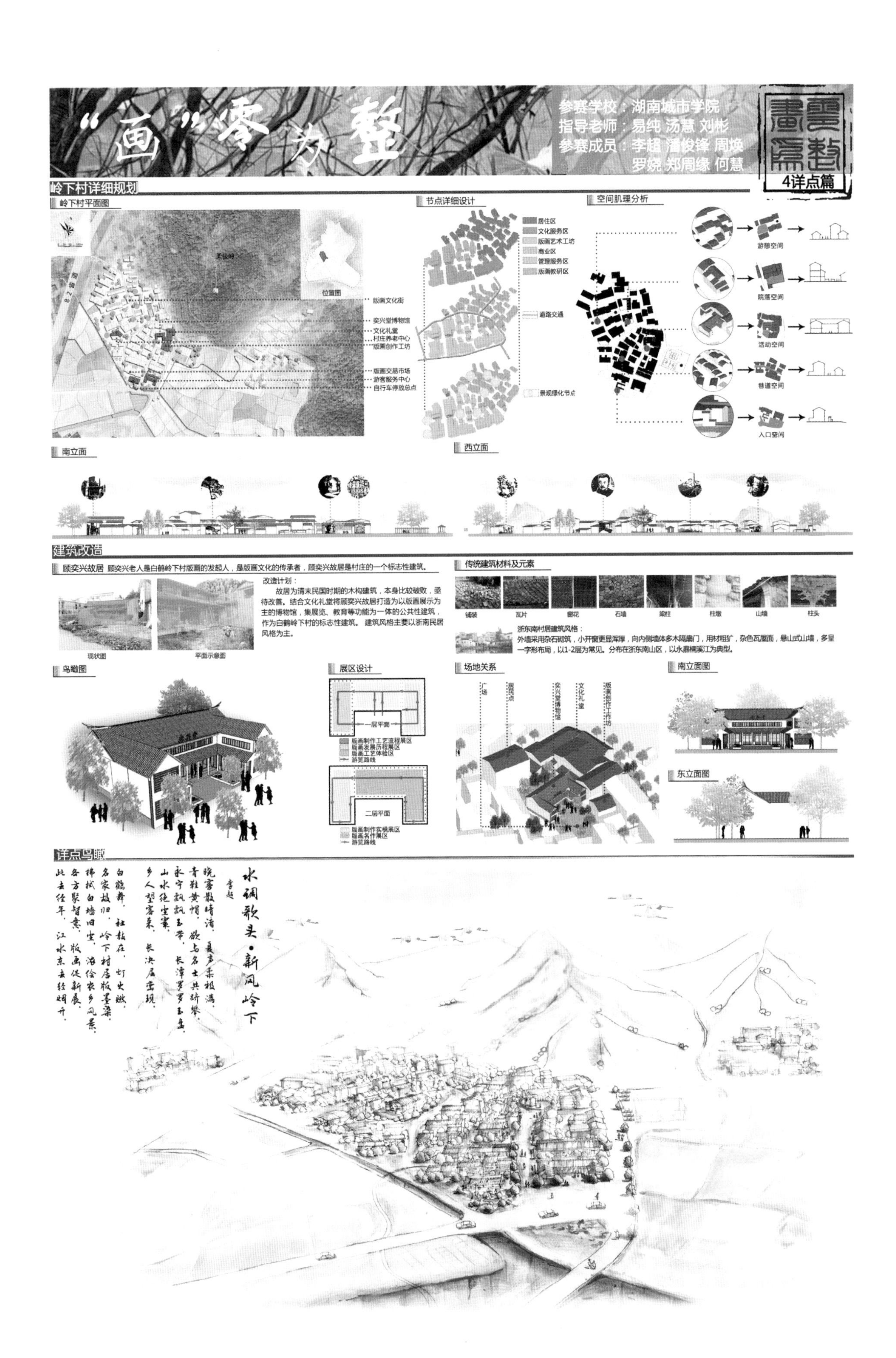
"画"零为整
参赛学校：湖南城市学院
指导老师：易纯 汤慧 刘彬
参赛成员：李超 潘俊锋 周焕 罗娆 郑周缘 何慧
4详点篇
岭下村详细规划
岭下村平面图
节点详细设计
空间肌理分析
南立面
西立面
建筑改造
颐奕兴故居 颐奕兴老人是白鹤岭下村版画的发起人，是版画文化的传承者，颐奕兴故居是村庄的一个标志性建筑。
改造计划：
故居为清末民国时期的木构建筑，本身比较破败，亟待改善。结合文化礼堂将颐奕兴故居打造为以版画展示为主的博物馆，集展览、教育等功能为一体的公共性建筑，作为白鹤岭下村的标志性建筑。建筑风格主要以浙南民居风格为主。
传统建筑材料及元素
浙东南村居建筑风格：
外墙采用杂石砌筑，小开窗更显浑厚，向内侧墙体多木隔扇门，用材粗犷，杂色瓦屋面，悬山式山墙，多呈一字形布局，以1-2层为常见。分布在浙东南山区，以永嘉楠溪江为典型。
鸟瞰图
展区设计
场地关系
南立面图
东立面图
详点鸟瞰
水调歌头·新风岭下
李超
晓雾散峰清，夏声桑根满。青鞋黄帽，欲与名士共跻攀。永宁飘飘玉带，长津罗罗玉盘，山水绝尘寰。乡人望客来，长决屋亭现。
白鹤舞，社鼓在，灯火燃。名家故旧，岭下村居版墨染。拂拭白墙旧尘，浴俗农乡风景。各方聚智意，版画促新展。此去经年，江水东去经烟开。

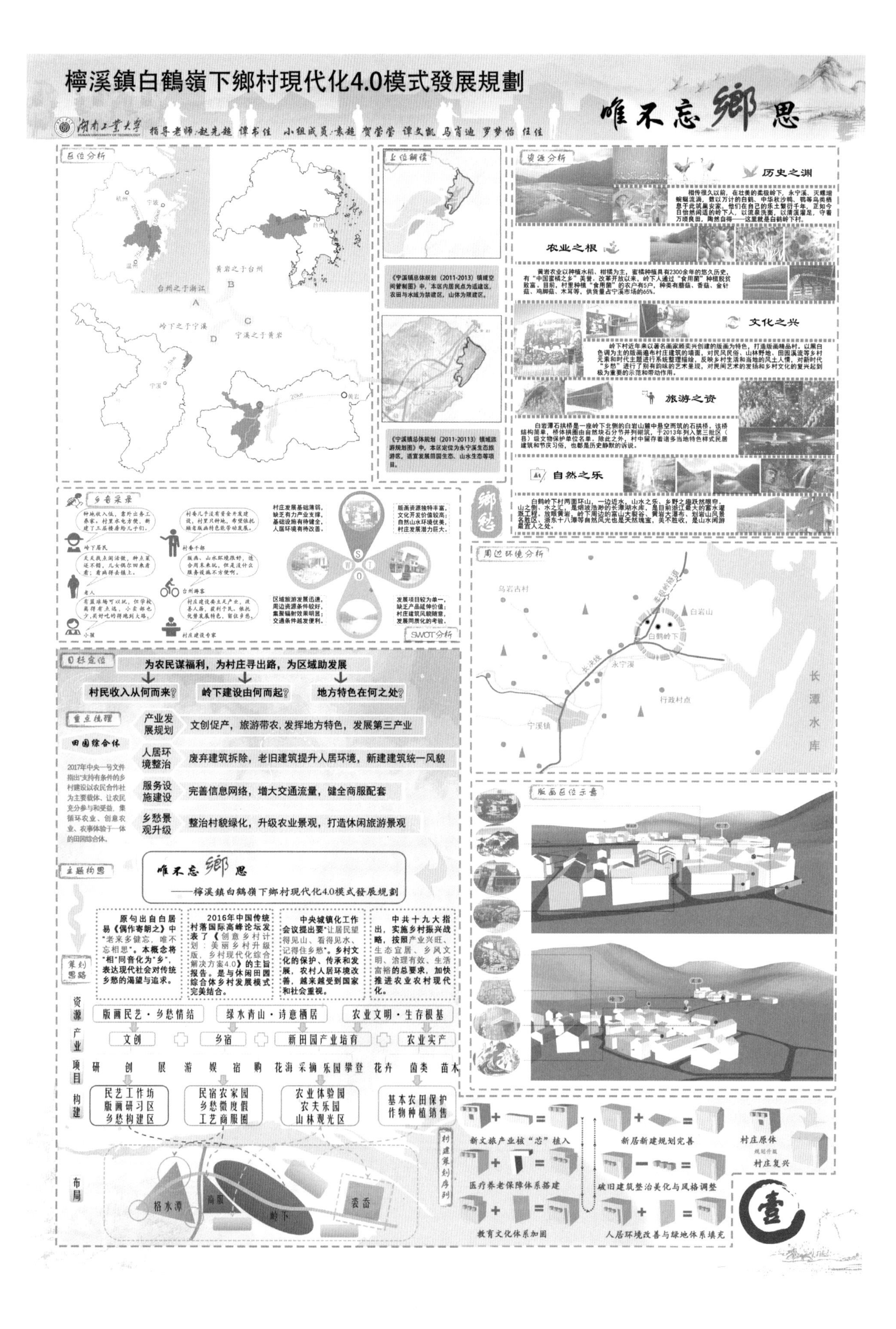
檸溪鎮白鶴嶺下鄉村現代化4.0模式發展規劃
唯不忘鄉思
湖南工业大学
指导老师：赵先超 谭书佳 小组成员：袁超 贺莹莹 谭文凯 马宵迪 罗梦怡 任佳
为农民谋福利，为村庄寻出路，为区域助发展
村民收入从何而来？
岭下建设由何而起？
地方特色在何之处？
产业发展规划
文创促产，旅游带农，发挥地方特色，发展第三产业
人居环境整治
废弃建筑拆除，老旧建筑提升人居环境，新建建筑统一风貌
服务设施建设
完善信息网络，增大交通流量，健全商服配套
乡愁景观升级
整治村貌绿化，升级农业景观，打造休闲旅游景观
版画民艺·乡愁情结
绿水青山·诗意栖居
农业文明·生存根基
文创
乡宿
新田园产业培育
农业实产
民艺工作坊 版画研习区 乡愁构建区
民宿农家园 乡愁微度假 工艺商服圈
农业体验园 农夫乐园 山林观光区
基本农田保护 作物种植销售
新文旅产业核“芯”植入
新居新建规划完善
医疗养老保障体系搭建
破旧建筑整治美化与风格调整
教育文化体系加固
人居环境改善与绿地体系填充
历史之渊
农业之根
文化之兴
旅游之资
自然之乐
长潭水库

檸溪鎮白鶴嶺下鄉村現代化4.0模式發展規劃

唯不忘鄉思

湖南工業大學 HUNAN UNIVERSITY OF TECHNOLOGY 指导老师：赵先超 谭书佳 小组成员：袁超 贺莹莹 谭文凯 马宵迪 罗梦怡 任佳

村域旅游分区图

山顶眺望 山间漫步 民艺商区 乡趣主题生活区 静态康养生活区 果林采摘 民艺工坊生活区 花海 体验式农田 农夫乐园 农田 水利公园

下蒋岙村 甘家岙村 快乐村 坦头村 永宁江

村域高程分析图

山水环境现状图

图例 山林用地 水域

土地使用条件图

图例 禁止建设区 限制建设区 已建设区 宜建设区

村域坡度分析图

道路交通现状图

图例 主要对外干道 村域主要道路

道路交通规划图

图例 主要对外干道 村域主要道路 肠道漫道 步行漫道

村域坡向分析图

居民点布局现状图

村域结构分析图

土地利用规划图

下蒋岙村 甘家岙村 快乐村 坦头村 永宁江

规划重点及手法

农业种植 花海养殖 山体景观 生活能源

山 打通视线、形成廊道
林 做稳一产、保证增收
水 做活水系、串联商业
田 创新农业、拓展稻田

起 起要平直 初见院落
空间第一序列为村主入口，体验式农田对村口起到了空间的平铺，使人们对岭下村也有了一个初步的印象。

承 承要自然 漫步街巷
空间第二序列为改造后的商业街，以水系贯穿，以街巷院落与村落相呼应。

转 转要变化 趣味盎然
空间第三序列由商业组团和民宿组成，用天桥架空的序列。同时，以民宿创意塑料厂为节点将人们视线转移。

合 合要开阔 收尾自如
空间第四序列为走完街巷到花海、农夫乐园、静态康养区域。集养身、养老、养神相结合的空间序列收尾。

产业规划意向

产业规划策略

产业规划手法

1 利用生态资源，提升村庄魅力

农业田园＋自然山体＋河流水系
整合 提升
旅游景区 生产基地
打造村庄风貌特色

2 引导产业升级，发展村庄经济

创新产业＋本地农业
复合 联动
旅游体验 生产销售
改善村庄经济现状

以生态旅游作为激活因子

田园养生：养生服务设施建设；农业种植版块规划；生态环境资源整合

体验休闲：农夫乐园娱乐游憩；体验农田实践教育；山体景区运动休闲；沿湖游园观赏垂钓；菊花海洋文艺欣赏

景区 自给农业 居民点 田园养生 度假休闲 水稻 菌类 蔬菜 农产品加工 乡村旅游服务 购买 体验 餐饮 观赏

依托自然资源打造旅游景点

白鹤岭下村依山傍水，充分利用山体景观营造旅游自然风景区，规划人行登山步道，发展徒步旅游、登山运动、露营体验、骑行竞赛等一系列活动。设置三处眺望台，打通视线通廊，为游客提供多角度、多方位、多形式的乡村旅游体验形式。

进一步组织协调带动传统农业

菊花田园

核心："菊花"田韵
具体措施：种植成规模的菊花田，改善田园风光，加强环境整治。
项目策划：花卉设计、盆景和标本制作。

核心：带动三产
具体措施：通过农家乐以及田园服务设施的建设，提升文化交流和村庄知名度。
项目策划：花海餐厅、休闲咖啡厅、茶室。

核心：丰富活动
具体措施：建设娱乐活动设施，增添田野趣味，营造花海氛围，加强产业联动发展。
项目策划：乡村趣味活动、写生和摄影基地。

核心：发展经济
具体措施：采摘菊花，进行加工售卖菊花茶，包装菊花进行花卉售卖以及美化村庄。
项目策划：菊花茶制作、菊花包装出售。

农夫乐园 以绿色生态环保为目标，打造自然人文为一体的新型娱乐休闲场所，同时以此带动农村其它产业的发展；
休闲体验农业 包括观赏、农产品采摘购买、务农体验、农业教育等活动，形成以短期体验制为主的休闲体验农业；
田园养生农业 依托养生需求，实行长期承包责任制，为田园养生的中老年人提供农家乐园，种植花草林果蔬菜等。

植入新鲜元素发展特色产品

进一步盘活资源培育龙头产业

3 促进文化交流，提升村庄内涵

版画风貌＋体验农业＋菊花田韵
有机 注入
旅游文化 多彩活动
延续村庄文化风韵

4 加强公服建设，改善人居质量

生态民俗＋养老休闲＋特色餐饮
多元 融合
旅游娱乐 创意产业
提升村庄整体活力

贰

樟溪鎮白鶴嶺下鄉村現代化4.0模式發展規劃

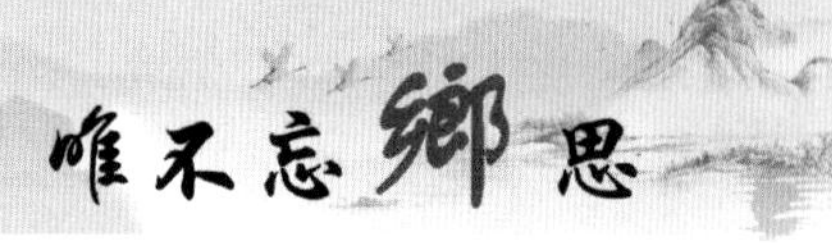

湖南工業大學 HUNAN UNIVERSITY OF TECHNOLOGY 指导老师：赵先超 谭书佳 小组成员：袁超 贺莹莹 谭文凯 马宵迪 罗梦怡 任佳

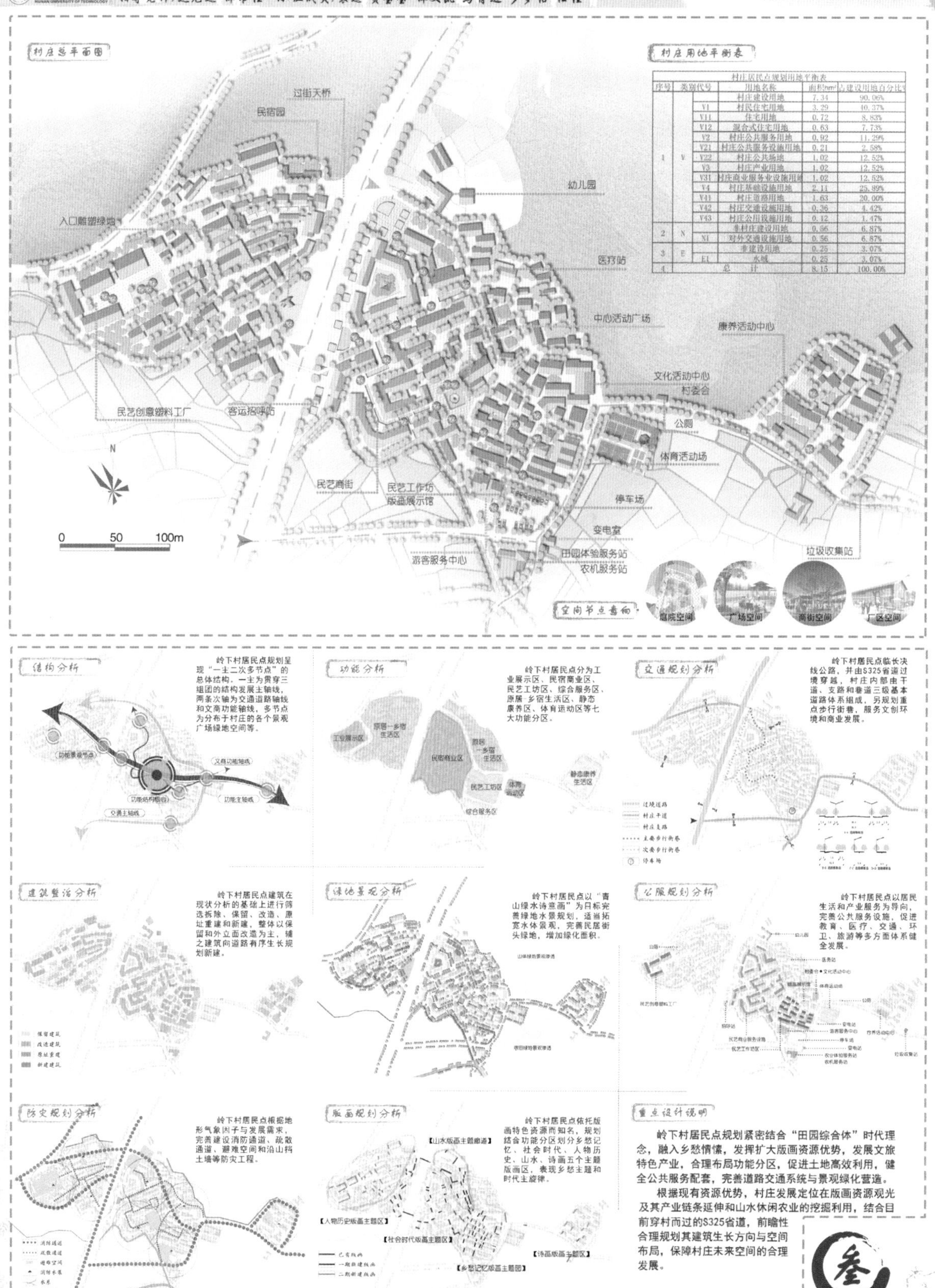

村庄居民点规划用地平衡表

序号	类别代号		用地名称	面积hm²	占建设用地百分比%
1	V		村庄建设用地	7.34	90.06%
		V1	村民住宅用地	3.29	40.37%
		V11	住宅用地	0.72	8.83%
		V12	混合式住宅用地	0.63	7.73%
		V2	村庄公共服务用地	0.92	11.29%
		V21	村庄公共服务设施用地	0.21	2.58%
		V22	村庄公共场地	1.02	12.52%
		V3	村庄产业用地	1.02	12.52%
		V31	村庄商业服务业设施用地	1.02	12.52%
		V4	村庄基础设施用地	2.11	25.89%
		V41	村庄道路用地	1.63	20.00%
		V42	村庄交通设施用地	0.36	4.42%
		V43	村庄公用设施用地	0.12	1.47%
2	N		非村庄建设用地	0.56	6.87%
		N1	对外交通设施用地	0.56	6.87%
3	E		非建设用地	0.25	3.07%
		E1	水域	0.25	3.07%
4	总计			8.15	100.00%

重点设计说明

岭下村居民点规划紧密结合“田园综合体”时代理念，融入乡愁情愫，发挥扩大版画资源优势，发展文旅特色产业，合理布局功能分区，促进土地高效利用，健全公共服务配套，完善道路交通系统与景观绿化营造。

根据现有资源优势，村庄发展定位在版画资源观光及其产业链条延伸和山水休闲农业的挖掘利用，结合目前穿村而过的S325省道，前瞻性合理规划其建筑生长方向与空间布局，保障村庄未来空间的合理发展。

叁

檸溪鎮白鶴嶺下鄉村現代化4.0模式發展規劃
唯不忘鄉思
湖南工业大学
指导老师：赵先超 谭书佳 小组成员：袁超 贺莹莹 谭文凯 马肖迪 罗梦怡 任佳
版画展览馆设计
一层平面图 1:200
二层平面图 1:200
次入口
主入口
N
展览馆总平面图
技术经济指标
基地面积 596m²
建筑面积 375.97m²
容积率 0.63
建筑密度 29.7%
绿化率 36.9%
设计说明：顾奕兴版画展览馆建筑结合故居展开设计，通过结合当地村落建筑形态，采用围合的方式将故居与新建筑联系起来。注重人流引导性，使人流在参观新建展览馆后通过坡道后再步行至顾奕兴故居，并可在其屋顶上观赏，增加空间的灵活性。注重庭院景观设计，人们在坡道中行走起到移步异景的观赏效果。
建筑立面与当地的民居形式相吻合，主体采用青砖，并与玻璃幕墙结合的方式，现代与古典相互融合、碰撞。多处运用条形长窗的开窗方式，富有形式美与韵律美。另外，注重第五立面的设计，采用多角度坡屋面,使博物馆更具有灵动性、延展性。这座展览馆将作为地标性文化建筑,推动岭下村田园创意文旅产业快速发展。
展览馆效果图
庭院空间效果
整体鸟瞰效果
主入口效果
展览馆立面图
西南立面图 1：200
东北立面图 1：200
村域鸟瞰图
民艺工坊区改造设计
工坊区效果图
工坊区街景
村庄入口节点
版画研习室外空间夜景
工坊区整体效果
工坊区沿街立面
肆

鹤发童颜 阖乐田园

【参赛院校】 苏州科技大学

【参赛学生】 李紫扬 丁立坤 陈嘉佳 彭琪帜 虞玉红 芮 勇

【指导教师】 彭 锐 潘 斌 范凌云

台州位于浙江省中部沿海，历史悠久，依山面海，峰峦迭起。白鹤岭下村，是台州市黄岩区进入宁溪镇的第一个村，地理位置优越；岭下溪、裘岙坑、灭螺増穿村而过，直奔长潭水库，前有良田郁郁葱葱，后有柔极山连绵起伏，是黄岩著名版画名家顾奕兴的故乡。

绿色的村庄，广袤的田野，蜿蜒的小河，静美的水坝……无声地述说着白鹤岭下村的恬淡与美丽。而“绿遍山原白满川，子规声里雨如烟”的意境，更让我们心向往之。透过群山缭绕的云雾，那农舍，那绿树，那田园，那庄稼……眼前的一切景物，若隐若现，如真似幻，非常写意。这段日子在白鹤岭下村的调研回忆，深深地定格在一张张美如画的照片中……

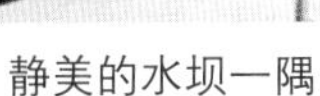

静美的水坝一隅

山脚下的民宅

独具特色的版画

一、前期调研

白鹤岭下村也不大，深藏在连绵起伏的山脉中。早起时我们便结成一队，骑着单车穿梭在乡野之间，看着村子在薄薄的云雾间若隐若现。到午时，烈日当空，水汽蒸腾，村庄饭食飘香，忙碌而又安逸。傍晚，夕阳装点了天空和田地，也装点了村民家墙上的版画。

我们在骑行

我们在拜访村民

我们在夕阳下伫立

我们在山上探访古迹

我们在田间恣意

当地的居民都很热情，我们的入户调研进行得很顺利。村干部自豪地向我们介绍墙上的版画，田间的阿婆轻声说着长久以来的乡村生活和对外出打工子女的想念，有些留在村里的青中年告诉了我们不愿外出的原因，也表达了希望在村里也能有机会创业就业、改善生活的愿望。在无间距的访谈中，我们对基地有了更深入的了解。

美丽的景色留在心间，乡亲的热情和愿望记在脑中，我们开始了返程的路。我们的讨论在返程的车上就开始了，对乡村尤其是这类空心化比较严重的乡村的发展各抒己见，思维碰撞的同时，开始大胆构思。

二、方案介绍

1. 设计理念

通过调研发现，白鹤岭下村空心化产业单一问题严重，而与之相反，村民意愿强烈，多希望依托于山林田园以及闲置房等资源，发展多元产业。在回去整理问卷、构想后，探究在植入理念后，如何达到主客共享、乡村社会和谐是本次规划理念的切入点。深入剖析问题后，解决复杂的人空房闲田荒需要多维度的思考。依据乡村振兴战略，结合白鹤岭下村中的仙鹤元素，瞄准养老这一社会基本需求的转型方向，更多的以维持现有原生态，以政策策略层面为导向，规划通过结合三社联动、智能医疗、医养并重以及互助社区等多重可实施性的策略叠加，探究主客共享模式下多方共赢的旅居养老的新模式，从而达到人居、产业、文化多维阖乐。

2. 方案演绎

农产创新，多元融合；

村民创收，以房养老；

旅居养老，多模共建；

主客共享，阖乐田园。

3. 策略阐述

三社联动；智能医疗；医养并重；互助社区。

三、思考小结

白鹤岭下村很美，山美水美，人也美。但是村内除了各家都有种植的、均质化的农业，没有什么就业或者创业的机会给村民。受经济压力的趋势，很多年轻人外出打工，长此以外，村庄恐怕会逐渐失去活力，在山脚下沉默、沉寂，这不是我们想看到的。我们想留下村民，留下村内老人的子女，留下他们的欢声笑语。因此，我们构想了依托村子本土优势资源的多元产业结构，希望打造主客共享、旅居养老的新模式。方案或许大胆稚嫩，但我们会怀抱着为乡村建设略尽绵力的初心持续关注乡村的发展，多学习，常思考。

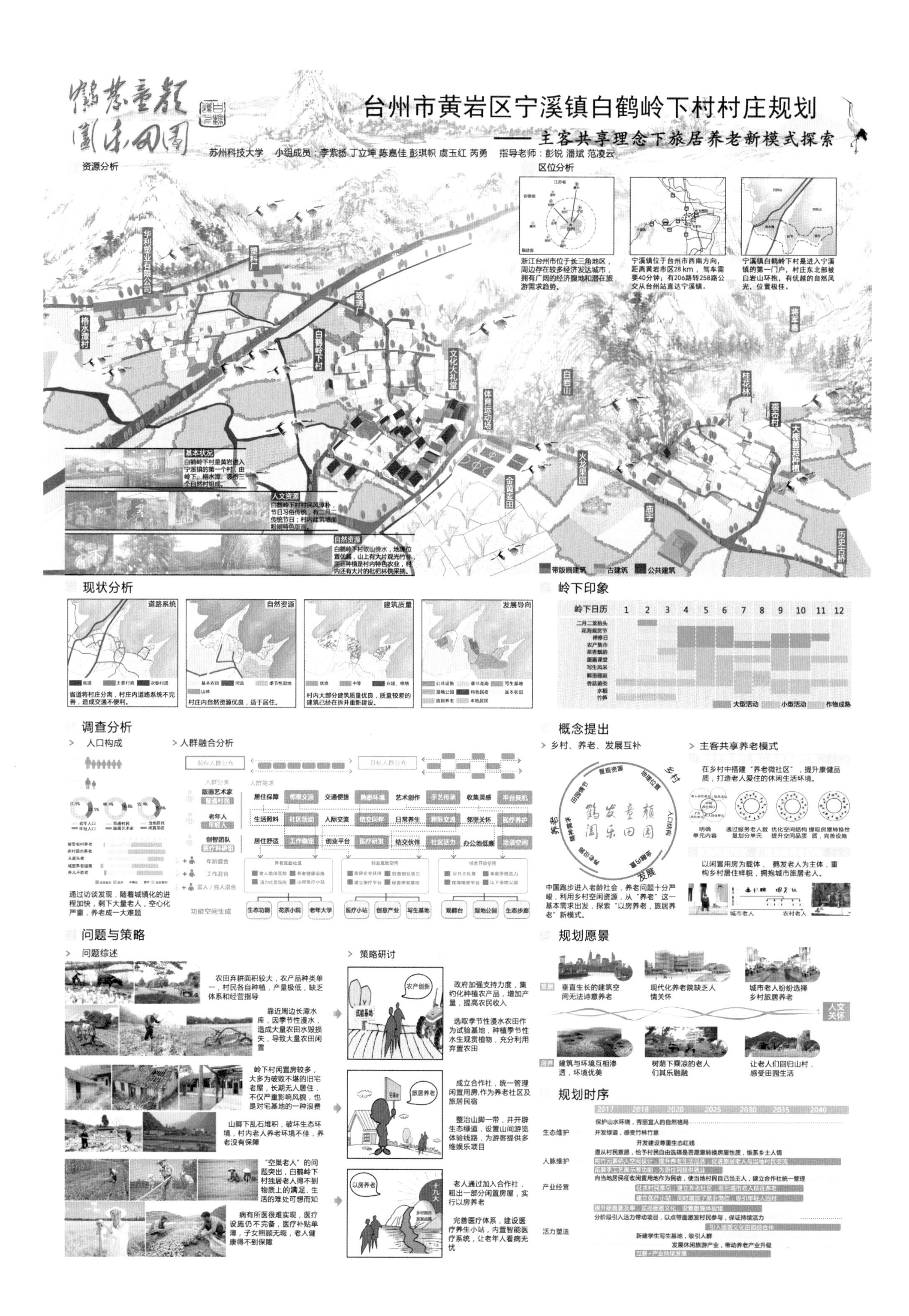

台州市黄岩区宁溪镇白鹤岭下村村庄规划
——主客共享理念下旅居养老新模式探索
苏州科技大学 小组成员：李紫扬 丁立坤 陈嘉佳 彭琪帜 虞玉红 芮勇 指导老师：彭锐 潘斌 范凌云
资源分析
区位分析
浙江台州市位于长三角地区，周边存在较多经济发达城市，拥有广阔的经济腹地和潜在旅游需求趋势。
宁溪镇位于台州市西南方向，距离黄岩市区28 km，驾车需要40分钟；有206路转258路公交从台州站直达宁溪镇。
宁溪镇白鹤岭下村是进入宁溪镇的第一门户，村庄东北部被白岩山环抱，有优越的自然风光，位置极佳。
基本状况
人文资源
自然资源
带版画建筑 古建筑 公共建筑
现状分析
道路系统 自然资源 建筑质量 发展导向
省道将村庄分离，村庄内道路系统不完善，造成交通不便利。
村庄内自然资源优良，适于居住。
村内大部分建筑质量优良，质量较差的建筑已经在拆并重新建设。
岭下印象
岭下日历 1 2 3 4 5 6 7 8 9 10 11 12
大型活动 小型活动 作物成熟
调查分析
人口构成
人群融合分析
通过访谈发现，随着城镇化的进程加快，剩下大量老人，空心化严重，养老成一大难题
概念提出
乡村、养老、发展互补
主客共享养老模式
在乡村中搭建"养老微社区"，提升康健品质，打造老人爱住的休闲生活环境。
以闲置用房为载体，鹤发老人为主体，重构乡村居住样貌，拥抱城市旅居老人。
中国跑步进入老龄社会，养老问题十分严峻，利用乡村空间资源，从"养老"这一基本需求出发，探索"以房养老，旅居养老"新模式。
城市老人 农村老人
问题与策略
问题综述
农田弃耕面积较大，农产品种类单一，村民各自种植，产量极低，缺乏体系和经营指导
靠近周边长潭水库，因季节性漫水，造成大量农田水毁损失，导致大量农田闲置
岭下村闲置房较多，大多为破败不堪的旧宅老屋，长期无人居住，不仅严重影响风貌，也是对宅基地的一种浪费
山脚下乱石堆积，破坏生态环境，村内老人养老环境不佳，养老没有保障
"空巢老人"的问题突出，白鹤岭下村独居老人得不到物质上的满足，生活的难处可想而知
病有所医很难实现，医疗设施仍不完善，医疗补贴单薄，子女照顾无暇，老人健康得不到保障
策略研讨
农产创新
政府加强支持力度，集约化种植农产品，增加产量，提高农民收入
选取季节性漫水农田作为试验基地，种植季节性水生观赏植物，充分利用弃置农田
旅居养老
成立合作社，统一管理闲置用房，作为养老社区及旅居民宿
整治山脚一带，并开辟生态绿道，设置山间游览体验线路，为游客提供多维娱乐项目
以房养老
老人通过加入合作社，租出一部分闲置房屋，实行以房养老
完善医疗体系，建设医疗养生小站，内置智能医疗系统，让老年人看病无忧
规划愿景
垂直生长的建筑空间无法诗意栖居
现代化养老院缺乏人情关怀
城市老人纷纷选择乡村旅居养老
人文关怀
建筑与环境互相渗透，环境优美
树荫下乘凉的老人们其乐融融
让老人们回归山村，感受田园生活
规划时序
2017 2018 2020 2025 2030 2035 2040
生态维护
保护山水环境，秀丽宜人的自然格局
开发绿道，感受竹林竹意
开发建设尊重生态红线
人脉维护
遵从村民意愿，给予村民自由选择是否愿意转换房屋性质，维系乡土人情
产业经营
向当地居民征收闲置用地作为民宿，使当地村民自己当主人，建立合作社统一管理
活力塑造
分阶段引入活力带动项目，以点带面激发村民参与，保证持续活力
引入版画文化田园综合体
新建学生写生基地，吸引人群
发展休闲旅游产业，带动养老产业升级

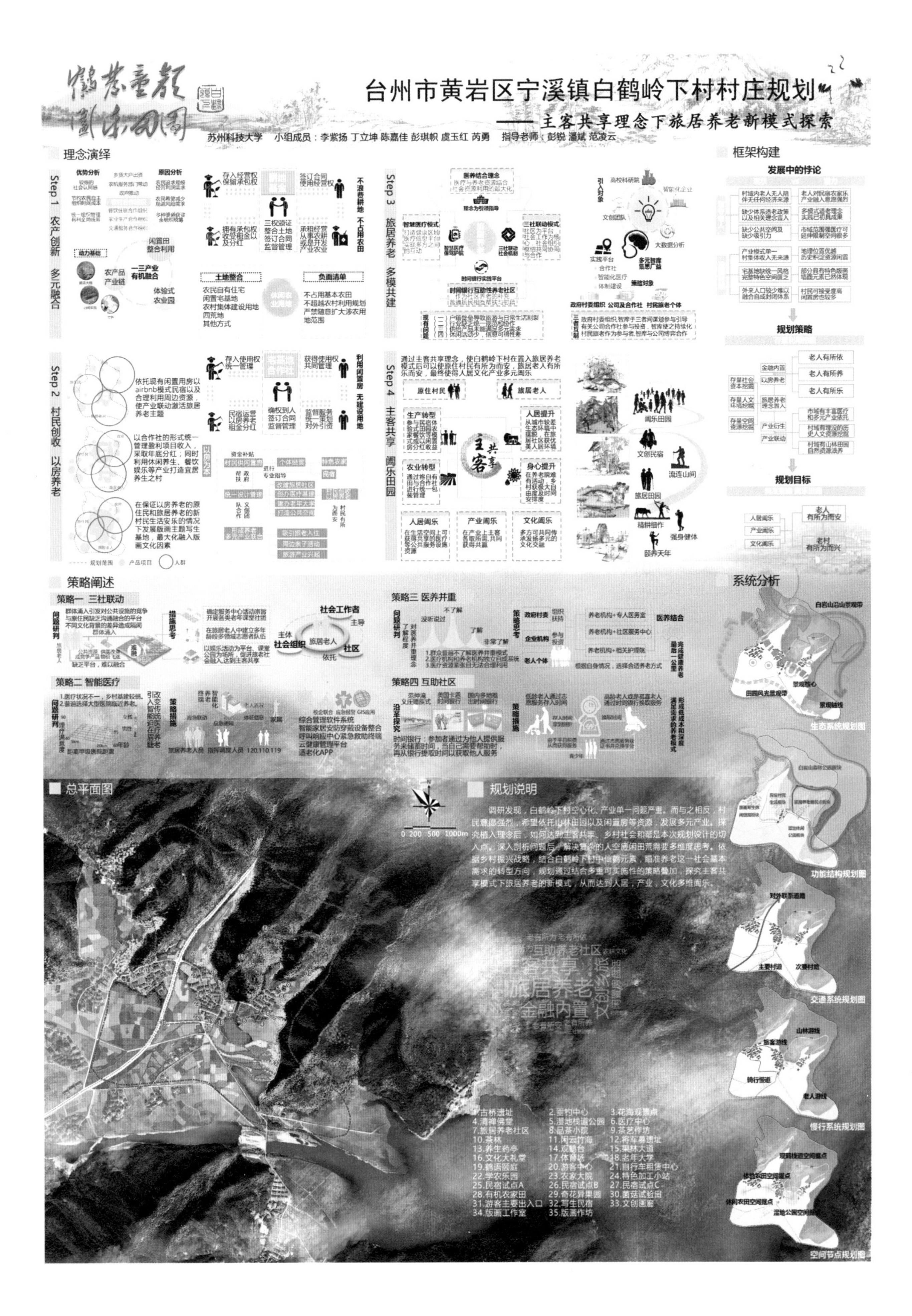

台州市黄岩区宁溪镇白鹤岭下村村庄规划
——主客共享理念下旅居养老新模式探索
苏州科技大学 小组成员：李紫扬 丁立坤 陈嘉佳 彭琪帜 虞玉红 芮勇 指导老师：彭锐 潘斌 范凌云
理念演绎
Step 1 农产创新 多元融合
Step 2 村民创收 以房养老
Step 3 旅居养老 多模共建
Step 4 主客共享 阖乐田园
土地整合
农民自有住宅
闲置宅基地
农村集体建设用地
四荒地
其他方式
负面清单
不占用基本农田
不超越农村利用规划
严禁随意扩大涉农用地范围
依托现有闲置用房以airbnb模式民宿以及合理利用周边资源，使产业联动激活旅居养老主题
以合作社的形式统一管理盈利项目收入，采取年底分红；同时利用休闲养生、餐饮娱乐等产业打造宜居养生之村
在保证以房养老的原住民和旅居养老的新村民生活安乐的情况下发展版画主题写生基地，最大化融入版画文化因素
通过主客共享理念，使白鹤岭下村在置入旅居养老模式后可以使原住村民有所为而安，旅居老人有所乐而安，最终使得人居文化产业多元阖乐
原住村民
旅居老人
生产转型
人居提升
农业转型
身心提升
人居阖乐
产业阖乐
文化阖乐
阖乐田园
文创民宿
流连山间
旅居田园
精耕细作
强身健体
颐养天年
框架构建
发展中的悖论
规划策略
老人有所依
老人有所养
老人有所乐
规划目标
老人有所为而安
老村有所为而兴
策略阐述
策略一 三社联动
社会工作者
社会组织
社区
旅居老人
策略二 智能医疗
综合管理软件系统
智能家居安防穿戴设备整合
呼叫响应中心紧急救助终端
云健康管理平台
适老化APP
策略三 医养并重
医养结合
策略四 互助社区
时间银行：参加者通过为他人提供服务来储蓄时间，当自己需要帮助时，再从银行提取时间以获取他人服务
系统分析
生态系统规划图
功能结构规划图
交通系统规划图
慢行系统规划图
空间节点规划图
总平面图
0 200 500 1000m
规划说明
调研发现，白鹤岭下村空心化、产业单一问题严重。而与之相反，村民意愿强烈，希望依托山林田园以及闲置房等资源，发展多元产业。探究植入理念后，如何达到主客共享，乡村社会和谐是本次规划设计的切入点。深入剖析问题后，解决复杂的人空置闲田荒需要多维度思考。依据乡村振兴战略，结合白鹤岭下村中仙鹤元素，瞄准养老这一社会基本需求的转型方向，规划通过结合多重可实施性的策略叠加，探究主客共享模式下旅居养老的新模式，从而达到人居，产业，文化多维阖乐。
1.古桥遗址 2.垂钓中心 3.花海观景点
4.清禅佛堂 5.湿地栈道公园 6.医疗中心
7.旅居养老社区 8.品茶小院 9.茶艺作坊
10.茶林 11.闲云竹海 12.将军墓遗址
13.养生药亭 14.观鹤台 15.果林大道
16.文化大礼堂 17.体育场 18.老年大学
19.鹤语庭庭 20.游客中心 21.自行车租赁中心
22.学农乐园 23.农家大院 24.特色加工小站
25.民宿试点A 26.民宿试点B 27.民宿试点C
28.有机农家田 29.奇花异果园 30.菌菇试验田
31.游客主要出入口 32.写生民宿 33.文创画廊
34.版画工作室 35.版画作坊

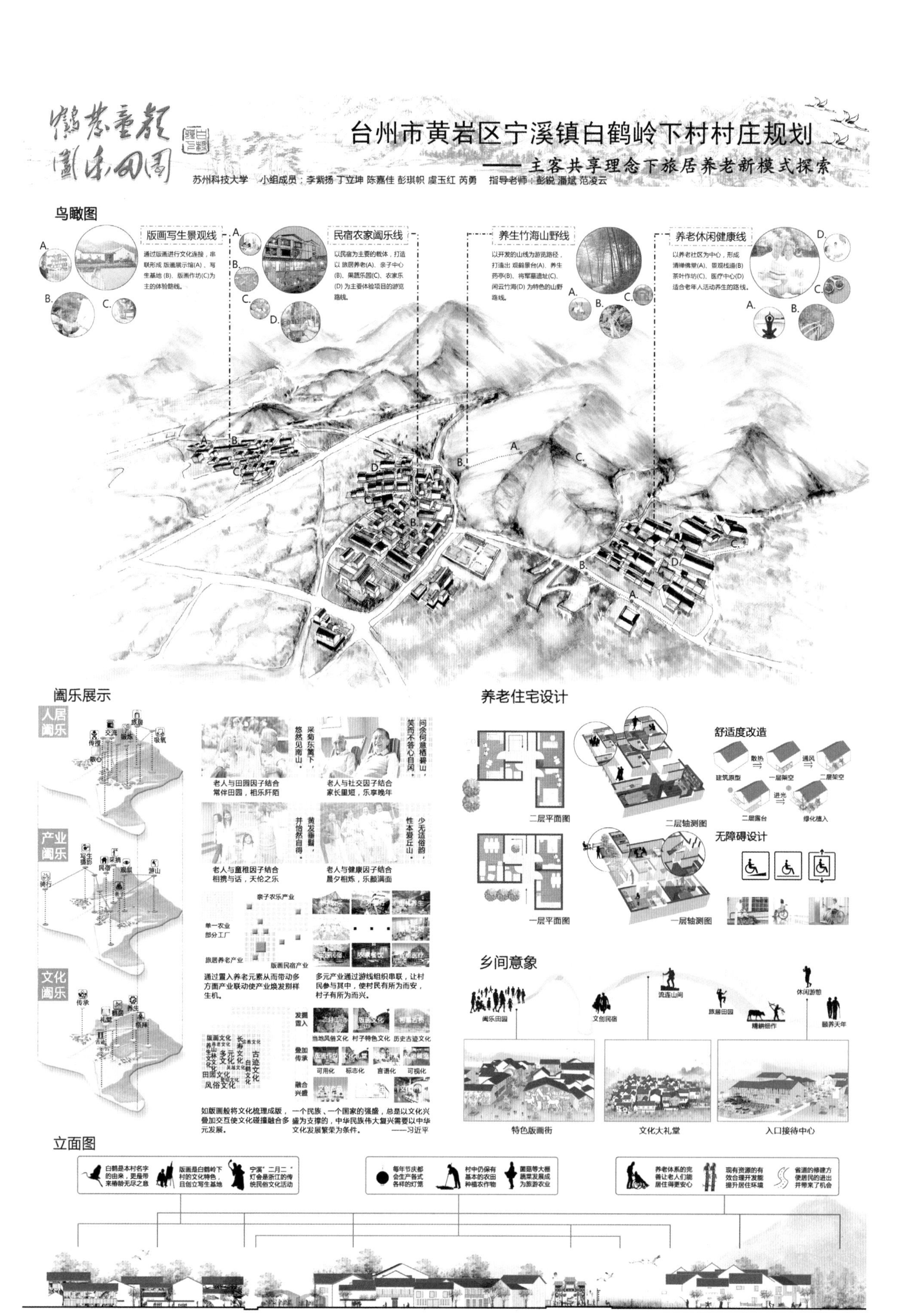

台州市黄岩区宁溪镇白鹤岭下村村庄规划
——主客共享理念下旅居养老新模式探索
苏州科技大学 小组成员：李紫扬 丁立坤 陈嘉佳 彭琪帜 虞玉红 芮勇 指导老师：彭锐 潘斌 范凌云
鸟瞰图
版画写生景观线
民宿农家阖乐线
养生竹海山野线
养老休闲健康线
阖乐展示
人居阖乐
产业阖乐
文化阖乐
老人与田园因子结合 常伴田园，粗乐阡陌
老人与社交因子结合 家长里短，乐享晚年
老人与童稚因子结合 相携与话，天伦之乐
老人与健康因子结合 晨夕相练，乐颜满面
采菊东篱下，悠然见南山。
问余何意栖碧山，笑而不答心自闲。
黄发垂髫，并怡然自得。
少无适俗韵，性本爱丘山。
亲子农乐产业
单一农业 部分工厂
旅居养老产业
版画民宿产业
通过置入养老元素从而带动多方面产业联动使产业焕发新生机。
多元产业通过游线相织串联，让村民参与其中，使村民有所为而安，村子有所为而兴。
发掘置入
叠加传承
融合兴盛
当地风俗文化 村子特色文化 历史古迹文化
可用化 标志化 音语化 可视化
如版画般将文化梳理成版，叠加交互使文化碰撞融合多元发展。
一个民族、一个国家的强盛，总是以文化兴盛为支撑的，中华民族伟大复兴需要以中华文化发展繁荣为条件。——习近平
养老住宅设计
二层平面图
二层轴测图
一层平面图
一层轴测图
舒适度改造
无障碍设计
乡间意象
特色版画街
文化大礼堂
入口接待中心
立面图
白鹤是本村名字的由来，更是带来福寿无尽之意
版画是白鹤岭下村的文化特色，且创立写生基地
宁溪"二月二"灯会是浙江的传统民俗文化活动
每年节庆都会生产各式各样的灯笼
村中仍保有基本的农田种植农作物
菌菇等大棚蔬菜发展成为旅游农业
养老体系的完善让老人们能居住得更安心
现有资源的有效合理开发能提升居住环境
省道的修建方便居民的进出并带来了机会

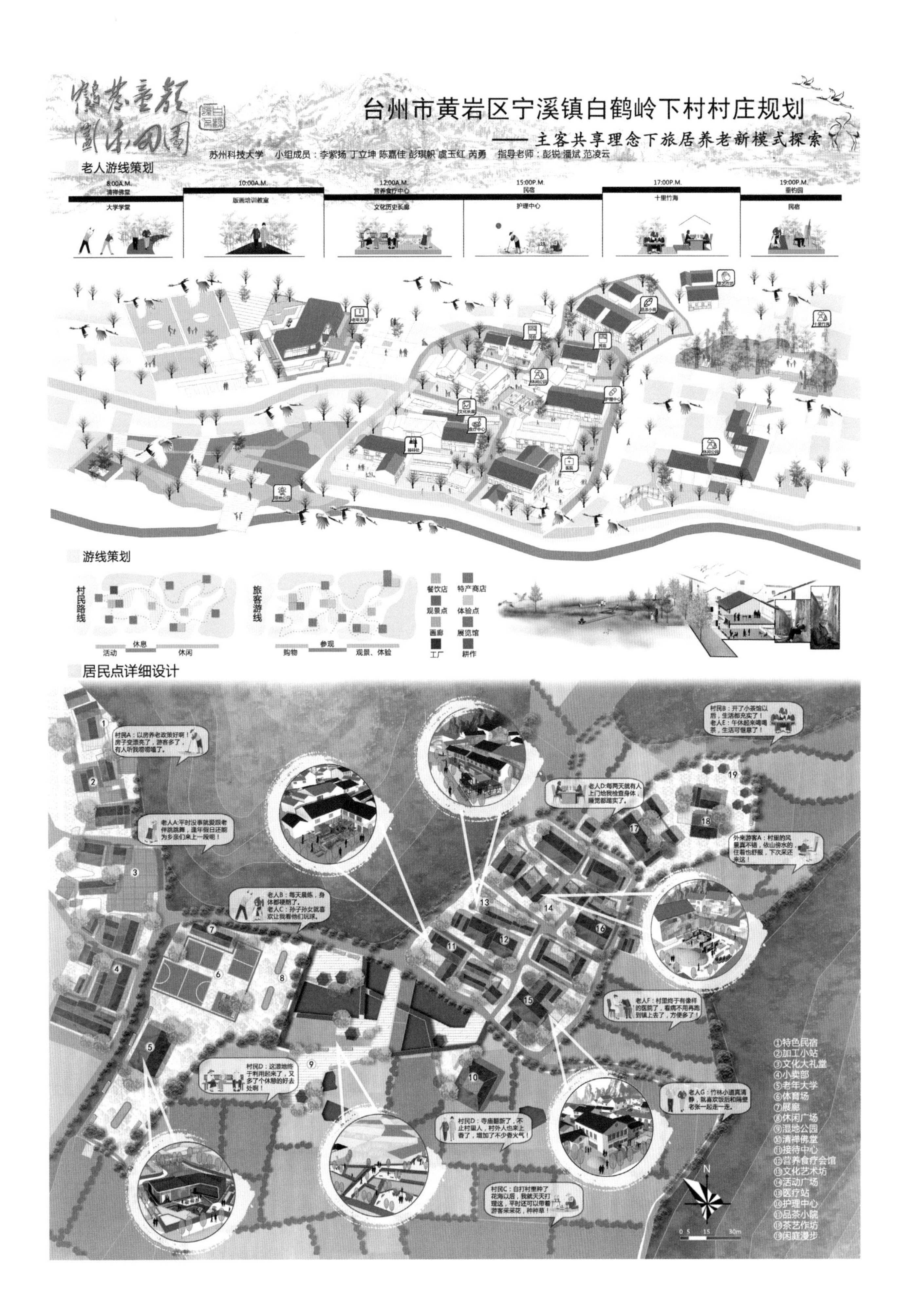
台州市黄岩区宁溪镇白鹤岭下村村庄规划
——主客共享理念下旅居养老新模式探索
苏州科技大学 小组成员：李紫扬 丁立坤 陈嘉佳 彭琪帜 虞玉红 芮勇 指导老师：彭锐 潘斌 范凌云
老人游线策划
8:00A.M. 清禅佛堂
10:00A.M. 版画培训教室
12:00A.M. 营养食疗中心
15:00P.M. 民宿
17:00P.M. 十里竹海
19:00P.M. 垂钓园
大学学堂
文化历史长廊
护理中心
民宿
游线策划
村民路线
活动 休息 休闲
旅客游线
购物 参观 观景、体验
餐饮店 特产商店
观景点 体验点
画廊 展览馆
工厂 耕作
居民点详细设计
村民A：以房养老政策好啊！房子变漂亮了，游客多了，有人听我唠唠嗑了。
老人A:平时没事就爱跟老伴跳跳舞，逢年假日还能为乡亲们来上一段呢！
老人B：每天晨练，身体都硬朗了。老人C：孙子孙女就喜欢让我看他们玩球。
村民B：开了小茶馆以后，生活都充实了！老人E：午休起来喝喝茶，生活可惬意了！
老人D:每两天就有人上门给我检查身体，睡觉都踏实了。
外来游客A：村里的风景真不错，依山傍水的，住着也舒服，下次还来这！
老人F：村里终于有像样的医院了，看病不用再跑到镇上去了，方便多了！
村民D：这湿地终于利用起来了，又多了个休憩的好去处啊！
村民D：寺庙翻新了，不止村里人，村外人也来上香了，增加了不少香火气！
老人G：竹林小道真清静，就喜欢饭后和隔壁老张一起走一走。
村民C：自打村里种了花海以后，我就天天打理这，平时还可以带着游客采采花，种种草！
①特色民宿
②加工小站
③文化大礼堂
④小卖部
⑤老年大学
⑥体育场
⑦展廊
⑧休闲广场
⑨湿地公园
⑩清禅佛堂
⑪接待中心
⑫营养食疗会馆
⑬文化艺术坊
⑭活动广场
⑮医疗站
⑯护理中心
⑰品茶小院
⑱茶艺作坊
⑲闲庭漫步
N
0 5 15 30m

台州市黄岩区宁溪镇白鹤岭下村乡村规划

鄉村作學堂

01

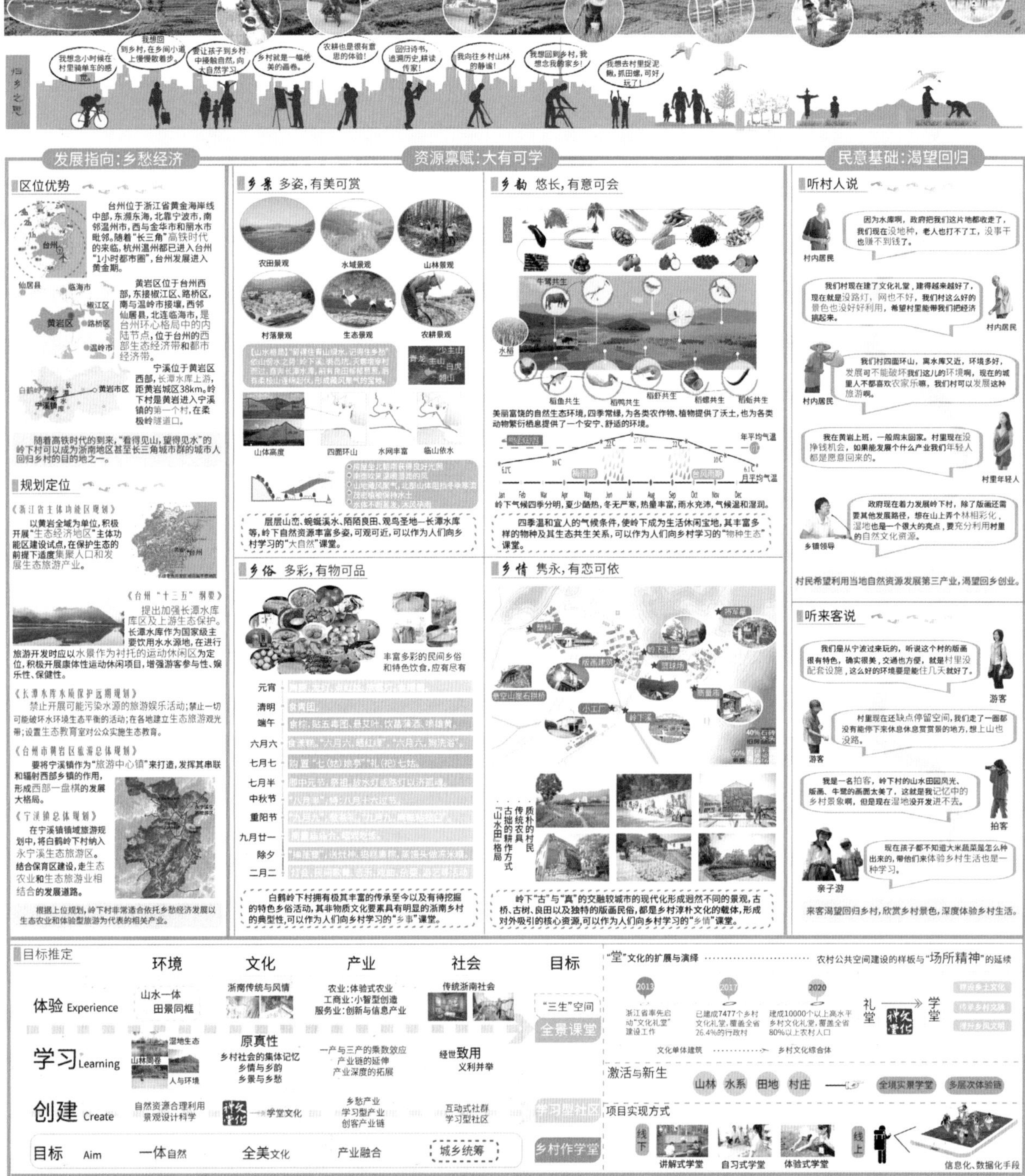

台州市黄岩区宁溪镇白鹤岭下村乡村规划

鄉村作學堂 02

学校：西北大学 指导老师：董欣 吴欣 惠怡安 小组成员：王欣宜 刘烨 刘雯 陈欣 耿乐琪 刘若宁 李文艳 王浩

STEP 1——实景学习

路径生成

- 串联山体：增加林梢步道，添加路径，增强山体之间的联系。
- 丰富空间：依托浙江常见的山地地形，建设茶室、观鸟塔等山地景观节点。增加山林景观的色彩层次
- 美化山林：对裸露山体进行固化，绿化提升，更新种植彩色树种、珍贵树种，打造季相分明、层次丰富的"多彩林带"。

体验内容

千步虹桥 平步青云

极目连云 小舍茗香

林相彩化 寻路识花

岭下村背山拥山，森林覆盖率较高，山林资源十分丰富，利用各类路径打开山林资源的利用之路，增强山林学堂的体验多样性。

山

滨水空间——湿地

观景　湿地植物学习　鸟类认知与鉴别　学习骑马　亲近动物

牛、白鹭、夕阳的情境仿佛把人带回到最古老的田园牧歌中去。

亲水空间——岭下溪、生态池塘

桥上拍鸟观鸟　鸟类认知与观赏

在岭下，可以看到最原始的人溪相伴的自然景象，清凉的溪水不仅可以降温，还让人体会到"上善若水"的意境。作为拍摄鸟类的地点之一，游客可将桥头风景一览无余，拍客可近距离拍摄鸟类，也可在一旁的拍客俱乐部交流分享摄影与生态的知识。

岭下溪功能转变

水

村民生产生活用水 → 视线轴线、鸟类聚集点、观赏停留点、生活用水、戏水空间

垂钓　打水仗

实景学习

创意学堂

DIY稻草人

稻草人工艺品

农产品/作物种植—养护—观赏—采摘—售卖/食堂食材

延长体验链—创新产品体验方式

在参与体验中激发学习热情，在实践中深化所学知识。

田

资源载体：生态乡村、农耕文化、传统民俗

耕作体验

插秧　耕作　收割

趣味采摘

寓教于乐

村

民俗体验

开展各种民俗活动，凸显其民俗背后的故事及蕴于其中的文化内涵，让游客在体验中完成学习这一过程。

苗圃管理

游客可在村内的小花园内栽种自己喜欢的花卉，学习花卉的栽培知识。

风貌展示

游客可以认识村落整体聚落形态，了解浙南地区乡村建筑风貌及特色。

畅游"版画村"

游客可漫步在村内小道中，观赏其建筑墙面的生动版画，体验一场版画之旅。可在村内开展与版画相关的主题游戏，如"墙面版画拼图"和"奔跑吧，版画！"等。

建造体验

开展建造节，游客可利用瓦楞纸板进行建筑搭建。游客既能发挥想象自由搭建，也可按照建造指导步骤进行搭建。

环山

白鹤岭下村山形优美，地势较低，平均高度约为200m，起伏和缓，适合上山游玩参观。

浙南地区气候温暖湿润，树木四季常青，在任一季节山景都极具观赏性。

依水

岭下溪、灭蝶增、裘岙坑穿岭下村而过，流入长潭水库。

长潭水库作为黄岩区的水源地，每年水位会周期性上涨，最高可涨至38m线附近。

抱田

目前种植农作物已不是白鹤岭下村村民的主要经济收入来源。

为保护长潭水库水质，白鹤岭下村海拔38m以下的田地归水库管理局所有，需要减量施用化肥，所以岭下村宜发展体验农业，可以挖掘其作为学堂的潜力。

38m线以下—洪水淹没区域

融村

白鹤岭下村由岭下、格水潭、裘岙和新屋蒋这四个自然村构成。四个自然村距离较近，联系密切，可综合各自然村的优势进行统筹发展。

STEP 2——自主学习

时光变迁馆

不同时期家电展　交通工具展　通信工具变迁展

版画教室

完整的版画教学制作创意版画图案　DIY专属版画　名家版画展览

自动借书机

自动借书机 → 云端管理系统 → 手机APP

通过手机APP免费借阅书籍，并且不同兴趣群体可以通过云端交互系统形成与之对应的线上社群。

戏曲教室

观赏台州乱弹　学习戏曲表演　百姓舞台

农具创研中心

传统农具展示　手工农具制作　农具使用体验

解说系统

湿地系统　山林系统

布置在村内的移动解说站能让人们通过屏幕动态的讲解拓展了解相关知识。

STEP 3——互动学习

阶梯小广场

互动是学习的第三阶段，通过群体之间的交流与互动，促进了新想法、新知识的产生，不同兴趣的人群在小广场或专属空间中学习、分享、交流、互动，丰富了白鹤岭下村的社群文化。

拍客中心

摄影作品展览　摄影工具变迁展　分享趴　摄影技巧微课堂　照片冲洗　天文观测　学习光学原理

岭下厨房

创意菜谱　DIY特色美食　美食分享趴　美食信息　美食课程私人订制

STEP 4——交互学习

自然信息源

多维多角度互联显示

通过对自然信息的采集，自发与非自发的信息共享，完成各类信息源的多维显示，并且完成线上社区的品牌构建与宣传。

理念来源：交互设计五要素——人·目的·环境·介质·行为

人　目的　环境　介质　行为

引导　控制

线下交互空间：村内中心广场+拍客中心+岭下厨房等

线上交互体系：岭下宣传网页+虚拟岭下社区等

通过线上社区的建立，对白鹤岭下村交互学习体系进行全方位的构建。

STEP 5——拓展学习

科技　乡村

- 岭下旅游风光
- 乡村风情展示
- 科技互动体验
- 趣味游戏

未来　原真

特色展馆：开展以"乡村"为主题的展览，通过各种高科技体验项目，让人们在近距离体验科技的同时，达到"乡村作学堂"的终极层次——原真与未来的有机融合。

周边居民　学生　外客 → 科技科普　参与体验　学习分享　休闲互动

岭下探索中心主要为周边居民、学生、外客提供一个学科学、爱科学、用科学的科普阵地，让人们通过亲身体验感受科学技术给我们的日常生活带来的巨大变化。

问题与策略

村田错杂，疏整以观；山水深阻，拓径以近。

FACTOR 1 山 ——山景无路可近

植被单一缺乏层次 → 山体修复 植被填补 增加绿化 → 丰富植被类型，增加植物层次感和错落感。

农田界面　林地界面

山田界面之间衔接暗显，界面残缺，缺乏整体性。

补充阻隔绿化……

更新模式："田—生态廊道—林"

FACTOR 2 水 ——水韵无道可寻

渠道堵塞断流，两岸硬化过度。→ 疏通整治现状河渠 → 河渠两岸软硬景观结合，增加近水路径，打造优质滨水景观。

FACTOR 3 田 ——田景无径可亲

现状农田局部零散，作物布置杂乱，荒地匿地未充分利用。→ 对现状农田进行联通、整理、连接成片。→ 顺应地形，尊重原始田块分割状态的同时，加强农田景观的整体性。

FACTOR 4 村 ——空间杂乱不可聚

修补绿化空间

整合建筑空间　增加宅间绿化

宅间绿化杂乱，公共空间无利用。→ 增加宅间绿化，优化节点空间。

植入建筑功能

增加商业功能　商住混合

增加民宿功能　主客住宿分区

部分房屋一层增加商业功能，作为店铺出租或自营，二层仍为居住。

部分房屋改建为民宿，作为农家乐及民宿。

统一建筑立面

特色提取"版画""坡屋顶"

建筑外立面材质、风格、色彩等杂乱多样

形式统一的"坡屋顶"形式，和风格统一的特色版画，更加凝聚出村庄聚落形态的整体性。

完善服务设施

信息中心　医疗站点　公共卫生间　公共餐厅　休憩点　书吧　游客服务站　公共空间

整合节点空间

确定各自然村落中公共空间与节点区域

拆除废旧、空置的房屋，清理出景观廊道，并梳理庭院肌理。

梳理步行道路系统，串联公共空间。通过绿化与铺装的整合，实现私人庭院空间与公共空间的有机融合。

打通零碎节点，整合空间。

FACTOR 贯通

山体　村落　田园　水库　路径

通过植入新功能，插入新路径，在各地块的主要节点间打通视线廊道，消除阻碍，将原本割裂的地块沟通起来，加强整体性。

梳理　联通　网络

乡村社会重建——构建学习型社会

构建乡村学习型社区

- 发挥政府职能作用
- 采用多样化教学模式
- 营造良好的学习环境
- 传承乡村文化、环境
- 强化数字化资源建设

→

- 加大乡村建设，增强城乡互动
- 促进社区教育的有机融合
- 发展乡村教育，发掘乡村精英
- 促进学习型社区的建设
- 为学习者提供互动平台

→ 构建学习型乡村：以农民为发展主体；以制度创新为保障；构建可持续发展的运行平台；乡村作学堂

突破教育教学以城市为中心的现状，深度挖掘乡村教育资源，发展有个性主题、体验参与性强、真正有内涵的乡村旅游，留住乡愁、融入城市时尚元素、大力做强特色产业。

乡村产业升级——构建学习型产业集群

- 乡愁产业……深度挖掘和展示文化元素和生活记忆元素，大力发展"乡愁经济"。
- 发展"1+3"产业……田园综合体：体验农业+观光旅游+运动公园+创客产业
- 农业生产方式……保留传统"精耕细作"的农业生产方式，提升生态效益；减量施肥，避免污染水质
- 发展净水产业……产业发展避免对水质等环境的污染
- 学习型产业集群……构建学习型社区的同时，以学带产，带动学习型产业集群的发展。

发展模式转型——以学带产

村委会　农户　企业

宣传　合作　互利

村委会：维修　接待　导服　环保

农户：协调　接待　检查　处理事故　选拔

企业：营销　培训　开发　宣传　规划

建设乡村学堂

促进共赢合作

盈利模式——充分运用当地劳动力，增加就业

爷爷 → 农事指导：我现在不用种地了，给游客们当起了农事指导员！给他们教农活。

奶奶 → 厨艺指导：我以前在村里种点小菜，现在再就业成为厨师，给游客们做饭吃。

爸爸 → 导游服务：以前只能到外头打工，现在我终于可以在家乡工作了！

妈妈 → 游客接待：我现在经营民宿，既可以在家带小孩，还可以挣钱。

叔叔 → 归乡创客：终于可以在离家很近的地方创业，做着自己想做的事，又有钱赚，真好！

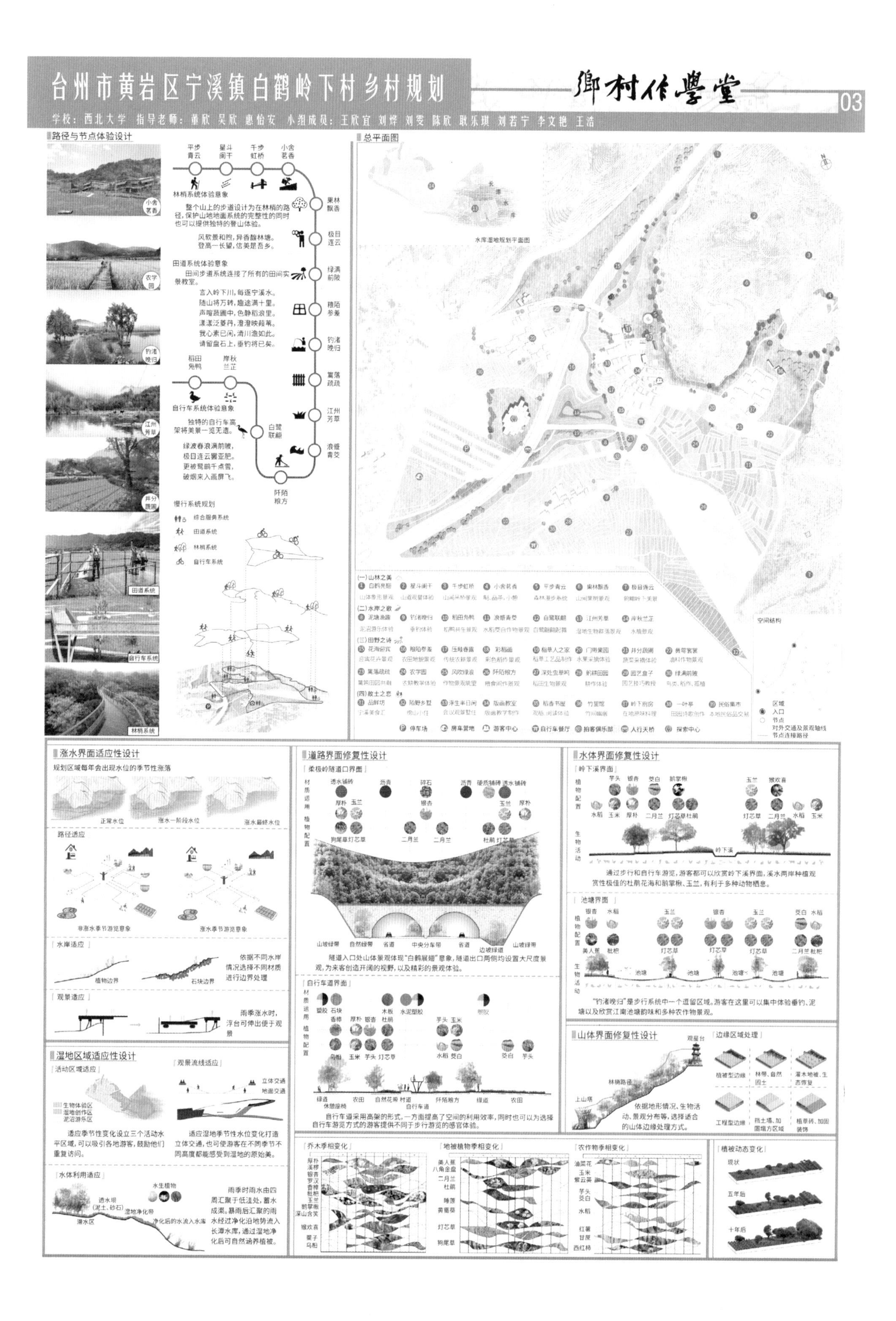
台州市黄岩区宁溪镇白鹤岭下村乡村规划
鄉村作學堂
03
学校：西北大学 指导老师：董欣 吴欣 惠怡安 小组成员：王欣宜 刘烨 刘雯 陈欣 耿乐琪 刘若宁 李文艳 王浩
路径与节点体验设计
总平面图
林梢系统体验意象
整个山上的步道设计为在林梢的路径，保护山地地面系统的完整性的同时也可以提供独特的登山体验。
田道系统体验意象
田间步道系统连接了所有的田间实景教室。
自行车系统体验意象
慢行系统规划
涨水界面适应性设计
规划区域每年会出现水位的季节性涨落
正常水位
涨水一阶段水位
涨水巅峰水位
路径适应
非涨水季节游览意象
涨水季节游览意象
水岸适应
依据不同水岸情况选择不同材质进行边界处理
观景适应
雨季涨水时，浮台可伸出便于观景
湿地区域适应性设计
活动区域适应
观景流线适应
水体利用适应
道路界面修复性设计
柔极岭隧道口界面
随道入口处山体景观体现“白鹤展翅”意象，随道出口两侧均设置大尺度景观，为来客创造开阔的视野，以及精彩的景观体验。
自行车道界面
自行车道采用高架的形式，一方面提高了空间的利用效率，同时也可以为选择自行车游览方式的游客提供不同于步行游览的感官体验。
水体界面修复性设计
岭下溪界面
池塘界面
山体界面修复性设计
边缘区域处理
乔木季相变化
地被植物季相变化
农作物季相变化
植被动态变化
现状
五年后
十年后

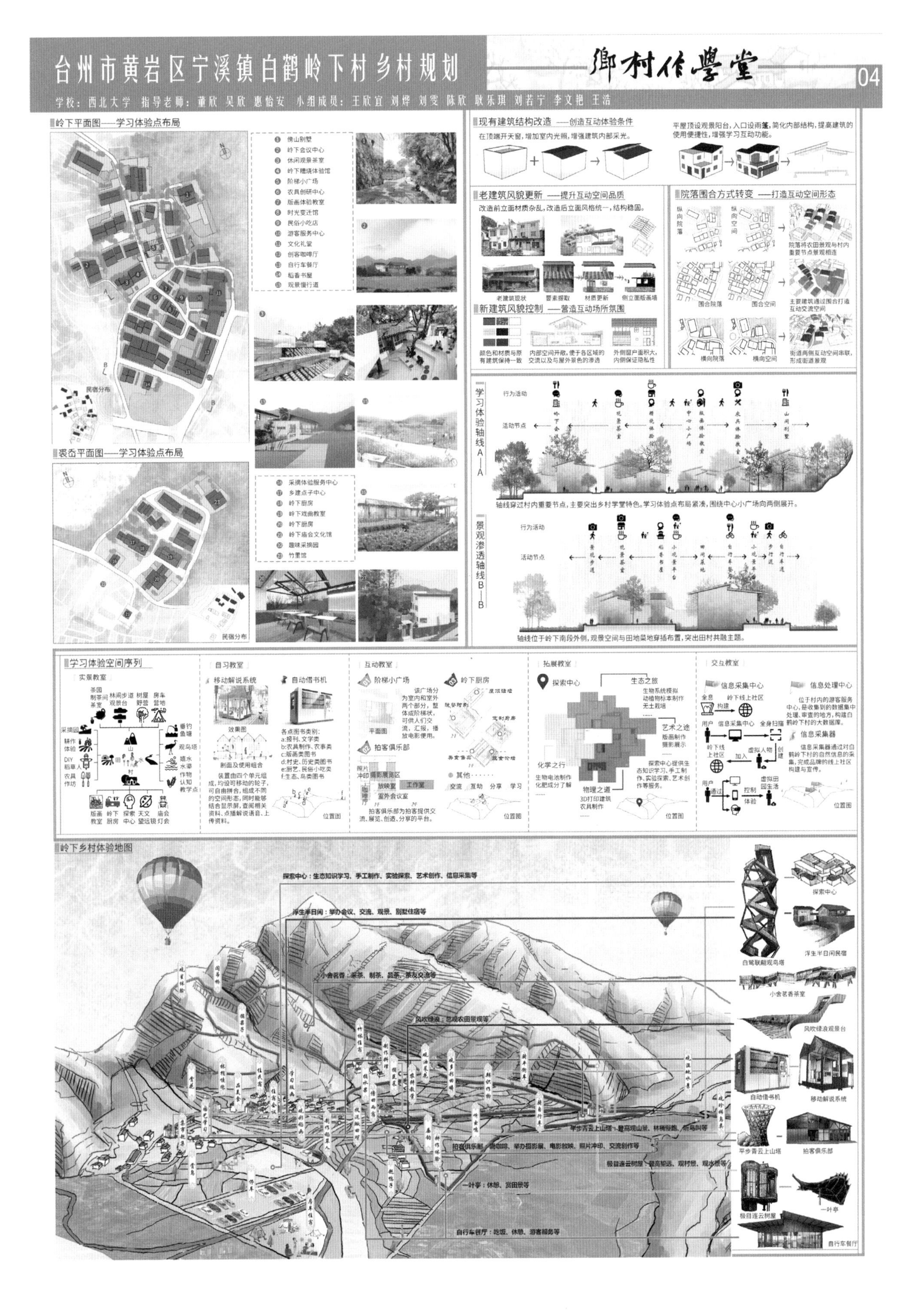

台州市黄岩区宁溪镇白鹤岭下村乡村规划
鄉村作學堂
04
学校：西北大学 指导老师：董欣 吴欣 惠怡安 小组成员：王欣宜 刘桦 刘雯 陈欣 耿乐琪 刘若宁 李文艳 王浩
岭下平面图——学习体验点布局
佛山别墅
岭下会议中心
休闲观景茶室
岭下糟烧体验馆
阶梯小广场
农具创研中心
版画体验教室
时光变迁馆
民俗小吃店
游客服务中心
文化礼堂
创客咖啡厅
自行车餐厅
稻香书屋
观景慢行道
民宿分布
裘岙平面图——学习体验点布局
采摘体验服务中心
乡建点子中心
岭下厨房
岭下戏曲教室
岭下厨房
岭下庙会文化馆
趣味采摘园
竹墨馆
民宿分布
现有建筑结构改造 ——创造互动体验条件
在顶端开天窗，增加室内光照，增强建筑内部采光。
平屋顶设观景阳台，入口设雨篷，简化内部结构，提高建筑的使用便捷性，增强学习互动功能。
老建筑风貌更新 ——提升互动空间品质
改造前立面材质杂乱，改造后立面风格统一，结构稳固。
老建筑现状
要素提取
材质更新
侧立面版画墙
新建筑风貌控制 ——营造互动场所氛围
颜色和材质与原有建筑保持一致
内部空间开敞，便于各区域的交流以及与屋外景色的渗透
外侧留户面积大，内侧保证隐私性
院落围合方式转变 ——打造互动空间形态
纵向院落
纵向空间
院落将农田景观与村内重要节点景观相连
围合院落
围合空间
主要建筑通过围合打造互动交流空间
横向院落
横向空间
街道两侧互动空间串联，形成街道界观
学习体验轴线A—A
行为活动
活动节点
轴线穿过村内重要节点，主要突出乡村学堂特色。学习体验点布局紧凑，围绕中心小广场向两侧展开。
景观渗透轴线B—B
行为活动
活动节点
轴线位于岭下南段外侧，观景空间与田地菜地穿插布置，突出田村共融主题。
学习体验空间序列
实景教室
茶园 制茶间 茶室
林间步道 观景台
树屋 野营
房车 营地
垂钓 鱼塘
采摘园
耕作体验
DIY稻草人
农具作坊
观鸟塔
塘水 水草
作物认知 教学点
版画教室
岭下厨房
探索中心
天文 望远镜
庙会 灯会
自习教室
移动解说系统
效果图
剖面及使用组合
装置由四个单元组成，均设可移动的轮子，可自由拼合，组成不同的空间形态，同时能够结合显示屏，查阅相关资料、点播解说语音，上传资料。
自动借书机
各点图书类别：
a:摄影、文学类
b:农具制作、农事类
c:版画类图书
d:村史、历史类图书
e:厨艺、民俗小吃类
f:生态、鸟类图书
位置图
互动教室
阶梯小广场
该广场分为室内和室外两个部分，整体成阶梯状，可供人们交流、汇报、播放电影使用。
平面图
岭下厨房
拍客俱乐部
照片冲印
放映室
工作室
室外会议室
拍客俱乐部为拍客提供交流、展览、创造、分享的平台。
其他
交流 互动 分享 学习
位置图
拓展教室
探索中心
生态之旅
生物系统模拟
动植物标本制作
无土栽培
艺术之途
版画制作
摄影展示
化学之行
生物电池制作
化肥成分了解
物理之道
3D打印建筑
农具制作
探索中心提供生态知识学习、手工制作、实验探索、艺术创作等服务。
位置图
交互教室
信息采集中心
信息处理中心
位于村内的游客服务中心，是收集到的数据集中处理、审查的地方，构建白鹤岭下村的大数据库。
信息采集器
信息采集器通过对白鹤岭下村的自然信息的采集，完成品牌的线上社区构建与宣传。
全息构建
岭下线上社区
用户
信息采集中心
全身扫描
岭下线上社区
虚拟人物
加入
创建
虚拟田园生活
控制
体验
位置图
岭下乡村体验地图
探索中心：生态知识学习、手工制作、实验探索、艺术创作、信息采集等
浮生半日间：举办会议、交流、观景、别墅住宿等
小舍茗香：采茶、制茶、品茶、茶友交流等
风吹绿浪：眺望农田景观等
平步青云上山塔：登高观山景、林稍观鸟、听鸟叫等
拍客俱乐部：喝咖啡、举办摄影展、电影放映、照片冲印、交流创作等
极目连云树屋：登高望远、观村景、观水景等
一叶亭：休憩、赏田景等
自行车餐厅：吃饭、休憩、游客服务等
探索中心
浮生半日间民宿
白鹤歇翩观鸟塔
小舍茗香茶室
风吹绿浪观景台
自动借书机
移动解说系统
平步青云上山塔
拍客俱乐部
极目连云树屋
一叶亭
自行车餐厅

村居觅人迹，青山守鹭归

【参赛院校】 西安建筑科技大学

【参赛学生】 王怡宁 黄彬彬 杨 雪 吴 倩 杨新玥

【指导教师】 吴 锋 田达睿

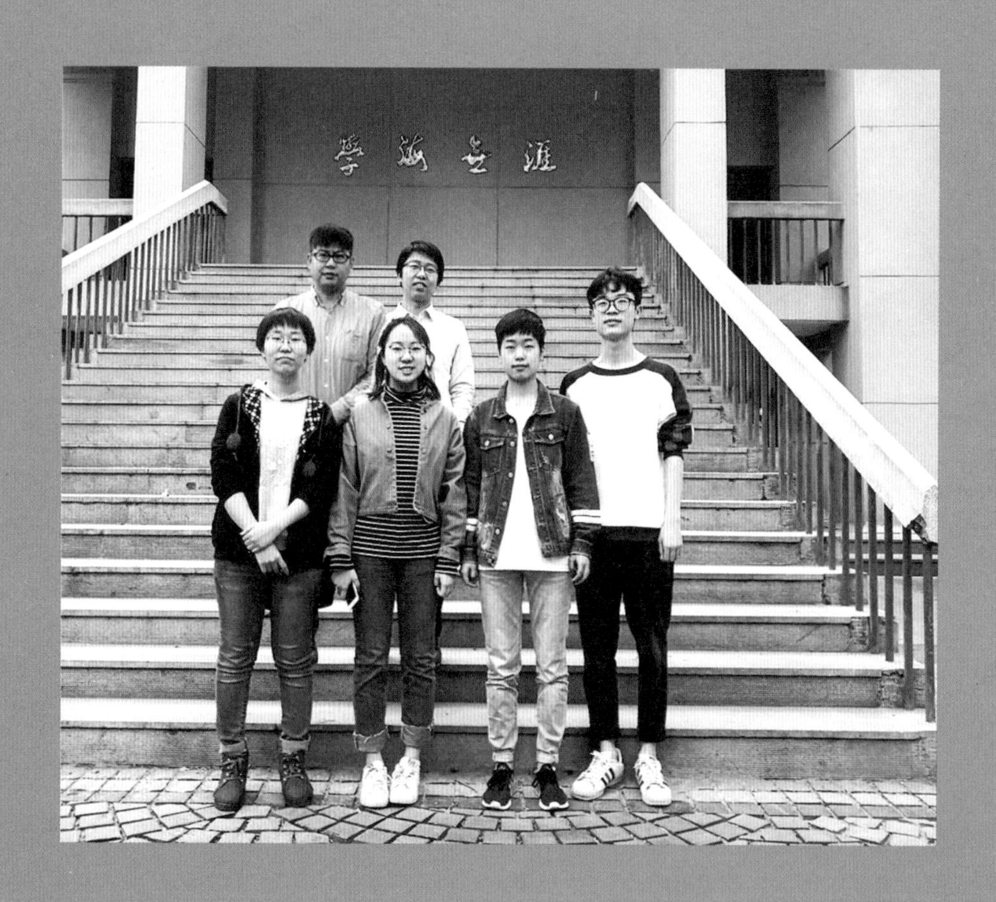

初选基地时，就被白鹤岭村的这个名字吸引，这会是一个怎样的村庄？直到我们到了岭下，我们的疑惑才得到一一解答，初次进入岭下村，村子被群山环抱，白鹭嬉戏水边，被村民自家房屋上画的一幅幅版画所惊艳，描绘着当地的风土人情。

初步调研后，我们发现岭下村景观资源丰富，但生态敏感度高，因为所处区位十分特殊，是宁溪镇进入水库的第一个村落，特殊的区位要求岭下村承担门户空间、生态村落的职能，所以将生态作为我们首要的考虑因素。城市化进程拉近了乡村与城市的距离，但生态遭到入侵，白鹭的生活栖息地被我们扰乱。

所以在方案设计中，我们先将视点聚焦于白鹭，研究它们的迁徙路线及生活习性，希望这是一次围绕白鹭的设计，策略采取“人退自然进”，通过疏通水网、引绿入村，构建三条生态廊道、植入功能斑块等手段，将岭下村打造成为白鹭的容身之所，村民化身守鹭人，守护着这一片净十，形成生态、生物、人三者和谐共居。

村居觅人迹，青山守鹭归

现状分析

1

西安建筑科技大学　指导老师：吴锋 田达睿　　小组成员：王怡宁、黄彬彬、杨雪、吴倩、杨新玥

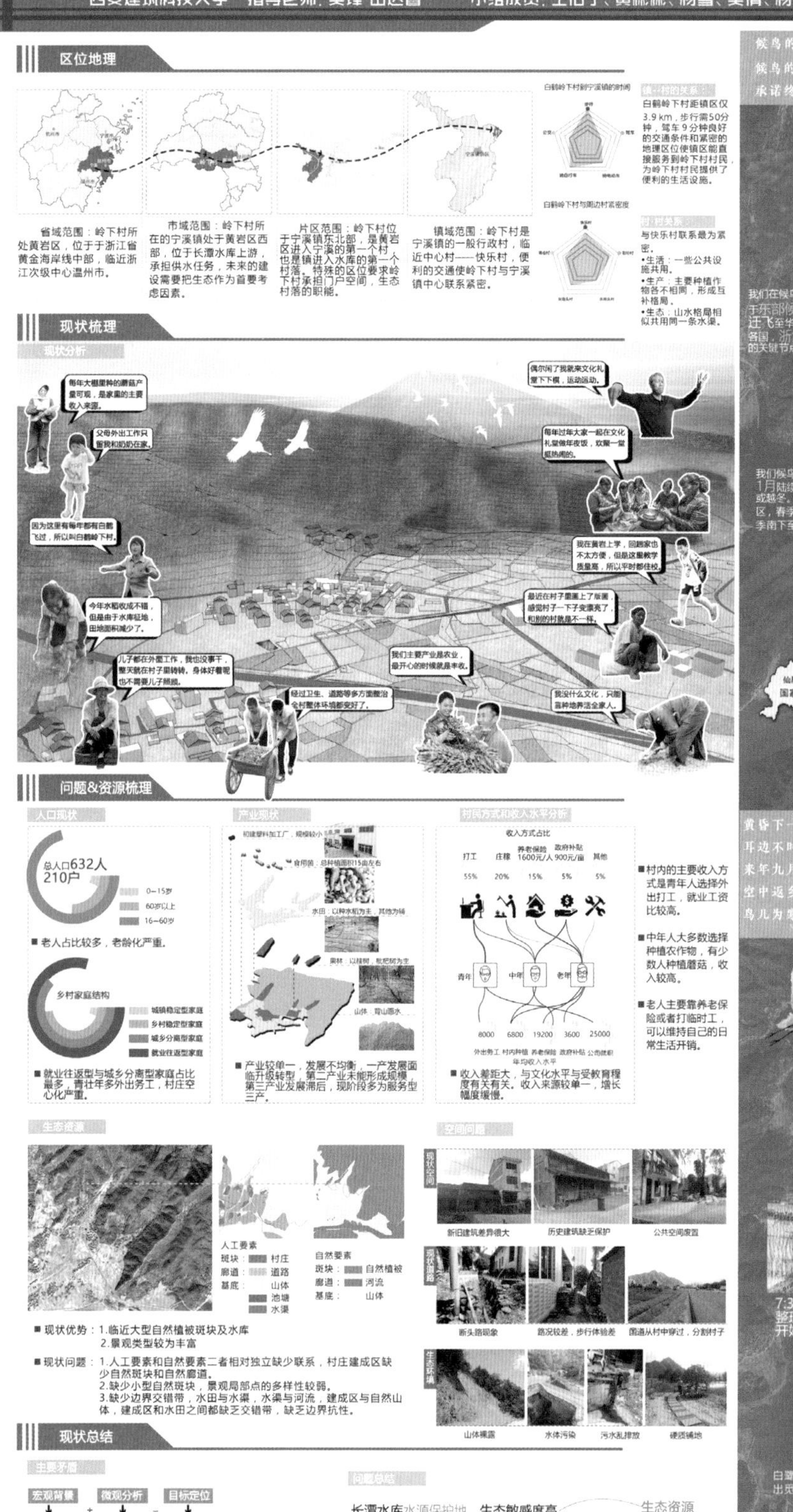

村居觅人迹，青山守鹭归

核心构思

西安建筑科技大学　指导老师：吴锋 田达睿　小组成员：王怡宁、黄彬彬、杨雪、吴倩、杨新玥

2

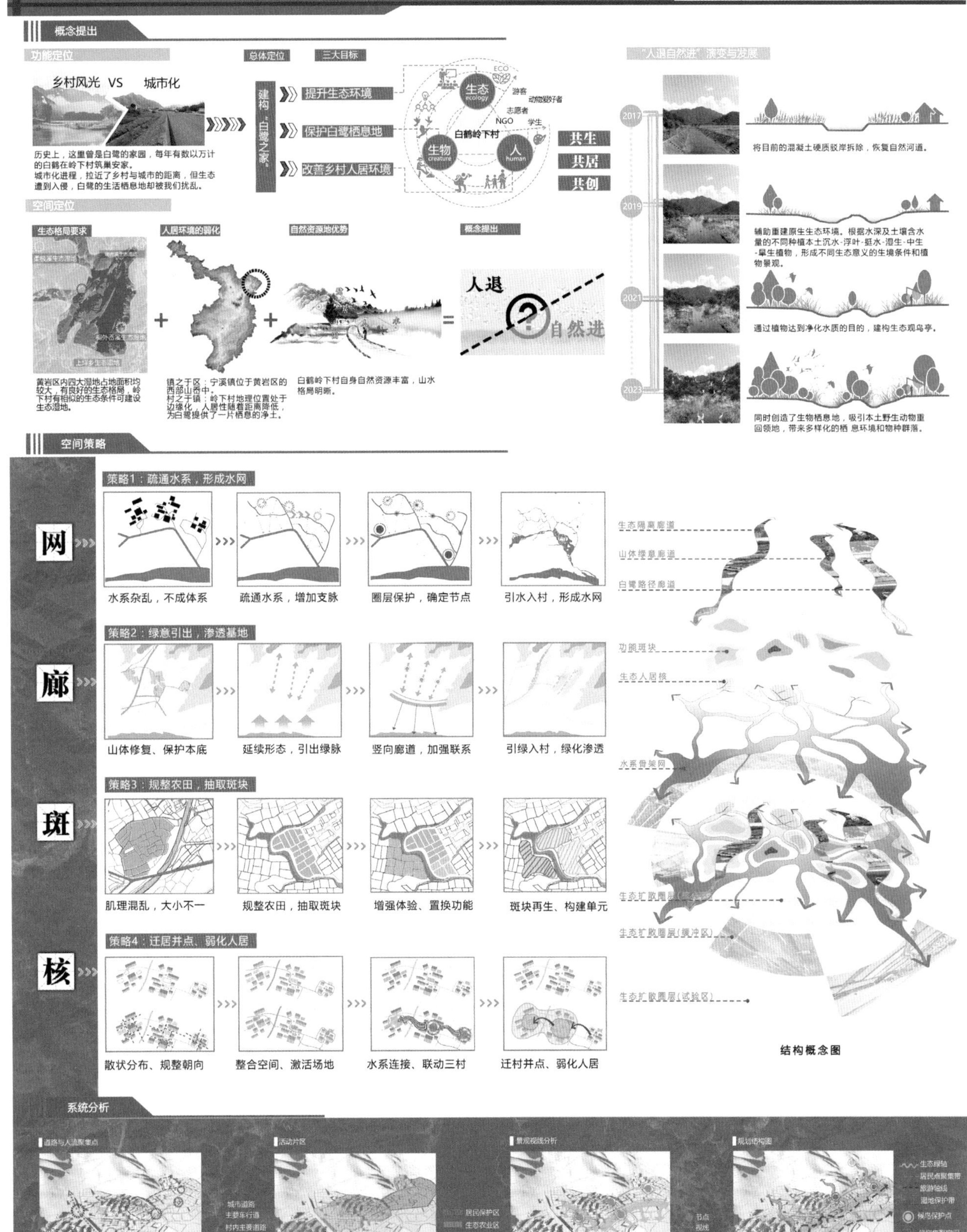

概念提出
功能定位
乡村风光 VS 城市化
历史上，这里曾是白鹭的家园，每年有数以万计的白鹤在岭下村筑巢安家。
城市化进程，拉近了乡村与城市的距离，但生态遭到入侵，白鹭的生活栖息地却被我们扰乱。
总体定位
三大目标
建构"白鹭之家"
提升生态环境
保护白鹭栖息地
改善乡村人居环境
生态 ecology
生物 creature
人 human
白鹤岭下村
游客
动物爱好者
志愿者
NGO
学生
共生
共居
共创
空间定位
生态格局要求
人居环境的弱化
自然资源地优势
概念提出
黄岩区内四大湿地占地面积均较大，有良好的生态格局，岭下村有相似的生态条件可建设生态湿地。
镇之于区：宁溪镇位于黄岩区的西部山岙中。
村之于镇：岭下村地理位置处于边缘化，人居性随着距离降低，为白鹭提供了一片栖息的净土。
白鹤岭下村自身自然资源丰富，山水格局明晰。
人退
自然进
"人退自然进"演变与发展
2017
2019
2021
2023
将目前的混凝土硬质驳岸拆除，恢复自然河道。
辅助重建原生生态环境。根据水深及土壤含水量的不同种植本土沉水-浮叶-挺水-湿生-中生-旱生植物，形成不同生态意义的生境条件和植物景观。
通过植物达到净化水质的目的，建构生态观鸟亭。
同时创造了生物栖息地，吸引本土野生动物重回领地，带来多样化的栖息环境和物种群落。
空间策略
网
廊
斑
核
策略1：疏通水系，形成水网
水系杂乱，不成体系
疏通水系，增加支脉
圈层保护，确定节点
引水入村，形成水网
策略2：绿意引出，渗透基地
山体修复、保护本底
延续形态，引出绿脉
竖向廊道，加强联系
引绿入村，绿化渗透
策略3：规整农田，抽取斑块
肌理混乱，大小不一
规整农田，抽取斑块
增强体验、置换功能
斑块再生、构建单元
策略4：迁居并点、弱化人居
散状分布、规整朝向
整合空间、激活场地
水系连接、联动三村
迁村并点、弱化人居
生态隔离廊道
山体保护廊道
白鹭路径廊道
功能斑块
生态人居核
水系骨架网
生态扩散圈层(缓冲区)
生态扩散圈层(试验区)
结构概念图
系统分析
道路与人流聚集点
城市道路
主要车行道
村内主要道路
游憩线路
人流聚集点
活动片区
居民保护区
生态农业区
观光农业区
湿地保护区
景观视线分析
节点
视线
景观视廊
规划结构图
生态绿轴
居民点聚集带
旅游轴线
湿地保护带
候鸟保护点
信仰集聚空间
旅游节点
竖向三条绿轴与横向三条流线将基地划分为网格状，在竖轴和横向流线交汇处设置入村口、文化礼堂、观鸟平台等一系列重要节点。

村居觅人迹，青山守鹭归
方案展示
西安建筑科技大学 指导老师：吴锋 田达睿 小组成员：王怡宁、黄彬彬、杨雪、吴倩、杨新玥
3
1.入口广场
2.生态湿地公园
3.鸟类观测点
4.花田
5.滨水栈道
6.田间高架步道
7.版画展示台
8.文化展示广场
9.一亩农田
10文化礼堂
11.寺庙
12.果林长带
13.池塘
总平面图1:20000
守鹭人
——莫须惊白鹭，为伴宿清溪。
路线分析
研学观鸟路线
旅游休闲路线
白鹭活动场所
山间 Hill
鸟类种类丰富，具有较高生物多样性，多为杜鹃、大啄木鸟等在这里生活。
村庄 Village
多为麻雀、画眉、喜鹊等鸣禽及村民圈养的鸡、鹅等家禽和斑鸠等陆禽。
林地 Forest edge
鸟类种类丰富，具有较高生物多样性，是大多数猛禽的巢穴所在。
水田 Paddy field
水田中多为白鹭、秧鸡等涉禽及鸭、鹅等家禽。
河边 River bank
水库 Forest edge
在水库边的鸟类最为丰富，在这里鸟类成群结伴。

守鹭村改造

西安建筑科技大学　指导老师：吴锋 田达睿

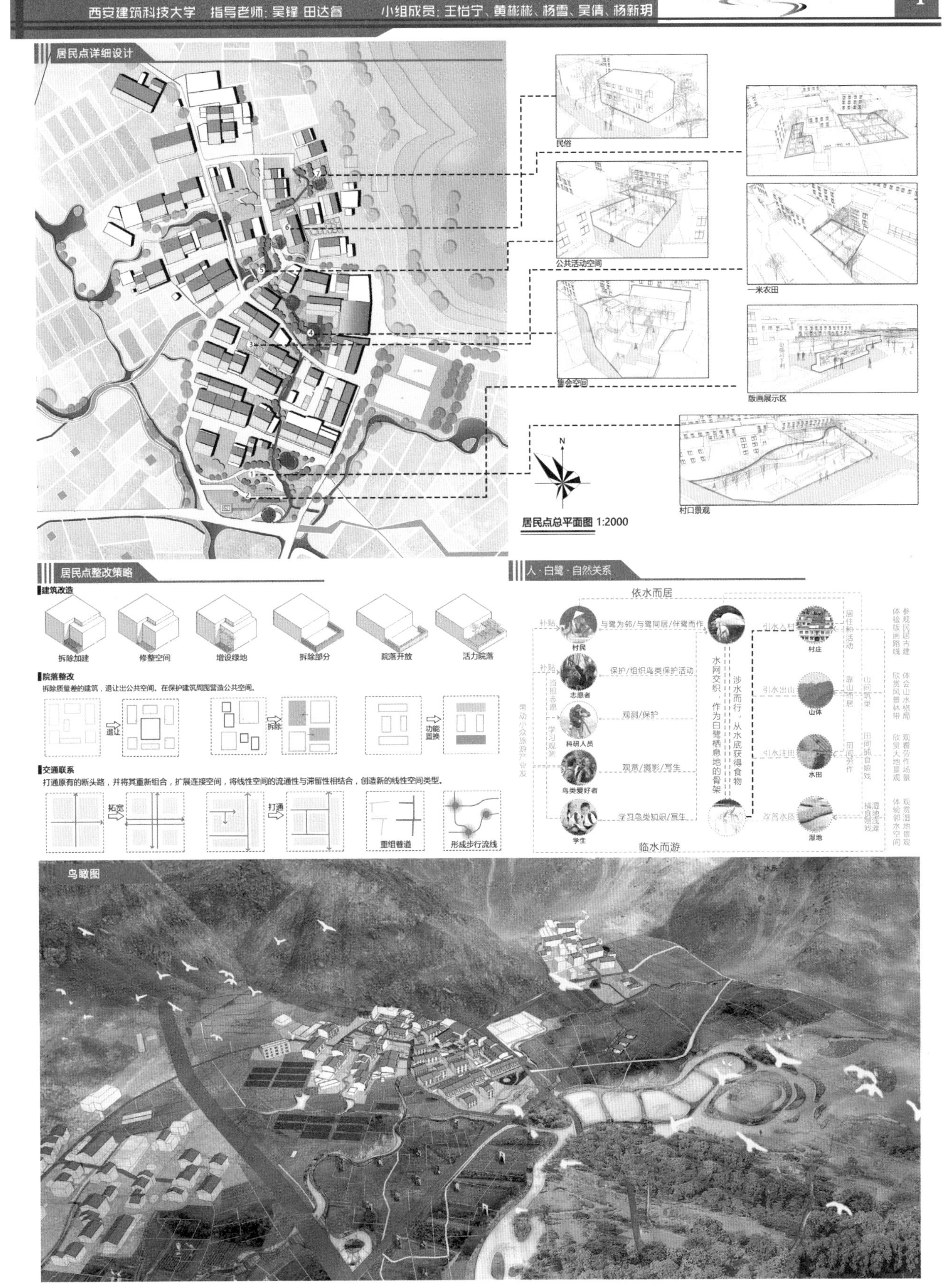

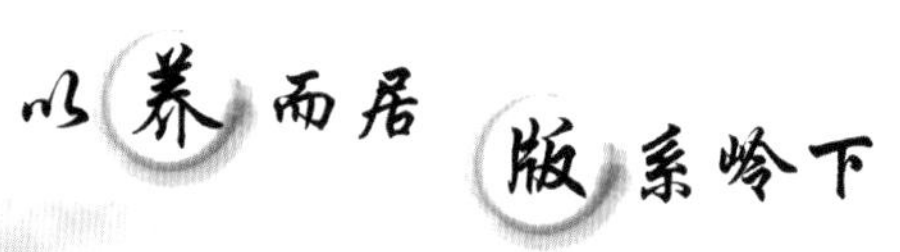

宁溪镇白鹤岭下村乡村规划与创意设计

郑州航空工业管理学院　指导老师：王峰玉　闫芳　小组成员：熊尧　郭慧君　王茉霜　张宾鹏　张帆

壹 现状分析

村庄简介

白鹤岭下村，位于黄岩区宁溪镇，北面与屿头乡相邻，该村是黄岩进入宁溪镇的第一个村，由岭下、格水潭、裂岙、新屋蒋这四个自然村组成。地理位置优越，依山傍水。全村共有有5个村民小组216户，633人，耕地251亩，山林1164亩，村域面积1.05km²。主要以农林也为主。

区位分析

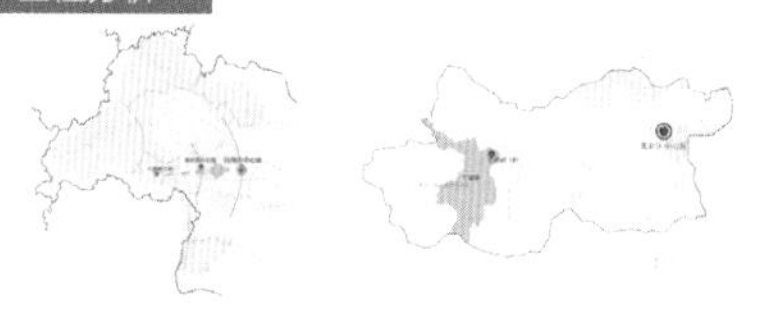

在台州　在黄岩

在宁溪镇

该地块位于浙江省台州市黄岩区西部，距黄岩34km。

位于宁溪镇东北部的镇界处，距镇区3.9km。

82省道和长决线经过该村落，是经82省道进入宁溪镇的门户之地。

在该镇拥有较为优良的地理位置。该地块紧邻长潭水库。

上位规划解读

《台州市十三五规划》：

台州市将打造"望得见山，看得见水，记得住乡愁"的美丽宜居乡村建设示范市。

《黄岩区总体规划》：

该村位于黄岩区的沿路美丽乡村发展带上。

《宁溪镇总体规划》：

一村一品的发展战略，休闲旅游业发展策略。

SWOT分析

S trengths

- 区位优势明显
- 交通可达性较好
- 人文历史遗产丰富
- 地形地貌基底良好
- 经济社会环境稳定

W eaknesses

- 产业结构单一
- 村庄之间缺少互动
- 文化保护传承问题严峻
- 道路水系系统凌乱
- 旅游规划缺少吸引力

O pportunities

- 位置优势明显
- 十三五规划的要求
- 经济政策的支持
- 周边村庄的推动

T hreats

- 人口外流空心化趋势
- 周边村落威胁
- 设施服务难以普及
- 村民环境保护意识弱

村民意愿分析

村内居民：村里小卖铺较少，买东西不方便：并且出个门坐车要半个小时才到车站。

村内老人：村里年轻人不愿意呆在村里发展，有能力的都去城里打工了，现在村里大多剩下我们这些老人。

村内老人：版画是我们村的特色传统文化，可是现在发展逐渐落寞。会的人也少，年轻人大多不愿意学习。

村内青年：村内公共空间太少了，没有集会的地方。到处都是房子，并且空房很多，周围没有绿化。

村内中年：村内有很多特色的产业，可是都太散了，没有规模化。很多东西都销售不出去。经济收入少。

村内少年：村里没什么好玩的地方，只能在院子和田里玩。

问题总结

问题	对策
文化传承 人口结构空心化	增加学堂，通过艺术研讨基地传承文化。 引入第三产业，为村内人口提供工作。
水系凌乱 绿化杂乱	一增二扩三连，实现上水灵动。 绿化根据本地气候规整当地绿化。
产业不成体系 第一产业发掘较浅	引入第三产业进行产业综合，合并规模。 发掘当地特色，增设旅游设施。
房屋破旧 公共设施较少 村民生活优化	房屋拆除置换或者新建，统一风格 根据村内需求，增设公共服务设施。 丰富村民生活，增加可集聚性空间。

现状问题提取

大量危房空房空置，建筑风貌不统一

版画文化无人传承，面临危机

居民缺少街道活动空间

村内公共服务设施缺乏

村中大量劳动力外出，空巢老人居多

道路质量普遍低下

农田功能过于单一

水系混乱缺乏治理

基本现状分析

文化

独特的版画文化

艺术性版画有艺术表现过程的间接性，艺术结果的复数，印痕艺术的审美特征。装饰性村内已完成大量的版画上墙工作，以艺术的形式突出当地的乡土乡情。

顾奕兴介绍

顾奕兴，是中国20世纪50-60年代优秀版画家，获鲁迅版画奖。执着木刻版画，师从杨可扬。

历史文物　节日庆祝

白岩潭石拱桥，始于清代。　二月二灯会　重阳洗脚节

产业

独特的食用菌产业

该村食用菌总产值占宁溪镇的65%，种植种类繁多，总种植面积115亩左右。种植散乱。

产量较低，附加值低，缺乏二度加过工。

悠久的农耕文化

农耕面积占村域面积比重大，主要以水稻、玉米和茭白为主。种植散乱，缺乏二次加工。

固有的加工产业

村内第二产业主要以塑料厂、钢厂灯厂等为主。岭下村属于产业管控区域。

匮乏的第三产业

第三产业的挖掘较少，缺乏创意性和特色化旅游。

公共服务设施和商业设施缺乏。

人居

村内建筑质量分析

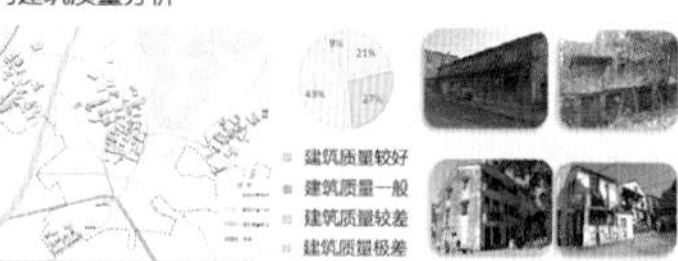

村内建筑年代分析

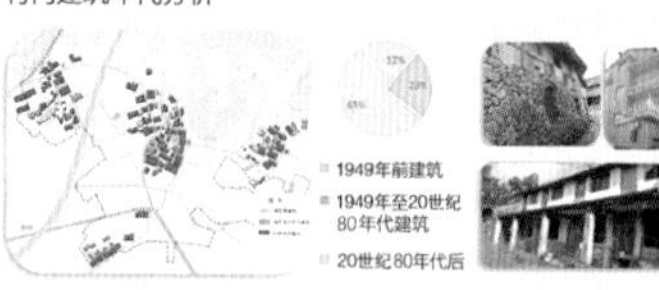

村内用地现状分析

村内用地情况主要是以林地农田为主。

人口分析

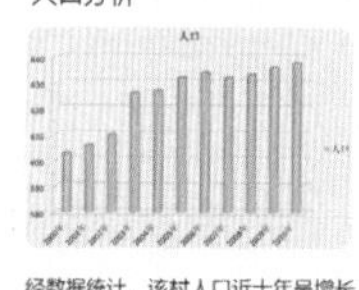

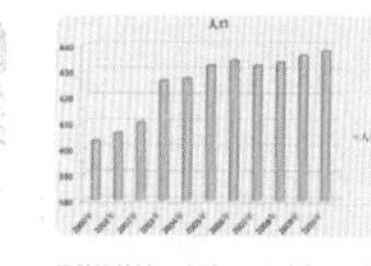

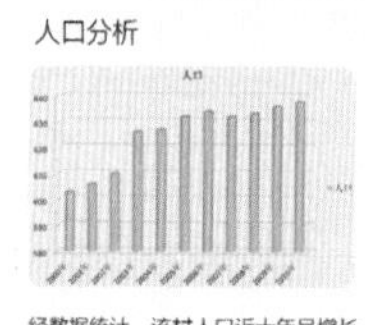

经数据统计，该村人口近十年呈增长模式。主要原因是高山移民。

生态

水系分布

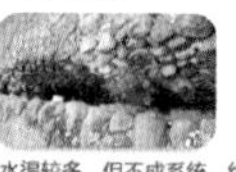

水渠较多，但不成系统。给水与排水混杂，而且许多沟渠存在干涸问题。

水塘分布较散，与水渠缺少联系，缺乏滞纳雨水能力。

水库管制

由于处于长潭水库水源保护区，生态敏感度高，因此自然环境基本未受到破坏，环境优美。

物种减少

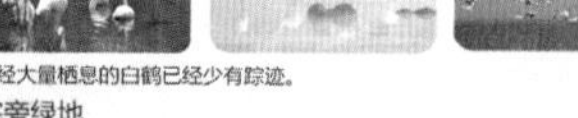

曾经大量栖息的白鹤已经少有踪迹。

宅旁绿地

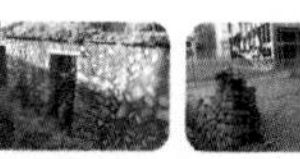

村内宅前，路旁缺乏绿化，大量空地被闲置或者堆积杂物，大大影响了视觉性和实用性。

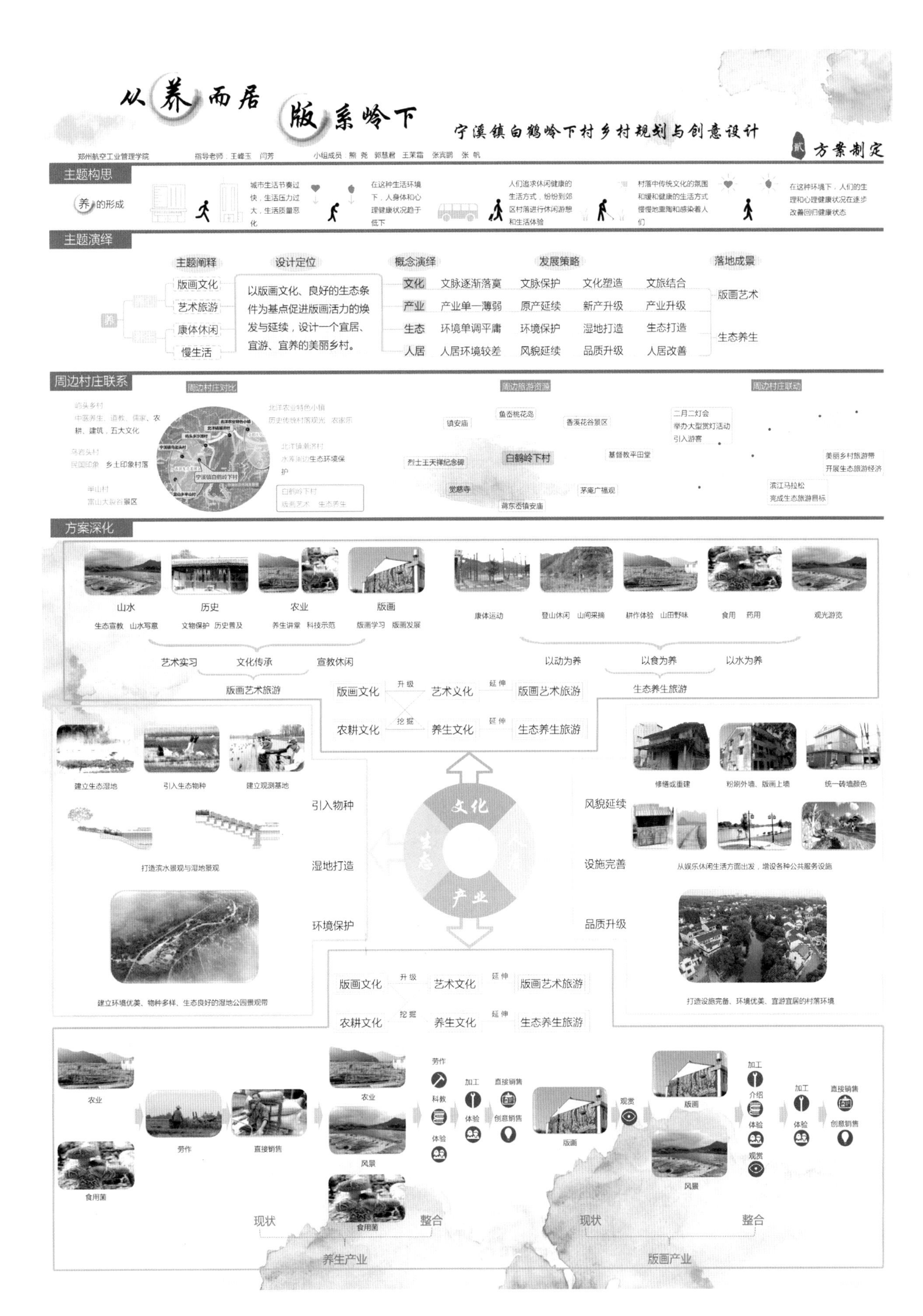
从养而居 版系岭下
宁溪镇白鹤岭下村乡村规划与创意设计
方案制定
郑州航空工业管理学院
主题构思
主题演绎
主题阐释
设计定位
概念演绎
发展策略
落地成景
版画文化
艺术旅游
康体休闲
慢生活
以版画文化、良好的生态条件为基点促进版画活力的焕发与延续，设计一个宜居、宜游、宜养的美丽乡村。
文化 文脉逐渐落寞 文脉保护 文化塑造 文旅结合
产业 产业单一薄弱 原产延续 新产升级 产业升级
生态 环境单调平庸 环境保护 湿地打造 生态打造
人居 人居环境较差 风貌延续 品质升级 人居改善
版画艺术
生态养生
周边村庄联系
周边村庄对比
周边旅游资源
周边村庄联动
白鹤岭下村
方案深化
山水
历史
农业
版画
艺术实习
文化传承
宣教休闲
版画艺术旅游
以动为养
以食为养
以水为养
生态养生旅游
版画文化
艺术文化
版画艺术旅游
农耕文化
养生文化
生态养生旅游
引入物种
湿地打造
环境保护
风貌延续
设施完善
品质升级
文化
生态
产业
现状
整合
养生产业
版画产业

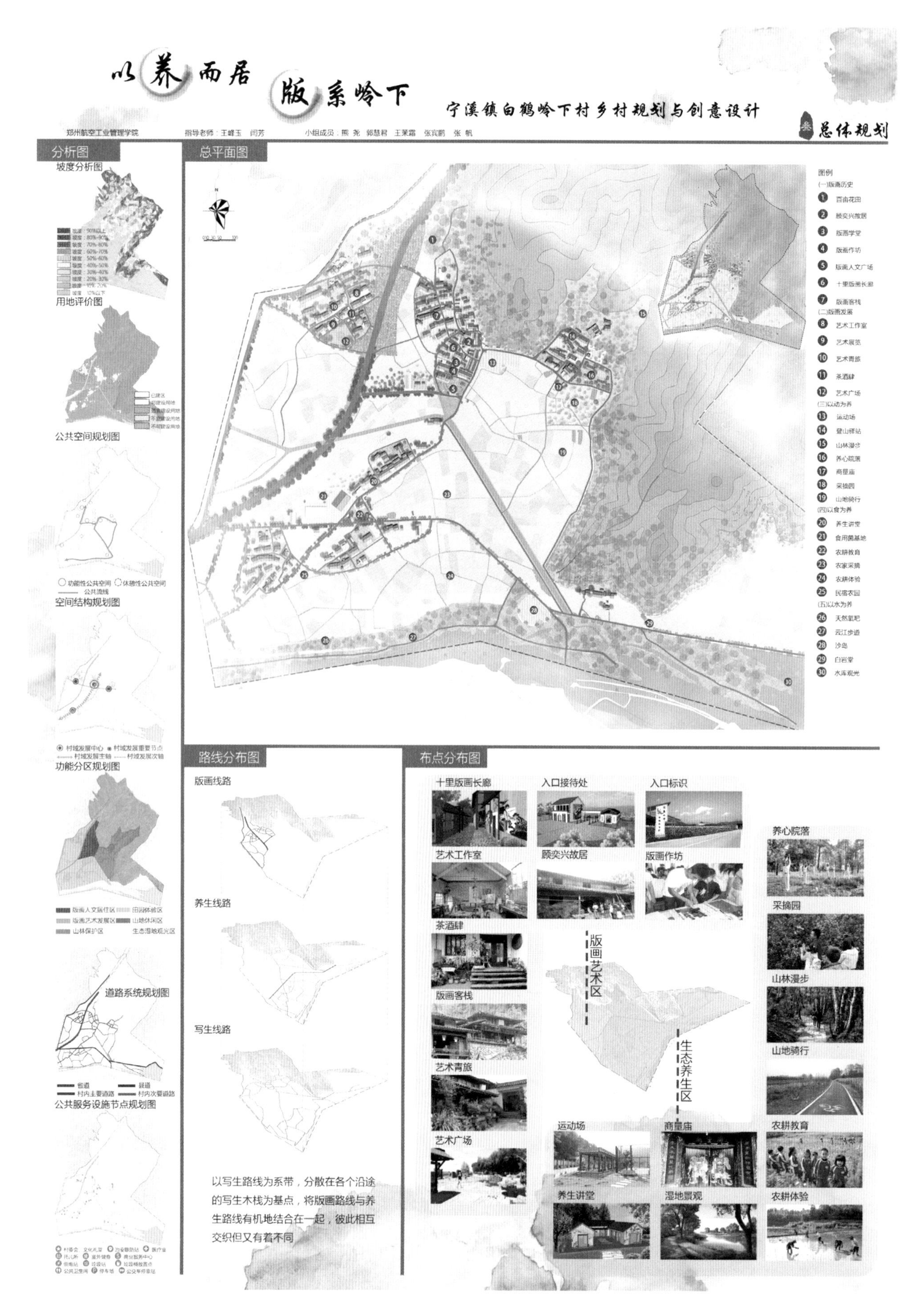
以养而居 版系岭下
宁溪镇白鹤岭下村乡村规划与创意设计
总体规划
郑州航空工业管理学院
指导老师：王峰玉 闫芳
小组成员：熊尧 郭慧君 王莱露 张宾鹏 张帆
分析图
坡度分析图
用地评价图
公共空间规划图
功能性公共空间 休憩性公共空间
公共流线
空间结构规划图
村域发展中心 村域发展重要节点
村域发展主轴 村域发展次轴
功能分区规划图
版画人文展示区 田园体验区
版画艺术发展区 山地休闲区
山林保护区 生态湿地观光区
道路系统规划图
省道 县道
村内主要道路 村内次要道路
公共服务设施节点规划图
总平面图
图例
(一)版画历史
1 百亩花田
2 赖奕兴故居
3 版画学堂
4 版画作坊
5 版画人文广场
6 十里版画长廊
7 版画客栈
(二)版画发展
8 艺术工作室
9 艺术展览
10 艺术青旅
11 茶酒肆
12 艺术广场
(三)以动为养
13 运动场
14 登山驿站
15 山林漫步
16 养心院落
17 商量庙
18 采摘园
19 山地骑行
(四)以食为养
20 养生讲堂
21 食用菌基地
22 农耕教育
23 农家采摘
24 农耕体验
25 民宿农园
(五)以水为养
26 天然氧吧
27 云江步道
28 沙岛
29 白岩堂
30 水库观光
路线分布图
版画线路
养生线路
写生线路
以写生路线为系带，分散在各个沿途的写生木栈为基点，将版画路线与养生路线有机地结合在一起，彼此相互交织但又有着不同
布点分布图
十里版画长廊
入口接待处
入口标识
艺术工作室
赖奕兴故居
版画作坊
茶酒肆
版画客栈
艺术青旅
艺术广场
版画艺术区
生态养生区
养心院落
采摘园
山林漫步
山地骑行
运动场
商量庙
农耕教育
养生讲堂
湿地景观
农耕体验

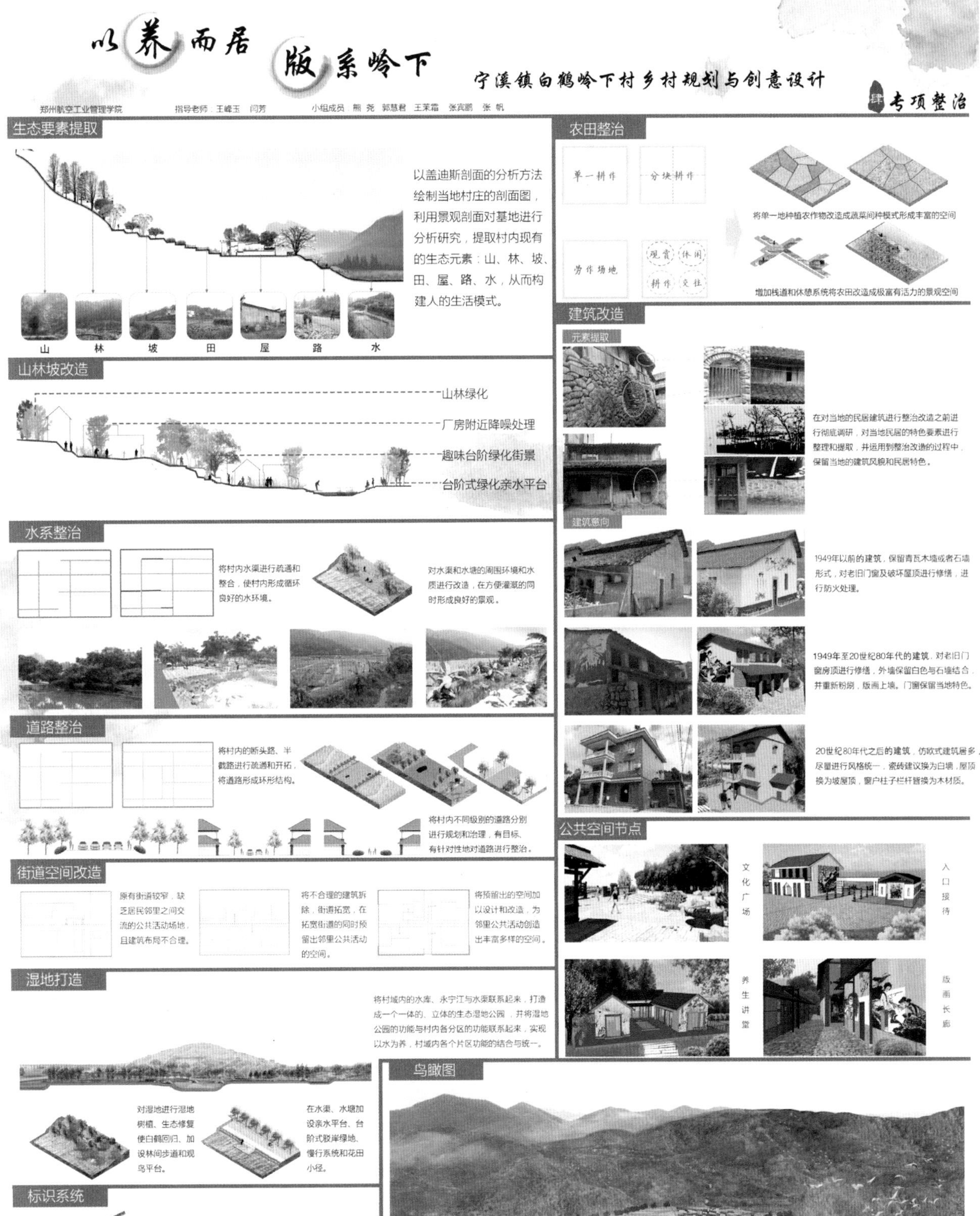
以养而居 版系岭下
宁溪镇白鹤岭下村乡村规划与创意设计
郑州航空工业管理学院 指导老师 王峰玉 闫芳 小组成员 熊尧 郭慧君 王茉霜 张宾鹏 张帆
专项整治
生态要素提取
以盖迪斯剖面的分析方法绘制当地村庄的剖面图，利用景观剖面对基地进行分析研究，提取村内现有的生态元素：山、林、坡、田、屋、路、水，从而构建人的生活模式。
山 林 坡 田 屋 路 水
山林坡改造
山林绿化
厂房附近降噪处理
趣味台阶绿化街景
台阶式绿化亲水平台
水系整治
将村内水渠进行疏通和整合，使村内形成循环良好的水环境。
对水渠和水塘的周围环境和水质进行改造，在方便灌溉的同时形成良好的景观。
道路整治
将村内的断头路、半截路进行疏通和开拓，将道路形成环形结构。
将村内不同级别的道路分别进行规划和治理，有目标、有针对性地对道路进行整治。
街道空间改造
原有街道较窄，缺乏居民邻里之间交流的公共活动场地，且建筑布局不合理。
将不合理的建筑拆除，街道拓宽，在拓宽街道的同时预留出邻里公共活动的空间。
将预留出的空间加以设计和改造，为邻里公共活动创造出丰富多样的空间。
湿地打造
将村域内的水库、永宁江与水渠联系起来，打造成一个一体的、立体的生态湿地公园，并将湿地公园的功能与村内各分区的功能联系起来，实现以水为养，村域内各个片区功能的结合与统一。
对湿地进行湿地树植、生态修复使白鹤回归，加设林间步道和观鸟平台。
在水渠、水塘加设亲水平台、台阶式驳岸绿地、慢行系统和花田小径。
标识系统
版画之乡
白鹤岭下村
农田整治
单一耕作
分块耕作
劳作场地
观赏 休闲 耕作 交往
将单一地种植农作物改造成蔬菜间种模式形成丰富的空间
增加栈道和休憩系统将农田改造成极富有活力的景观空间
建筑改造
元素提取
在对当地的民居建筑进行整治改造之前进行彻底调研，对当地民居的特色要素进行整理和提取，并运用到整治改造的过程中，保留当地的建筑风貌和民居特色。
建筑意向
1949年以前的建筑，保留青瓦木墙或者石墙形式，对老旧门窗及破坏屋顶进行修缮，进行防火处理。
1949年至20世纪80年代的建筑，对老旧门窗房顶进行修缮，外墙保留白色与石墙结合，并重新粉刷，版画上墙。门窗保留当地特色。
20世纪80年代之后的建筑，仿欧式建筑居多，尽量进行风格统一，瓷砖建议换为白墙，屋顶换为坡屋顶，窗户柱子栏杆皆换为木材质。
公共空间节点
文化广场
入口接待
养生讲堂
版画长廊
鸟瞰图

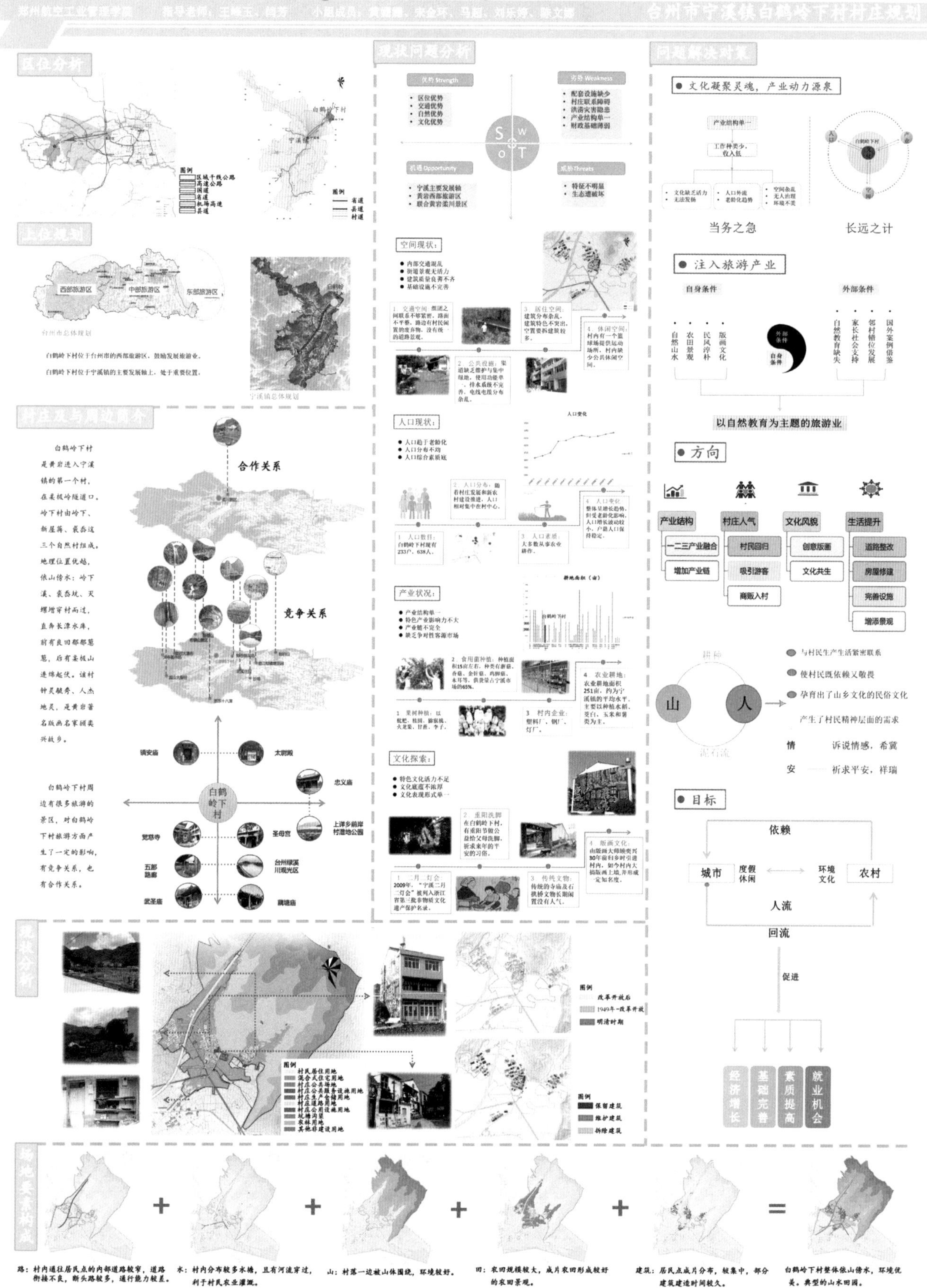

白鹤岭下·趣野山田
现状分析
1
台州市宁溪镇白鹤岭下村村庄规划
区位分析
上位规划
白鹤岭下村位于台州市的西部旅游区，鼓励发展旅游业。
白鹤岭下村位于宁溪镇的主要发展轴上，处于重要位置。
村庄及与周边简介
合作关系
竞争关系
现状问题分析
空间现状：
人口现状：
产业状况：
文化探索：
问题解决对策
文化凝聚灵魂，产业动力源泉
当务之急
长远之计
注入旅游产业
自身条件
外部条件
以自然教育为主题的旅游业
方向
产业结构
村庄人气
文化风貌
生活提升
一二三产业融合
增加产业链
村民回归
吸引游客
商贩入村
创意版画
文化共生
道路整改
房屋修缮
完善设施
增添景观
山
人
目标
依赖
城市
农村
人流
回流
促进
经济增长
基础完善
素质提高
就业机会

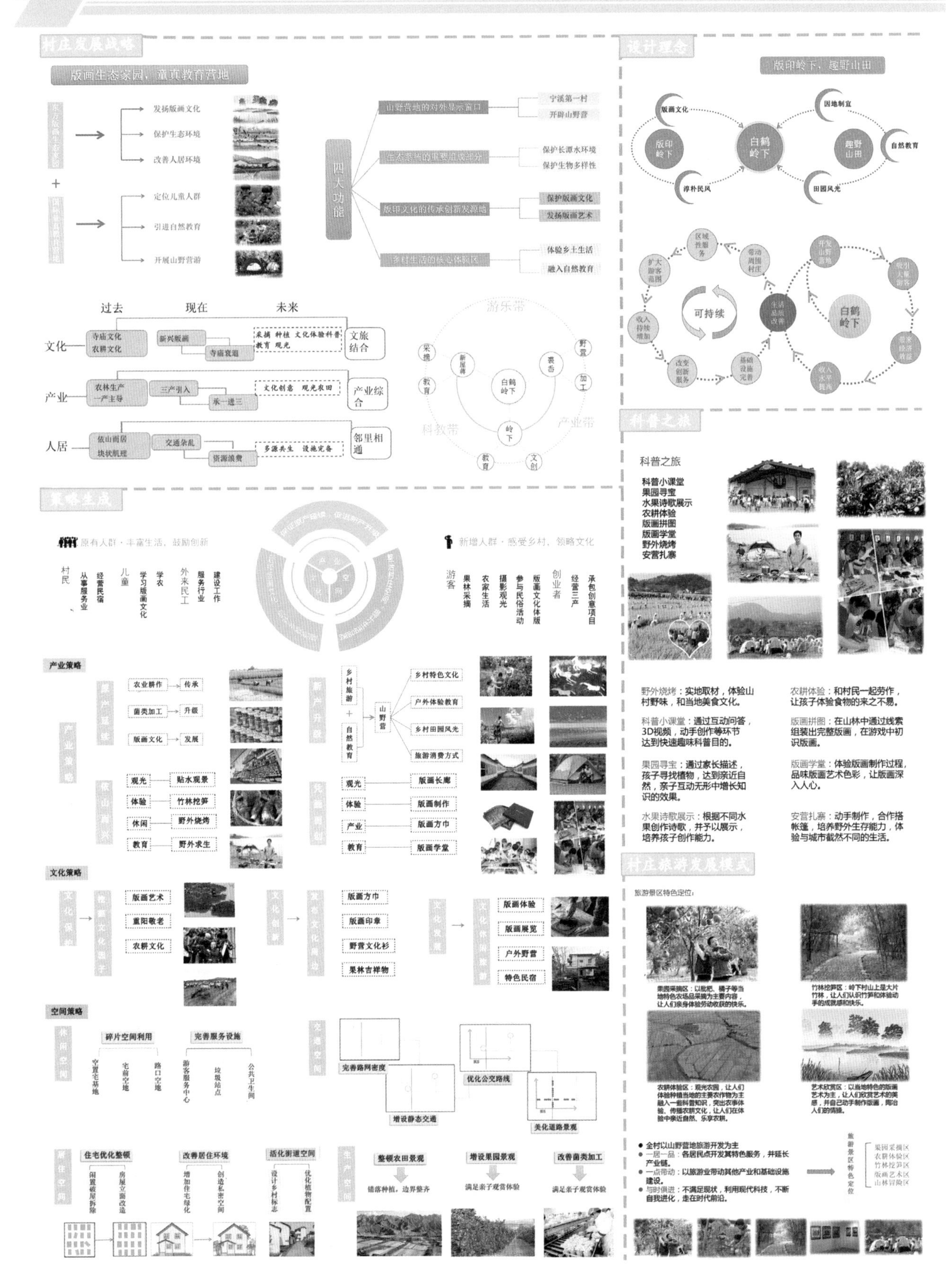

版印岭下 · 趣野山田
主题演绎
2
台州市宁溪镇白鹤岭下村村庄规划
村庄发展战略
版画生态家园，童真教育营地
发扬版画文化
保护生态环境
改善人居环境
定位儿童人群
引进自然教育
开展山野营游
四大功能
山野营地的对外展示窗口
宁溪第一村
开辟山野营
生态系统的重要组成部分
保护长潭水环境
保护生物多样性
版印文化的传承创新发源地
保护版画文化
发扬版画艺术
乡村生活的核心体验区
体验乡土生活
融入自然教育
过去
现在
未来
文化
寺庙文化
农耕文化
新兴版画
寺庙衰退
文旅结合
产业
农林生产
一产主导
三产引入
承一进三
文化创意　观光农田
产业综合
人居
依山而居
块状机理
交通杂乱
资源浪费
多源共生　设施完备
邻里相通
游乐带
科教带
产业带
白鹤岭下
设计理念
版印岭下，趣野山田
版画文化
淳朴民风
因地制宜
自然教育
田园风光
版印岭下
白鹤岭下
趣野山田
可持续
策略生成
原有人群 · 丰富生活，鼓励创新
新增人群 · 感受乡村，领略文化
村民
儿童
外来民工
游客
创业者
产业策略
农业耕作
传承
菌类加工
升级
版画文化
发展
观光
贴水观景
体验
竹林挖笋
休闲
野外烧烤
教育
野外求生
乡村特色文化
户外体验教育
乡村田园风光
旅游消费方式
版画长廊
版画制作
版画方巾
版画学堂
文化策略
版画艺术
重阳敬老
农耕文化
版画方巾
版画印章
野营文化衫
果林吉祥物
版画体验
版画展览
户外野营
特色民宿
空间策略
碎片空间利用
完善服务设施
完善路网密度
优化公交路线
增设静态交通
美化道路景观
住宅优化整顿
改善居住环境
活化街道空间
整顿农田景观
增设果园景观
改善菌类加工
科普之旅
科普之旅
科普小课堂
果园寻宝
水果诗歌展示
农耕体验
版画拼图
版画学堂
野外烧烤
安营扎寨
野外烧烤：实地取材，体验山村野味，和当地美食文化。
科普小课堂：通过互动问答，3D视频，动手创作等环节达到快速趣味科普目的。
果园寻宝：通过家长描述，孩子寻找植物，达到亲近自然，亲子互动无形中增长知识的效果。
水果诗歌展示：根据不同水果创作诗歌，并予以展示，培养孩子创作能力。
农耕体验：和村民一起劳作，让孩子体验食物的来之不易。
版画拼图：在山林中通过线索组装出完整版画，在游戏中初识版画。
版画学堂：体验版画制作过程，品味版画艺术色彩，让版画深入人心。
安营扎寨：动手制作，合作搭帐篷，培养野外生存能力，体验与城市截然不同的生活。
村庄旅游发展模式
旅游景区特色定位：
果园采摘区
农耕体验区
竹林挖笋区
艺术欣赏区

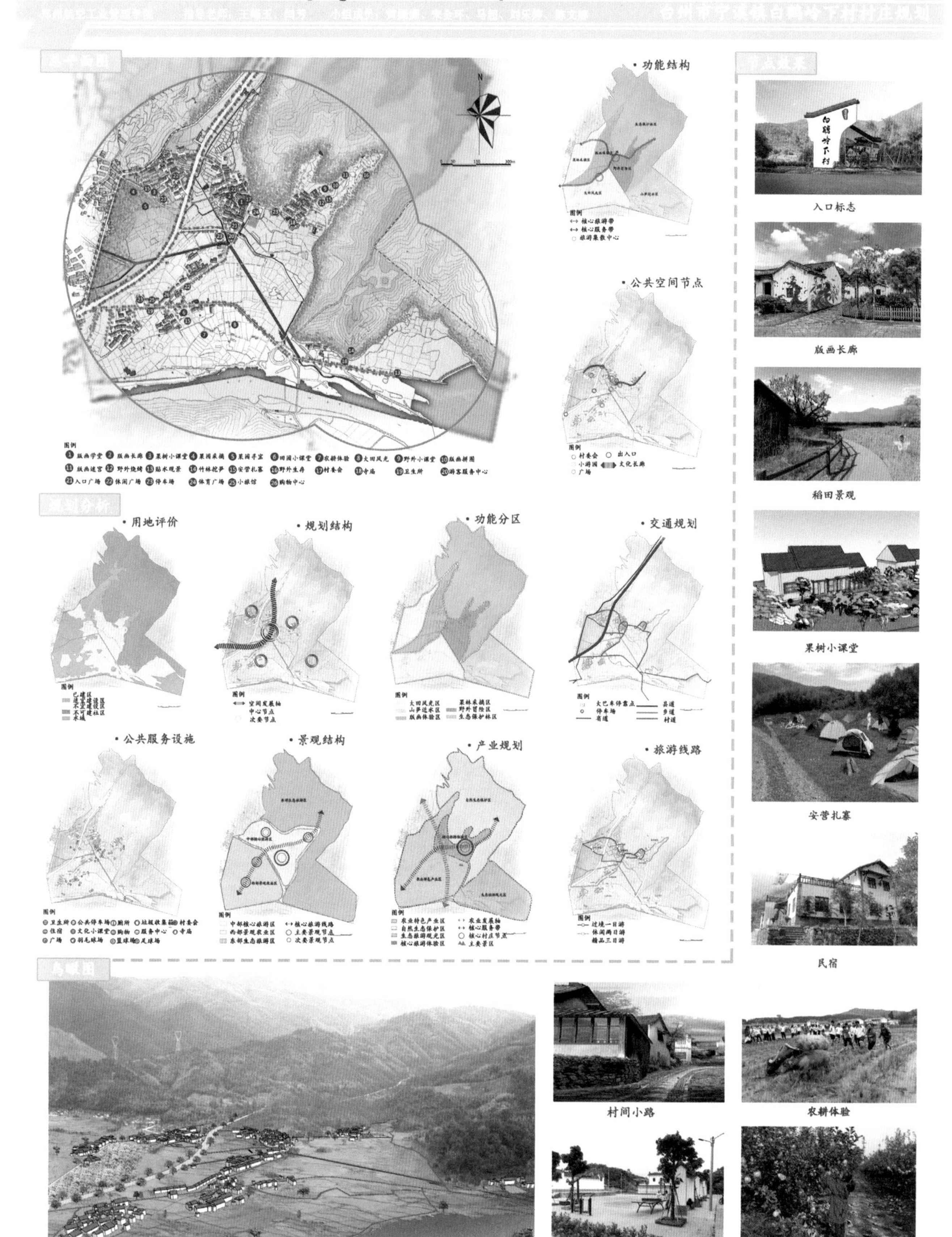

版印岭下·趣野山田
总体设计
3
·功能结构
·公共空间节点
图例
❶版画学堂 ❷版画长廊 ❸果树小课堂 ❹果园采摘 ❺果园寻宝 ❻田园小课堂 ❼农耕体验 ❽大田风光 ❾野外小课堂 ❿版画拼图
⓫版画迷宫 ⓬野外烧烤 ⓭贴水观景 ⓮竹林挖笋 ⓯安营扎寨 ⓰野外生存 ⓱村委会 ⓲寺庙 ⓳卫生所 ⓴游客服务中心
㉑入口广场 ㉒休闲广场 ㉓停车场 ㉔体育广场 ㉕小旅馆 ㉖购物中心
·用地评价
·规划结构
·功能分区
·交通规划
·公共服务设施
·景观结构
·产业规划
·旅游线路
入口标志
版画长廊
稻田景观
果树小课堂
安营扎寨
民宿
村间小路
农耕体验
健身广场
果园采摘

	植物配置	遮荫	景观	生态
上层植物	香樟，栾树	√	√	√
中层植物	桂花，海棠		√	√
下层植物	麦荞花		√	√

版印岭下·越野山田

详细设计 4

台州市宁溪镇白鹤岭下村村庄规划

生态要素

改造前　改造后

广场空间

道路交叉口节点

道路

原有农田
农作物品种较为单一

斑块间种
通过不同农作物间种形成丰富

田地景观
改造后形成有活力的景观

白鹤岭下村村内道路平面图

白鹤岭下村村内道路剖面图

白鹤岭下村主入口道路平面图

白鹤岭下村主入口道路剖面图

道路意向图

景岙村道路体系

岭下村道路体系

新屋蒋村道路体系

景观要素

建筑要素

对于现在破旧房屋的改造

改造后，将房子里的电线隐藏，版画上墙，美化建筑周边环境。

对于年代久远并破旧的木制房屋的改造

保留房屋的木制构造，对房屋进行保留其历史风貌与特色的修建。

对于版画家顾震兴的故居的改造

对房屋进行保留房屋的木制构造和原风貌的修建，并对其内部空间进行重新设计用于版画小课堂。

一层平面图　二层平面图　北立面图

效果图

新建亭子（木质）

介绍牌

增设乔木与花草配景等，丰富绿化层次感

整治周边建筑立面，版画上墙增加公园版画文化

添加树下座椅

在植物配置上，使用当地的樟树用橘子树与枇杷体现当地特色，并使用当地的麦荞花

桂花　麦荞花　香樟　海棠　栾树

氤氲江南乡土梦

【参赛院校】　长安大学

【参赛学生】

景文丽

石立邦

王　超

王　瑞

罗思夕

【指导教师】

余侃华

蔡　辉

井晓鹏

美丽中国的建设关键在于乡村，生态文明的建设重点在乡村，全面小康社会的实现关键也在乡村。乡村是中国人的精神家园，承载着厚重的历史文化，同时也保留着淳朴自然的生活方式。随着城市化进程的快速发展，乡村的人文生态环境和自然生态环境日益受到威胁，乡村作为农耕文明的传承载体，其保护更新和振兴发展成为新乡土时代的焦点问题。

白鹤岭下村是集“景上村”、“库畔村”和“镇边村”于一体的具有良好发展条件的乡村，今天却出现了生态环境体系断裂、村庄建筑风貌杂乱、产业经济动力不足、人口结构老龄化等问题。如何在水库生态保护条件下，扬长避短、因地制宜地推进人与自然的和谐共生，实现乡土空间的延续和重构，是我们本次设计思考的切入点。

习近平总书记指出，山水林田湖是一个生命共同体，人的命脉在田，田的命脉在水，水的命脉在山，山的命脉在土，土的命脉在树。因此山水林田湖是一个生命共同体，只有打通彼此间的“关节”与“经脉”，才能全方位推进生态文明建设，这应是我们今天对待生态的态度。

长安大学团队针对乡村发展受制于库区周围较高的环保条件，对白鹤岭下村从更大的区域范围内着手，通过强化功能定位、优化空间布局、明确主题形象、创新旅游产品和完善服务配套五大路径进行村域综合规划整治、复合型旅游开发及乡村文化品牌塑造，从而推进“看得见山、望得见水、记得住乡愁”的美丽乡村建设。企图通过活化利用库区周围土地，发展乡村旅游和适度农业生产，形成带动乡村发展的内生力量，实现乡村修复性发展更新。作品以“乡土共生 · 延续重构”为核心，在生命共同体理念的指导下，升华出生态修复法、价值共生法、时空共生法三大策略，针对性地解决生态环境、产业经济和社会文化问题，通过土地资源高效合理利用，发展可持续的生态农业，以赋予白鹤岭下村新的发展活力，实现生产、生活、生态三生共荣共赢。通过整治规划，协调产业发展与生态保护之间的关系，活化利用资源，唤醒聚落空间，旨在建设一个具有自然生态之美、历史人文气息、休闲田园景观的江南韵味乡村。

在方案中，为最大限度地利用自然山水、版画文化和民风民俗，在保护自然生态环境、遵循可持续发展、尊重地域文化特色等原则下，通过景观生态的建设发展生态产业，规划形成了生态游憩山林、乐享乡土生活、醉美体验田园、郊野湿地慢旅四大功能片区，打造乡村聚落性景观、乡村生态性景观和乡村生产性景观，赋予白鹤岭下村名副其实的诗画意境，演绎如画风景，打造了绿野仙踪、画映岭下、十里荷塘、稻花香里、露营谷地、玉带栈桥、苇海观鹤、百里外滩八大景观节点。希望使居住其中的村民们以及来此享受休闲观光的游客们，既能于自然中享受生命，又能达到“步移景异”的效果。在融生产于生态、融生活于自然的模式中，真正发挥乡村优势，提高居民的生活质量和居住环境。

乡村生态不仅仅是环境治理，还包括生态与人类活动的可持续发展。在景观生态学的相关原理指导下，本方案进行了美丽乡村景观生态规划，通过优化乡村景观格局，推进乡村聚落景观建设，促进乡村生态产业发展，使得生态环境建设水平与物质生活水平得到同步提升。通过对生产、生活、生态三方面现状问题的研究，探索出一种因地制宜的“美丽乡村”建设思路，复原与自然和谐共生的原乡风貌，让人们“看得见山、望得见水、记得住乡愁”，重新体验田园生活，开辟一种全新的现代化乡村发展模式与生活方式。

氤氳江南鄉土夢

鄉土共生 延續重構——基于生命共同體理念的白鶴嶺下鄉村適應性規劃設計

01

参赛学校：长安大学　指导教师：余侃华　蔡辉　井晓鹏　小组成员：景文丽　石立邦　王超　王瑞　罗思夕

■ 写在前面 Introduction

山水林田湖是一个生命共同体，
人的命脉在田，田的命脉在水，
水的命脉在山，山的命脉在土，
土的命脉在树。

——习近平

■ 思维脉络 Thinking Context

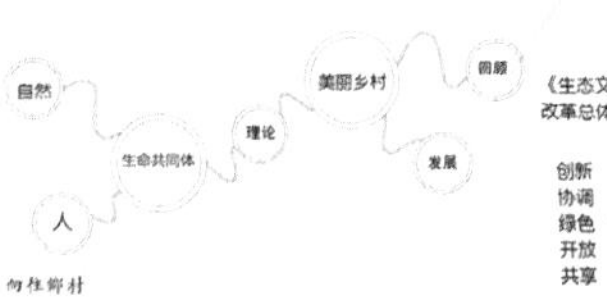

自然　美丽乡村　前略　理论　生命共同体　发展　人

向往乡村

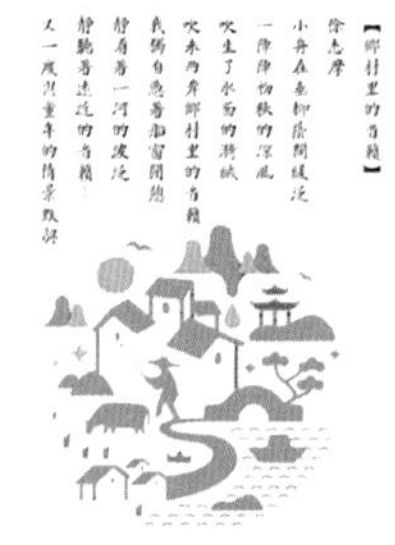

向往自然

自然是人类生存之本、发展之基。推进人与自然和谐共生是一项复杂的系统工程。当人与自然和谐相处，自觉保护生态环境，能动地适应、有效地利用、合理地改造时，得到的往往是大自然的加倍回报和恩惠；当人们破坏性、盲目性、掠夺性地向自然索取资源时，得到的往往是无情的惩罚和报应。这是生态文明理念中人与自然、人与人、人与社会关系和谐的基本要义。为此，我们就要践行“既要绿水青山，也要金山银山，宁要绿水青山，不要金山银山，而且绿水青山就是金山银山”的理念，正确处理好人与自然的关系，与自然和谐共生。

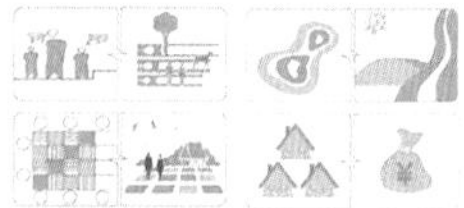

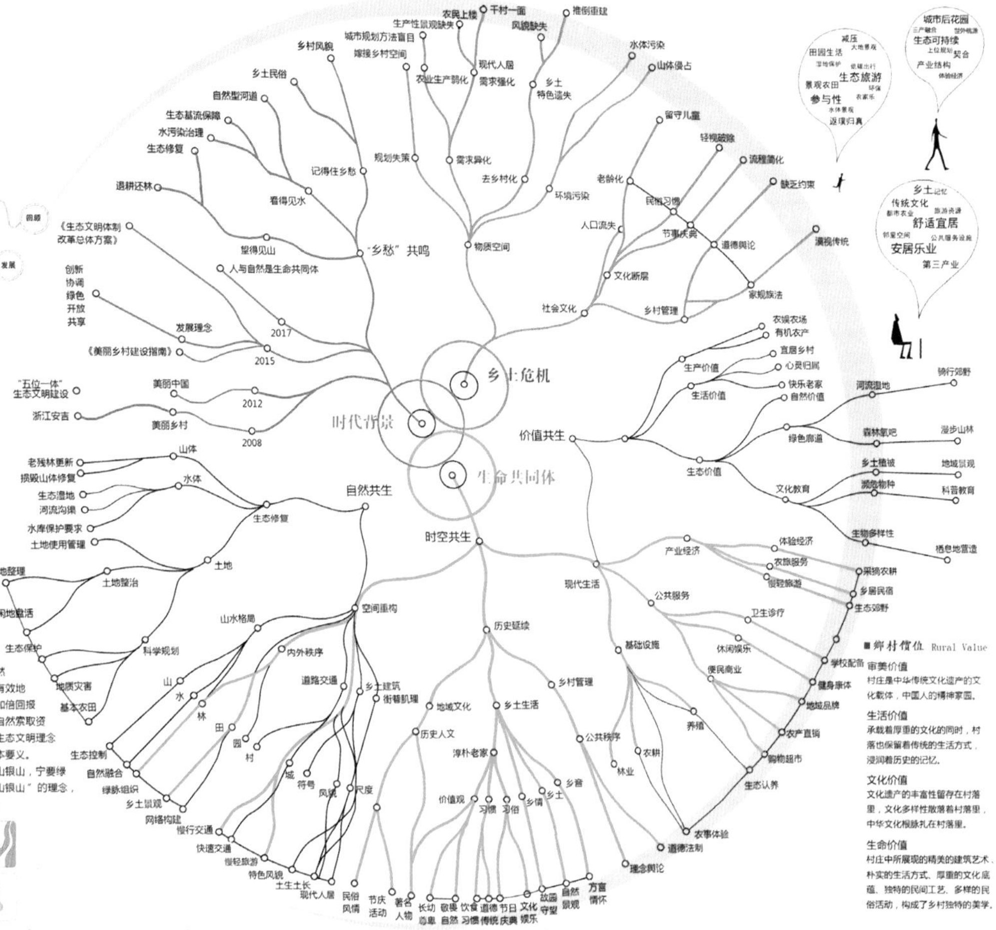

乡土危机　时代背景　生命共同体　价值共生　自然共生　时空共生

“乡愁”共鸣　物质空间　社会文化　生产价值　生活价值　生态价值　文化教育　生物多样性　产业经济　现代生活　公共服务　历史延续　空间重构　山水格局　土地　水体　山体

■ 乡村价值 Rural Value

审美价值
村庄是中华传统文化遗产的文化载体，中国人的精神家园。

生活价值
承载着厚重的文化的同时，村落也保留着传统的生活方式，浸润着历史的记忆。

文化价值
文化遗产的丰富性留存在村落里，文化多样性散落着村落里，中华文化根脉扎在村落里。

生命价值
村庄中所展现的精美的建筑艺术、朴实的生活方式、厚重的文化底蕴、独特的民间工艺、多样的民俗活动，构成了乡村独特的美学。

■ 地理区位 Geographical Location

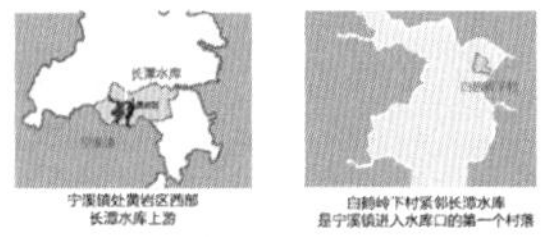

宁溪镇位于黄岩区西部长潭水库上游

■ 特色挖掘 Characteristic Study

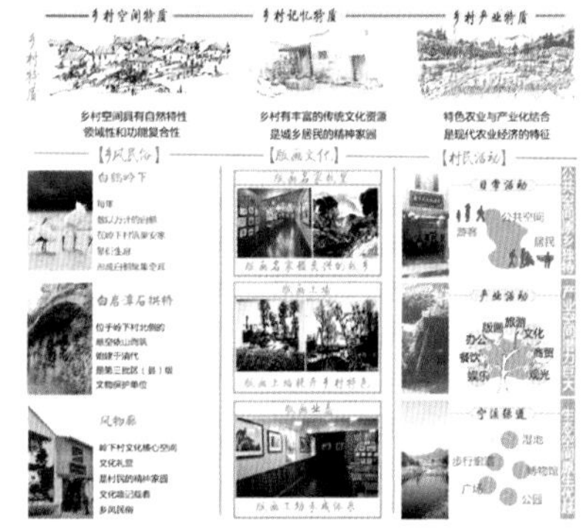

乡村空间特质　乡村记忆特质　乡村产业特质

乡村空间具有自然特性，领域性和功能复合性

乡村有丰富的传统文化资源，是城乡居民的精神家园

特色农业与产业化结合是现代农业经济的特征

■ 人群活动 People Activities

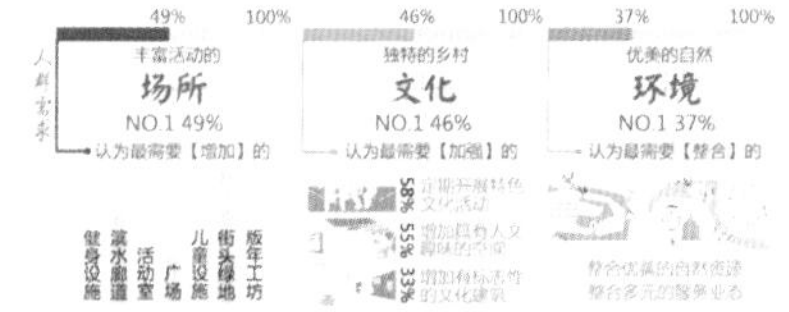

丰富活动的	独特的乡村	优美的自然
场所	文化	环境
NO.1 49%	NO.1 46%	NO.1 37%

■ 核心区现状分析 Core Area Status Analysis

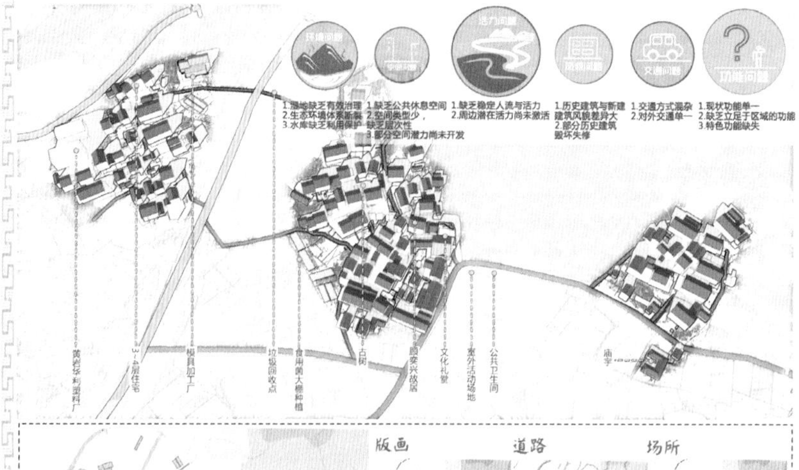

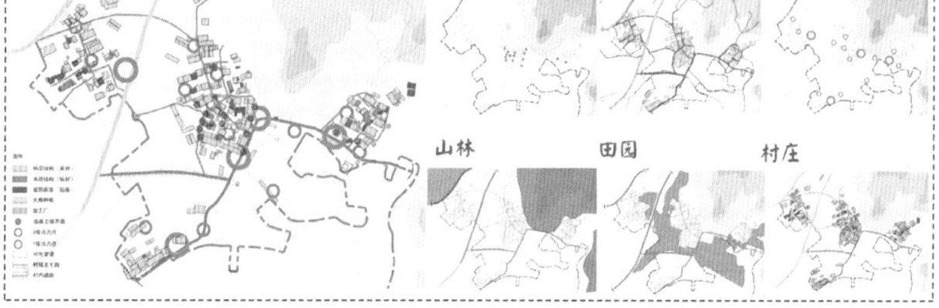

环境问题：1.湿地缺乏有效治理 2.生态环境体系断裂 3.水库缺乏利用保护

空间问题：1.缺乏公共休息空间 2.空间类型少，缺乏层次性 3.部分空间潜力尚未开发

活力问题：1.缺乏稳定人流与活力 2.周边潜在活力尚未激活

风貌问题：1.历史建筑与新建建筑风貌差异大 2.部分历史建筑毁坏失修

交通问题：1.交通方式混杂 2.对外交通单一

功能问题：1.现状功能单一 2.缺乏立足于区域的功能 3.特色功能缺失

肌理　道路　场所　山林　田园　村庄

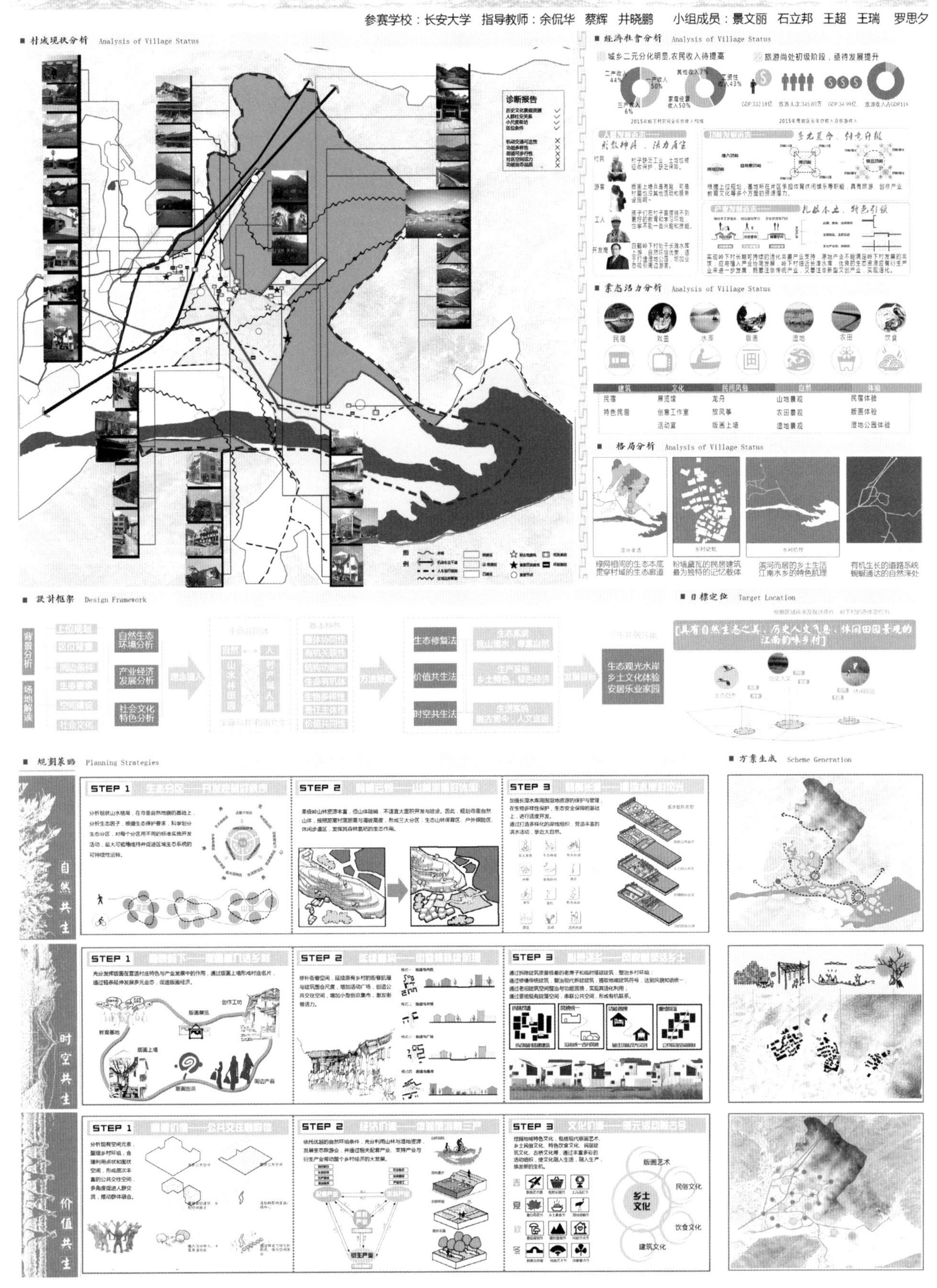
氤氳江南鄉土夢
鄉土共生 延續重構——基于生命共同體理念的白鶴嶺下鄉村適應性規劃設計
02
参赛学校：长安大学 指导教师：余侃华 蔡辉 井晓鹏 小组成员：景文丽 石立邦 王超 王瑞 罗思夕
村域现状分析 Analysis of Village Status
诊断报告
经济社会分析 Analysis of Village Status
城乡二元分化明显，农民收入待提高
旅游尚处初级阶段，亟待发展提升
村民
游客
工人
开发商
要态活力分析 Analysis of Village Status
民宿 戏曲 水库 版画 湿地 农田 饮食
格局分析 Analysis of Village Status
设计框架 Design Framework
自然生态环境分析
产业经济发展分析
社会文化特色分析
生态修复法
价值共生法
时空共生法
生态观光水岸
乡土文化体验
安居乐业家园
目标定位 Target Location
规划策略 Planning Strategies
STEP 1
STEP 2
STEP 3
自然共生
时空共生
价值共生
乡土文化
版画艺术
民俗文化
饮食文化
建筑文化
方案生成 Scheme Generation

氤氲江南鄉土夢

鄉土共生 延續重構——基于生命共同體理念的白鶴嶺下鄉村適應性規劃設計

03

参赛学校：长安大学 指导教师：余侃华 蔡辉 井晓鹏 小组成员：景文丽 石立邦 王超 王瑞 罗思夕

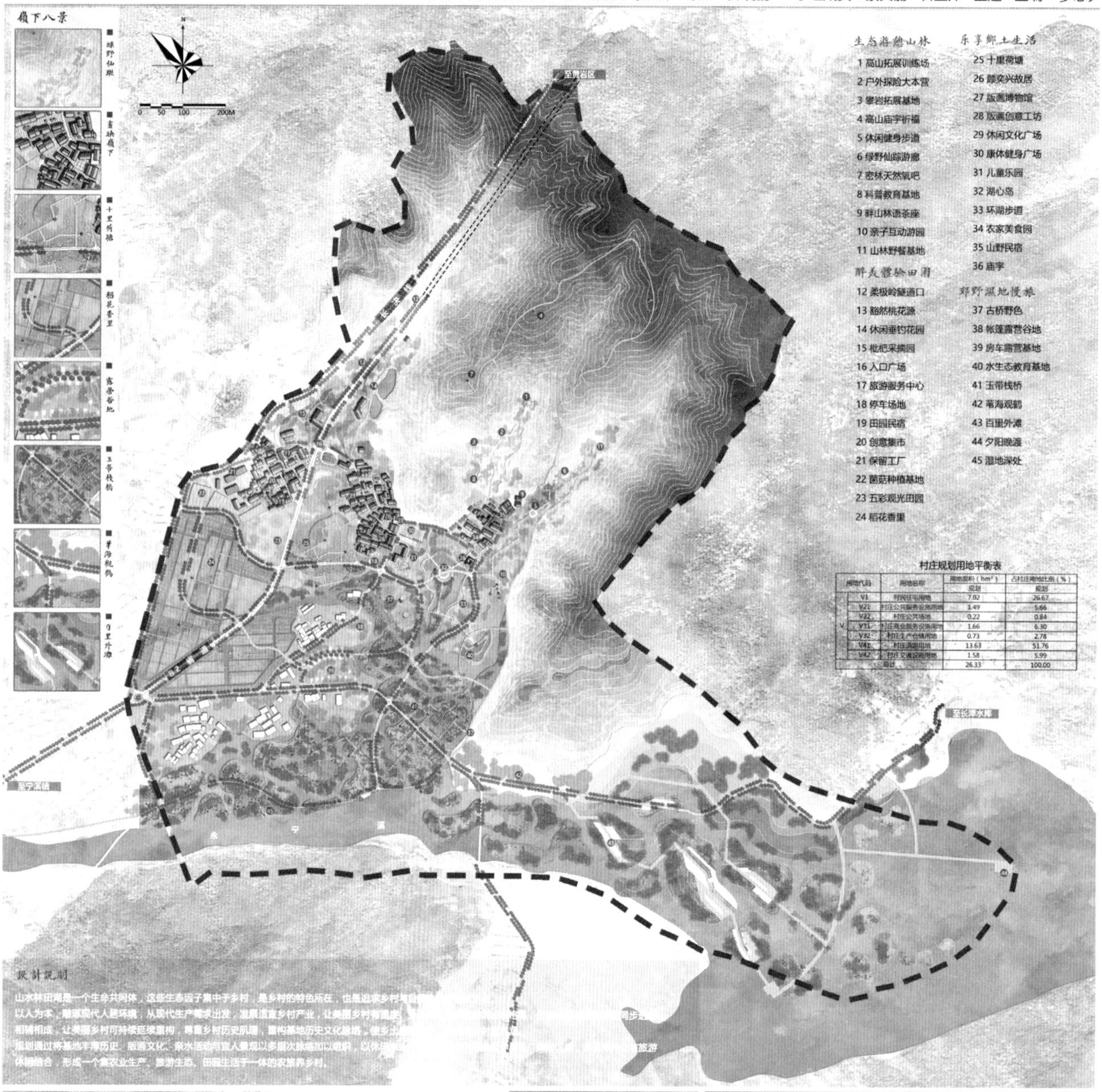

嶺下八景

- 綠野仙蹤
- 畫族嶺下
- 十里荷塘
- 稻花香里
- 露營谷地
- 玉帶棧橋
- 葦海觀鶴
- 百里外灘

生态游憩山林

1 高山拓展训练场
2 户外探险大本营
3 攀岩拓展基地
4 高山庙宇祈福
5 休闲健身步道
6 绿野仙踪游廊
7 密林天然氧吧
8 科普教育基地
9 醉山林语茶座
10 亲子互动游园
11 山林野餐基地

醉美體驗田園

12 柔极岭隧道口
13 豁然桃花源
14 休闲垂钓花园
15 枇杷采摘园
16 入口广场
17 旅游服务中心
18 停车场地
19 田园民宿
20 创意集市
21 保留工厂
22 菌菇种植基地
23 五彩观光田园
24 稻花香里

乐享鄉土生活

25 十里荷塘
26 颜奕兴故居
27 版画博物馆
28 版画创意工坊
29 休闲文化广场
30 康体健身广场
31 儿童乐园
32 湖心岛
33 环湖步道
34 农家美食园
35 山野民宿
36 庙宇

郊野濕地慢旅

37 古桥野色
38 帐篷露营谷地
39 房车露营基地
40 水生态教育基地
41 玉带栈桥
42 苇海观鹤
43 百里外滩
44 夕阳晚渡
45 湿地深处

村庄规划用地平衡表

用地代码		用地名称	用地面积（hm^2）规划	占村庄用地比例（%）规划
V	V1	村民住宅用地	7.02	26.67
	V21	村庄公共服务设施用地	1.49	5.66
	V22	村庄公共场地	0.22	0.84
	V31	村庄商业服务设施用地	1.66	6.30
	V32	村庄生产仓储用地	0.73	2.78
	V41	村庄道路用地	13.63	51.76
	V42	村庄交通设施用地	1.58	5.99
总计			26.33	100.00

設計說明

山水林田湖是一个生命共同体，这些生态因子集中于乡村，是乡村的特色所在，也是追求乡村与自[illegible]以人为本，雕琢现代人居环境，从现代生产需求出发，发展适宜乡村产业，让美丽乡村有活力[illegible]相辅相成，让美丽乡村可持续延续重构，尊重乡村历史肌理，重构基地历史文化脉络，使乡土[illegible]规划通过将基地丰厚历史、版画文化、亲水活动与宜人景观以多层次脉络加以组织，以休闲[illegible]体系融合，形成一个集农业生产、旅游生态、田园生活于一体的农旅养乡村。

規劃分析

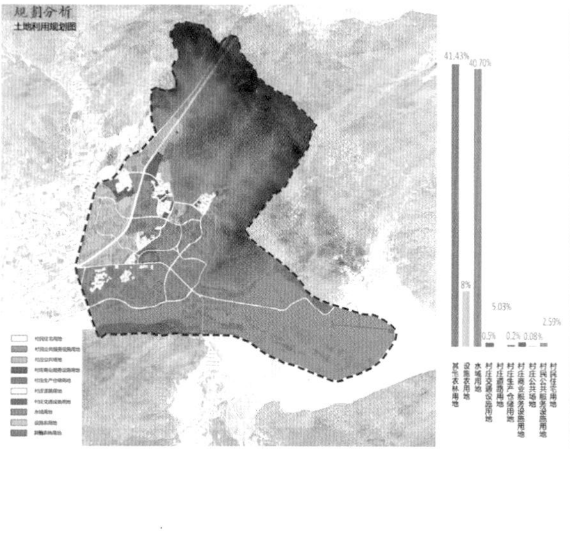

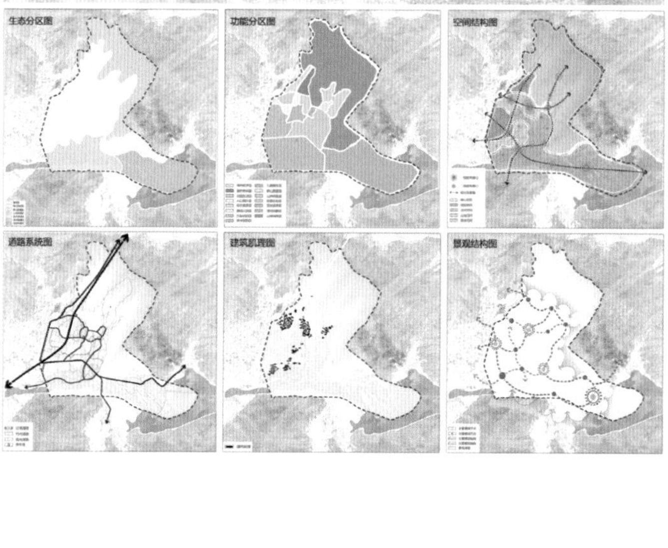

土地利用规划图

生态分区图

功能分区图

空间结构图

道路系统图

建筑肌理图

景观结构图

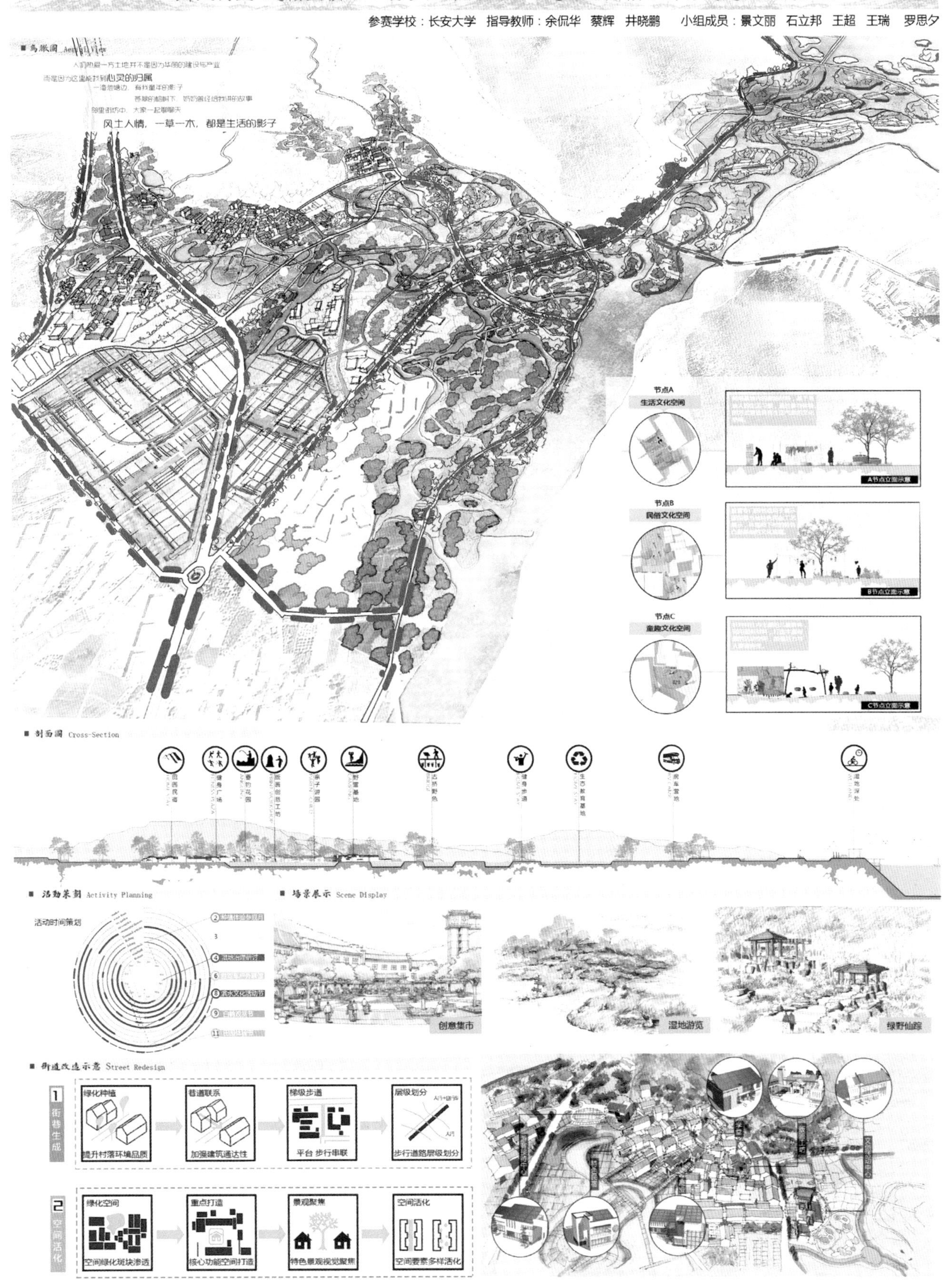

氤氳江南鄉土夢
重生
鄉土共生 延續重構——基于生命共同體理念的白鶴嶺下鄉村適應性規劃設計
04
参赛学校：长安大学 指导教师：余侃华 蔡辉 井晓鹏 小组成员：景文丽 石立邦 王超 王瑞 罗思夕
鳥瞰圖
而是因为这里能找到心灵的归属
风土人情，一草一木，都是生活的影子
节点A
生活文化空间
A节点立面示意
节点B
民俗文化空间
B节点立面示意
节点C
童趣文化空间
C节点立面示意
剖面圖 Cross-Section
田园民宿
健身广场
垂钓花园
版画创意工坊
亲子游园
野营基地
古桥野色
健身步道
生态教育基地
房车营地
湿地探处
活動策劃 Activity Planning
活动时间策划
4 湿地治理研讨
8 漾水文化活动节
場景展示 Scene Display
创意集市
湿地游览
绿野仙踪
街道改造示意 Street Redesign
1 街巷生成
绿化种植
提升村落环境品质
巷道联系
加强建筑通达性
梯级步道
平台 步行串联
层级划分
人行+骑行
人行
步行道路层级划分
2 空间活化
绿化空间
空间绿化斑块渗透
重点打造
核心功能空间打造
景观聚集
特色景观视觉聚集
空间活化
空间要素多样活化

物嶺 归岭寻鹤，墨染村扉，一座田园村的复归于朴

黄山学院 指导老师：余汇芸 宋学友 苏梦蓓 小组成员：朱国兵 常瑞 邵玮 高婧佳 沙力 韩俊

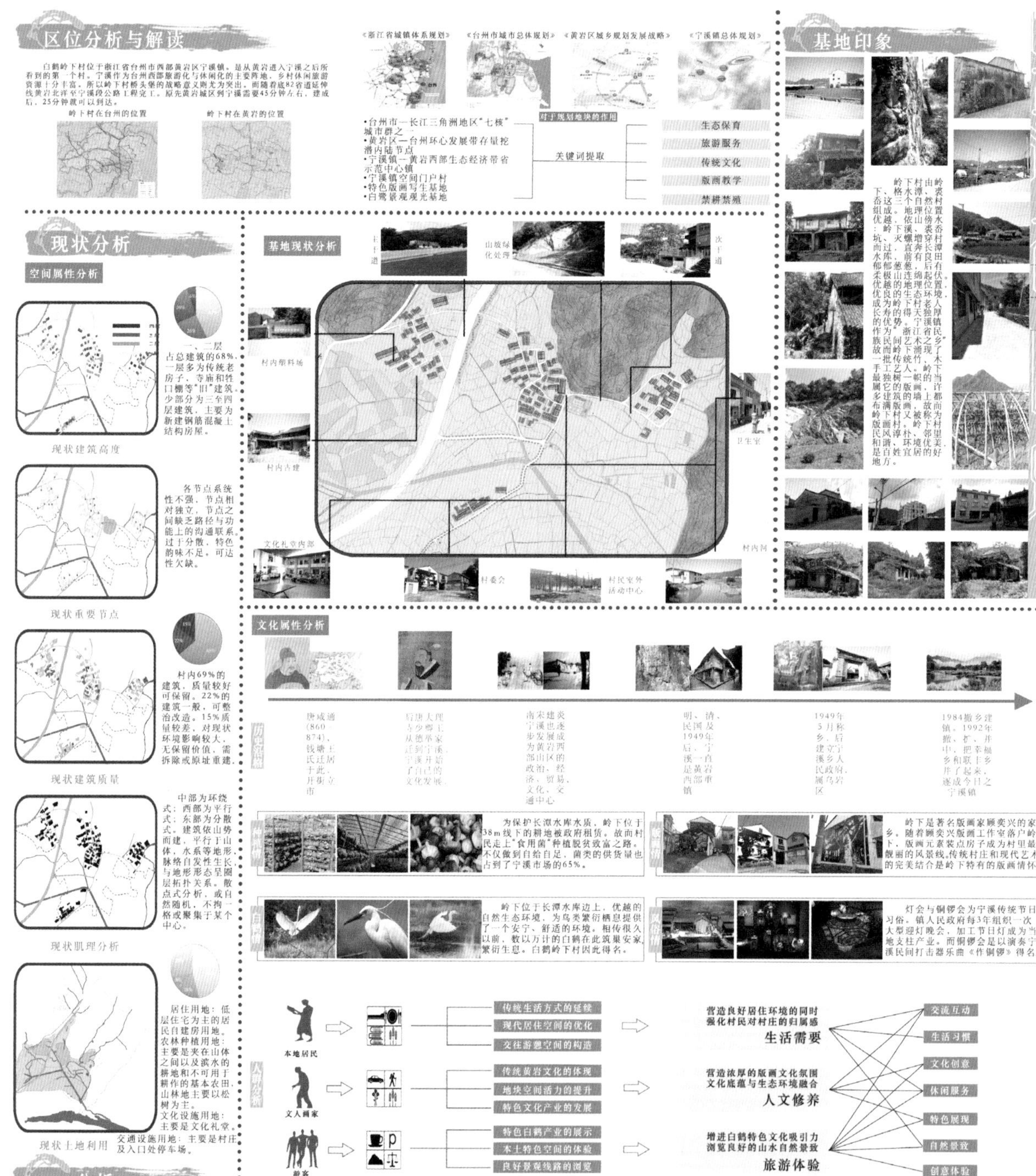

swot分析

strength/优势分析

长江经济三角洲核心区，对面交通便捷，台州西部板块城乡公共服务中心和旅游服务平台宁溪镇门户

而宁溪是实现台州西部旅游化与休闲化的主要阵地。

具有"山幽、水秀、景美"的山水生态优势和优越的自然资源。特有的生态资源和乡村田园风光为景观营造提供丰富的创造素材。

产业优势

独具特色的种植文化及良好的乡土生活形态和浙西文化特征，是发展旅游休闲产业的重要资源。地块承接的版画文化核心区，受版画文化产业的辐射带动影响。

weakness/劣势分析

生态环境较为脆弱，抗灾能力有待加强。山域缺少空间联系与呼应，山体形象相对单一，滨水空间建设杂乱无序。

空间：各资源之间的关联性与应用性不够，现有路网不成体系，重点区域，功能等呈现割裂状态，缺乏有效连接与系统整合；缺少快速交通对接。

配套：自然山水、田园风光、浙西传统村落等旅游资源丰富。但缺乏高品质的旅游配套服务、文化体验旅游产品开发和与版画文化的融合。

风貌：基地整地建筑风貌尚未形成，传统村落周边存在与传统风貌不协调的建筑，农村现代建筑与旧街区存在风貌差异。

opportunity/机遇条件

政策机遇

发展文化产业	建设美丽乡村	创建特色小镇	建立文化自信
文化产业振兴发展规划文化产业将成为新的国民经济支柱产业。	生产发展、生活富裕、乡风文明、村容整洁、管理民主的美丽乡村。	加快供给改革，推动经济转型升级，促进县域经济加快发展。	文化与经济相融互动产生的核心竞争力，成为最难代替的优势。

产业机遇

"文化+"理念的树立及应用延伸为基地产业带来了良好的发育机遇

"文化+"理念挖掘和延伸岭下的版画与白鹤的文化内涵。

threat/挑战条件

文化融合：基地内拥有丰富的在地文化资源，如何与新加入的版画文化和谐地融合，进行产业互动，并延伸发展，是本次规划设计的重要议题之一。

空间塑造：因保护水库而导致的岭下农田奇缺给乡村建设和空间发展带来了挑战，考虑如何充分利用现用水系，创造优美的自然景观，如何合理利用农田，打造白鹤适居的生态湿地和空间景观。

风貌协调：传统与现代建筑风格冲突明显，如何进行合理保留、修缮及整治改造，使传统得以延续、创新得以发展，古今特色相融相生。

物嶺
归岭寻鹤，墨染村扉，一座田园村的复归于朴
黄山学院 指导老师：余汇芸 宋学友 苏梦蓓 小组成员：朱国兵 常瑞 邵玮 高婧佳 沙力 韩俊
设计理念
问卷调查（总计300份问卷）
乡村旅游形式
旅游停留天数

根据调查问卷，显示有60%的填写者期待体闲式乡村旅游形式，67%会选择停留1-2天，故部分设计的过程中，可偏向可住宿的生态田园，休闲度假村等方向发展。

出行考虑因素

根据图表，我们可以得知，交通便捷、民俗文化成为人们出行考虑的主要要因，而岭下的景观、区位及复归寻鹤条件十分优越，所以岭下发展休闲旅游前景十分可观。

购买特产种类
生态体验种类
住宿条件选择
兴趣旅游项目

据以上四图表格，我们可以知道，乡村旅游土特产品以其特色魅力吸引人，游客乐于乡村的期待要求多于生态观光与民俗体验上，更多偏向乡村居的住宿。故因我们在设计的时候，更多地去建岭下的版画资源，传播资源，自然文化资源，提供旅游教学和食用团类，果品采购，增强互动与游学等。

初步构思
what we Have
Lack
Do
得天独后的地理优势
同级配置
植入完善的配套服务提升宁溪门户地位
稀缺的景观湿地环境
休闲娱乐
创造公共休闲的岭下白鹤景观湿地廊道
丰富的文化旅游资源
活化利用
植入体验与教育功能的现实教科书基地
特色的传统村落空间
协调风貌
梳理重新塑造复归于朴的村落空间形态
内涵丰富的传统空间
融合对接
古今融合打造版画氛围的特色门户空间
设计理念
归岭
地域演化
技术路线
背景分析
基地分析
传统乡村与居民生活分析
设计策略
地块与今后功能存在矛盾
游子归乡
游人归心
游鹤归巢
归岭
总体定位
版画研学胜地

岭下作为进入宁溪镇的第一座村承载着门户功能，地处长泾水库旁，生态环境得天独厚，结构优良，整体生态是此次设计的首要发展战略。

鹤景归朴栖所
宁溪镇对外窗口
生态系统重要组成部分
乡村生活核心体验区
生态优先
协调发展
六大设计策略
游子归乡
A产业延伸拓展

现状基础		提升策略
文化内涵较为单一	→	挖掘延伸传统文化内涵
文化产业链有待拓展	→	延伸纵向、横向文化链
产业功能融合度较低	→	产业功能融合策划
缺乏配套服务体系	→	完成相关配套服务

B横向拓展衍生
C纵向衍伸
D产业文化功能融合与模式提升

版画+休闲娱乐	种植+休闲娱乐	白鹤+休闲娱乐
版画展览、销售	农产品生产销售	手工艺品制作
版画的制作展示	果园景色观光	白鹤景色观光
琴棋书画社	体验观光	白鹤卫生
花道、茶道	丰富餐饮	白鹤主题餐饮
近生产品的销售	主题民居	白鹤主题民宿
版画教学基地	农事体验	戏曲表演

A道路网形式
B交通方式
C道路断面形式
游人归心
A方案构思
功能互补，协调发展

结合岭下的发展方向、基地现状资源分布、产业发展方向和乡村门户入户功能，规划场地功能，静态村民生活和动态游人版画线相互依托，协调发展。

功能拓展，多元复合
A新建建筑 浙西建筑与现代建筑的的结合

农民自建的农村现代建筑，对村庄的整体风貌破坏严重，建议通过改造立面，统一立面。

1. 新建建筑采用框架结构模仿古代木结构样式，打造古色古香的乡村现代建筑。
2. 新建建筑为求不破坏村庄整体风貌的同时，让建筑空间更加融入。浙西建筑最典型雕梁画栋和装饰纹理，能让与现代简约的舒适生活相互结合。

新建　建筑

形式一：一字形　　形式二：L形

B保留建筑 延续村落肌理，风貌

1. 农村现代建筑：统一立面
　农民自建的农村现代建筑，对村庄整体风貌破坏严重，建议通过改造立面，统一立面。

保留建筑现状

改造意向

2. 传统建筑：原貌修复

保留具有浙西特色的古建筑 → 修复浙西建筑特色元素

游鹤归巢
A方案构思
版画鹤景、地缘导向 + 居住旅游、需求导向 —— 空间整合、功能注入、组团发展
道路轴线引导

岭下村创建规划依托村内四条道路打造文化综合发展轴，串联岭下重要节点，同时也是展现岭下发展的景观要点。基地位于82省道进入宁溪内部的第一个节点，是展现宁溪特色村貌的标志性门户。

轴线引领，板块联动

通过发展轴线，串脉联系各服务核心，进而联系各个功能的模块，促进联动发展，形成结构清晰，景观优质的空间形态。

核心引领，绿带相连

以中部的游客服务中心和农田田园共同打造景观发展轴，引领景观系统布局。依托对外交通要道形成城市发展景观区，串接主要功能区依托主要发展区，形成村俗发展景观带。

点轴布局，系统有序

借用最近山峰至高点，结合内部资源、街巷空间，形成景观节点、层次结构，通过景观轴线、廊道串联一系列开放空间节点，塑造富有变化的景观系统。

多元风貌，和谐共生

各景观风貌分依饭依托生态，人文景观资源差异分布，采取组团式有结合服务区、商业体验区、乡村特色风貌区、生态田园风貌区、自然山林风貌区。

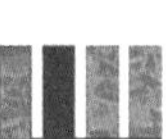

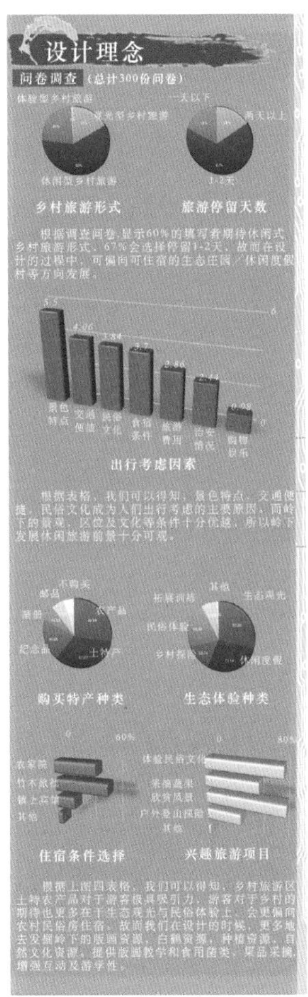

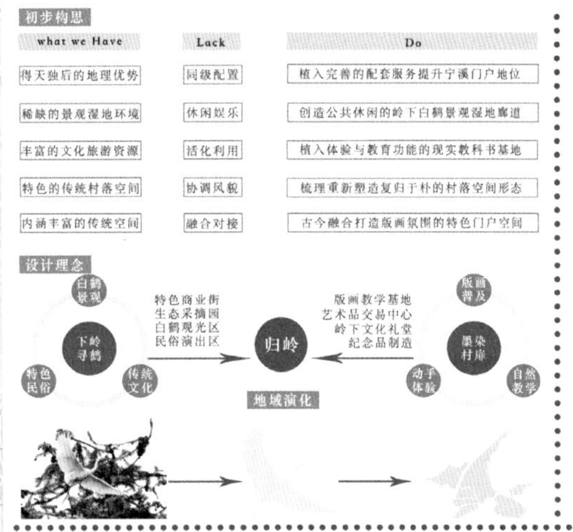

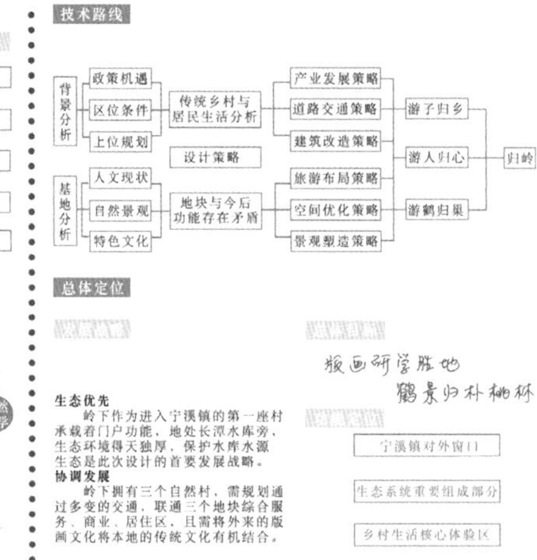

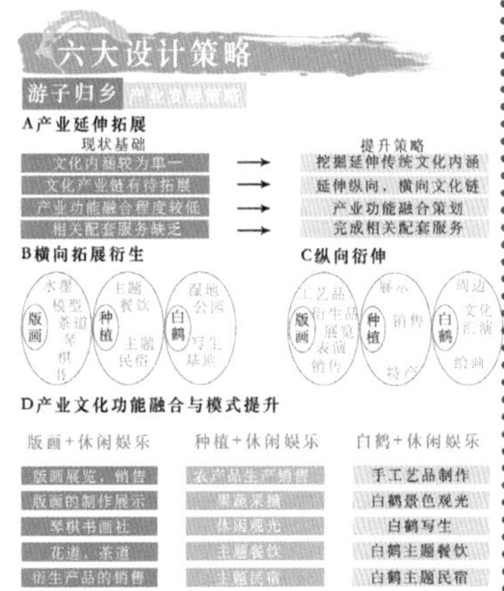

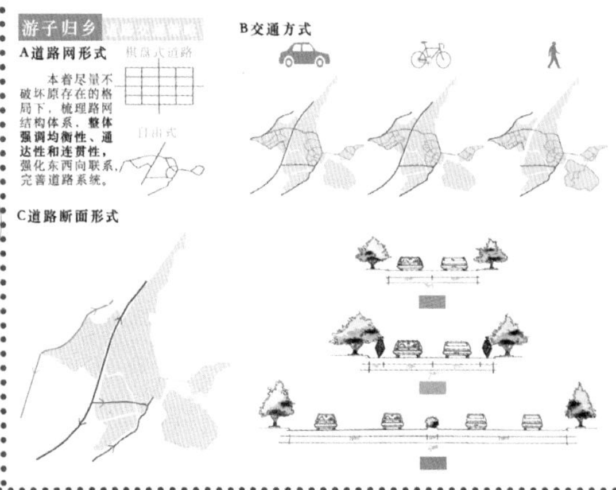

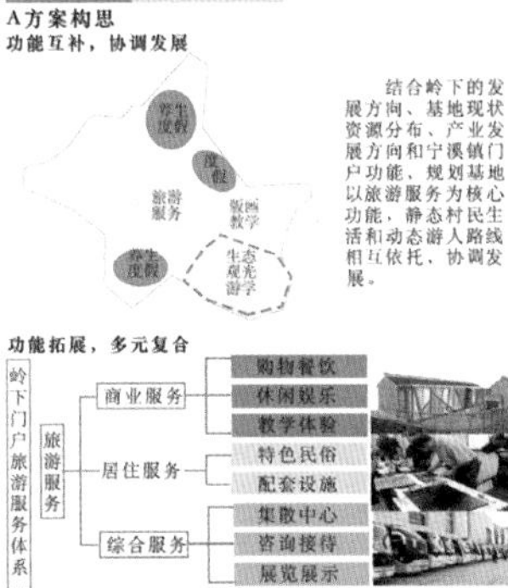

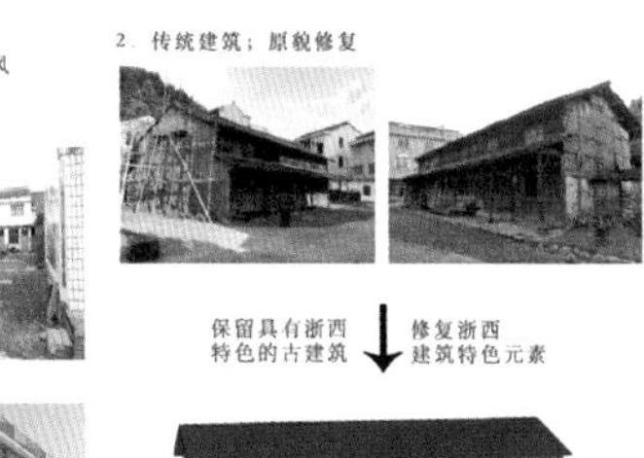

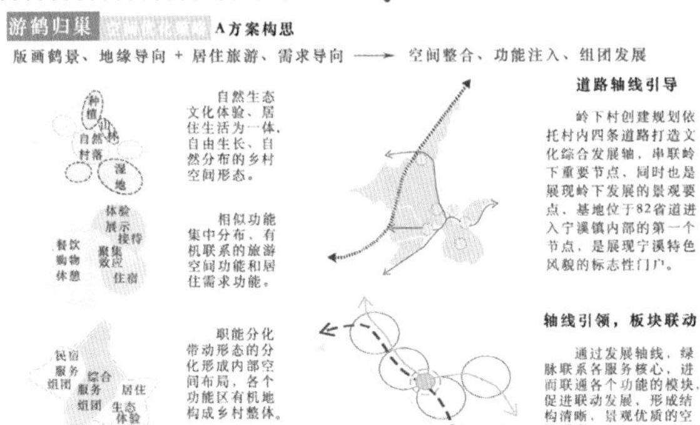

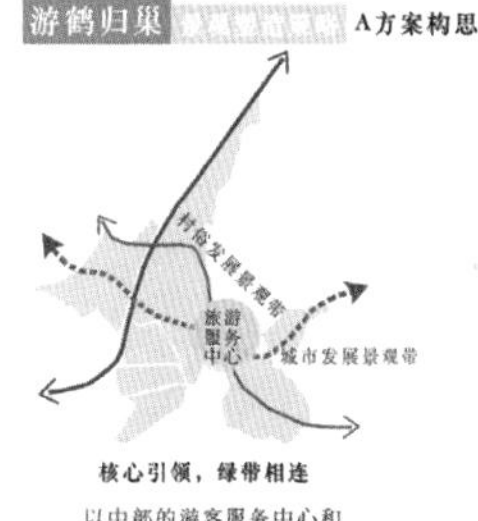

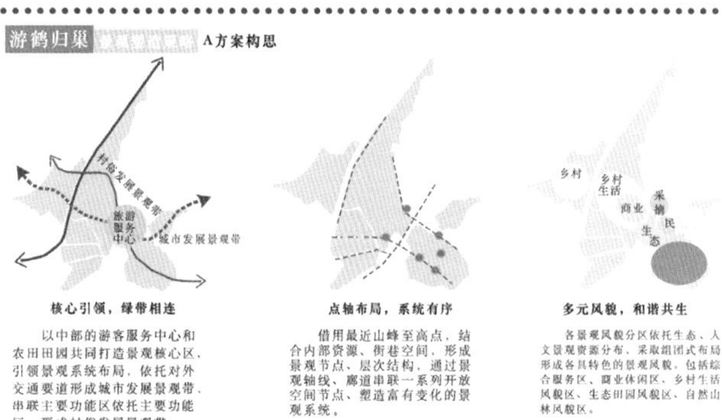

物嶺 归岭寻鹤，墨染村扉，一座田园村的复归于朴

黄山学院　指导老师：余汇芸 宋学友 苏梦蓓　小组成员：朱国兵 常瑞 邵玮 高婧佳 沙力 韩俊

公共服务设施规划图

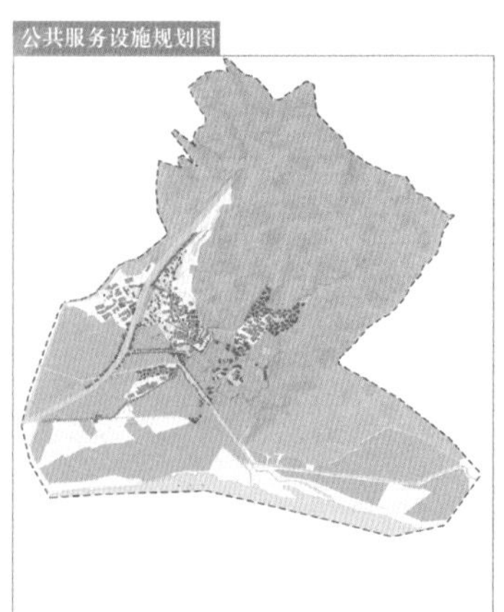

功能结构分析图　景观分析图

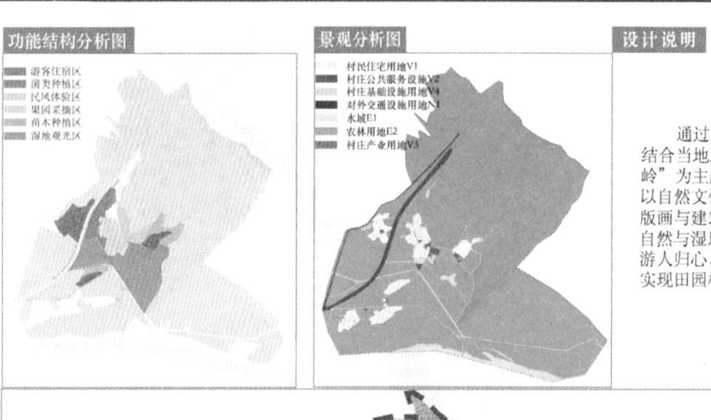

设计说明

设计说明：

通过对白鹤岭下村的实地调研，结合当地地域特色，我们最终以"归岭"为主题对村庄进行改造设计。以自然文化与生态保护为核心，将版画与建筑结合，白鹤与生态结合，自然与湿地结合，以达到游子归乡、游人归心、游鹤归巢的目的，真正实现田园村的复归于朴。

电力电信规划图

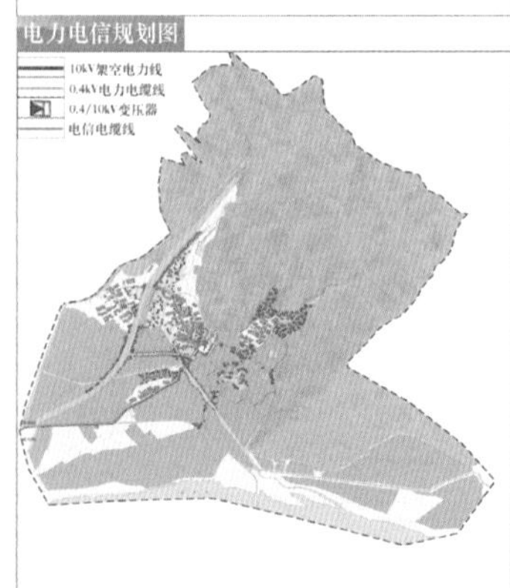

总平面图

防灾减灾规划图

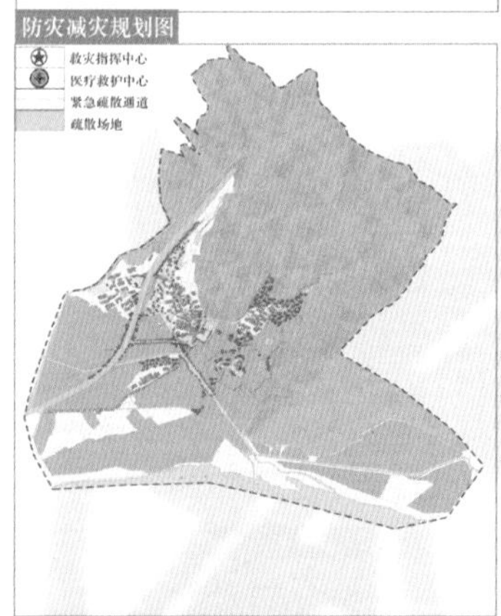

环卫设施规划图

道路规划图　给水规划图

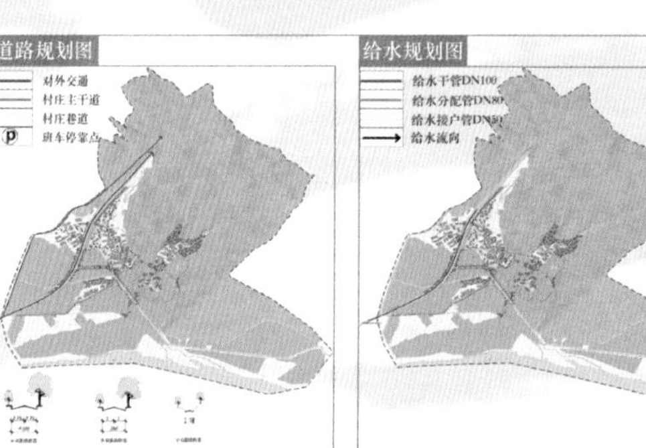

排水规划图

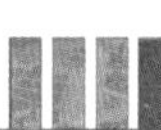

物嶺　归岭寻鹤，墨染村扉，一座田园村的复归于朴

黄山学院　指导老师：余汇芸 宋学友 苏梦蓓　小组成员：朱国兵 常瑞 邵玮 高婧佳 沙力 韩俊

鸟瞰图

重要节点设计

湿地景观区

竹门手绘效果图

水口林手绘效果图

湿地手绘效果图

稻草人的效果图

果林的效果图

白鹤栖息地

建筑节点分析

版画游学馆区域示意

版画游学馆效果图

原址上为一所台州当地特色的古民居，用钢结构加固后，保留其古朴的外观。东立面布置村内版画名人顾奕兴的版画作品。建筑为二层，一层设有版画教学区和展览区，二层为一圈回廊，提供参观。参观与实践结合。

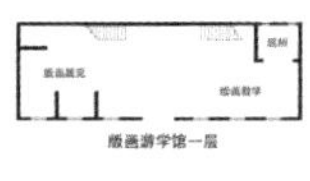

版画游学馆一层

版画游学馆二层

版画美术馆区域示意

版画美术馆效果图

在空地上新建，紧邻商量庙。调研中我们发现商量庙的香火不旺，于是将版画美术馆和商量庙结合，形成新的文化活动空间，让该空间恢复生机。建筑上保留当地传统民居的元素，整体上使用较为现代的手法设计，满足版画参观、教学、写生。

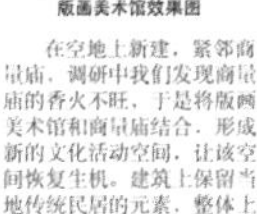

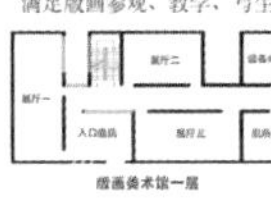

版画美术馆一层

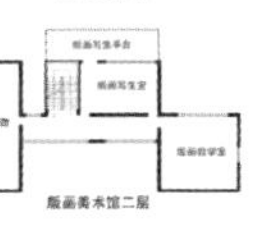

版画美术馆二层

集散中心区域示意

集散中心效果图

位于村子中心地带，邻近文化礼堂，交通便捷。为满足开发旅游，建成集汽车站、游客中心、纪念品商店于一体的建筑。材料上采用当地特色毛石垒墙，主立面大面积版画，突出特色。本建筑设计追求简洁干净舒展大方的感觉。简约、素净、典雅、传统与现代融合，外观线条流畅，富有韵律。立面质朴，体块穿插，细节精美，于整体里显现节奏变化。

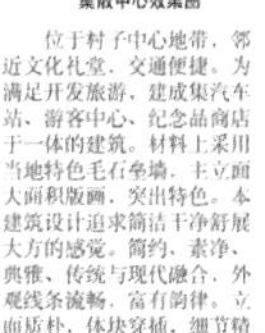

集散中心平面

民宿区域示意

民宿效果图

台州属中亚热带季风区，四季分明，雨水充沛，气候温和湿润。在设计上首先要解决的问题便是增加进光量。增加立面的开窗有利于通风和光照。而且落地窗的设计更好地复原山中的原始风味，让居住体验更加的神清气爽。在建筑材料的运用上，我们使用老瓦、旧木、夯土、竹子、老砖等，这些简单易用的本土元素将本土的人文精神和自然景观、古朴建筑和现代生活相融合。

村标区域示意

村标效果图

文化墙区域示意

文化墙效果图

评委点评

冷　红

中国城市规划学会乡村规划与建设学术委员会委员
哈尔滨工业大学建筑学院副院长、教授

高校代表：冷　红

在整个竞赛过程中，来自各个高校的老师和同学们做了很多的尝试，很多方案都非常有特色。规划设计要关注两个问题，即乡村规划中要秉持的出发点——乡村规划的特殊性与在地性。

另外，本次大赛出现了两个问题。第一个问题是有很多设计方案在问题导向方面关注度不够，问题提得很多，但主要解决什么问题在方案中不是很清晰。围绕问题导向之后的分析相对不足，很多方案精心设计了主题，但围绕主题本身的解读不够。在解读不充分的基础上，后期又缺少比较深入的延伸性的分析，导致有一些方案过于停留在一些表面现象的分析上，表象之后的原因揭示得不足。在问题的提出方面，有些同学的方案考虑到很多问题，但是很遗憾没提出一个有针对性的结果，包括在分析图的绘制过程中，前期分析得很好，后续没有跟上问题的解决措施。归于一点，就是对于问题导向的分析不是很清楚，主题的设定、问题的分析和方案策略的提出上缺少一个好的逻辑关联性。分析的过程中有些方法不清晰，比如做分析图，没有围绕问题做分析，缺少系统的考虑，宏观分析上有一定缺失。有一些方案在基本训练上有一定缺失，包括规划图例表达，基本建设用地类别，村庄与土地利用类别，还有一些分析图、气泡图的画法与用地界线的画法上有一定缺失。在设计表达方面，有一些方案偏于城市化的表达方式，用城市设计的方法去做乡村设计。

第二个问题是价值观的培养。有一些方案有很强的主观性，自己的想法直接反映到方案上。设计过程中是考虑村民的利益还是公共利益在规划方案中不是很清晰，能够看到的过程就是上来就提出一个主观的主题并接着做。这一做法在未来需要予以加强。同学们做的方案要搞清楚到底是为了谁而做，是为了村民还是城里人下乡，要有全方位的考虑，在规划的过程中对同学们的价值观要有一定的加强。

设计院代表：鲁 岩

鲁 岩

台州市城乡规划设计研究院副院长

我主要从设计院的角度来进行点评。从白鹤岭下村将来怎么发展与规划方面的五个角度出发：

第一方面，从这个村庄来讲，作为黄岩西部旅游的一个重要节点，要在全域规划和全域旅游的理念指引下，进行全要素、全方位的考虑，为打造美丽乡村进行一个顶层的考虑。它的周边有很多资源，但是有些参赛队伍考虑得少，包括水库、山体、溪流、湿地、农田、村舍，做规划要统筹考虑，从而形成一个共生关系，从产业发展来看形成一个完整的可住、可看、可游、可吃、可学的系统，把要素穿点成线。

第二方面，从打造美丽乡村方面考虑，要考虑抓住特色化发展，形成一村一品，以特色化发展来带动乡村复兴，同时要本着最小干预的原则。首先是对山、水、溪、田资源的利用，从规划的角度来看，如何近山望水就要考虑到西边环境的打造，包括绿道系统怎么建设，水库的湿地公园如何利用，与乡村的发展怎么相结合，山体部分则要考虑步道与节点的打造。很多方案对山体的考虑很少，没有考虑平地空间与山上空间的互动关系。文化彰显方面，包括版画与农耕文化，有些方案有考虑，但文化如何体现，有些方案考虑得不是很成熟。有些方案局限于怎么把版画集中在墙上体现，这种手法太过生硬，可以在很多节点空间和环境小品的营造上做更多的考虑。景观风貌上，就村庄来讲，整体上做到整洁有序就可以了，入口节点空间要打造出来，整个乡村的主线要清晰，节点和公共空间有一些变化即可。建筑不强求整齐划一，有些方案对现状的建筑太过统一，在原生态方面来讲这种方法不可取。

第三方面，做规划理念可以放开一些，思考可以超脱，但是还是要和一些规划相结合，实施性角度考虑多规合一。包括与上位规划的关系、水库生态红线、基本农田的关系等。

第四方面，考虑三生融合。生产方面，引入合适的产业，主要考虑最有特色的产业的引入；生活方面，基础设施与配套设施要完善；生态方面，周边是水库，生态涵养区，一级水源地是考虑的重点，保护生态的同时与村庄方案相结合。

第五方面，落地性问题。大多数方案对实施路径方面考虑得较少，提了很多很好的理念，但是究竟如何实施没有提。总体来讲，美丽乡村的建设要靠政府的引导，整个村民集体要参与，政府与村里要有最基本的配套与基础设施，一些产业会自发兴起。重要节点与入口的打造，山上与湿地的部分要共同实施，整体环境提升后村民就会自发形成，台州很多村庄都是这样的实施路径。

规划管理部门代表：张　凌

张　凌

台州市规划局黄岩分局副局长

白鹤岭下村选题是一个非常具有挑战性的项目，这个村的特色不鲜明，但压力和受限很突出，有生态保护与耕地少等问题。但是如果说这样一个村，本身历史遗存不是特别突出，生态又受限，如果能做成功，则能带动西部十万人口发展的模式，具有一个示范意义。

白鹤岭下村在选题时提出了三个想法：景上村、镇边村、库边村。很多高校并没有了解其中的意思。

景上村即我们从一个单打独斗的美丽乡村走向全域发展的美丽乡村，在解读白鹤岭下村时一定要知道周边的村在做什么，他们的定位发展需求是什么。很多作品过多地关注本村的概念，没有跳出更高的视野。包括很多获奖队伍提到的农业、养老、乡建学社等想法没有考虑周边，比如不远处的乌岩头村马上就要有乡建学社的推动，养老的话半山村的环境条件更好，白鹤岭下村的竞争力并不够。如果有更高的视野的话，可以考虑浙江的村在干什么，找准定位，差异发展。

镇边村，宁溪入口第一村，考虑到的不仅是本村发展的问题。本村对于宁溪镇是北入口大门，当初的意图是这个村做起来，带动整个宁溪镇的风貌形象，但本次设计对镇入口第一村的关键点把握不够。

库边村，很多队伍把握得不错，生态受限考虑得比较完善。

第二个是风貌问题，黄岩的建筑主要为浙东南民居，很多参赛队伍有考虑到传统民居问题，但是对传统风貌的控制把握并不突出。比如一些队伍只考虑到当地材料的运用，但是建筑风貌却并不是当地特色。

第三个是落地性问题，规划师要考虑到政策背景。当地土地十分受限，但又有住房需求，只能往高处发展，会和山水格局不搭。另一个为与当地政府如何推动美丽乡村发展契合不够。

调研花絮

同济大学：柔极岭下　赏山水田园画

青山绿水、千里沃野渐渐映入眼帘，几只白鹤倚在牛背上休憩，三两只在空中翱翔。潺潺溪流在田间流淌，山中的空气氤氲着水汽，似乎还嗅到雨后泥土的香味。玉米、南瓜、茭白、红薯、枇杷……还有许多我们叫不上名字的蔬菜。当踩在泥泞的田埂上，鞋底沾着杂草、泥土，才深切地感受到我们正走在人类赖以生存的土地上。用“山气日夕佳，飞鸟相与还”来描绘白鹤岭下村再贴切不过了。

倚靠在藤椅上的老爷爷一边吸着烟，一边与我们聊他的生活；年纪稍大的老奶奶一手托着腰，一手扛着锄头，颠簸着走向自家的南瓜地，骄傲地向我们展示她的成果；从黄岩驱车来到岭下的游客反复调整着取景的角度，力图拍出最美的墙上版画。

白鹤岭下村景色（上左）
一位村民奶奶正在焚烧秸秆（上中）
组员在村里调研房屋状况（上右）
村民晒玉米（下左）
组员在山上实地调研（下中）

老奶奶的南瓜地

墙上版画

一到开饭时间，两只小狗就围绕在我们周围兴奋地讨食吃，我们总是慷慨相授碗里的美食，甚至省下自己的一块五花肉丢给它们。闷热潮湿的天气终于在一阵暴雨过后消解，蝉鸣、鸟鸣、蛙声、小孩的嬉笑打闹声逐渐覆盖整个村庄。“稻花乡里说丰年，听取蛙声一片”，雨过天晴，村里再次热闹起来。

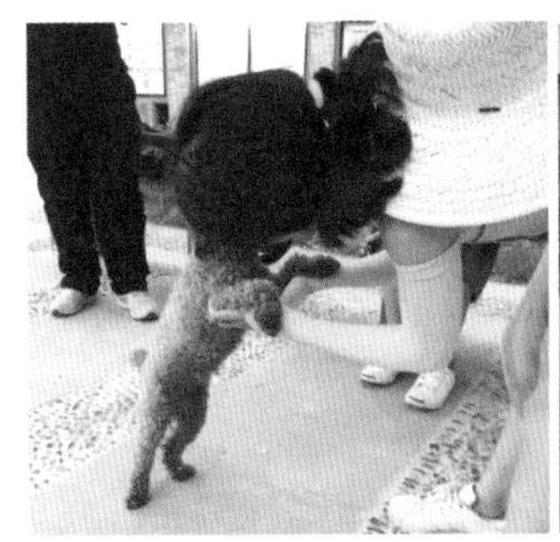

傍晚的岭下别有一番情调，文化礼堂前广场上村民坐在长凳上欣赏越剧电影，路边石凳上老奶奶一边乘凉一边拉着家常，我们和村里的高中生在篮球场上挥洒汗水，切磋球技。

更晚些时候，我们在邻乡屿头乡沙滩村美丽乡村基地与杨贵庆老师及他的助手们共进晚餐，举杯庆祝。“正是江南好风景，落花时节又逢君”，盛夏的夜晚，美酒佳肴洗涤了一天的疲惫。

这些走过的路，怎会轻易遗忘呢。

现在，是时候让我们的小组成员露脸了：陈立宇、陈薪、范凯丽、裴祖璇、涂匡仪。

调研结束了，我们离开了，但是我们把回忆留在了青山绿水间。

文字撰写 | 涂匡仪（同济大学 2014 级城市规划专业学生）
图片来源 | 陈立宇、陈薪、范凯丽、裴祖璇、涂匡仪（黄岩基地同济小组）

平顶山学院：身有所栖，心有所寄——美丽乡村之下的规划梦

一、回·忆

7月26—31日，平顶山学院旅游与规划学院“豫米之乡”调研规划团在浙江省台州市黄岩区宁溪镇白鹤岭下村开启了为期6天的规划之旅。

6天时间，虽然很短却珍贵，还依稀记得离校开始调研前，老师对我们的叮嘱，一转眼，美好而又充实的规划之旅，就结束了。心中难免有些伤感，我不禁开始回忆这6天和大家相处的点点滴滴。

烈日下一张张亲切的脸庞，大雨中一把把撑起的雨伞，似乎都在表达着彼此的不舍；一张张和蔼的笑脸，一辆辆骑行的自行车，似乎都难以忘怀；热情的村民，给力的队友，已经成为我生活的一部分。当他们突然消失，触动了我心中最敏感的神经，每每回忆，总是既亲切又怀念。

二、逐·梦

7月26日上午，我们一行人坐上从郑州到台州的高铁，不知道是不是幸运，我们几个的车票都是连号的，旅途中有了陪伴，7个小时的车程也不算什么，窗外的世界飞快地后退，时间一点一点地流失。

从河南省出发，穿过安徽省，经过江苏省，到达浙江省，看着窗外的景色，江南水乡带给我的感觉最为震撼，小桥流水的悠远，荷叶田田的欢乐，这也许就是江南的轮廓。经过16个站点，我们顺利到达，在浙江省台州市宁溪镇工作人员的细心安排下，我们平安入住，旅途的故事告一段落。

三、规·划

7月27日，2017年度首届全国城乡规划专业大

骑行小分队

学生乡村规划方案竞赛在台州市黄岩区宁溪镇启动。上午，我们怀着无比激动的心情来到白鹤岭下村岭下大礼堂，在这里我们接触到了来自各院校的规划思想，这是思想的大熔炉，我们要在这里开展调研，学习规划知识，与其他学校相互交流、相互学习。

认真聆听专家解读

四、画·境

7 月，仿佛才真正到了炎热的夏季，骄阳似火，让人煎熬，带着草帽，骑着小车，从宁溪到岭下，汗水浸透了衣裳，虽然很热很累，依旧是一次美好的体验。

初次进入岭下村，我们仿佛进入一个仙境，山峦叠嶂，溪水绵延，环境优美，犹如一幅泼墨的中国画，正在我们为岭下的风景称奇的时候，看见远处的民居房屋主视轴上的一幅幅版画，视觉效果令人惊艳。这些版画以黑白色调为主，描绘的内容多是乡村生活，突出了当地的风土人情。

与负责人讨论规划问题

据村民张叔叔讲："这些版画内容依托于当地山水，与我们的村子相得益彰，我本人十分喜欢。"村主任告诉我们：刚把版画艺术发展起来的时候，村子里有很多村民觉得这样的版画都是以黑白为主，缺乏红色这样的喜庆色调，既难看又丧气，不赞同把版画画到房屋侧面，我也十分苦恼。好在当时竭尽全力找了几家先试了试，村民也觉得效果挺好，就同意了版画的绘制。希望版画可以在这里生根发芽，一直发展下去。对于岭下村而言，版画确实是很好的机遇，也将会是岭下村的一张明信片。

五、烟·雨

宁溪是炎炎夏日的一缕清风，她温婉而又大方，淑娴而又独秀，如一位端庄的姑娘。在宁溪的这一段日子里，我们遇到了来自沿海的台风，云雾缥缈，袅袅青烟，断断续续的强降水，为整个宁溪带来了强烈的神秘感。远处的青山被云雾缠绕，像一条白色的彩带，

山水版画

太阳的光芒也无法穿云透雾，仿佛是一座仙山，吸引着我们前去探索。

我们撑着雨伞，沿路走走，又是一阵清凉。更多的时候是，天晴着，雨下着，很不和谐，却又是一番韵味。由于强降水的阻挠，大部分时间我们都在整理资料，遇到天气好转的时候，去岭下走走看看，完善我们的资料，同时也欣赏一下烟雨中的宁溪。

六、团·结

在浙江台州白鹤岭下村的日子里，我们彼此相信对方，团结互助，把团队精神发挥到极致。再苦再累，我们不怕，因为心中有梦想，即便什么也没有，还有诗和远方。

在整个调研过程中，我们亲切攀谈，通过问卷调查、深度访谈等方式，了解了广大村民对白鹤岭下村建设的一些看法。同时，志愿者们也就当地的地理环境、建筑风貌、基础设施、产业结构、人口结构、特色食品、传统文化等方面进行了详细的了解。

每天，都会遇到不同的问题，只有解决问题才能走得更高，看得更远。晚上，和老师相聚一起，就不同的问题展开讨论，发表观点，最后总结出解决问题的办法，这是成长的过程，更是蜕变的方法。

走访岭下村，我们遇到许多老人，在手艺方面，提到最多的就是节日灯和中国结。一位老奶奶告诉我们："以前白鹤岭下村，几乎每家每户都制作节日灯和中国结，有时候晚上一两点还在做。但是随着时间的

画中岭下

缥缈仙境，烟雨岭下

问卷调查

流逝，这门手艺也在逐渐地消失，很多年轻人都走出去了，不愿意再做这些节日灯了。”文化的传承面临危机，村落的建设也遇到了阻力。一位老师感叹道，“希望年轻的参赛者可以利用自己的奇思妙想，为村子规划一幅美好的蓝图”。

七、热·情

热情是最贴合台州的词语。刚到台州，就体会到来自远方朋友的热情，面面俱到的安排，有种宾至如归的感觉。在我们走访村民时，也感受到了这种混在泥土和血液中的热情，好客已经成为台州人民身上的标签。

还记得我们在调研过程中，遇到一位老奶奶，看上去已经是耄耋之年，热情地把我们几个调研的小伙伴请到家中，替我们搬起板凳，打开风扇，成功诠释了台州人的善良与友善。老奶奶亲切地与我们拉起了家常，生活的繁琐与艰辛并没有打败这个饱经沧桑的女人，而是把她变得更加令人敬仰和尊重。这些老人就是岭下的活史书，见证了曾经的沧海桑田。

在台州，遇到了热情的路人、负责的村支书、淳朴的村民，庆幸遇见——台州。

现在我们回忆起这次浙江之行，收获的不仅是汗水更是喜悦，希望美丽乡村的规划能使身在乡村的村民们身有所栖，心有所寄。

实地测量

讨论问题

制作节日灯配件

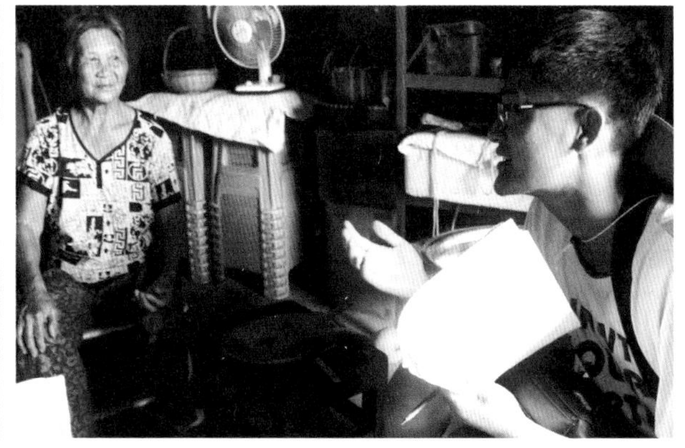

与老奶奶访谈

文字撰写 | 岳子琳、王盼、刘美娟、马浩、马腾辉、阎东安（平顶山学院人文地理与城乡规划专业）

吕梁学院：山水家园、诗意栖居

一、基地概述

白鹤岭下村是黄岩进入宁溪镇的第一个村，在柔极岭隧道口，地理位置优越，依山傍水，前有良田郁郁葱葱，后有柔极山连绵起伏。该村钟灵毓秀、人杰地灵，是黄岩著名版画家顾奕兴的故乡。2014年，该村结合“一村一品”，利用顾奕兴版画特色，建成了一类文化礼堂。

农家晒鱼干

成片水稻

削土豆的阿姨

农家晒花生

顾奕兴版画

二、深入接纳

这次调研之旅，我们既紧张又兴奋，在考察建筑时，我们不仅记录它的风格形态，有时也会进行手绘表现，这一笔一画，一字一语，都渗透着我们对白鹤岭下村古建筑的热爱和考究。在村内进行走访时，村民们十分欢迎，这里的民风非常淳朴，也非常好客，虽然南北语言不通，但是我们凭借着手语和彼此的情谊也都能相互了解。在炎热的午后我们进行家访时，一位大爷就立马去自家后院挖西瓜给我们调研团队吃。岭下村的气候多变，突然间云障雾遮，下起了暴雨，有一位老奶奶盈盈笑意，主动帮我们送伞，既感动又温暖，好一个人杰地灵、学养深厚的宁溪。

三、回眸亦山水

山上云障雾遮，宛如人间仙境。三三两两的牛群散落在山坡上，悠闲地吃着草，时不时甩一甩尾巴。山野自然之风，飘然其中。见惯了北国的苍莽大气，南方的山水总有一种温婉细腻萦绕心间，虽然仅仅是调研的几天，这山这水都已镌刻在心间。

这一次的调研不仅仅是为比赛调查现状、收集资料，也是扩展见识、增长学识的一次经历。作为远道而来之客，我们应该珍惜此次来之不易的机会，与同学老师积极交流，一起做出一份满意的规划。在此也要感恩小伙伴和老师的陪伴，感谢大赛组委会提供给我们的这次来之不易的机会。

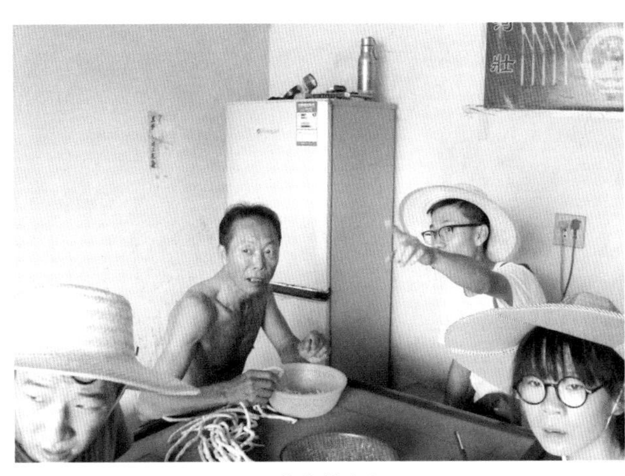

大爷热情介绍

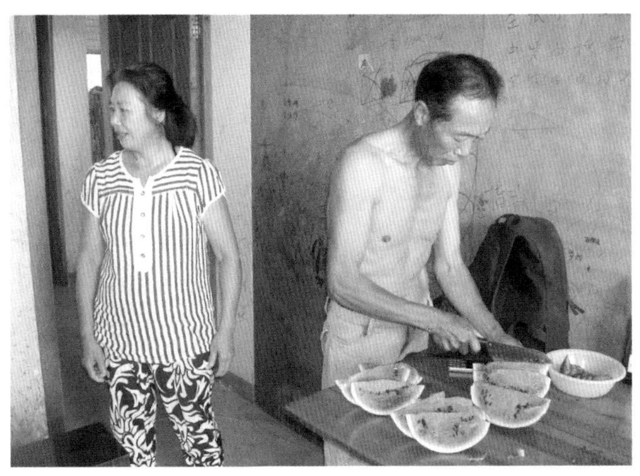

切西瓜

苏州科技大学：桑麻岭下，享鹤居之乐

绿色的村庄，广袤的田野，蜿蜒的小河，静美的水坝……无声地述说着白鹤岭下的恬淡与美丽。而“绿遍山原白满川，子规声里雨如烟”的意境，更让我心向往之。透过群山缭绕的云雾，那农舍，那绿树，那田园，那庄稼……眼前的一切景物，若隐若现，如真似幻，非常写意。这段日子在白鹤岭下村的调研回忆，深深地定格在一张张美如画的照片中……

村子也不大，深藏在连绵起伏的山脉中；山中云雾缭绕，村子若隐若现。早起前往白鹤岭下村，几个小伙伴骑着单车穿梭在乡野之间，带着小守郊游去……

水坝一隅

骑单车调研的小伙伴们

调研房屋风貌的小组成员

与版画墙留影的小守

组长——活脱一个准村民形象

晚霞普照下的水库

天色将晚，农民已然收拾农具，互相招呼着从田野赶回自己的屋里休憩，准备一家子的晚餐了。似乎是将要下雨，此时，听不见鸡鸣，没有了犬吠，就连那些平日在枝头聒噪不休的麻雀，也不知钻到哪里去了。雨下得酣畅淋漓，只剩下一阵阵急促的、喧嚣的雨声使劲地敲打耳鼓。雨声平平仄仄，如诗的韵脚。雨里烟村，水意阑珊，朦胧诗般迷人，水墨画样淋漓。如此模样的岭下村，着实让人流连忘返。

小守和吃草低哞的牛

在峡谷下嬉戏的孩童们

雨后，空气变得异常清新、凉爽、湿润。豆棚瓜架仍在吧嗒吧嗒往下滴水。小伙伴们徒步前往山中，探寻传说中的将军墓。

爬至半山腰的小守

恣意山间美景的小伙伴们

历史古迹将军墓

成功探得古迹的探险家们

回望这美丽的岭下村

乡村山沟里的夜，永远是一幅画不完的山水画，无论是细雨蒙蒙还是皓月当空的夜，都会给人一种美的遐想，令人神往。

至美的景色留在心间，带着不舍，我们踏上了回家的旅程。

骑车回程的组员们

流连忘返的小守

文字撰写 | 虞玉红（苏州科技大学 2014 级城乡规划专业学生）
图片来源 | 丁立坤、虞玉红、李紫扬、彭琪帜、陈嘉佳（黄岩基地苏州科技大学小组）

黄山学院

一、风雨兼程

2017年8月15日—19日，黄山学院建筑工程学院规划调研小队在浙江省台州市黄岩区宁溪镇白鹤岭下村进行了为期五天的调研活动。

从青藏的草原动身，从塞北的黄沙出发，从徽州的山水启程。

七人，五天，三条路线，只为了一个梦想。

二、初见惊鸿

初来乍到，宾馆的工作人员和宁溪镇政府的工作人员热情地接待了我们，宁溪镇美丽的风光也给我们留下了美好的第一印象。未料几乎每天傍晚都会突然大雨倾盆，雷声大作，让我们见识了宁溪镇多变的天气。前两日因雷雨宾馆停电，却让大家因祸得福，不仅看见了多年未见的漫天星辰，还结识了同来调研的兄弟院校的师生。

目标台州

青海省西宁市曹家堡机场

三、再见倾心

项目所在地白鹤岭下村有着丰富的历史以及远近闻名的版画，村中墙面上大面积的版画更是展现出岭下村的特点，尤其在文化礼堂附近的版画给人一种耳目一新的感觉。版画的打造可以将村中的历史和文化完美地融入村民的生活中，同时也是对老旧建筑的修缮。第一天到达白鹤岭下村，首先映入眼帘的便是那一幅幅壮观的版画，村民活动中心——文化大礼堂也让我们眼前一亮。

“昨天在敦煌看沙山，今天在台州看海。”

台州

这几日正值酷暑，我们每天都骑行到白鹤岭下村，虽然辛苦，但我们却很享受这样的过程，因为沿途的风景让我们的行程不再枯燥，热情好客的村民让我们感受到夏日的清凉，干净整洁的村庄环境让我们有了愉悦的心情，深厚的文化底蕴让我们对岭下村有了更深入的了解。

在绕村庄走访的过程中，我们发现整个村庄的环境优美，生态较好，偶尔能看到白鹤伫立在田野间，但整体风貌不够协调统一，村内环境除了文化大礼堂、几栋画有版画的建筑及保留的老屋有一定特色外，其他建筑则缺少地域特色，需要进行立面调整。在走访的过程中，我们总会遇到和蔼可亲的老人们，他们总是很热情地向我们介绍他们的村庄，讲述他们房子的历史，虽然我们可能听不太懂他们的方言，但我们始终认真地、耐心地听着他们的描述。最有意思的是遇到一位很有活力的奶奶，上一秒还在向我们介绍她们村庄的历史，下一秒看见她家的鸡被村子里的狗追着咬，瞬间又抄起根棍子去追她的鸡了，看着老奶奶晃

岭下村文化礼堂（左）
版画与建筑的结合（右）

小分队出发啦（左）
村民户外活动中心（右）

与负责人讨论村庄问题（左）
实地走访（右）

晃悠悠的身影，我们站在原地忍俊不禁。此外，还有一位老人请我们品尝自家刚收来的花生，并给我们介绍村庄的一些历史。

四、灯火阑珊处

为了对宁溪镇有更深入的了解，我们还去了周边的传统村落及环境进行调研，如乌岩头村、半山村、长潭水库等，为我们的村庄规划设计提供更多参照。

五天的时间很快过去，在回程的路上，我们不禁感叹这仅仅是开始，未来的路还很长，这次的旅程更加坚定了我们做好此次方案的决心，而岭下村正是我们旅途开始的地方。

最后感谢主办方、岭下村文化礼堂、宁溪镇人民政府的热情招待，以及主办方提供的自行车与草帽。

泉州师范学院：青山伴绿水，白鹤云上飞

DAY 1

7 月 13 日早晨，参与实地调研的队员们早早地在荣茂综合楼前集合，坐车前往泉州动车站，并登上了前往浙江台州宁溪镇的动车。宁溪镇地处浙江东南沿海，黄岩区西部，长潭水库上游，有“中国节日灯之乡”、浙江省“小企业创业基地”之称号。金山陵糟烧是当地特产白酒，有台州茅台之称。更有着青山伴绿水、白鹤云上飞的生态之美，让宁溪的山水别具灵性。揽山水之形胜，得风俗之醇厚，宁溪处处散发着文化的醇香。

7 月 13 日下午，团队抵达黄岩区宁溪镇，开启了为期两天的实地调研，团队一行冒着山间朦胧的细雨，沿着长潭水库骑行，在青山绿水间感受着林木的芳香，前往本次的定点基地——白鹤岭下村。

团队首先对白鹤岭下村进行了初步的调查走访，了解白鹤岭下村的风土人情。

当团队对白鹤岭下村进行实地考察时，天公不作美，雨越下越大，正当我们一筹莫展的时候，一位热情的村民邀请我们前往避雨，在交谈间，我们不仅感受到了村民的质朴、热情好客，对本次调研地的内涵也有了更进一步的了解。

当雨渐小，夜幕降临，团队依依不舍地离开了白鹤云上飞的白鹤岭下村。

DAY 2

7 月 14 日一大早，团队早晨 6 点钟便集合，在镇长的带领下，前往白鹤岭下村，做进一步详细的调研，顶着炎炎烈日，团队成员在当地工作人员的陪同下，走遍白鹤岭下村的角角落落，对每一座建筑、每一条街道如何进行规划都进行了探讨，更加深入地了解白鹤岭下村。

冒雨骑行。目的地：白鹤岭下村

出发

村主任在与老师进行交流

7月14日下午，为了更好地了解宁溪镇其他村落的发展状况，团队前往宁溪镇的乌岩头古村落，感受着古村落那别样的风味。

团队慢慢踱步进村，首先映入眼帘的就是那石头堆砌的老房子。听这里的村民说，乌岩头村清代石建筑就有110间，最老的房子有300年左右的历史了。

走在石子小路上，看着小径深处的人家又有一番别样的滋味。记得小时候总喜欢走小路，路边总有漂亮的小花盛开。和小伙伴们一路打打闹闹地回家，把在大路上寻找我们的大人急得跳脚。

很多人家还保持着用柴火烧饭，虽然麻烦，但饭烧起来却特别得香。当我们老了，如果能生活在这么一个环境清幽的地方，也是极好的。

DAY 3

7 月 15 日上午，团队仍然争分夺秒地对宁溪镇进行实地考察，团队一行沿着水库，骑着自行车，尽情地呼吸着青山绿水间的新鲜空气。

早上 9 点，调研团队结束了为期三天的行程，返回泉州。

参观宁溪镇酒厂

泉州师范学院（25 点钟团队）

湖南城市学院：苍劲柔极，田居岭下

从湖南资水之滨到浙江永宁江畔，原本空间上是横跨千里之外的不同地域，因为此次竞赛让两地之间的联系千丝万缕。组员们在去之前一直在讨论沿海的乡村与内地的乡村会有什么差别，村庄建设、乡村风貌、村规民约、风俗习惯。直到我们到了岭下，我们的疑惑才得到一一解答。

到达岭下村，一行人立于村口远望，共同的感受是视野开阔，苍劲的柔极岭连绵于村庄后方，村居前大片葱郁的良田，在蓝天白云的衬托下甚是美丽，与湖南的烟雨朦胧中零星两三点的山村有着明显的不同，一个清新可人，一个神秘迷蒙。

自村口沿村道而入，马路干净而平整，目视前方景色，灰瓦、白墙、黛山、绿田、流水、蓝天、白云，一幅美丽的画卷映入眼帘，清净透心，仿佛让我们忘却了头顶的烈日和燥热的空气，一心只为赶快深入村庄去发现她其他的美。

旧墙新面，绘声绘色

在经济快速发展的今天，大量的自然村落在不断地消亡，与之一同消失的还有数不尽的乡村文化和技艺。还记得曾看到过这样一句话“乡村是优秀传统文化传承的主战场，但也是优秀传统文化湮灭

村口景色

远眺柔极岭

山水田居风光

墙绘的新房与旧屋

在历史时间里的大坟场。”但在白鹤岭下村，旧的技艺在复活的同时也让村庄重新焕发生机。顾奕兴老人让版画技艺在这个村庄生根发芽，我们在村庄的调研过程中随处都能看到它开出的花：新的、老的房屋的山墙上有黑白的、彩色的、淡彩的，各式各样的由版画衍生而来的墙绘。每一幅墙绘都在用它惟妙惟肖的画卷讲述着不同的故事，展现着村庄与以往不一样的面貌。

万事正新，村待人归

行至村庄内的每处角落，都能发现村庄环境欣欣向荣的一面：正在修整的庭院和绿地、修葺一新的房屋、干净整洁的入村马路、人声鼎沸的文化礼堂和活动场地、辛勤劳作的农民。夜晚的文化礼堂旁，村民们三三两两地来到这里纳凉、打球、聊家常，此情此景好不热闹。在调研途中，与村民沟通存在着一定地域上的言语障碍，但是他们好客的热情我们能够真切地感受，村干部细心给我们讲解村内的故事和发展情况，路上遇到的老奶奶热情地把刚刚从自家地里拔出来的花生送与我们吃，淳朴的村民亲切地与我们拉着家常。村内新屋与旧房穿插在一起，共同诉说着这些年村庄变化的轨迹和发展的历史。新建的房屋、更新的设施、日渐红火的生活；驻村的老人、留守的孩童、待归的青年。朝着新方向发展的乡村等待着外出的村人回来共同建设，传统的技艺等着年轻人来传承。

后记

美好的时光总是过得很快，调研结束的时候正好赶上台风登陆，但是台风的肆虐吹散不了离别的惆怅与岭下居民的热情，此次参赛和调研的经历将会在我们每个组员心中珍藏。在这次竞赛中，我们不仅仅增进了学识，开阔了眼界，收获了友谊，更是利用自己所学的专业知识为白鹤岭下的发展贡献

傍晚的活动广场

新旧房屋交织的巷道

转呼啦圈的小女孩

待修缮的顾奕兴故居

晚上纳凉闲聊的村民

送予我们花生后归家的阿婆

一份微薄之力。

再回首，不忘初心。以梦为马，规划未来。

另外，赋词一首。

水调歌头 · 新风岭下

晓雾散晴渚，夏声柔极满。青鞋黄帽，忺与名士共跻攀。永宁飘飘玉带，长潭罗罗玉盘，山水绝尘寰。乡人望客来，长决层峦现。

白鹤舞，社鼓在，灯火燃。名家故归，岭下村居版墨染。拂拭白墙旧尘，浓绘农乡风景。各方聚智意，版画促新展。此去经年，江水东去轻烟升。

以上为“骚客”组长李超写的词和“小仙女”组员“缘妈”画的水彩画。

安徽建筑大学：花暖青牛卧，松高白鹤眠

一、初识岭下

白鹤岭下村是黄岩进入宁溪镇的第一个村，该村钟灵毓秀、人杰地灵，是黄岩著名版画家顾奕兴故乡。利用顾奕兴版画特色，建成了一类文化礼堂。初来岭下，我们就被这里原生态的景色所吸引了。

1. 水源

白鹤岭下村，听老人们说，起名来源于美丽的白鹤，因为这里水质优越，每年都会有成群的白鹤飞来，在长潭水库边嬉戏游玩。

2. 山根

在村庄周围，郁郁葱葱的森林、连绵起伏的柔极岭、山脚下成片的良田，勾勒出一幅有滋有味的水墨画。

3. 民风

村中民风淳朴，老人们在这里种种菜、聊聊天，生活得舒适自在。由于得天独厚的自然环境优势，这

秀色可餐的长潭水库

怡然自得的渔民

良田绵延到远方

群山环抱

做着小彩灯的老奶奶

刚刚从田间劳作回来的阿婆

优美的版画

室内也有版画

里可是长寿村呢，和老人们唠唠家常，他们会很自豪地和你介绍他们村子的变化和发展。

4. 版画

一幅幅精心绘制的墙画格外吸引眼球，整个村子都被版画所包围，不管是内部还是外部都有版画的身影。

二、走近岭下

在白鹤岭下调研的日子里，虽然很累，但中间夹杂着一些小故事，非常的有意思。

在短短几天的调研中，我们已经和这片土地结下了深厚的情缘，天气虽然炎热，但是我们仍将白鹤岭下村的点点滴滴记在心里，以便返程之后能做更详细的研究。

三、告别岭下

离开岭下的日子，天空中飘着细雨，仿佛在诉说着我们对这片土地的不舍，怀揣着心中的梦想，我们希望再次踏上这片土地时能看到白鹤岭下村更多的变化。

欢乐的骑行

认真的调研过程

忍不住与水亲近的同学

认真研究传统建筑的小伙伴们

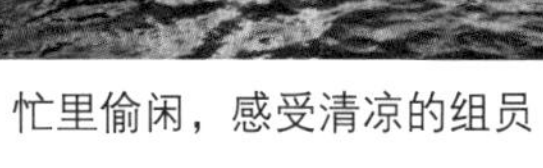

忙里偷闲，感受清凉的组员

四川农业大学

2017 年 8 月 11 日—16 日，四川农业大学建筑与城乡规划学院调研小组在浙江省台州市黄岩区宁溪镇白鹤岭下村进行了为期一周的调研活动。

成都到杭州，历经三十二小时，杭州到台州，再到下榻的酒店，一路充满了期待与惊喜。和四川不同的是，这里早上五点钟，天色就大亮了。吃完早餐，我们一行人就开始了岭下村之旅。

从酒店顺着永宁江一路骑行，江中野鸭戏水，对岸云雾缭绕，宛若仙境。

穿梭于秀美山水之中，来到了我们期待已久的白鹤岭下村。

沿途的永宁江

初到岭下

遇见版画村

一、版画岭下

远远望见建筑山墙版画，就知道这是我们要去的地方——群山环抱、风景秀美、充满文化气息的岭下村。

调研的第一天，我们在村主任的带领下，逛了大半个村落，了解了村子的发展历程，感受到了村主任的热情。

二、神秘岭下

调研的第三天，我们与西北大学师生一行，在热情村民的带领下，前往王皞南将军墓。一路上与村民大叔闲聊，听说当地有一种很特别的动物“鸭子”。

“叔叔，蛇会吃鸭子吗？”一位同学问道。

“哎哟，蛇哪里会吃鸭子哦！”大叔一脸笑意，“鸭子会吃蛇呐！”

竟然有鸭子会吃蛇，我们都惊呆了。顿时，好奇心驱使我们想要了解更多有关“鸭子”的事情。“鸭子”白天藏起来，夜间出没，具体数量不详，体重两百多斤，没有翅膀，不会飞，会吃蛇，还会吃人，所以路上要是遇到它，一定要给它让路。它也吃红薯，所以在山路上看到地里有一些颜色亮丽的摇摆机外壳，据说“鸭子”看见他们，就不会去偷农家的红薯了。

怀着巨大的好奇心，我们去询问了当地的其他村民，终于知道了真相。原来，大叔口中的“鸭子”，实际上就是野猪，当地叫作“崖子”，因为乡音的缘故，我们听得不是很真切，情理之中。虽然得知真相之后，有一点不甘心，以为发现了神奇的生物。不过依然感谢，这给我们的调研增添了很多乐趣。

三、生态岭下

调研的第五天，我们逛了村子周边。岭下村位于长潭水库上游，在这里，我们可以看到白鹭飞翔、黄牛食草、毛驴载物，美丽的生态环境，让人来了就不想走。

调研结束，我们也该踏上返程的路。一周的调研，有欢笑有汗水，穿坏了一双鞋，买了两把伞，喝了三瓶酒，逛了四个村，吃了五个西瓜，过了六个清晨与黄昏，七人同行，欢乐满满，好想让时间再慢一点，让我们细细品味如此秀美的岭下村。遇见岭下，是我们的幸运！

走访与调研照片

山林探秘

番薯地里的“稻草人”

秀美水库

团队调研图片

播下道德的种子
洒下诚信的雨露
愿他们在每个人
心中，生根发芽
茁壮成长。
务实
崇学
三人行
焉。择其善者而从
之，其不善者而改
之。
CONT
EMPO
RAIN
NO NEW CLOTHES

团队调研图片

第三部分

基地简介

台州市黄岩区宁溪镇白鹤岭下村调研报告

调研学生：金　利　秦佳俊　沈文婧　姚海铭　杨名远　赵双阳
指导教师：陈玉娟　周　骏　张善峰　龚　强　武前波
调研时间：2016 年 7 月

一、村庄概况

1. 区位概况

黄岩区位于浙江东海岸，宁溪镇位于黄岩区西部山区腹地，是台州市后花园，是西部山区六乡一镇的核心。

白鹤岭下村位于黄岩区旅游精品线路中的重要节点，是西部山水生态旅游的开端，是黄岩西部乡镇重点规划的村镇节点。

白鹤岭下村隶属于宁溪镇，是宁溪镇入镇第一村。汽车 45 分钟达黄岩市区，通过小汽车加高铁的交通方式 3 小时可以到达杭绍宁都市圈。

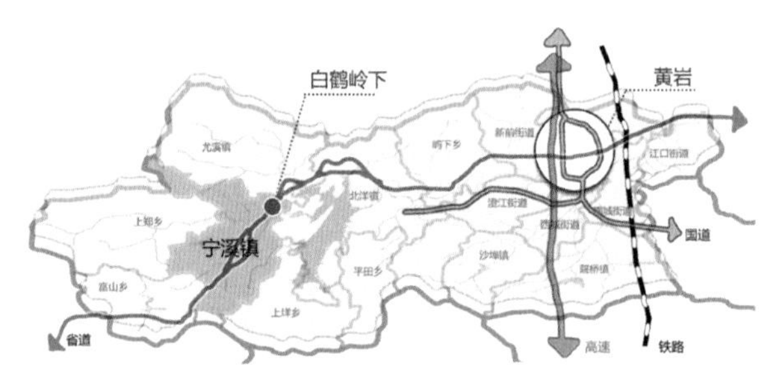

图 1　白鹤岭下交通区位

2. 道路交通

现状白鹤岭下村对外交通主要依靠村西侧的 325 省道（宁溪部分名为长决线），东北至黄岩、西南至宁溪镇区。

图 2　白鹤岭下旅游区位

2017 年 11 月开通的 82 省道将大大缩短白鹤岭下至黄岩的距离，由原来的 45 分钟，缩短至半小时。

3. 历史沿革

相传很久以前，一些白鹤、中华秋沙鸭、鹗等鸟类都喜欢在这里安营扎寨。每年，数以万计的白鹤在岭下村筑巢安家，繁衍生息，形成了极为罕见的白鹤聚集的奇观。“羽毛似雪无暇点，顾影秋池舞白云。”它们或恣意嬉戏，或盘旋号叫，那万鸟齐飞、竟翔天空的景象，可谓恢弘壮观。

故岭下又名白鹤岭下。

1912 年，民国始建，大量居民从福建、金华、台州三地迁移定居到白鹤岭下村。

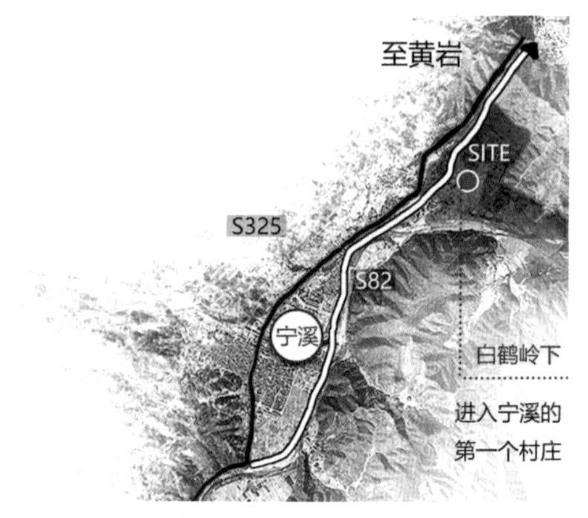

图 3　白鹤岭下道路交通情况

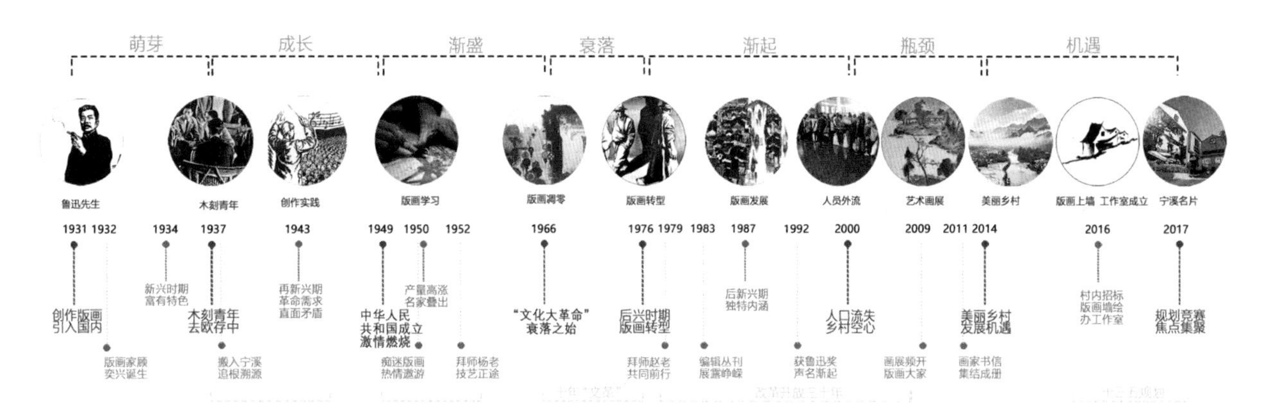

图 4 白鹤岭下历史沿革

1949 年，中华人民共和国始建。改革开放三十多年来，岭下人借着改革开放的春风，凭着吃苦耐劳的精神，走上“食用菌”种植脱贫致富之路。

20 世纪以来，中国城市化快速推进，大量农村人口潮城市涌入，白鹤岭下村也不例外，人口流失日益严重。

2014 年，黄岩区美丽乡村建设工作正式开展。

2016 年，黄岩区“十三五”规划提出白鹤岭下村为重点发展和保护乡村。岭下村修建文化礼堂，展览顾奕兴版画大师的作品，把版画作为村庄特色品牌。

2017 年全国大学生乡村规划与创意设计基地选址岭下，岭下迎来最大发展机遇。

4. 人口概况

区域总面积 1.03km^2，其中山林面积 1164 亩，耕地面积 251 亩。共 213 户，640 人，村两委成员 7 人，村民代表 18 人，党员 22 人。流出人口主要去往台州市区、宁波。村民外出主要是为了求学、打工、创业、做生意……将迎来新的一次回潮，回潮村民在村内基本有住房。

二、经济概况

1. 第一产业

目前，村里种植“食用菌”的农户有 5 户，种类有蘑菇、香菇、金针菇、鸡脚菇、木耳等，供货量占宁溪市场的 65%。

主要的农作物有：水稻、小青菜、葱、蒜、豆、白萝卜、兰花豆、番薯等。经济林以果林（枇杷）为主，管理粗放，枇杷成果由企业统一收购加工，附加值低。

2. 第二产业

村域内有一小型摇摆机厂、小型塑料厂，有村民在厂里打工，现已计划搬迁。

3. 第三产业

并无服务业、成规模旅游发展，村庄现状第三产业发展不足。

4. 土地权属

白鹤岭下村的土地均属于村民集体小组农民集体所有土地。

三、建成环境

1. 土地利用

白鹤岭下村有三个自然村，分别为白鹤岭下、裘岙、新屋蒋。

村庄建议设计范围 249hm^2，其中住宅用地 5.95hm^2，主要集中分布在三个居民点。

有少量农村公共服务设施用地、农村公共场地、农村商业服务设施用地。

存在问题：村内现状土地利用性质单一，主要是农林用地和居住用地，公共管理设服务水平较低、居民缺乏公共活动的开敞空间。

白鹤岭下用地汇总　　表1

序号	用地代码		用地性质	用地面积（hm^2）	比例
v	v1		村民住宅用地	5.95	83.00%
	v2		村庄公共服务用地	0.33	4.00%
	其中	v21	村庄公共服务设施用地	0.07	
		v22	村庄公共场地	0.26	
	v4		村庄基础设施用地	0.89	13.00%
	其中	v41	村庄道路用地	0.88	
		v43	村庄公用设施用地	0.01	
	村庄建设用地			7.17	
e	e1		水域	11.3	
	e2		农林用地	230	
村庄建议规划范围				249	

2. 基础设施

（1）水

自来水由乡里供应，自来水入户达到了100%。

白鹤岭下村供水线路及设施统计情况　表2

管线名称	起止点	长度	管径	服务范围
白鹤岭下村	水厂	3500m	D110	白鹤岭下村

（2）污水

白鹤岭下村尚缺污水管，为雨污合流制，缺少排水设施，主要为地面自由排放。部分村民家中有化粪池，采用生化自净法处理污水。

（3）电

电源：黄岩区西部山区有一35kV宁溪变电站，服务五乡一镇，是白鹤岭下村的主要供电源。

（4）电信

电信设施：白鹤岭下村电话（手机）普及率已经达到99%，宽带入户达到70%，已经基本形成了信息传递方便快捷的生活环境。

邮政设施：村民一般去宁溪镇邮政所，位于宁川东路5号。占地面积$500m^2$，建筑面积$220m^2$，现有职工14人。经营主要业务有：出售邮票、信封，收寄挂号信、平信，收订报刊，投递包裹、特快专递、信函、报刊等。

（5）燃气

白鹤岭下村尚未覆盖天然气管道，仍以装瓶液化石油气作为主要气源，部分家庭还保留着柴火作为能源的生活方式。

3. 公共服务设施

公共服务设施主要有庙、文化礼堂、球场和公园、公厕。布置较集中，主要在白鹤岭下村。

公共服务设施数量不足，不能辐射整个居民点。小公园面积小，设施简单，基本只能满足休息聊天的需求，不能开展其他活动，人气低。

图5　白鹤岭下村公共服务设施图

图6　白鹤岭下村公共服务设施分布图

4. 公共空间

村庄多狭长的开放空间、有围合关系的空间，公共空地利用率低，私人庭院路面硬化度较高。

5. 民宅状况

受访村民均居住在宅基地自建的住房中，建成年代差异较大，平均建成 14.3 年，多建成于 2000—2010 年，部分二、三层建筑建造于 20 世纪 90 年代。村民的住房建筑面积集中在 50—200m^2，为 3—5 层平顶或坡顶建筑。由于黄岩区丘陵山地众多，土地资源紧张，每户（三人及以下）宅基地均为 50m^2。村内民宅多为一开间、高层数、大进深、联排式，村民希望有更好的户型布局，既满足政策要求，又能提高生活品质。

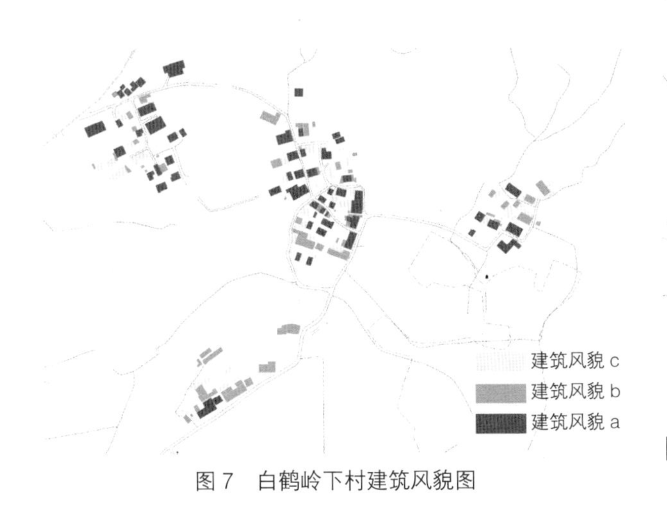

图 7　白鹤岭下村建筑风貌图

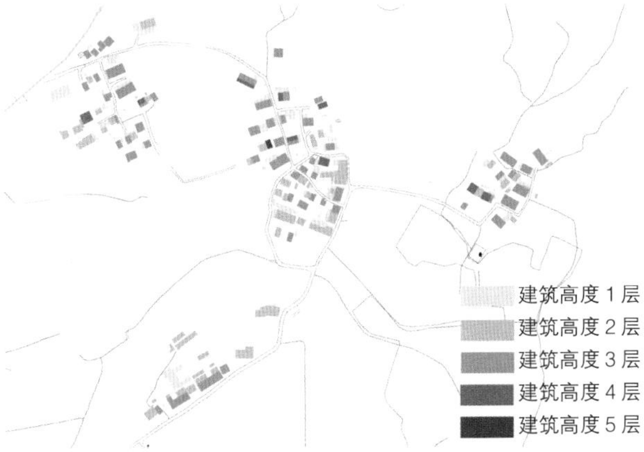

图 8　白鹤岭下村建筑高度图

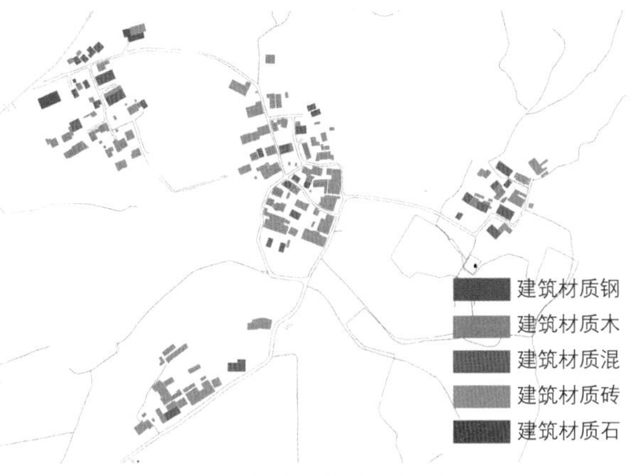

图 9　白鹤岭下村建筑材质图

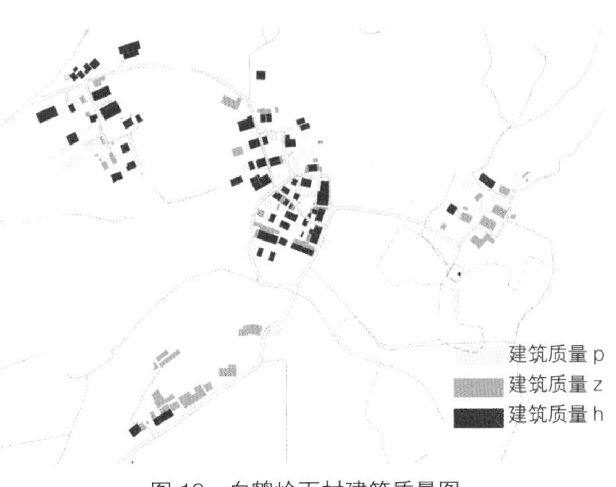

图 10　白鹤岭下村建筑质量图

四、社会概况

1. 村民建成环境意愿

村民对目前的村庄建设情况和村容村貌基本比较满意，如若改进，可以让村庄风貌更为协调统一。将版画已更好更丰富的形式展现在村庄中。大部分的村民也愿意加入乡村建设中，前提是政府给予足够的支持和经济援助。

2. 村民产业发展意愿

村民对目前白鹤岭下村的产业发展情况了解程度低，但随着黄岩区“十三五”规划的开展以及“一村一品”的建设，村民对乡村旅游等产业的发展持支持态度，但不知道从何种途径发展。村民认为白鹤是村庄中最具吸引力的特色，同时村庄还有很多非物质文化遗存，比如版画，基本认同白鹤岭下村的发展潜力。

3. 村民迁建意愿

大部分老龄受访村民并没有迁出的打算和意愿，他们仍认为农村是最理想的居住地，有少量老人希望迁出和子女同住，而青壮年迁出意愿极强，一方面他们希望享受更好的公共服务，另一方面他们认为城市的工作待遇更好。

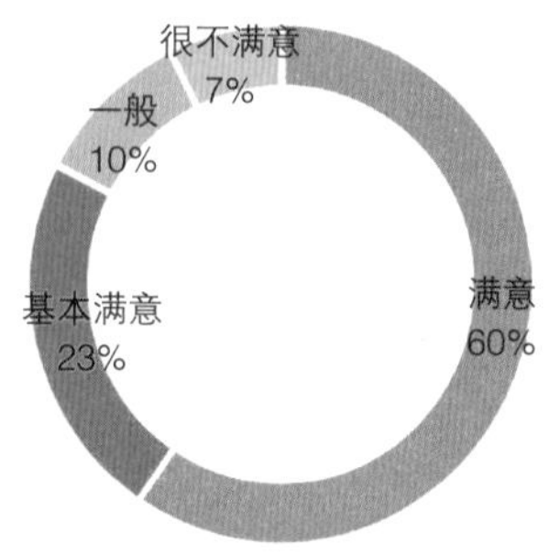

图 11 受访人群对村庄建成环境的态度

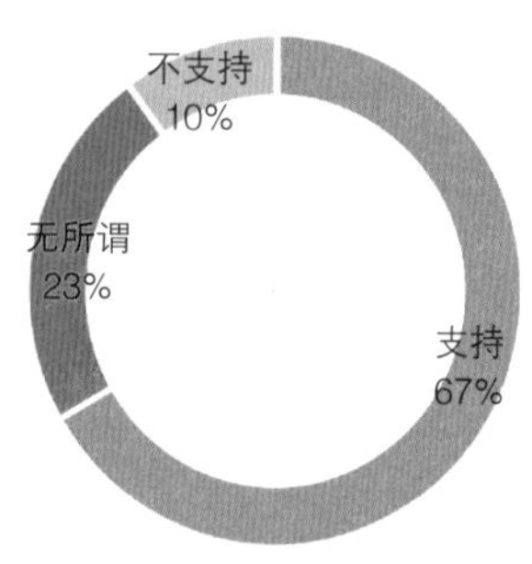

图 12 受访人群对美丽乡村建设的态度

五、文化资源

1. 物质文化遗产

白岩潭石拱桥，是一座悬空依山而筑的石拱桥。该桥结构简单，体量不大，始建于清代，于2013年列入第三批区（县）级文物保护单位名单。

悬空石拱桥位于岭下村北侧的白岩山麓中。桥呈南北走向，桥拱跨径11m，矢高5.36m，面宽2.7m。桥体拱圈由自然块石分节并列砌筑，桥面原有望柱、栏板建筑结构。该桥建造最早与桥上方的林荫小道有关。当时，这条蜿蜒于山间的小路只能供行人过往，而轿、马车无法通行。为了便于畅通，在山崖之中砌筑了这座独特的石拱桥，成为古时候宁溪至黄岩的交通要道。现在桥南北两端尚存部分盘山小路遗迹。而桥所在的位置为白岩潭。且潭较深，后因地质地貌变化，潭被淤泥所填塞。

陆军中将墓。

2. 非物质文化遗产

版画：村里有位版画大家顾奕兴，他是浙江省版画艺术的代表人物，随着宁溪镇镇域村庄建设，“一村一品”的挖掘，版画成了白鹤岭下为人熟知的文化名片。白鹤岭下有过新年张贴新年画的习俗，因一年更换，或谓张贴后可供一年欣赏之用，故称“年画”。

叹十声：旧时，每到春节小商贩卖木板年画时均会以唱小调的形式边唱边卖，以求有更好的销量，这种形式在一些地方被传承下来。

编织技艺：村民们选择自己编制灯笼等节庆用品来欢庆节日的到来。

图 13 白鹤岭下村非物质文化遗产

3. 历史建筑

顾奕兴旧居：建于20世纪70—80年代，是岭下村现存较早的建筑，墙体采用砖木的形式。

六、自然环境

1. 水系状况

岭下溪、裘岙坑、灭螺增穿村而过，直奔长潭水库。岭下溪是白鹤岭下村最重要的引排渠道，由西向东穿越白鹤岭下村。裘岙坑、灭螺增是白鹤岭下的灌溉水系，均为自然堤岸，没有形成完整的水岸景观。白鹤岭下位于长潭水库上游的入库口，水质要求高，各项指标都需达到一级标准，现状白鹤岭下水质的总含氮和含磷量超标（属二级水质）。

2. 地形特点

前有良田郁郁葱葱，后有柔极山连绵起伏。村庄农田大部分为基本保护农田。地势较低，特大台风季节有 64% 的农田将会被淹没。

3. 森林状况

岭下村域内植被属中亚热带常绿阔叶林北部亚地带，地带性植被类型为常绿阔叶林，以壳斗科的甜槠和山茶科的木荷为代表，伴以绵槠、青冈属、栲属、石栎、红楠、浙江楠、南酸枣、鹅耳枥、拟赤杨、山桐子、蓝果树、青钱柳、光皮桦等。目前农田栽培型植被为各种水旱农作物。

4. 特殊生境

岭下位于水库上游，水库候鸟经常会出现、聚集在岭下村。每年白鹤成群结队栖息在岭下村，造就了“柔极岭下白鹤村，纷至沓来观鹤人”的热闹景象。

5. 气候条件

白鹤岭下村属亚热带季风气候，受海洋性暖湿气团和台风影响强烈。温暖湿润，雨量充沛，四季分明。常年主导风向为东南风和东北风，夏秋之交多台风，台风袭击时伴有暴雨。

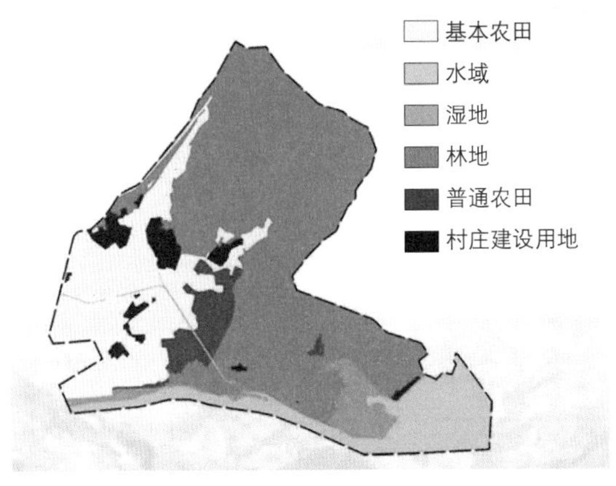

图 14　白鹤岭下村土地利用性质图

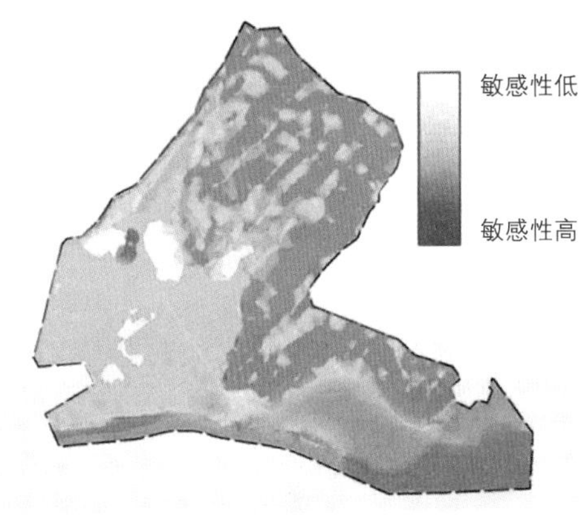

图 16　白鹤岭下村生态敏感性图

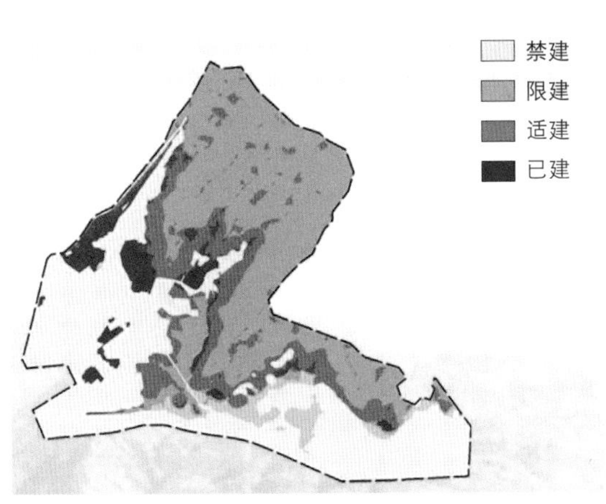

图 15　白鹤岭下村用地适宜性评价图

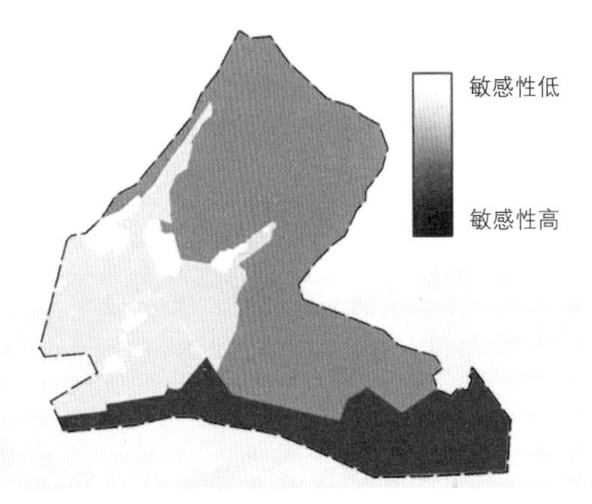

图 17　白鹤岭下村白鹤栖息敏感性图

七、景观特色

1. 山水田

岭下村所处区位山地资源丰富，山上有成型的自然生态体系和景观资源。但是结构较为混乱，大部分景观资源与村庄脱节，不能被充分地利用。

岭下村靠近长潭水库入口，在农田和水库交接区有大规模的湿地。在本次设计中可以考虑以下几种方法：①清理主要灌溉水渠；②恢复自然湿地，保证生态多样性；③修建栈道提供给人使用的活动空间。

岭下村的农田根据地形大致可分为梯田和平地两种，目前大多处于荒废状态，对村庄的景观品质造成了较大影响。本次设计可以在处理农田时利用以下方法：①理清农田肌理；②分块统一种植；③明确前景与背景关系。

2. 边界

边界是连续性的线性要素，表现着乡村各个界面的不同，展示着多样化的乡村景观。将沿线的两个区域相互关联，衔接在一起。

白鹤岭下村的边界分为三大类型：山林边界、农田边界、道路边界。

3. 节点

村庄现有主要公共空间节点为文化礼堂和小公园，村内老人多在此两处聚集休憩。村庄内公共节点缺乏。

4. 路径

白鹤岭下主要包括以下几大路径：区域交通性82省道，南侧近江骑行村路，最具人气的是贯穿白鹤岭下核心村主要道路，在该路径上能看到居民生活活动，也能看到村庄版画上墙的风貌特色，是未来村庄可以主要打造的一条路径。

5. 入口

现状白鹤岭下村没有明显的入口界定，缺乏入口标志物。

6. 区域

根据自然条件看，道路水系将白鹤岭下村分为三大区块。根据村庄行政性质看，白鹤岭下村分为岭下村、裘岙、新屋蒋三大区块。根据景观风貌看，白鹤岭下村分为版画文化、农耕文化区、湿地白鹤文化区三大区块。

八、问题总结

1. 人口

岭下村人口增长缓慢，人口老龄化程度较高。访谈得知，最近几十年，随着台州、黄岩发展进程的加快，大量白鹤岭下村人口外流，而未来几年将会迎来第一波返乡潮。因此，可以考虑通过产业置换升级，吸引劳动力回流，避免乡村空心化。

2. 交通

岭下村位于宁溪镇东北角，是由82省道进入宁溪的第一个村落，交通区位优。

3. 产业

白鹤岭下村耕地众多，但农业发展受到生态因素制约。未来可以考虑通过第一、三产业结合发展的方法，打造白鹤岭下的乡村产业。

4. 建成环境

村庄建筑基本为1980—2010年间建成的、风貌混杂的建筑，由于建筑材料多为彩色瓷砖贴面，不锈钢防盗窗、扶手等，建筑立面不尽协调，影响村庄风貌的统一性。考虑利用村庄本土的建造技术和建筑形态的表达方式对混杂的村庄风貌进行统一。

5. 村民意愿

白鹤岭下村村民对村中建设项目的参与度不高，村民希望村庄建设能给他们带来直接的收益和生活质量的改善。村民现有住宅都由村民自主建设，大部分村民对房屋内部的厕所、厨房进行了翻修布置，基本能满足家庭的生活需求。

6. 文化

随着宁溪镇镇域村庄建设，“一村一品”的挖掘，版画成了白鹤岭下为人熟知的文化名片。但是宁溪镇周围没有相关艺术承接产业发展的基础。

7. 自然环境

白鹤岭下村自然环境优美，山水环绕，土地集约。三面环山，毗邻长潭，四分山林三分田，两分聚落一分水。水库湿地自然风光良好，平时也多水鸟栖息。

8. 景观

村庄现有景观以田园村风貌为主，现状村庄建筑立面部分经过版画上墙工程改造，可以体现村庄的版画特色，但是村庄风貌还需进一步协调。村庄的田、鹤同样具有特色和吸引力，但是在景观风貌的建设方面还未体现。

九、发展方向分析

1. 发展定位

以特色生态农业为发展基点，挖掘版画内涵，打响白鹤生态名片，把白鹤岭下打造成展现黄岩西部乡村文化、生态、人居品质的窗口。

2. 发展目标

陈田兴：陈田新耕，联创予民；白鹤归：育壤护泽，禾鹤共生；画中村：村中现画，画中现村。

3. 产业策划

打造多元融合、活力岭下的产业机制，策划一产三产共同促进发展的产业模式，同时通过控制净化农田面源污染解决产业限制。通过版画游览、农业科普、白鹤观测等要素的结合，打造白鹤岭下。

4. 近期目标

通过水质净化湿地设计让受污染水流通过垂直流湿地和水平流湿地，经过净化植物和分层基质的共同作用达到水质净化的目的，符合一级入库水质标准，解决产业限制。

利用乡土植物打造景观环境，增加白鹤岭下的物种丰富度，完善白鹤食物链，为白鹤打造良好的生境。

改善各个组团的居住环境，通过庭院空间的设计、居住平面的改造设计等提高居民的生活品质，在组团、庭院、建筑平面等各方面满足居民需求，打造居于画中的美妙感受。

5. 中远期目标

利用现状房屋质量不适宜人居住的建筑和周围拟搬迁的厂房旧址，改建成现代农业科普体验展示中心，提供丰富的公共活动空间。在大地景观中注入白鹤元素，以稻花鱼田为底，以农业科普为目的，通过不同本土植物的间植，打造禾鹤共生的场景。

利用乡村原生态的材料，构建白鹤小屋，基于活动影响最低的原则，通过打造白鹤走廊建立观鹤小屋节点，增加人和白鹤的互动。

在核心村重点打造一条街区，布置丰富的节点。通过深化版画在村庄的产业发展，拉长版画产业链，达到画中创的目的。人们可以在村域中游田、游鹤、游画。最终形成画中创、画中居、画中游的画中村——白鹤岭下。

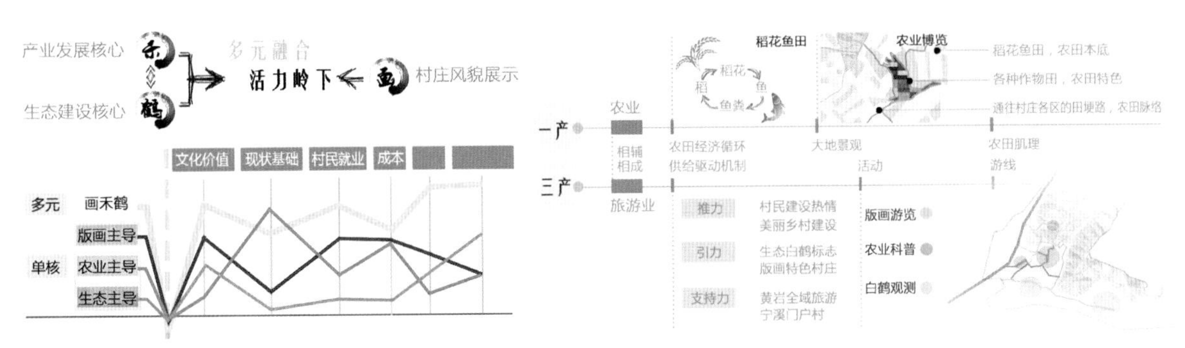

图 18 白鹤岭下村产业策划图

后记

2017 年度首届全国高等院校城乡规划专业大学生乡村规划方案竞赛（浙江台州基地）在中国城市规划学会乡村规划与建设学术委员会、中国城市规划学会小城镇规划学术委员会召集下，在享有“中华橘源”美称的台州市黄岩区进行。3 月开始筹备，7 月开始调研，11 月提交成果并召开评优暨乡村发展学术研讨会，12 月在同济大学收官，历时 9 个月，硕果累累，现将其整理成册，期望能为各地乡村发展提供借鉴，特别是能为各高校的乡村规划与设计教学提供参考，为城乡规划人才培养提供新的思路与方向。

该项赛事之所以能够成功举办，离不开中国城市规划学会的鼎力支持与精心策划，离不开当地政府无微不至的后勤服务，离不开台州市黄岩区住房和城乡建设规划局各位领导及无数不留名的幕后英雄们的大力支持，离不开宁溪镇及白鹤岭下很多可亲可爱的领导与工作人员的辛勤付出，更离不开全国各兄弟院校的大力支持与积极参与，感谢清华大学、中央美术学院、同济大学、天津大学、天津城建大学、西安建筑科技大学、华中科技大学、苏州科技大学、上海大学、青岛理工大学、宁夏大学等 26 所高校的各位同仁们，感谢你们克服种种困难，为了同一个梦想——乡村振兴，千里跋涉，齐聚黄岩，献计献策，奉献了很多精彩的作品，我代表承办方向各位致以最真诚的致谢！

本次大赛也得到了哈尔滨工业大学冷红教授、贵州师范大学但文红教授、浙江省城乡规划设计研究院余建忠副院长、浙江南方建筑设计有限公司姜晓刚副院长、台州市城乡规划设计研究院鲁岩副院长等专家的指导与大力支持，特别感谢冷红教授、鲁岩副院长以及台州规划局黄岩分局副局长张凌女士的精彩点评！

如今盛会已经结束，2018 年乡村规划教学竞赛已在路上，期待更精彩的乡遇。

浙江工业大学建筑工程学院　城市规划系主任　　陈玉娟
2018 年 3 月